BERICHTE UND ABHANDLUNGEN

DER WISSENSCHAFTLICHEN GESELLSCHAFT FÜR LUFTFAHRT E.V. (WGL)

(Beihefte zur „Zeitschrift für Flugtechnik und Motorluftschiffahrt" (ZFM)

SCHRIFTLEITUNG:
Hauptmann a. D. G. Krupp
Geschäftsführer der Wissenschaftlichen
Gesellschaft für Luftfahrt E.V. (WGL)

WISSENSCHAFTLICHE LEITUNG:
Dr.-Ing. e. h. Dr. L. Prandtl
Prof. a. d. Univ. Göttingen u. Dir. d. K.W.
Inst. f. Strömungsforschung, verb. m. d.
Aerodynam. Versuchsanstalt, Göttingen

Dr.-Ing. Wilhelm Hoff
Prof. a. d. Techn. Hochschule Berlin,
Direktor d. Deutschen Versuchs-
anstalt für Luftfahrt, Adlershof

13. Heft   **Mai 1926**

Jahrbuch der
Wissenschaftlichen Gesellschaft für Luftfahrt 1925

⟨Ordentliche Mitglieder-Versammlung in München⟩

INHALT:

Geschäftliches: Seite

I. Mitgliederverzeichnis 5
II. Satzung 14
III. Kurzer Bericht über den Verlauf der XIV. Ordentlichen Mitglieder-Versammlung der Wissenschaftlichen Gesellschaft für Luftfahrt (WGL) vom 9. bis 12. September 1925 in München 17
IV. Protokoll über die geschäftliche Sitzung der XIV. Ordentlichen Mitglieder-Versammlung am 11. September 1925, vormittags 8.30 Uhr, im mathematischen Hörsaal der Technischen Hochschule, München 23
V. Ansprachen während der Tagung in München 36

Vorträge der XIV. Ordentlichen Mitglieder-Versammlung:

I. Neuere Erfahrungen im Bau und Betrieb von Metall-Flugzeugen. Von C. Dornier 45
II. Das Behmlot und seine Entwicklung als akustischer Höhenmesser für Luftfahrzeuge. Von A. Behm 56
III. Technische Gegenwartsfragen im deutschen Flugzeugbau. Von H. Herrmann 76
IV. Absturzsichere Flugzeuge. Von G. Lachmann 86
V. Deutsche Arbeit am Luftrecht der Welt. Von Otto Schreiber 91
VI. Die Entwicklung der Luftfahrtversicherung. Von Hermann Döring . . 94
VII. Kinematographische Strömungsaufnahmen von rotierenden und nichtrotierenden Zylindern. Von O. Tietjens. (Mit 4 Tafeln.) 100
VIII. Schwingungserscheinungen des Segelflugzeugs Rheinland. Von F. N. Scheubel 103 (Mit 2 Tafeln.)
IX. Hydrodynamische Methoden der Turbinentheorie. Von Bruno Eck . . . 108
X. Der Wettbewerb um den Otto Lilienthal-Preis. Von Madelung . . . 114

Verlag von R. Oldenbourg / München und Berlin 1926

INHALT:

Geschäftliches: Seite

   I. Mitgliederverzeichnis 5
  II. Satzung 14
 III. Kurzer Bericht über den Verlauf der XIV. Ordentlichen Mitglieder-Versamm-
      lung der Wissenschaftlichen Gesellschaft für Luftfahrt (WGL) vom 9. bis
      12. September 1925 in München 17
  IV. Protokoll über die geschäftliche Sitzung der XIV. Ordentlichen Mitglieder-
      Versammlung am 11. September 1925, vormittags 8.30 Uhr, im mathematischen
      Hörsaal der Technischen Hochschule, München 23
   V. Ansprachen während der Tagung in München 36

Vorträge der XIV. Ordentlichen Mitglieder-Versammlung:

   I. Neuere Erfahrungen im Bau und Betrieb von Metall-Flugzeugen. Von
      C. Dornier 45
  II. Das Behmlot und seine Entwicklung als akustischer Höhenmesser für Luft-
      fahrzeuge. Von A. Behm 56
 III. Technische Gegenwartsfragen im deutschen Flugzeugbau. Von H. Herrmann 76
  IV. Absturzsichere Flugzeuge. Von G. Lachmann 86
   V. Deutsche Arbeit am Luftrecht der Welt. Von Otto Schreiber 91
  VI. Die Entwicklung der Luftfahrtversicherung. Von Hermann Döring . . . 94
 VII. Kinematographische Strömungsaufnahmen von rotierenden und nichtrotierenden
      Zylindern. Von O. Tietjens. (Mit 4 Tafeln.) 100
VIII. Schwingungserscheinungen des Segelflugzeugs Rheinland. Von F.N. Scheubel 103
      (Mit 2 Tafeln.)
  IX. Hydrodynamische Methoden der Turbinentheorie. Von Bruno Eck . . . 108
   X. Der Wettbewerb um den Otto Lilienthal-Preis. Von Madelung . . . 114

GESCHÄFTLICHES

I. Mitgliederverzeichnis.

1. Vorstand und Vorstandsrat.

(Nach dem Stande vom 15. März 1926.)

Ehrenvorsitzender.

Seine Königliche Hoheit, Heinrich Prinz von Preußen, $\mathfrak{Dr}$.-$\mathfrak{Ing}$. e. h.

Vorstand.

Vorsitzender: Schütte, Geh. Reg.-Rat, Prof., $\mathfrak{Dr}$.-$\mathfrak{Ing}$. e. h., Berlin-Lichterfelde-Ost, Annastr. 1 a.

Stellv. Vorsitzender: Wagenführ, Oberstlt. a. D., Berlin W 10, Friedrich-Wilhelm-Straße 18.

Stellv. Vorsitzender: Prandtl, Prof., Dr., $\mathfrak{Dr}$.-$\mathfrak{Ing}$. e. h., Göttingen, Bergstr. 15.

Vorstandsrat.

Baeumker, Adolf, Hptm., Berlin NW, Brückenallee 5.

Berson, A., Prof., Berlin-Lichterfelde-West, Fontanestraße 2 b.

Bleistein, Dir., $\mathfrak{Dr}$.-$\mathfrak{Ing}$., Charlottenburg 5, Witzlebenstraße 12 a.

Boykow, Hans, Korv.-Kapitän a. D., Berlin-Lichterfelde-West, Fontanestr. 2 a.

Caspar, Dr., Berlin W 10, Tiergartenstr. 34a.

Dorner, H., Dir., $\mathfrak{Dipl}$.-$\mathfrak{Ing}$., Hannover, Hindenburgstr. 25.

Dornier, Dir., $\mathfrak{Dr}$.-$\mathfrak{Ing}$. e. h., Friedrichshafen a. B., Königsweg 55.

Dörr, $\mathfrak{Dipl}$.-$\mathfrak{Ing}$., Friedrichshafen a. B. Meisterhofenerstr. 22.

Engberding, Marinebaurat a. D., Berlin-Schöneberg, Grunewaldstr. 59.

Ernst Ludwig von Hessen und bei Rhein, Königliche Hoheit, Großherzog, Darmstadt, Neues Palais.

Everling, Emil, Prof., Dr., Berlin-Cöpenick, Lindenstr. 37.

Hahn, Willy, Justizrat, Dr., Rechtsanwalt und Notar, Berlin W 62, Lützowplatz 2.

Hoff, Wilh., Prof., $\mathfrak{Dr}$.-$\mathfrak{Ing}$., Direktor der Deutschen Versuchsanstalt für Luftfahrt E. V., Adlershof.

Hopf, Prof., Dr., Techn. Hochschule, Aachen, Eupenerstraße 129.

Junkers, Prof., $\mathfrak{Dr}$.-$\mathfrak{Ing}$. e. h., Dessau, Cöthenerstr. 27.

Kármán, von, Prof., Dr. a. d. Techn. Hochschule Aachen, Aerodynamisches Institut.

Kasinger, Dir., Ernst Heinkel Flugzeugwerke, Berlin W 50, Kulmbacherstr. 14.

Kober, $\mathfrak{Dipl}$.-$\mathfrak{Ing}$., Friedrichshafen a. B.

Koppe, Heinrich, Privatdozent, Dr. phil., Berlin-Adlershof, Deutsche Versuchsanstalt für Luftfahrt.

Koschel, Oberstabsarzt a. D., Dr. med. et phil., Berlin W 57, Mansteinstr. 5.

Kotzenberg, Karl, Generalkonsul, $\mathfrak{Dr}$.-$\mathfrak{Ing}$. e. h., Dr. jur. h. c., Frankfurt a. M., Viktoria-Allee 16.

Linke, Prof., Dr., Frankfurt a. M., Mendelssohnstr. 77.

Madelung, Georg, $\mathfrak{Dr}$.-$\mathfrak{Ing}$., Berlin-Adlerhof, Deutsche Versuchsanstalt für Luftfahrt.

Mader, $\mathfrak{Dr}$.-$\mathfrak{Ing}$., Dessau, Kaiserplatz 23.

Martens, $\mathfrak{Dipl}$.-$\mathfrak{Ing}$., Hannover, Brühl 6.

Naatz, Hermann, $\mathfrak{Dipl}$.-$\mathfrak{Ing}$., Berlin W 50, Schwäbische Straße 19.

Offermann, Erich, Ing., Berlin-Grunewald, Königsweg 127.

Parseval, von, Prof., Dr. e. h., $\mathfrak{Dr}$.-$\mathfrak{Ing}$. e. h., Charlottenburg, Niebuhrstr. 6.

Pröll, Prof., $\mathfrak{Dr}$.-$\mathfrak{Ing}$. e. h., Hannover, Welfengarten 1.

Reißner, Prof., $\mathfrak{Dr}$.-$\mathfrak{Ing}$., Charlottenburg 9, Mohrungenallee 4.

Rohrbach, $\mathfrak{Dr}$.-$\mathfrak{Ing}$., Berlin-Wilmersdorf, Ruhrstr. 12.

Rumpler, Edmund, $\mathfrak{Dr}$.-$\mathfrak{Ing}$., Berlin NW 7, Friedrichstraße 100.

Schlink, Prof., $\mathfrak{Dr}$.-$\mathfrak{Ing}$., Darmstadt, Olbrichsweg 10.

Schreiber, Otto, Geh. Reg.-Rat, Prof. Dr., Königsberg i. Pr., Hammerweg 3.

Schubert, $\mathfrak{Dipl}$.-$\mathfrak{Ing}$., Prokurist der Albatros-Flugzeugwerke, Berlin-Friedrichshagen, Seestr. 63.

Schwager, Otto, $\mathfrak{Dipl}$.-$\mathfrak{Ing}$., Deutsche Kraftfahrzeugwerke-Haselhorst, Spandau, Berliner Chaussee.

Spieweck, Dr. phil., Berlin-Adlershof, Kronprinzenstr. 14.

Stieber, $\mathfrak{Dr}$.-$\mathfrak{Ing}$., Berlin-Grünau, Königstr. 7.

Süring, Geh. Reg.-Rat, Prof., Dr., Potsdam, Telegraphenberg.

Tetens, Hans, Direktor des Verbandes deutscher Luftfahrzeug-Industrieller, Berlin-Halensee, Halberstädter Straße 2.

Tschudi, Major a. D. von, Berlin-Schöneberg, Apostel-Paulus-Straße 16.

2. Geschäftsführender Vorstand.

Schütte, Geh. Reg.-Rat, Prof., $\mathfrak{Dr}$.-$\mathfrak{Ing}$. e. h., Berlin-Lichterfelde-Ost, Annastr. 1 a.

Wagenführ, Oberstlt. a. D., Berlin W, Friedrich-Wilhelm-Straße 18, zugleich Schatzmeister.

Prandtl, Prof., Dr. phil., $\mathfrak{Dr}$.-$\mathfrak{Ing}$. e. h., Göttingen, Bergstraße 15.

Geschäftsführer.

Krupp, Hauptmann a. D.

Geschäftsstelle: Berlin W 35, Blumeshof 17 pt., Flugverbandhaus.

Bankkonto: Deutsche Bank, Rohstoff-Abtlg., Berlin W 8, Mauerstraße.

Postscheckkonto: Berlin Nr. 22844; Telephon: Amt Lützow Nr. 6508.

Telegrammadresse: Flugwissen

3. Mitglieder.

a) Ehrenmitglieder.

Seine Königliche Hoheit Großherzog Ernst Ludwig von Hessen und bei Rhein, Darmstadt, Neues Palais.

Miller, Oskar von, Reichsrat, Geh. Baurat, Dr., Exzellenz, München, Ferdinand-Miller-Platz 3.

Kotzenberg, Karl, Generalkonsul, $\mathfrak{Dr}$.-$\mathfrak{Ing}$. e. h., Dr. jur. h. c., Frankfurt a. M., Viktoria-Allee 16.

b) Lebenslängliche Mitglieder.

Barkhausen, Ernst, Dr., Berlin NW 40, In den Zelten 19.

Bassus, Konrad Frhr. von, München, Steinsdorfstr. 14.

Hagen, Karl, Bankier, Berlin W 35, Derfflingerstr. 12.

Hormel, Walter, Kptlt. a. D., Berlin-Neuwestend, Schwarzburgallee 19.

Krupp, Georg, Hauptmann a. D., Geschäftsführer der WGL, Berlin-Halensee, Kurfürstendamm 74/III.

Madelung, Georg, $\mathfrak{Dr}$.-$\mathfrak{Ing}$., Deutsche Versuchsanstalt für Luftfahrt, Berlin-Adlershof.

Müller, Arthur, Berlin SW 68, Friedrichstr. 209.

Pohl, Heinz, München, Widenmayerstr. 35.

Reißner, H., Prof. Dr.-Ing., Charlottenburg 9, Mohrungenallee 4.

Selve, Walter von, Dr.-Ing. e. h., Fabrik- und Rittergutsbesitzer, Altena i. W.

Schütte, Geh. Reg.-Rat, Prof., Dr.-Ing. e. h., Berlin-Lichterfelde-Ost, Annastr. 1 a.

Wilberg, Obstlt. im Reichswehrministerium, Berlin-Wilmersdorf, Prinzregentenstr. 84.

Zorer, Wolfgang, p. A. J. Dielman, Tasch Hau, Angora (Türkei).

Deutsche Versuchsanstalt für Luftfahrt E. V., Adlershof.

Sächs. Automobil-Klub E. V., Dresden-A., Waisenhausstraße 29 I.

Siemens-Schuckert-Werke G. m. b. H., Siemensstadt b. Berlin.

c) Ordentliche Mitglieder.

Abercron, Hugo von, Oberst a. D., Dr. phil , Charlottenburg, Dahlmannstr. 34.

Achenbach, W., Dr.-Ing., Berlin W 50, Kulmbacher-Straße 3.

Ackeret, Jakob, Dipl.-Ing., Göttingen, Am Kreuz 13.

Ackermann-Teubner, Alfred, Hofrat, Dr.-Ing., Leipzig, Poststr. 3/5.

Adam, Fritz, Dr.-Ing. e. h., Berlin W 10, Tiergartenstr. 8.

Adami, Hauptmann a. D., Berlin-Schöneberg, Innsbrucker Straße 11.

Ahlborn, Friedrich, Prof. Dr., Hamburg, Uferstr. 23.

Alberti, Hermann, Kartograph, Berlin-Dahlem, Goßlerstraße 5.

Allerding, Werner, cand. mach., Hannover, Wedekindstr. 7 II.

Amstutz, Eduard, stud. ing., Thun, Kreis Bern, Blümlisalpstr. 11.

Andreae, Alexander, Direktor der Albatros-Flugzeugwerke, Berlin W 35, Blumeshof 17 pt.

Apfel, Hermann, Kaufmann, Leipzig, Nikolaistr. 36.

Arnim, Volkmar von, Deutscher Aero-Lloyd, Berlin SW 11, Hallesches Ufer 16.

Arnstein, Karl, Dr. techn., Akron (Ohio) U.S.A., Goodyear Zeppelin Co.

Aumer, Hermann, Fabrikdir., München, Pettenkoferstr. 23.

Baatz, Gotthold, Marinebaumeister a. D., Chefkonstrukteur d. L. F. G. Stralsund, Frankendamm 39e.

Bader, Hans Georg, Dr.-Ing., Fischbach a/B., Oberamt Tettnang.

Bartels, Friedrich, Oberingenieur, Berlin-Wilmersdorf, Durlacher-Straße 9/10.

Barth, Heinr. Th., Großkaufmann, Nürnberg, Gut Weigelshof.

Basenach, Nikolaus, Direktor, Kiel, Feldstr. 113.

Baßler, Kurt, Berlin-Neuwestend, Halenstr. 3.

Bauch, Kurt, Dipl.-Ing., Akron (Ohio) U.S.A., Goodyear Zeppelin Co.

Bauer, M. H., Direktor, Berlin-Friedrichshagen, Hahnsmühle.

Bauersfeld, W., Dr.-Ing., Jena, Sonnenbergstr. 1.

Baumann, A., Prof., Stuttgart, Technische Hochschule.

Baumeister, Hans, Ing., Stuttgart, Gymnasiumstr. 53.

Baumgart, Max, Ing., Berlin W 57, Winterfeldstr. 15.

Baeumker, Adolf, Hauptmann, Berlin NW, Brückenallee 5.

Baur de Betaz, Wilhelm, Major a. D., Berlin-Steglitz, Friedrichsruher-Straße 41.

Becker, Gabriel, Dr.-Ing., Prof. a. d. Techn. Hochschule Charlottenburg 9, An der Heerstr. 18.

Behm, Alexander, Physiker, Kiel, Hardenbergstr. 31.

Berlit, Baurat, Wiesbaden, Gutenbergplatz 3. Mittelrhein. Verein für Luftfahrt.

Berndt, Geh. Baurat, Prof. a. d. Techn. Hochschule Darmstadt, Darmstadt, Martinstr. 50.

Berner, Kurt, Kaufmann, Buenos Aires, Sarmiento 385.

Bernhardt, C. H., Fabrikbesitzer, Dresden-N., Alaunstr. 21.

Berson, A., Prof., Berlin-Lichterfelde-West, Fontanestraße 2b.

Berthold, Korv.-Kap. a. D., Berlin, Rüdesheimer-Platz 5.

Bertrab, von, Exz., General d. Inf. a. D., Dr., Berlin-Halensee, Kurfürstendamm 136.

Bertram, Kapitänleutnant a. D., Berlin W 66, Mauerstr. 63.

Bertram, Gerhard, Dipl.-Ing., Patentanwalt, Berlin SW 61, Waterloo-Ufer 15.

Besch, Marinebaurat, Friedrichshafen a. B., Luftschiffbau Zeppelin.

Bethge, R., Amsterdam, Daniel Willnik Plein 40.

Betz, Albert, Dipl.-Ing., Dr. phil., Stellvertr. Direktor der Aerodynamischen Versuchsanstalt, Göttingen, Böttingerstr. 8.

Beyer, Hermann, Dresden, Wiener-Straße 33.

Beyer, L., Landwirt, Koschütz Nr. 14, b. Schneidemühl (Grenzmark).

Bienen, Theodor, Hptm. a. D., Dr.-Ing., Aachen, Melatenerstr. 44.

Bleistein, Walter, Direktor, Dr.-Ing., Charlottenburg, Witzlebenstr. 12a.

Blenk, Hermann, Dr. phil., Berlin-Adlershof, Radickestr. 9.

Blume, Walter, Dipl.-Ing., Berlin W 15, Kaiserallee 115.

Bock, Ernst, Prof., Dr.-Ing., Chemnitz, Würzburgerstr. 52.

Bockenheimer, J. H., Berlin-Steglitz, Kniephofstr. 53.

Boklewsky, Constantin, Prof. und Dekan der Schiffsbau-Abt. i. Polytechnikum, Petrograd-Sosnovka (Rußland), Polytechnikum Nr. 22.

Bolle, Rittm. a. D., Berlin W 10, Viktoriastr. 2.

Bongards, H., Dr. phil., Göttingen, Schillerstr. 20.

Borchers, Max, Hauptmann a. D., Berlin-Wilmersdorf, Regensburger Straße 29.

Borck, Hermann, Dr. phil., Berlin NW 23, Händelstr. 5.

Borsig, Conrad von, Geh. Kommerzienrat, Berlin N 4, Chausseestr. 13.

Borsig, Ernst von, Geh. Kommerzienrat, Berlin-Tegel, Reiherwerder.

Botsch, Albert, Bad Rappenau (Baden).

Boykow, Hans, Korv.-Kap. a. D., Berlin-Lichterfelde-West, Fontanestr. 2a.

Braun, Carl, Rittmeister a. D., München, Hotel Union.

Brenner, Paul, Dipl.-Ing., Deutsche Versuchsanstalt für Luftfahrt, E. V., Adlershof, Flugplatz.

Bröking, Marinebaurat, Berlin-Wilmersdorf, Kaiserallee 169.

Bruns, Walter, Hptm. a. D., Berlin-Friedenau, Stierstr. 18.

Bucherer, Max, Ziviling., Berlin-Reinickendorf-West, Scharnweberstr. 108.

Buchholzer, Ernst, Dipl.-Ing., Berlin W 30, Augsburger-str. 23.

Bücker, Carl Cl., Oberlt. z. S. a. D., Direktor, Stockholm, Brunnsgatan 4.

Buddeberg, Karl, Ing., Berlin W 35, Schöneberger Ufer 35.

Budig, Friedrich, Ing., Falkenberg b. Grünau (Mark), Schirnerstr. 15.

Büll, Willy, Dipl.-Ing., Gevelsberg Bez. Dortmund, Jahnstr. 10.

Burger, Wilhelm, Ministerialrat, München, Widenmayerstraße 3.

Burmeister, Hans, Direktor, Berlin W 8, Unter den Linden 2.

Busch, Hermann, Ministerialrat, Berlin-Südende, Seestr. 8.

Buttlar, von, Hptm. a. D., Berlin W 9, Friedrich Ebert-Straße 21. Bayerische Motorenwerke A.-G.

Carganico, Major a. D., Berlin-Neutempelhof, Berliner-Straße 5.

Caspar, Dr., Berlin W 10, Tiergartenstr. 34a.

Colsmann, Alfred, Kommerzienrat, Generaldirektor des Luftschiffbau Zeppelin, Friedrichshafen a. B.

Cornelius, German, Dipl.-Ing., Charlottenburg, Marchstraße 15.

Cornides, Wilhelm von, Dipl.-Ing., Verlagsbuchhändler, München, Glückstr. 8.

Coulmann, W., Marinebaurat a. D., Hamburg, Wandsbecker Chaussee 76.
Cramér, C. R., Kamrer, Göteborg (Schweden), Gustav Adolfstorg 3.

Damm, Ernst A., Fabrikbesitzer, Konsul, Düsseldorf, Jägerhofstr. 24.
Davidoff, Berlin W 66, Mauerstr. 63.
Degen, Wilhelm, Dipl.-Ing., Berlin-Adlershof, Bismarckstraße 6.
Degn, P. F., Dipl.-Ing., Neumühlen-Dietrichsdorf, Heckendorfer Weg 23.
Delliehausen, Karl, Dipl.-Ing., Berlin W 50, Geisbergstraße 16.
Denninghoff, Paul, Geh. Reg.-Rat, Mitglied des Reichspatentamtes, Berlin-Dahlem, Parkstr. 76.
Deutrich, Johann, Dipl.-Ing., Bad Oeynhausen, Bismarckstraße 14.
Dewitz, Ottfried von, Oberlt. z. S. a. D., Berlin W 35, Schöneberger Ufer 35.
Dickhuth-Harrach, von, Major a.D., Berlin W 50, Nürnberger Platz 3.
Dieckmann, Max, Prof. Dr., Privatdozent, Gräfelfing bei München, Bergstr. 42.
Diemer, Franz Zeno, Ing., Fischbach a. B., Bahnhofstr.
Dierbach, Ernst, Dipl.-Ing., Berlin NO 43, Am Friedrichshain 34.
Diesch, Oberbibl. Dr., Techn. Hochschule Berlin, Charlottenburg, Berliner Str. 170/71.
Dietrich, Richard, Direktor, Cassel, Dietrich-Flugzeugwerk, Wolfsangerstr. 21 a.
Dietzius, Hans, Ing., Berlin-Pichelsdorf.
Dittrich, Otto, Kaufmann, Schönau a. K.
Doepp, Philipp von, Dipl.-Ing., Dessau, Mariannenstr. 33.
Döring, Hermann, Dr. jur., Berlin-Wilmersdorf, Markgraf-Albrecht-Str. 13.
Dorner, H., Dipl.-Ing., Direktor, Hannover, Hindenburgstraße 25.
Dornier, Claude, Dr.-Ing. e. h., Friedrichshafen a. B., Königsweg 55.
Dörr, W. E., Dipl.-Ing., Direktor des Luftschiffbau Zeppelin, Friedrichshafen a. B., Meisterhofenerstr. 22.
Dröseler, Regierungsbaurat a. D., Berlin-Lankwitz, Zietenstraße 32 b.
Dubs, Hugo, Dipl.-Ing., Charlottenburg, Schlüterstr. 72 pt.
Duckert, Paul, Dr. phil., Lindenberg, Kr. Beeskow, Observatorium.
Dürr, Oberingenieur, Direktor, Dr.-Ing. e. h., Friedrichshafen a. B., Luftschiffbau Zeppelin.

Eberhardt, C., Prof. a. d. Techn. Hochschule Darmstadt, Darmstadt, Inselstr. 43.
Eberhardt, Walter von, Generallt. a. D., Exzellenz, Wernigerode a. Harz, Hillebergstr. 1.
Eberstein, Ernst, Hptm. a. D., Chemnitz, Weststr. 16.
Ebert, Kurt, Berlin W 9, Linkstr. 18.
Eck, Bruno, Dr.-Ing., Aachen, Försterstr. 20 II.
Eddelbüttel, Walter, Kaufmann, Hamburg 13, Mittelweg 121.
Edelmann, R., Patentanwalt, Dipl.-Ing., Charlottenburg, Hertzstr. 7.
Egan-Krieger, Jenö van, Major a. D., Werder a. Havel, Hohewegstr. 60.
Eichberg, Friedrich, Dr., Berlin W 10, Tiergartenstr. 3 a.
Eisenlohr, Roland, Dr.-Ing., Karlsruhe i. Baden, Jahnstraße 8.
Eisenmann, Kurt, o. Prof., Dr., Braunschweig, Hagenstr. 17.
Elias, Dr., Charlottenburg 9, Stormstr. 7.
Endras, Clemens, Dipl.-Ing., Augsburg, Steingasse 264 III.
Engberding, Marinebaurat a. D., Berlin-Schöneberg, Grunewaldstraße 59.
Enoch, Otto, Dr.-Ing., Bochum, Ottostr. 125.
Ernst, Julius, Major a. D., Leipzig, Waldstr. 78.
Essers, Ernst L., Dipl.-Ing., Aachen, Rütscherstr. 35.

Euler, August, Unterstaatssekretär z. D., Dr.-Ing e. h. Frankfurt a. M., Forsthausstr. 104.
Everling, Emil, Prof., Dr., Berlin-Cöpenick, Lindenstr. 37.
Ewald, Erich, Regierungsbaumeister, Dr.-Ing., Berlin-Charlottenburg, Goethestr. 62.

Feige, Rudolf, Meteorologe, Direktor, Krietern b. Breslau.
Fényes, Kornél von, Obering., Budapest IX, Uelloi ut 71.
Fette, P., Berlin-Dahlem, Werderstr. 12.
Fetting, Dipl.-Ing., Dresden A 16, Prinzenstr. 3.
Fick, Roderich, Herrsching am Ammersee.
Fier, Guido, Dr.-Ing., Attaché bei der italienischen Botschaft, Berlin W, Kurfürstendamm 59/60.
Finsterwalder, Geh. Reg.-Rat, Prof., Dr., München-Neuwittelsbach, Flüggenstr. 4.
Fischer, Willy, Königsberg i. Pr., Mitteltragheim 23.
Fladrich, Paul C. M., Ing., Berlin NW 6, Schiffbauerdamm 4.
Focke, Henrich, Dipl.-Ing., Direktor, Bremen, Vasmerstraße 25.
Föppl, Ludwig, Prof. Dr., München, Kaiserstr. 11.
Förster, Hermann, Breslau 17, Frankfurter Str. 91.
Föttinger, Prof., Dr.-Ing., Berlin-Wilmersdorf, Berlinerstraße 61.
Franken, Regierungsbaumeister, i. Fa. Stern & Sonneborn, Berlin-Wilmersdorf, Wittelsbacherstr. 22.
Frantz, Max, Bad Tölz, Bahnhofplatz 7.
Fremery, Hermann von, Direktor, München 27, Poschingerstraße 5.
Freudenreich, Walter, Ing., Hennigsdorf b. Berlin, Siedlungsbureau, Voltastraße.
Freyberg-Eisenberg-Allmendingen, Frhr. von, Hauptmann, Berlin W 62, Kurfürstenstr. 63/69.
Friedensburg, Walter, Kaplt. a. D., Köln a. Rh., Flugplatz.
Fritsch, Georg, Kaufmann, Hildesheim, Hornemannstr. 10.
Fritsch, Walter, Dipl.-Ing., Bonn, Beethovenstr. 8.
Froehlich, Generaldirektor a. D., Berlin-Wannsee, Tristanstraße 11.
Fromm, Dr.-Ing., Brooklyn, New York, Undershill Avenues.
Fuchs, Richard, Dr. phil., Prof. a. d. Techn. Hochschule Charlottenburg, Berlin-Halensee, Ringbahnstr. 7.
Fueß, Paul, Fabrikant, Berlin-Steglitz, Fichtestr. 45.

Galbas, P. A., Dr., Wilhelmshaven, Holtermannstr. 42.
Garn, Wilhelm von, Chemiker der Fürstl. Pleßschen Bergwerksdirektion, Waldenburg i. Schles., Mathildenstr. 14.
Gassmann, Fritz, cand. mach., Karlsruhe i. B., Roonstr. 3.
Gebauer, Curt, Reg.-Baurat, Charlottenburg, Schlüterstraße 80.
Gebers, Fr., Dr.-Ing., Direktor der Schiffbautechn. Versuchsanstalt, Wien XX., Brigittenauerlände 256.
Geerdtz, Franz, Hptm. a. D., Berlin-Wilmersdorf, Waghäuselerstr. 19.
Gehlen, K., Dr.-Ing., Villingen, Waldstr. 31.
Genthe, Karl, Dr. phil. nat., Berlin-Adlershof, Roonstr. 17 a.
Georgi, Joh., Dr., Hamburg-Großborstel, Borsteler Chaussee 159.
Georgii, Walter, Prof. Dr., Hamburg, Deutsche Seewarte, Abt. 3.
Gerdien, Hans, Prof. Dr. phil., Berlin-Grunewald, Franzensbader-Str. 5.
Gerhards, Wilhelm, Marine-Oberingenieur, Kiel, Lübecker Chaussee 2.
Gettwart, Klaus, Dr., Charlottenburg, Havelstr. 3.
Geyer, Hugo, Major a. D., Charlottenburg 9, Reichsstr. 4.
Giegold, Hugo, Dipl.-Ing., Schleißheim b. München, Bayer. Sportflug G. m. b. H.
Gohlke, Gerhard, Ing., Regierungsrat im Reichspatentamt, Berlin-Steglitz, Stubenrauchplatz 5.
Goldfarb, Hans, Dr., Düsseldorf, Lindemannstr. 110.
Goldstein, Karl, Dipl.-Ing., Frankfurt a. M., Danneckerstraße 2.

Goltz, Curt Frhr. von der, Major a. D., Hamburg, Alsterdamm 25. (Hapag.)

Gossen, Kurt, Ing. und Flugzeugführer, Berlin W 35, Genthinerstr. 15.

Gößnitz, von, Vertreter des Reichsamtes für Landesaufnahme, Berlin-Lichterfelde-West, Karlstr. 107.

Götte, Carl, Direktor, Essen, Annenstr. 64.

Goetze, Richard, Berlin SO 36, Elsenstr. 106/07.

Grade, Hans, Ing., Bork, Post Brück i. d. Mark.

Grammel, R., Prof., Dr., Stuttgart, Techn. Hochschule.

Gretz, Heinz, Oblt. a. D., Südwestdeutsche Luftverkehrs-Gesellschaft m. b. H., Frankfurt a. M., Rebstock.

Griensteidl, Friedrich, Ing., Wien III., Ungargasse 48.

Grod, C. M., Dipl.-Ing., Essen, Postfach 276.

Gröger, Bankdirektor, Kattowitz, Dresdner Bank.

Grosse, Prof., Dr., Vorsteher des Meteorologischen Observatoriums, Bremen, Freihafen 1.

Grulich, Karl, Direktor, Dr.-Ing., Berlin W, Kurfürstendamm 152.

Gsell, Robert, Dipl.-Ing., Eidgenössisches Luftamt, Bern (Schweiz), Eigerplatz 8.

Guaita, Eugen, Vorstandsmitglied der »Deruluft«, Moskau, Leningrader-Chausee 40.

Günther, Siegfried, cand. mach., Hannover, Schraderstr. 5.

Günther, Walter, stud. mach., Hannover, Gustav-Adolf-Straße 15 II.

Gürtler, Karl, Dr.-Ing., München, Sendlingertorplatz 1.

Gutbier, Walther, Direktor d. Fahrzeugwerke Rex G. m. b. H., Köln, Antwerpener Str. 18.

Gutermuth, Ludwig, Dipl.-Ing., Stralsund, Fährhofstr. 30.

Haarmann, Dipl.-Ing., Flugtechnisches Institut der Techn. Hochschule Braunschweig, Bienroderweg 1 a.

Haas, Rudolf, Dr.-Ing., Baden-Baden, Beuthenmüllerstr. 11.

Hackmack, Hans, Dipl.-Ing., Berlin W 30, Münchener-Straße 48.

Hahn, Willy, Justizrat Dr., Rechtsanwalt und Notar, Berlin W 62, Lützow-Platz 2.

Haehnelt, Oberstlt. a. D., Berlin-Zehlendorf-Wsb., Heidestraße 4.

Hall, Paul I., Luftfahrzeuging., Cassel, Wolfsangerstr. 6.

Hammer, Fritz, Ing., Berlin-Lichterfelde-West, Steglitzer-Straße 39.

Hanfland, Kurt, Ing., Berlin W 62, Bayreuther Str. 7.

Haenisch, E., Rechtsanwalt, Berlin-Schöneberg, Wielandstr. 2/3.

Hansen, Asmus, Dipl.-Ing., stud. phil., Berlin-Dahlem, Podbielskyallee 75.

Hantelmann, M., Köln a. Rh., Städt. Verkehrsamt, Hahnenstr. 52.

Harlan, Wolfgang, Kfm. techn. Direktor, Charlottenburg 9, Akazienallee 17.

Harmsen, Conrad, Dr.-Ing., Berlin-Cöpenick-Wendenschloß, Fontanestr. 12.

Haw, Jakob, Ing., Haw-Propellerbau, Staaken b. Spandau.

Hayashi, Sujematsu, Hauptmann, Charlottenburg, Fredericiastr. 8, b. Hilsdorf.

Heidelberg, Viktor, Dipl.-Ing., Bensberg bei Köln, Kol. Frankenforst.

Heimann, Heinrich Hugo, Dr. phil., Dipl.-Ing., Berlin, Kronprinzenufer 20, Pension Kronprinz.

Heine, Fritz, Fabrikdirektor, Dipl.-Ing., Breslau-Kleinburg 18, Ebereschenallee 17.

Heine, Hugo, Fabrikbesitzer, Berlin O 34, Warschauer Straße 58.

Heinkel, Ernst, Direktor, Dr.-Ing. e. h., Warnemünde, Flugplatz.

Heinrich, Hermann, Ingenieur, Berlin SW 29, Fidicinstraße 18 I.

Heinrich Prinz von Preußen, Königliche Hoheit, Dr.-Ing. e. h., Herrenhaus Hemmelmark, Post Eckernförde.

Helffrich, Josef, Dr. phil., Mannheim-Rheinau, Luftschiffwerft.

Heller, Dr. techn., Vertreter des Vereins deutscher Ingenieure, Berlin NW 7, Friedrich-Ebert-Str. 27.

Helmbold, Heinrich, Ingenieur, Hamburg 33, Fuhlsbüttelerstr. 3.

Henninger, Albert Berthold, Referent b. Reichsbeauftragten, Berlin W, Pfalzburger Str. 72.

Hentzen, Friedrich Heinrich, Dipl.-Ing., Memel, Moltkestraße 25.

Herr, Hans, Kontreadmiral a. D., Bremen-Neustadt, Contrescarpestr. 140 II.

Herrmann, Ernst, Obering., Halle a. S., Gr. Bräuhausstr. 3.

Herrmann, Hans, Obering., München 9, Deisenhofener Str. 16a.

Herrmann, Rudolf, stud. mach., Dessau i. Anh., Elisabethstraße 39.

Heydenreich, Eugen, Obering., Berlin W 15, Knesebeckstraße 43/44.

Heymann, Ernst, Hauptmann a. D., Berlin W 35, Schöneberger Ufer 13.

Heyrowsky, Adolf, Hauptmann a. D., Berlin NW 7, Dorotheenstr. 43.

Hiedemann, Hans, Fabrikbesitzer, Köln a. Rh., Mauritiussteinweg 27.

Hiehle, K., Obering., Direktor der Rhemag, Berlin W, Hohenzollernstr. 5a.

Hinninger, Werner, Dipl.-Ing., Warnemünde, Ernst Heinkel-Flugzeugwerke.

Hirschfeld, Willi, Dipl.-Ing., Amsterdam, Stadhouderskade 103.

Hirth, Hellmuth, Obering., Cannstatt b. Stuttgart, Pragstraße 34.

Hoen, M., Rechtsanwalt Dr., Düsseldorf, Königsallee 22.

Hof, Willy, Generaldirektor, Frankfurt a. M.-Süd, Savignystraße 25.

Hoff, Wilh., Prof. Dr.-Ing., Direktor der Deutschen Versuchsanstalt für Luftfahrt, E. V., Adlershof.

Hoffmann, Ludwig, cand. mach., Dessau, Großkühnauerweg 39.

Hohenemser, M. W., Bankier, Frankfurt a. M., Neue Mainzer Str. 25.

Holle, Hans, Ing., Berlin-Wilmersdorf, Badenschestr. 18 b/Klebe.

Holtmann, Anton, Dipl.-Ing., Gewerberat, Recklinghausen, Kunibertstr. 26.

Hönsch, Walter, Dr., Berlin-Zehlendorf-West, Forststr. 23.

Hopf, L., Prof., Dr. phil., Aachen, Lochnerstr. 26.

Horstmann, Marinebaumeister, Rüstringen i. Oldenburg, Ulmenstr. 1c.

Horstmann, Willy, Ing., Charlottenburg, Spandauer Straße 3/III.

Hromadnik, Julius, Lt. a. D., Ing., Frankfurt a. M.-Ost, Gartenstraße 87/III.

Hübener, Wilhelm, Dr. med., Cincinnati (Ohio) U.S.A. 1801 Union Central Bldg.

Hübner, Gerbert, Dipl.-Ing., Charlottenburg 2, Goethestraße 9.

Huppert, Prof., Direktor des Kyffhäuser Technikums, Frankenhausen a. Kyffhäuser.

Huth, W., Dr., Berlin-Dahlem, Bitterstr. 9.

Hüttig, Bruno, Hauptmann a. D., Zuffenhausen b. Stuttgart.

Hüttmann, Waldemar, Krietern b. Breslau, Observatorium.

Hüttner, Kurt, Fabrikdirektor, Eisenach, Dixiwerke. [Privatadresse: Mönchstr. 26].

Jablonsky, Bruno, Berlin W 15, Kurfürstendamm 18/19.

Jansen, Carl, Dipl.-Ing., Finkenwalde bei Stettin, Verbindungsstr. 7.

Jaretzky, Ing., Wildau, Kr. Teltow, Schwarzkopfstr. 111.

Joachimczyk, Alfred Marcel, Dipl.-Ing., Berlin W, Courbièrestr. 9b.

Johannesson, Hans, Lt., Berlin W 35, Blumeshof 17.

Joly, Hauptmann a. D., Klein-Wittenberg a. d. Elbe.

Joseph, Justizrat, Dr., Frankfurt a. M., Kettenhoferweg 111.

Junkers, Hugo, Prof., $\mathfrak{Dr}$.-$\mathfrak{Ing}$. e. h., Dessau, Cöthener Straße 27.

Kaffenberger, Ludwig, stud. ing., Cöthen i. A., Theaterstraße 1/I.

Kälin, Ministerialrat, Stuttgart, Württembergisches Arbeitsministerium.

Kamm, Wunibald, $\mathfrak{Dipl}$.-$\mathfrak{Ing}$., Cannstatt, Schillerstr. 26.

Kämmerling, Fritz, Oberstlt. a. D., Berlin W 62, Bayreuther Str 11.

Kändler, Hermann, Obering., Berlin-Steglitz, Maßmannstraße 12.

Kandt, Albert, Geh. Komm.-Rat, Berlin W 35, Blumeshof 17.

Kann, Heinrich, Obering., Charlottenburg, Ilsenburger Straße 2.

Kármán, Th. von, Prof. Dr., Aachen, Technische Hochschule, Aerodynamisches Institut.

Kasinger, Felix, Direktor, Berlin W 50, Culmbacherstraße 14.

Kastner-Kirdorf, Gustav, Major a. D., Gräfelfing bei München, Haus »Siebenaich«.

Kastner, Hermann, Major a. D., Charlottenburg, Niebuhrstraße 58.

Katzmayr, Richard, Ing., Wien IV/18, Apfelgasse 3.

Kaumann, Gottfried, Dr., Dessau-Ziebigk, Junkers-Werke, Abt. Luftverkehr.

Kaye, G., Baurat, Junkers-Luftverkehr, Dessau-Ziebigk.

Kehler, Richard von, Major a. D., Charlottenburg, Dernburgstr. 49.

Keitel, Fred, Ing., Zürich (Schweiz), Schaffhausener Str. 24.

Kempf, Günther, $\mathfrak{Dr}$.-$\mathfrak{Ing}$., Direktor der Hamburgischen Schiffbau-Versuchsanstalt, Hamburg 33, Schlicksweg 21.

Kercher, Rudolf, cand. mach., Dessau, Kurze Zeile 1.

Kiefer, Theodor, Direktor, Seddin, Posthilfsstelle Jeseritz, Kreis Stolp i. Pomm.

Kindling, Paul, Ing., Friedrichshafen a. B., Luftschiffbau.

King, Oblt. a. D., $\mathfrak{Dipl}$.-$\mathfrak{Ing}$., Stuttgart, Kernbergstraße 32.

Kirchhoff, Frido, $\mathfrak{Dipl}$.-$\mathfrak{Ing}$., Dessau, Siedlung Waldweg 17,

Kjellson, Henry, Ziviling., Flygingeniör vid Svenska Armens Flygkompani, Malmslätt (Schweden).

Klages, Paul, Ing., Bremen, Gneisenaustr. 61.

Klefeker, Siegfried, Oberstlt. a. D., Prof. und Direktor der Deutschen Heeresbücherei, Berlin NW 7, Dorotheenstraße 48.

Kleffel, Walther, Berlin W 30, Heilbronner Str. 8.

Kleinschmidt, E., Prof., Dr., Stuttgart, Landeswetterwarte.

Klemm, Hanns, Reg.-Baumeister, Direktor der Daimler Motorenwerke, Sindelfingen, Bahnhofstr. 148.

Klemperer, Wolfgang, $\mathfrak{Dr}$.-$\mathfrak{Ing}$., Akron (Ohio) U.S.A., 379 Power Street.

Kloth, Hans, Regierungsbaumeister, I. Vorsitzender des Kölner Bez.-Vereins deutscher Ingenieure, Köln-Marienburg, Marienburger Str. 102.

Knauss, Robert, Dr., Berlin-Grunewald, Winklerstr. 23/II.

Knipfer, Kurt, Reg.-Rat, Charlottenburg, Windscheidstraße 3.

Knöfel, Fritz, Direktor, Kaufmann, München, Fürstenstr. 19.

Kober, Ilse, $\mathfrak{Dipl}$.-$\mathfrak{Ing}$., Aachen, Techn. Hochschule, Aerodynamisches Institut.

Kober, Th., $\mathfrak{Dipl}$.-$\mathfrak{Ing}$., Friedrichshafen a. B., Werastr. 15.

Koch, Erich, $\mathfrak{Dipl}$.-$\mathfrak{Ing}$., Charlottenburg, Neue Kantstr. 25.

Kölzer, Joseph, Dr., Berlin W 30, Nollendorfstr. 29/30.

König, Georg, Obering., Berlin-Dahlem, Podbielskyallee 61.

König, Georg, Zahnarzt, Frankenstein i. Schles.

Könitz, Hans Frhr. von, Major a. D., Planegg bei München, Albrecht-Dürerstraße.

Köpcke, Otto, Geh. Baurat, Dresden, Liebigstr. 24.

Kopfmüller, August, Dr., Friedrichshafen a. B., Drachenstation.

Koppe, Heinrich, Dr. phil., Abteilungsleiter der Deutschen Versuchsanstalt für Luftfahrt Adlershof, Flugplatz.

Köppen, Joachim von, Oblt. a. D., Charlottenburg 2, Kantstraße 164.

Koschel, Ernst, Oberstabsarzt a. D., Dr. med. et phil., Berlin W 57, Mansteinstr. 5.

Koschmieder, H., Privatdozent, Dr., Berlin W. 56, Schinkelplatz 6.

Krause, Max, Fabrikbesitzer, Berlin-Steglitz, Grunewaldstraße 44.

Krauss, Julius, Regierungsbaumeister, $\mathfrak{Dipl}$.-$\mathfrak{Ing}$., München, Wolfratshauser-Str. 100.

Krayer, August, Direktor der Victoria zu Berlin, Berlin SW 68, Lindenstr. 20/21.

Krell, Otto, Prof., Direktor der Siemens-Schuckert-Werke, Berlin-Dahlem, Cronberger Str. 26.

Kretschmer, Georg, Lehrer, Holzkirch a. Quais, Kr. Lauban i. Schles.

Krey, H., Regierungsbaurat, $\mathfrak{Dr}$.-$\mathfrak{Ing}$. e. $\mathfrak{h}$., Leiter der Versuchsanstalt für Wasserbau und Schiffbau, Berlin NW 23, Schleuseninsel im Tiergarten.

Krogmann jr., Adolf, Kaufmann, Dessau-Ziebigk, Junkers-Luftverkehr.

Kromer, Ing., Leiter d. Abt. Luftfahrzeugbau d. Polytechnikums Frankenhausen, Frankenhausen a. Kyffhäuser.

Kruckenberg, Fr., Direktor, $\mathfrak{Dipl}$.-$\mathfrak{Ing}$., Heidelberg, Unter der Schanz 1.

Krüger, Karl, Dr. phil., Mehlem, Rhld., Haus »Schlägel und Eisen«.

Krupp, Curt, Domänenpächter, Bienau b. Liebemühl, Ostpreußen.

Ksoll, Josef, Kfm., Hünern, Post Wiese.

Kuchel, L., Berlin W 15, Duisburger Str. 12.

Kuhn, Carl, Kaufmann, Hamburg 5, An der Alster 52.

Kuhnen, Fritz, cand. ing., Dessau, Waldweg 24.

Kutta, Wilhelm, Prof. Dr., Stuttgart-Degerloch, Römerstraße 138.

Kutzbach, K., Prof., Direktor des Versuchs- und Materialprüfungsamtes der Techn. Hochschule Dresden, Dresden-A. 24, Liebigstr. 22.

Lachmann, G., $\mathfrak{Dr}$.-$\mathfrak{Ing}$., Berlin W 62, Burggrafenstr. 14.

Lachmann, K. E., Berlin W 30, Heilbronner Str. 8.

Lademann, R., cand. math. et astro., Berlin NW 23, Holsteiner Ufer 12.

Lahs, Rudolf, Fregattenkapitän, Berlin W 10, Königin-Augusta-Str. 38/42.

Lampe, Hanns, $\mathfrak{Dr}$.-$\mathfrak{Ing}$., Hamburg 26, Schulenbecksweg 4.

Landmann, Werner, Berlin-Wilmersdorf, Detmolder-Straße 13 b. Baerns.

Langer, Rudolf, $\mathfrak{Dipl}$.-$\mathfrak{Ing}$., Göttingen, Prinz-Albrecht-Straße 11/I.

Langsdorff, Werner von, $\mathfrak{Dr}$.-$\mathfrak{Ing}$., Frankfurt a. M., Gartenstr. 20, b. Berg.

Lascuxain y Osio, Angel de, Ing., Talleres Nacionales de Aviacion, Mexico-City.

Laudahn, Wilhelm, Ministerialrat, Berlin-Lankwitz, Meyer-Waldeck-Str. 2pt.

Leberke, Erich, Dr. phil., Berlin SW 47, Hagelberger Str. 44.

Leonhardy, Leo, Major a. D., Staaken b. Berlin, Siedlung, Königstraße, Deutsche Verkehrs-Fliegerschule.

Leyensetter, Walther, $\mathfrak{Dr}$.-$\mathfrak{Ing}$., Cannstatt, Schillerstraße 21.

Liebers, Fritz, Dr. phil., Berlin-Adlershof, Radickestraße 33/I.

Lindenberg, Carl, Ministerialrat im Reichsschatzministerium, Charlottenburg, Knesebeckstr. 26.

Linke, F., Prof., Dr., Frankfurt a. M., Mendelssohnstr. 77.

Linsingen, Lothar von, Major a. D., Berlin W, Bambergerstraße 59 IV.

Listemann, Fritz, Hauptmann a. D., Berlin-Grunewald, Hubertusallee 11 a.

Longolius, Fritz, $\mathfrak{Dipl}$.-$\mathfrak{Ing}$., Dessau-Ziebigk, Junkers-Luftverkehr.

Lorenz, Geh. Reg.-Rat, Prof., Dr.-Ing. e. h., Dr., Danzig-Langfuhr, Johannisburg.

Lorenzen, C., Ing., Fabrikant, Berlin, Treptower Chaussee 2.

Löser, Max, Patentanwalt, Dresden, Ringstr. 23.

Lößl, Ernst von, Dr.-Ing., Casparwerke m. b. H., Lübeck-Travemünde.

Lüdemann, Karl, wiss. Mitarbeiter, Freiberg i. Sa., Albertstraße 26.

Ludowici, Wilhelm, Dr.-Ing., Karlsruhe i. B., Sophienstraße 7, b. Linsemann.

Lühr, Richard, Dipl.-Ing., Berlin-Halensee, Johann-Georg-Straße 22.

Lürken, M., Obering., Dessau, Cöthenerstr. 27.

Lutz, R., Prof., Dr.-Ing., Trondhjem, Techn. Hochschule.

Mackenthun, Hauptmann a. D., Berlin W 10, Tiergartenstraße 22.

Mader, O., Dr.-Ing., Dessau, Kaiserplatz 23.

Mades, Rudolf, Dr.-Ing., Berlin-Schöneberg, Kaiser-Friedrich-Str. 6.

Mainz, Hans, Ing., Köln-Deutz, Arnoldstr. 23 a.

Malmer, Ivar, Dr. phil., Privatdozent an der Techn. Hochschule Stockholm, Ingenieur bei dem Flugwesen der schwedischen Armee, Malmslätt (Schweden).

Mann, Willy, Ing., Suhl-Neundorf i. Thüringen.

Martens, Arthur, Dipl.-Ing., Hannover, Brühl 6.

Maschke, Georg, Rentier, Berlin SW 11, Hotel Prinz Albrecht.

Maurer, Ludwig, Dipl.-Ing., Obering., Berlin-Karlshorst, Heiligenberger Str. 9.

Maybach, Karl, Direktor, Dr.-Ing., Friedrichshafen am Bodensee, Zeppelinstr. 11.

Meckel, Paul A., Bankier, Berlin NW 40, In den Zelten 13.

Mederer, Robert, Direktor, Berlin W 35, Flottwellstr. 2.

Mehlhemmer, Alfred, Dr. phil. h. c., Mitinhaber der Firma Haw Propellerbau, G. m. b. H., Berlin-Schmargendorf, Auguste-Viktoria-Str. 65.

Merkel, Otto Julius, Deutscher Aero-Lloyd, W 66, Mauerstraße 63.

Mertens, Walter, Hannover, Engelborsteler Damm 20.

Messerschmitt, Willy, Dipl.-Ing., Bamberg, Lange Str. 41.

Messter, Oskar, Berlin-Dahlem, Parkstr. 56.

Meycke, Ing., Frankfurt a. M., Kranichsteiner Str. 9/I.

Meyer, Eugen, Geh. Reg.-Rat, Prof., Dr., Charlottenburg, Neue Kantstr. 15.

Meyer, Otto, Direktor, Nürnberg, Tristanstr. 5.

Meyer, P., Prof., Delft, Heemskerkstraat 19.

Meyer-Cassel, Werner, Hamburg, Etzestr. 20, b. Röse.

Michael, Franz, Dipl.-Ing., München, Hohenzollernstr. 120.

Milch, Erhard, Hauptmann a. D., Direktor, Berlin W 66, Mauerstr. 63.

Mises, von, Prof., Dr., Berlin W 30, Neue Winterfeldstr. 43.

Mitterwallner, Paul H. von, Dipl.-Ing., Friedrichshafen a. B., Dornier-Metallbauten G. m. b. H., Windhag.

Moll, Hermann, Travemünde, Casparwerke.

Möller, E., Dr.-Ing., Darmstadt, Alicestr. 18.

Möller, Harry, Major a. D., Berlin NW 87, Wullenweberstraße 8.

Morell, Wilhelm, Leipzig, Apfelstr. 4.

Morin, Max, Patentanwalt, Dipl.-Ing., Berlin W 57, Yorkstr. 46.

Mossner, K. J., Architekt, Berlin W 10, Viktoriastr. 11.

Moy, Max Graf von, Oberzeremonienmeister, Obenhausen bei Illertissen. [Im Winter: München, Gabelsbergerstraße 35].

Mühlig-Hofmann, Oberregierungsrat, Berlin W 66, Wilhelmstr. 80.

Müller, Friedrich Karl, Ing., Monschau (Eifel).

Müller, Fritz, Dr.-Ing., Berlin-Halensee, Küstriner Str. 4.

Müller, Horst, cand. ing., Charlottenburg 1, Wilmersdorferstraße 149/II.

Müller, Werner, Dipl.-Ing., Spandau, Straßburgerstr. 43.

Münzel, Alexander, Dipl.-Ing., Dessau, Junkerswerke, Funkplatz 3.

Muttray, Georg Justus, Dipl.-Ing., Dessau, Blumenthalstraße. 1.

Muttray, Horst, Dipl.-Ing., Göttingen, Alter Stegmühlenweg 18.

Naatz, Hermann, Dipl.-Ing., Obering., Berlin W 50, Schwäbische Str. 19.

Nägele, Karl Fr., Ing., Berlin-Neukölln, Saalestr. 38.

Neuber, Dr., Frhr. von Neuberg, Berlin W 8, Mohrenstraße 26, b. Berg.

Neumann, Emil, Kaufmann, Meiningen, Sedanstr. 14.

Niemann, Erich, Hauptmann a. D., Direktor, Charlottenburg 9, Eichenallee 11.

Noack, W., Dipl.-Ing., Ing. i. Fa. Brown Boveri & Co., Baden b. Zürich (Schweiz), Rütistr. 12.

Nord, Ferdinand-Ernst, Oblt. a. D., Halle a/S., Idunahaus.

Nostiz, Otto Ernst von, Oblt. a. D., Berlin, Hektorstr. 6.

Nußbaum, Otto, Ing., Sofia, Bulgarien, Aerodrom-Bojurischte.

Nusselt, W., Prof., Dr.-Ing., München, Ludwigstr. 29.

Offermann, Erich, Ing., Berlin-Grunewald, Königsweg 127.

Oertz, Dr.-Ing. h. c., Hamburg, An der Alster 84.

Oxé, Werner, Polizei-Oblt., Magdeburg, Falkenbergstr. 7/I.

Pank, Paul Eduard, Dipl.-Ing., Berlin W 50, Schaperstr. 30.

Parseval, A. von, Prof., Dr. h. c. Dr.-Ing., Charlottenburg, Niebuhrstr. 6.

Perlewitz, Paul, Reg.-Rat, Dr., Hamburg, Deutsche Seewarte.

Persu, Aurel, Prof., Dipl.-Ing., Direktor, Bukarest, Calea Viktoriei 202.

Pfister, Edmund, Dipl.-Ing., Berlin-Pankow, Mendelstraße 51/II.

Pilgrim, Max von, Dipl.-Ing., Berlin-Adlershof, Bismarckstraße 7.

Plauth, Karl, Dipl.-Ing., Dessau, Ringstr. 23 a.

Pleines, Wilhelm, Dipl.-Ing., Berlin-Schöneberg, General Papestraße 2, Wilhelmerhaus.

Ploth, August-Albert, Berlin W. 50, Bambergerstr. 53.

Pohlhausen, Ernst, Dr., o. Prof. f. angew. Mathematik a. d. Universität Rostock, Rostock in Mecklbg., Augustenstr. 25.

Polis, P. H., Prof., Dr., Aachen, Monsheimsallee 62.

Prandtl, L., Prof., Dr.-Ing., Dr., Göttingen, Bergstr. 15.

Prill, Paul, Ziviling., Flugzeuging., München, Cuvilliesstr. 1.

Pröll, Arthur, Prof., Dr.-Ing., Hannover, Welfengarten 1.

Prondzynski, Stephan von, Kapitänleutnant a. D., Berlin-Steglitz, Kurfürstenstr. 4.

Proske, Paul, Polizeioberwachtmeister, Glogau a. Oder, Friedrichstr. 3/I.

Quittner, Viktor, Dr., Dipl.-Ing., Wien I, Hohenstaufengasse 10.

Rackowitz, Karl, Gutsverwalter, Kochanietz, Kr. Cosel, O/S.

Rahlwes, Kurt, Dipl.-Ing., Hannover-Münden, Questenberg 12.

Rahtjen, Arnold, Dr. chem., Berlin-Wilmersdorf, Jenaer Straße 17/II.

Raethjen, Paul, Dr. phil., Gersfeld/Rhön, Wasserkuppe.

Rasch, F., Amsterdam, Rokin 84.

Rau, Fritz, Obering. i. Fa. Fafnir-Werke, Aachen.

Redlin, Johannes, Syndikus, Gerichtsassessor a. D., Charlottenburg, Berlinerstr. 97/II.

Regelin, Hans, Ing., Berlin W 50, Marburgerstr. 17.

Reiners, Hellmuth, Ingenieur, Berlin-Schöneberg, Cäciliengärten 23.

Reinhardt, Siegfried, Berlin W 10, Matthäikirchstr. 12.

Reiniger, Paul, Dipl.-Ing., Oberregierungsrat und Mitglied des Reichspatentamtes, Berlin-Friedrichshagen, Steinplatz.

Rethel, Walter, Ing., Arado-Werft, Warnemünde.

Richthofen, Wolfram Frhr. von, Dipl.-Ing., Berlin-Süd-ende, Oehlertstr. 25.

Ritter, Kaplt., Berlin W 10, Königin Augustastr. 38/42, Reichswehrministerium, Marineleitung.

Ritter, Vorstandsmitglied der Hamburg-Amerika-Linie, Hamburg, Alsterdamm 25.

Ritter, Karl, Hptm. a. D., München, Konradstr. 2.

Rohrbach, Adolf K., Dr.-Ing., Berlin-Wilmersdorf, Ruhr-straße 12.

Rölz, Gottfried, cand. mach., Eßlingen a/N., bei Gipser-meister Hink.

Rosenbaum, B., Dipl.-Ing., i. Fa. Erich F. Huth, G. m. b. H., Berlin SW 48, Wilhelmstr. 130.

Roesler, Rudolf, Dipl.-Ing., München, Friedrichstr. 18.

Rostin, Walter, Kaufmann, Charlottenburg 5, Holtzen-dorffstr. 14.

Roth, H., Dr., phil. nat., Frankfurt a. M., Gr. Gallusstr. 7.

Roth, Richard, Dipl.-Ing., Charlottenburg, Sybelstr. 40.

Rothgießer, Georg, Ing., Berlin W 30, Martin-Luthertr. 91.

Rothkirch und Panten, Jarry von, Schloß Massel, Kr. Trebnitz, Bez. Breslau.

Rotter, Ludwig, cand. ing., Flugzeugkonstrukteur, Buda-pest VIII, Rökk Szillard-u. 31. III. 12.

Rottgardt, Karl, Dr. phil., Direktor i. Fa. Erich F. Huth G. m. b. H., Berlin SW 48, Wilhelmstr. 130.

Roux, Max, Geschäftsleiter und Mitinhaber d. Fa. Carl Bamberg, Berlin-Friedenau, Kaiserallee 87/88.

Rühl, Karl, Dipl.-Ing., Berlin NO 55, Danzigerstr. 50.

Rumpler, Edmund, Dr.-Ing., Berlin NW., Friedrichstr.100.

Ruppel, Carl, Ziviling., Charlottenburg, Dernburgstr. 24.

Rynin, Nicolaus, Prof., Petrograd, Kolomenskaja Straße 37, Wohn. 25.

Seehase, Dr.-Ing., Berlin SO 36, Elsenstr. 1.

Seewald, Friedrich, Dr.-Ing., Berlin-Grünau, Bahnhofstr.3.

Seiferth, Reinhold, Dipl.-Ing., Göttingen, Alter Steg-mühlenweg 8.

Seilkopf, Heinrich, Dr., Hamburg, Deutsche Seewarte.

Seppeler, Arnold, Ing., Stuttgart, Relenbergstr. 33.

Seppeler, Ed., Dipl.-Ing., Neukölln, Saalestr. 38.

Serno, Major a. D., Charlottenburg, Leonhardtstr. 5/II.

Seydel, Edgar, Dipl.-Ing., Berlin-Adlershof, Roonstr. 18.

Silverberg, P., Generaldirektor, Dr., Köln, Kaiser-Fried-rich-Ufer 55.

Simon, Robert Th., Kommerzienrat, Kirn a. d. Nahe.

Soden-Fraunhofen, Graf von, Dipl.-Ing., Friedrichs-hafen a. B., Zeppelinstr. 10.

Solff, Karl, Major a. D., Direktor, München, Goethestr. 15.

Sonntag, Richard, Dr.-Ing., Privatdozent, Regierungs-baumeister a. D., Oberingenieur a. D., Beratender Ingenieur V.B.I., Friedrichshagen b. Berlin, Cöpenicker Straße 25.

Spiegel, Julius, Dipl.-Ing., Charlottenburg, Fredericia-straße 32.

Spies, Rudolf, Charlottenburg, Mommsenstr. 57.

Spiess, Albrecht, Oblt. a. D., Charlottenburg 2, Knese-beckstr. 70/71.

Spieweck, Bruno, Dr. phil., Berlin-Adlershof, Kronprinzen-straße 14/I.

Springsfeld, Carl, Fabrikdirektor, Dipl.-Ing., Aachen, Fafnirwerke, A.-G.

Sultan, Martin, Dr. med. dent., Zahnarzt, Berlin-Schöne-berg, Innsbrucker-Str. 54.

Süring, R., Geh.Reg.-Rat, Prof., Dr., Vorsteher d. Meteoro-logischen Observatoriums, Potsdam, Telegrafenberg.

Schaffran, Dr., Leiter des Wissenschaftlich-Technischen Instituts für Schiffsantrieb, Hamburg-Altona, Friedens-allee 7, b. Zeise.

Schapira, Carl, Dr.-Ing., Direktor d. Ges. »Telefunken«, Berlin SW 61, Tempelhofer Ufer 9.

Schatzki, Erich, Dipl.-Ing., Berlin-Schöneberg, Salzburger-str. 8 b/Koller.

Schellenberg, R., Dr.-Ing., Berlin-Halensee, Johann-Georg-Str. 26, b. Tönges.

Scherle, Joh., Kommerzienrat, Direktor der Ballonfabrik Riedinger, Augsburg, Prinzregentenstr. 2.

Scherschevsky, Alexander, stud. ing. et phil., Berlin-Zehlendorf-West, Beerenstr. 33, b. Schreiber.

Scherz, Walter, Ing. Friedrichshafen a. B., Seestr. 75.

Scheubel, N., Dipl.-Ing., Techn. Hochschule Aachen, Aero-dynamisches Institut.

Scheuermann, Erich, Dipl.-Ing., Geschäftsführer der Udet-Flugzeugbau G. m. b. H., München, Rosenheimer Straße 249.

Scheve, Götz von, Hptm. a. D., Berlin-Friedenau, Oden-waldstr. 21.

Schicht, Friedrich, Student, Dresden 24, Bayreuther-straße 40.

Schieferstein, Heinrich, Obering., Charlottenburg, Kaiser-Friedrich-Str. 1.

Schilhansl, Max, Dipl.-Ing., München, Schleißheimer Straße 87/II.

Schiller, Ewald, Pat.-Ing., Weimar, Schwanseestr. 24.

Schiller, Ludwig, Dr., Leipzig, Linnéstr. 5.

Schinzinger, Reginald, Dipl.-Ing., Junkerswerke, Dessau, Leipziger Straße 45.

Schleusner, Arno, Dipl.-Ing., Recklinghausen, Oer-weg 53.

Schlink, Prof., Dr.-Ing., Darmstadt, Olbrichsweg 10.

Schlotter, Franz, Ing., Dessau, Friederikenstr. 55c.

Schmedding, Baurat, Direktor der Oertz-Werft A.-G., Neuhof bei Hamburg, Wilhelmsburg-Elbe 4.

Schmiedel, Dr.-Ing., Berlin W 62, Lutherstr. 18.

Schmidt, E., Ing., Frankenstein i. Schles., Bahnhofstr. 15.

Schmidt, Georg, Ing., Berlin W 57, Winterfeldtstr. 6, bei Streckfuß.

Schmidt, J. G. Karl, Solingen, Dr. W. Kampschulte, A.-G.

Schmidt, Richard Carl, Verlagsbuchhändler, Berlin W 62, Lutherstr. 14.

Schmidt, Werner, Dipl.-Ing., Dozent f. Flugzeugbau a. Kyffh. Technikum, Frankenhausen a. Kyffh., Bach-weg 6.

Schneider, Franz, Direktor der Franz Schneider Flug-maschinenwerke, Berlin-Wilmersdorf, Konstanzer Str. 7.

Schneider, Helmut, Dipl.-Ing., Gaggenau, Hebelstr. 5.

Schnitzer-Fischer, Robert, Dipl.-Ing., Kempten i. Allg.

Scholler, Karl, Dr.-Ing., Hannover, Heinrichstr. 52.

Schoeller, Arthur, Hauptmann a. D., Berlin-Schöneberg, Bayer. Platz 4/III.

Schramm, Josef, stud. techn., Klingenthal i. S., Auer-bacher Straße, b. Köstler.

Schreiber, Otto, Geh. Reg.-Rat, Prof., Dr., Königsberg i. Pr., Hammerweg 3.

Schrenk, Martin, Dipl.-Ing., Deutsche Versuchsanstalt für Luftfahrt, Berlin-Adlershof.

Schroeder, Joachim von, Major a. D., Berlin-Halensee, Joachim Friedrichstr. 53.

Schröder, Theodor, cand. mach., Berlin-Grünau, Köpe-nikerstr. 12 bei Frau Klein.

Schubert, Rudolf, Dipl.-Ing., Berlin-Friedrichshagen, See-straße 63.

Schües, Edgar, Hamburg, Menckebergstr. 27.

Schulte-Frohlinde, Dipl.-Ing., Marina di Pisa, Via del Fortino 2.

Schultz, Ortwin von, Kaufmann, Hannover, Rumannstr. 28.

Schumann, Herbert, Versicherungsbeamter, Leipzig-R., Oststr. 2.

Schumann, W. O., Prof., München, Ainmillerstr. 37.

Schüttler, Paul, Direktor der Pallas-Zenith-Gesellschaft, Charlottenburg, Wilmersdorfer Str. 85.

Schwager, Otto, Dipl.-Ing., Obering, Deutsche Kraft-fahrzeug-Werke Haselhorst-Spandau, Berliner Chaussee.

Schwartz, Wilhelm, Reichswirtschaftsrichter a. W., Berlin-Lichterfelde-Ost, Heinersdorfer Str. 27.

Schwarz, Robert, Dipl.-Ing., Hannover, Militärstr. 20.

Schwengler, Johannes, Obering., Strelitz i. M., Fürsten-berger Str. 1.

Stadie, Alfons, Dipl.-Ing., Obering., Charlottenburg, Grolmannstr. 52/54.

Stahl, Friedrich, Hauptmann, Cassel, Nebelthaustr. 12.

Stahl, Karl, Obering., Friedrichshafen a. B., Seestr. 37.

Staiger, Ludwig, Ing., Birkenwerder, Bez. Potsdam, Briese Allee 28.

Staufer, Franz, Dipl.-Ing., München, Kaiserstr. 47.

Stauß, Emil Georg von, Dr.-Ing. e. h., Direktor der Deutschen Bank, Berlin W 8, Mauerstraße 39/I.

Steffen, Major a. D., Berlin W 35, Schöneberger Ufer 13.

Steinen, Carl von den, Marinebaurat, Dipl.-Ing., Hamburg, Erlenkamp 8.

Steiner, Adolf, Ing., Berlin SW 68, Kochstr. 49, b/Kieselbach.

Stelzmann, Josef, Köln a. Rh., Stollwerckhaus.

Stempel, Friedrich, Oberstleutnant a. D., Schachen/Bodensee, Landhaus Giebelbach.

Stender, Walter, Volontär, Mittweida i. Sa., Melanchthonstraße 5.

Stieber, W., Dr.-Ing., Deutsche Versuchsanstalt für Luftfahrt E. V., Berlin-Adlershof. Privat: Berlin-Grünau, Königstr. 7.

Stoeckicht, Wilh., Dipl.-Ing., München-Solln, Erikastr. 3.

Stöhr, Werner, Dipl.-Ing., Leipzig, Pößnerweg 2.

Straubel, Prof., Dr. med. et phil. h. c., Jena, Botzstr. 10.

Stuckhardt, Herbert, Oblt. a. D., Berlin W 15, Lietzenburger Str. 15.

Student, Kurt, Hauptmann, Berlin-Pankow, Florastr. 89.

Taub, Josef, Dipl.-Ing., Berlin NW., Klopstockstr. 50.

Tempel, Heinz, Dipl.-Ing., Charlottenbnrg, Schillerstraße 37/38.

Tetens, Hans, Major a. D., Direktor des Verbandes Deutscher Luftfahrzeug-Industrieller, Berlin-Halensee, Halberstädter Str. 2.

Tetens, Otto, Prof., Dr., Observator, Lindenberg, Kreis Beeskow, Observatorium.

Thalau, K., Dr.-Ing., Berlin-Schöneberg, Am Park 13, bei Noël.

Theis, Karl, Dipl.-Ing., Stralsund, Sarnowstr. 20.

Thelen, Robert, Dipl.-Ing., Hirschgarten b. Friedrichshagen-Berlin, Eschenallee 5.

Thiel, Raphael, Dipl.-Ing., Warnemünde, Flugzeugwerke Ernst Heinkel.

Thierauf, Adam, Ing., Fabrikbesitzer, Hof i. Bayern, Vorstadt 20.

Thilo, Daniel, Präsident der Oberpostdirektion Potsdam, Potsdam, Am Kanal 16/18.

Thoma, Dieter, Prof., Dr.-Ing., München 19, Sophie-Stehle-Str. 6.

Thomas, Erik, Dipl.-Ing., Deutsche Versuchsanstalt für Luftfahrt E. V., Berlin-Adlershof.

Thomsen, Otto, Dipl.-Ing., Ziebigk b. Dessau-Alten.

Thüna, Frhr. von, Potsdam, Bertinistr. 17.

Tietjens, Oskar, Dr. phil., Göttingen, Schillerstr. 43.

Tischbein, Willy, Direktor d. Continental-Caoutchouc und Guttapercha Comp., Hannover, Vahrenwalder Str. 100.

Tonn, Eberhard, Dipl.-Ing., Breslau 2, Buddestr. 11.

Törppe, Ernst, Berlin SW 29, Zossener Str. 53.

Trefftz, E., Prof. Dr., Dresden, Nürnberger Str. 31/I.

Trenckmann, Johannes, Direktor, Berlin-Friedenau, Stubenrauchstr. 9.

Tritzschler, Fritz, Frankenstein i. Schles.

Tschudi, Georg von, Major a. D., Berlin-Schöneberg, Apostel-Paulus-Str. 16.

Tyszka, Heinrich von, Berlin W 8, Taubenstr. 1/2.

Udet, Ernst, Oblt. a. D., München, Rosenheimerstr. 249.

Uding, Rudolf, Dipl.-Ing., Berlin-Schöneberg, Am Park 13.

Unger, Eduard, Dipl.-Ing., Nürnberg, Birkenstr. 3.

Ungewitter, Kurt, Ing., Berlin W 15, Darmstädter Str. 9.

Ursinus, Oskar, Ziviling., Frankfurt a. M., Bahnhofsplatz 8.

Veiel, Georg Ernst, Dr. jur. et. rer. pol., Rittm. a. D., Berlin NW 7, Friedrich Ebertstr. 25.

Veith, Hermann, Dipl.-Ing., Stuttgart, Flugplatz Böblingen.

Vierling, Direktor, München, Briennerstr. 8.

Vietinghoff-Scheel, Karl Baron von, Dr., Berlin W 10, Tiergartenstr. 16.

Vogt, Richard, Dr.-Ing., Sowajama Aza Takaha, Rokkomuro (Mukogun), Kobe-shigai (Japan).

Voigt, Eduard, Dipl.-Ing., Berlin-Wilmersdorf, Pfalzburgerstraße 67.

Wachsmuth, Gustav Adolf, Charlottenburg, Schloßstr. 17.

Wagenführ, Felix, Oberstlt. a. D., Dir. d. Arado-Handelsgesellschaft, Berlin W 10, Friedrich-Wilhelm-Str. 18.

Wagner, Arthur, Fürstl. Markscheider-Assistent, Ober-Waldenburg i. Schles., Chausseestr. 3 a.

Wagner Edler von Florheim, Nikolaus, Major, Wien III/40, Rasumofskygasse 27.

Wagner, Rud., Dr., Obering., Hamburg, Bismarckstr. 105.

Waitz, Hans, Generalmajor a. D., Bad Homburg v. d. H., Gymnasiumstr. 8.

Wäller, Karl, Bremen, Ostertorwall 19/20.

Walter, M., Direktor des Norddeutschen Lloyd, Bremen, Lothringerstr. 47.

Wankmüller, Romeo, Direktor, Berlin W 15, Kurfürstendamm 74.

Wassermann, B., Patentanwalt, Dipl.-Ing., Berlin SW 68, Alexandrinenstr. 1 b.

Weber, M., Prof. a. d. Techn. Hochschule Charlottenburg, Berlin-Nikolassee, Lückhoffstr. 19.

Weidinger, Hans, Dipl.-Ing., Assistent a. d. Techn. Hochschule München, Pasing b. München, Graefstr. 7.

Weigelt, Kurt, Dr., Berlin W, Keithstr. 3.

Weil, Kurt H., Dipl.-Ing., Dessau-Ziebigk, Junkers-Luftverkehr.

Weisshaar, Prof. Dr., Direktor der staatlichen technischen Schulen, Hamburg, Lübeckertor 24.

Wendlandt, Fritz, Dipl.-Ing., Staaken bei Spandau, Deutscher Aero-Lloyd A.-G.

Wenke, Helmuth, Ing., Dessau, Boelckestr. 1.

Wentscher, Bruno, Hauptm. a. D., Redakteur a. Berl. Lokalanzeiger, Charlottenburg I, Guerickestr. 41.

Wertenson, Fritz, Ing., München, Isabellastr. 27.

Westphal, Paul, Ing., Berlin-Dahlem, Altensteinstr. 33.

Weyl, Alfred Richard, Ing., Berlin W 30, Martin-Luther-Straße 13, b. Grund.

Wichmann, Wilhelm, Ing., »Ikarus« A. D. Toornica Aero i Hidroplana, Novi Sad (Jugoslawien).

Wiechert, E., Geheimrat, Prof., Dr., Göttingen, Herzberger Landstr. 180.

Wiener, Otto, Prof., Dr., Direktor des Physik. Instituts der Universität Leipzig, Linnéstr. 5.

Wigand, Albert, Dr. Prof., Hohenheim b. Stuttgart.

Wilamowitz-Moellendorf, Hermann von, Hauptm. a. D., Charlottenburg 9, Eichenallee 12.

Willmann, Paul, Fabrikbesitzer, Berlin SW 61, Blücherstraße 12.

Winter, Hermann, Dipl.-Ing., Flugplatz Bojurischte, Sofia, Bulgarien.

Winterfeldt, Georg von, Kaptlt. a. D., Königsberg i. Pr., Flughafen Devau.

Wirsching, Jakob, Ing., Stuttgart-Gablenberg, Gaishämmerstr. 14.

Wischer, Marinebaumeister, Zehlendorf-West, Georgenstraße 9.

Wittmann, Karl, Charlottenburg, Stuttgarter Platz 20, b. Schneider.

Wolf, Heinrich, Kaufmann, Leipzig, Löhosstr. 21.

Wolff, E. B., Direktor, Dr., Amsterdam, Marinewerft.

Wolff, Ernst, Major a. D., Dipl.-Ing., Direktor, Berlin-Lichterfelde-Ost, Bismarckstr. 7.

Wolff, Hans, Dr. pnil., Breslau VIII, Rotkretscham.

Wolff, Harald, Obering. d. Siemens-Schuckert-Werke, Charlottenburg, Niebuhrstr. 57.

Wolff, Jakob, Hamburg, Gr. Bleichen 23/IV.

Wronsky, Direktor, Berlin-Lankwitz, Bruchwitzstr 4

Wulffen, Joachim von, stud. ing., Rittergut Walbruch, Machlin, Bez. Köslin.

Ysenburg, Ludwig Graf von, Dr., Frankfurt a. M., Robert-Mayer-Str. 2.

Zabel, Werner, Dr. med., Universitätsklinik, München, Mathildenstr. 2.
Zahn, Werner, Hauptmann a. D., Braunschweig, Rebenstraße 17.
Zeyssig, Hans, Dipl.-Ing., Berlin-Lichterfelde-West, Holbeinstr. 2.
Zimmermann, Karl, Ingenieur, Waren (Müritz), Kaiser-Wilhelm-Allee 52.
Zimmer-Vorhaus, Major a. D., Breslau 13, Augustastr. 65.
Zindel, Ernst, Dipl.-Ing., Dessau, Ruststr. 3, bei Ahrendt.
Zoller, Johann, Hofrat, Oberbaurat, Wien IX/2, Severingasse 7.
Zürn, W., Direktor der W. Ludolph A.-G., Bremerhaven, Mühlenstr. 2.

d) Außerordentliche Mitglieder.

Aero-Club von Deutschland, Berlin W 35, Blumeshof 17.
Aerogeodetic Mij voor Aerogeodesio, Zweigniederlassung Berlin-Zehlendorf Wsb., Goerzallee.
Akademische Fliegergruppe der Techn. Hochschule Berlin, Charlottenburg, Berliner Str. 170/71.
Albatros-Flugzeugwerke G. m. b. H., Berlin-Johannisthal, Flugplatz.
Argentinischer Verein Deutscher Ingenieure, Buenos-Aires, Moreno 1059.
Argus-Motoren-Gesellschaft m. b. H., Berlin-Reinickendorf.
Bahnbedarf Aktiengesellschaft, Darmstadt.
Bayerische Motoren-Werke A.-G., München, Lerchenauer Straße 76.
Benz & Cie., Mannheim.
Berliner Flughafen-Gesellschaft m. b. H., Berlin SW 29, Tempelhofer Feld.
Casparwerke m. b. H., Travemünde. (Berlin-Schöneberg, Meraner Str. 2.)
Chemische Fabrik Griesheim-Elektron, Frankfurt a. M.
Chemisch-Technische Reichsanstalt, Berlin, Postamt Plötzensee.
Daimler-Motoren-Gesellschaft, Werk Sindelfingen.
Deutsche Kraftfahrzeug-Werke A.-G., Werk Haselhorst, Spandau, Berliner Chaussee.
Deutsche Luft-Hansa A.-G., Berlin W 66, Mauerstr. 63/65.
Deutscher Luftfahrt-Verband, Ortsgruppe Hof E. V., Hof i. B.
Deutsches Museum, München, Museumsinsel 1.
Dornier-Metallbauten G. m. b. H., Friedrichshafen a. B.-Seemoos.

Gyrorector-Gesellschaft m. b. H., Charlottenburg, Joachimsthalerstr. 43/44.
Hamburg-Amerika-Linie, Hamburg.
Leipziger Verein für Luftfahrt und Flugwesen E. V., (D.L.V.), Leipzig, Neumarkt 40.
Lepel-Hochfrequenz-Zündungs-Vertriebs-Ges. m. b. H., Charlottenburg 5, Windscheidstr. 1.
Ludolph, W., A.-G., Bremerhaven, Mühlenstr. 2.
Luftfahrtsektion d. Königl. Ungarischen Handelsministeriums, Budapest I, Besci capu ter 4.
Luft-Fahrzeug-Gesellschaft m. b. H., Berlin W 62, Kleiststraße 8.
Luft-Verkehrs-Gesellschaft, Arthur Müller, Berlin-Johannistal, Großberlinerdamm.
Magistrat Berlin, Berlin W 9, Friedrich Ebertstr. 5.
Maschinenfabrik Augsburg-Nürnberg A.-G., Augsburg.
Maybach-Motorenbau G. m. b. H., Friedrichshafen a. B.
Mehlich, J., A.-G., Zweigwerk Leipzig-Heiterblick vorm. Automobil-Aviatik A.-G., Leipzig-Schönfeld.
Messter, Ed., G. m. b. H., Abt. Optikon, Berlin W 8, Leipziger Str. 110/11.
Metallbank und Metallurgische Ges. A.-G., Frankfurt a. M., Bockenheimer Anlage 45.
Nationale Automobil-Gesellschaft A.-G., Berlin-Oberschöneweide.
Reichsverband d. Deutschen Automobilindustrie, Berlin NW, Unter den Linden 12.
Rhenania-Ossag Mineralöle A.-G., Düsseldorf, Rhenaniahaus.
Rohrbach-Metallflugzeugbau G. m. b. H., Berlin SW 68, Friedrichstr. 203.
Segelflugvereinigung der Technischen Hochschule, Wien IV, Karlsplatz 13.
Siemens & Halske A.-G., Blockwerk, Siemensstadt b. Berlin.
Süddeutscher Aero-Lloyd A.-G., München, Liebigstr. 10a.
Schiffbauabt. im Polytechnikum Petrograd-Sosnovka (Rußland), Polytechnikum.
Staatspolizeiverwaltung, Abt. IV B., Dresden A 1, Schließfach 337 (Schloßstr. 25).
Stahlwerk Mark A.-G., Breslau 17, Westend.
Stuttgarter Verein. Versicherungs-Aktiengesellschaft in Stuttgart. Abteilung für Luftfahrt-Versicherung, Stuttgart, Uhlandstr. 5—7.
Udet-Flugzeugbau G. m. b. H., München-Ramersdorf.
Verband Deutscher Flieger i. d. C. S. R., Ortsgruppe Mähr.-Schönberg, Vorsitzender: Fritz Schuster, Mähr.-Schönberg, Sumperk.
Verein Dresden des Deutschen Luftfahrt-Verbandes E. V., Dresden-A. 16, Bertheltstr. 5.
Vereinigung ehem. Luftschiffbesatzungen, Berlin, Chausseestraße 94. Adresse: Hans Kuhnke, Berlin-Reinickendorf-West, Berliner Str. 113.

II. Satzung.

Neudruck nach den Beschlüssen der XIV. Ordentlichen Mitglieder-Versammlung vom 9. bis 12. September 1925.

I. Name und Sitz der Gesellschaft.

§ 1.

Die am 3. April 1912 gegründete Gesellschaft führt den Namen »Wissenschaftliche Gesellschaft für Luftfahrt E. V.«. Sie hat ihren Sitz in Berlin und ist in das Vereinsregister des Amtsgerichtes Berlin-Mitte eingetragen unter dem Namen: »Wissenschaftliche Gesellschaft für Luftfahrt. Eingetragener Verein.«

II. Zweck der Gesellschaft.

§ 2.

Zweck der Gesellschaft ist die Förderung der Luftfahrt auf allen Gebieten der Theorie und Praxis, insbesondere durch folgende Mittel:

1. Mitgliederversammlungen und Sprechabende, an denen Vorträge gehalten und Fachangelegenheiten besprochen werden.
2. Herausgabe einer Zeitschrift sowie von Forschungsarbeiten, Vorträgen und Besprechungen auf dem Gebiete der Luftfahrt.
3. Stellung von Preisaufgaben, Anregung von Versuchen, Veranstaltung und Unterstützung von Wettbewerben.

§ 3.

Die Gesellschaft soll Ortsgruppen bilden und mit anderen Vereinigungen, die verwandte Bestrebungen verfolgen, zusammenarbeiten.

Sie kann zur Bearbeitung wichtiger Fragen Sonderausschüsse einsetzen.

III. Mitgliedschaft.

§ 4.

Die Gesellschaft besteht aus:

ordentlichen Mitgliedern,
außerordentlichen Mitgliedern,
Ehrenmitgliedern.

§ 5.

Ordentliche Mitglieder können nur physische Personen werden, die in Luftfahrtwissenschaft oder -praxis tätig sind, oder von denen eine Förderung dieser Gebiete zu erwarten ist; die Aufnahme muß von zwei ordentlichen Mitgliedern der Gesellschaft befürwortet werden.

Das Gesuch um Aufnahme als ordentliches Mitglied ist an den Vorstand zu richten, der über die Aufnahme entscheidet. Wird von diesem die Aufnahme abgelehnt, so ist innerhalb 14 Tagen Berufung an den Vorstandsrat (§ 17) statthaft, der endgültig entscheidet.

§ 6.

Die ordentlichen Mitglieder können an den Versammlungen der Gesellschaft mit beschließender Stimme teilnehmen und Anträge stellen, sie haben das Recht, zu wählen und können gewählt werden; sie erhalten die Zeitschrift der Gesellschaft kostenlos geliefert.

§ 7.

Sämtliche Mitgliederbeiträge werden vom Vorstand verbindlich festgesetzt.

Ordentlichen Mitgliedern, die das 30. Lebensjahr noch nicht vollendet haben, ist gestattet, ein Drittel des Jahresbeitrages der für die ordentlichen Mitglieder, die das 30. Lebensjahr vollendet haben, festgesetzt ist, als Beitrag zu zahlen. Der Beitrag ist vor dem 1. Januar des Geschäftsjahres zu entrichten. Mitglieder, die im Laufe des Jahres eintreten, zahlen den vollen Beitrag innerhalb eines Monats nach der Aufnahme. Erfolgt die Beitragszahlung nicht in der vorgeschriebenen Zeit, so wird sie durch Postauftrag oder Postnachnahme auf Kosten der Säumigen eingezogen.

Mitglieder, die im Ausland ihren Wohnsitz haben, zahlen den Beitrag nach Vereinbarung mit der Geschäftsstelle.

Der Vorstand wird ermächtigt, den Beitrag auf Antrag in Ausnahmefällen bis auf $\frac{1}{3}$ des ordentlichen Beitrages zu ermäßigen

§ 8.

Ordentliche Mitglieder können durch eine einmalige Zahlung einer Summe, die vom Vorstand festgesetzt wird, lebenslängliche Mitglieder werden. Diese sind von der Zahlung der Jahresbeiträge, nicht aber von erforderlich werdenden Umlagen befreit.

§ 9.

Außerordentliche Mitglieder können Körperschaften, Firmen usw. werden, von denen eine Förderung der Gesellschaft zu erwarten ist; sie sind gleichfalls mit einer Stimme stimmberechtigt. Bei nicht rechtsfähigen Gesellschaften erwirbt ihr satzungsmäßiger oder besonders bestellter Vertreter die außerordentliche Mitgliedschaft.

Das Gesuch um Aufnahme als außerordentliches Mitglied ist an den Vorstand zu richten, der über die Aufnahme endgültig entscheidet.

§ 10.

Die außerordentlichen Mitglieder können an den Veranstaltungen der Gesellschaft durch einen Vertreter, der jedoch nur beratende Stimme hat, teilnehmen und auch Anträge stellen. Sie erhalten die Zeitschrift kostenlos geliefert.

§ 11.

Der Beitrag der außerordentlichen Mitglieder, welcher ein Vielfaches des Beitrages der ordentlichen Mitglieder beträgt, wird in gleicher Weise wie der der ordentlichen Mitglieder festgesetzt und entrichtet (vgl. § 7).

Sie können ebenfalls durch eine einmalige Zahlung der in gleicher Weise festgesetzten Summe auf 30 Jahre Mitglied werden.

Für außerordentliche Mitglieder, die ihren Sitz im Ausland haben, gelten in bezug auf die Höhe des Beitrages gleichfalls die Vorschriften des § 7, Abs. 3.

Der Vorstand ist berechtigt, auf Antrag in Ausnahmefällen den Beitrag der außerordentlichen Mitglieder bis auf $1\frac{1}{2}$ fachen Betrag der ordentlichen Mitglieder herabzusetzen.

§ 12.

Ehrenmitglieder können Personen werden, die sich um die Zwecke der Gesellschaft hervorragend verdient gemacht haben. Ihre Wahl erfolgt auf Vorschlag des Vorstandes durch die Hauptversammlung.

§ 13.

Ehrenmitglieder haben die Rechte der ordentlichen Mitglieder und gehören überzählig dem Vorstandsrat (§ 21) an. Sie sind von der Zahlung der Jahresbeiträge befreit.

§ 14.

Mitglieder können jederzeit aus der Gesellschaft austreten[1]). Der Austritt erfolgt durch schriftliche Anzeige an den Vorstand; die Verpflichtung zur Entrichtung des laufenden Jahresbeitrages wird durch den Austritt nicht aufgehoben, jedoch erlischt damit jeder Anspruch an das Vermögen der Gesellschaft.

§ 15.

Mitglieder können auf Beschluß des Vorstandes und Vorstandsrates ausgeschlossen werden. Hierzu ist dreiviertel Mehrheit der anwesenden Stimmberechtigten erforderlich. Gegen einen derartigen Beschluß gibt es keine Berufung. Mit dem Ausschluß erlischt jeder Anspruch an das Vermögen der Gesellschaft.

§ 16.

Mitglieder, die trotz wiederholter Mahnung mit den Beiträgen in Verzug bleiben, können durch Beschluß des Vorstandes und Vorstandsrates von der Mitgliederliste gestrichen werden. Hiermit erlischt jeder Anspruch an das Vermögen der Gesellschaft.

IV. Vorstand und Vorstandsrat.

§ 17.

An der Spitze der Gesellschaft stehen:

der Ehrenvorsitzende,
der Vorstand,
der Vorstandsrat.

§ 18.

Der Ehrenvorsitzende wird auf Vorschlag des Vorstandes von der Hauptversammlung auf Lebenszeit gewählt.

§ 19.

Der Vorstand besteht aus drei Personen, dem Vorsitzenden und zwei stellvertretenden Vorsitzenden. Ein Vorstandsmitglied verwaltet das Schatzmeisteramt.

Der Vorsitzende kann gleichzeitig das Amt des wissenschaftlichen Leiters oder des Schatzmeisters bekleiden. Dann ist das dritte Vorstandsmitglied stellvertretender Vorsitzender.

§ 20.

Der Vorstand besorgt selbständig alle Angelegenheiten der Gesellschaft, insoweit sie nicht der Mitwirkung des Vorstandsrates oder der Mitgliederversammlung bedürfen. Er hat das Recht, zu seiner Unterstützung einen Geschäftsführer und sonstiges Personal anzustellen.

Der Vorstand regelt die Verteilung seiner Geschäfte nach eigenem Ermessen.

Urkunden, die die Gesellschaft für längere Dauer oder in finanzieller Hinsicht erheblich verpflichten, sowie Vollmachten sind jedoch von mindestens zwei Vorstandsmitgliedern zu unterzeichnen. Welche Urkunden unter diese Bestimmung fallen, entscheidet der Vorstand selbständig.

§ 21.

Der Vorstandsrat besteht aus mindestens 30, höchstens 35 Mitgliedern. Er steht dem Vorstand mit Rat und Anregung zur Seite. Seiner Mitwirkung bedarf:

1. die Entscheidung über die Aufnahme als ordentliches Mitglied, wenn sie vom Vorstand abgelehnt ist,
2. der Ausschluß von Mitgliedern und das Streichen von der Mitgliederliste,
3. die Zusammensetzung von Ausschüssen (§ 3),
4. die Wahl von Ersatzmännern für Vorstand und Vorstandsrat (§ 23).

§ 22.

Die Sitzungen des Vorstandsrates finden unter der Leitung eines Vorstandsmitgliedes statt. Der Vorstand beruft den Vorstandsrat schriftlich, so oft es die Lage der Geschäfte erfordert, mindestens aber jährlich einmal, ebenso, wenn fünf Mitglieder des Vorstandsrates es schriftlich beantragen. Die Tagesordnung ist, wenn möglich, vorher mitzuteilen. Der Vorstandsrat hat das Recht, durch Beschluß seine Tagesordnung abzuändern. Er ist beschlußfähig, wenn ein Mitglied des Vorstandes und mindestens sieben Mitglieder anwesend sind, bzw. wenn er auf eine erneute Einberufung hin mit der gleichen Tagesordnung zusammentritt. Er beschließt mit einfacher Stimmenmehrheit. Bei Stimmengleichheit entscheidet die Stimme des Vorsitzenden, bei Wahlen jedoch das Los.

§ 23.

Der Vorsitzende, die beiden stellvertretenden Vorsitzenden sowie der Vorstandsrat werden von den stimmberechtigten Mitgliedern der Gesellschaft auf die Dauer von drei Jahren gewählt. Nach Ablauf eines jeden Geschäftjahres scheidet das dienstälteste Drittel des Vorstandsrates aus; bei gleichem Dienstalter entscheidet das Los. Eine Wiederwahl ist zulässig.

Scheidet ein Mitglied des Vorstandes während seiner Amtsdauer aus, so müssen Vorstand und Vorstandsrat einen Ersatzmann wählen, der das Amt bis zur nächsten ordentlichen Mitgliederversammlung führt. Für den Rest der Amtsdauer des ausgeschiedenen Vorstandsmitgliedes wählt die ordentliche Mitgliederversammlung ein neues Mitglied.

Wenn die Zahl des Vorstandsrates unter 30 sinkt, oder wenn besondere Gründe vorliegen, so hat der Vorstandsrat auf Vorschlag des Vorstandes das Recht der Zuwahl, die der Bestätigung der nächsten Mitgliederversammlung unterliegt.

§ 24.

Der Geschäftführer der Gesellschaft hat seine Tätigkeit nach den Anweisungen des Vorstandes auszuüben, muß zu allen Sitzungen des Vorstandes und Vorstandsrates zugezogen werden und hat in ihnen beratende Stimme.

§ 25.

Das Geschäftsjahr ist das Kalenderjahr.

V. Mitgliederversammlungen.

§ 26.

Die Mitgliederversammlung ist das oberste Organ der Gesellschaft; ihre Beschlüsse sind für Vorstand und Vorstandsrat bindend.

Zu den ordentlichen Mitgliederversammlungen lädt der Vorstand mindestens drei Wochen vorher schriftlich unter Mitteilung der Tagesordnung ein.

Zu außerordentlichen Mitgliederversammlungen muß der Vorstand zehn Tage vorher schriftlich einladen.

§ 27.

Die ordentliche Mitgliederversammlung soll jährlich abgehalten werden. Auf derselben haben wissenschaftliche Vorträge und Besprechungen stattzufinden. Im besonderen unterliegen ihrer Beschlußfassung:

1. Die Entlastung des Vorstandes und Vorstandsrates (§ 24).
2. Die Wahl des Vorstandes und Vortandsrates.
3. Die Wahl von zwei Rechnungsprüfern für das nächste Jahr.
4. Die Wahl des Ortes und der Zeit für die nächste ordentliche Mitgliederversammlung.

[1]) Nach Beschluß des Vorstandsrats vom 8. Januar 1921 ist der Austritt von Mitgliedern bis spätestens 30. November des laufenden Jahres anzumelden, andernfalls der Beitrag auch noch für das nächste Jahr zu zahlen ist.

§ 28.

Außerordentliche Mitgliederversammlungen können vom Vorstand unter Bestimmung des Ortes anberaumt werden, wenn es die Lage der Geschäfte erfordert; eine solche Mitgliederversammlung muß innerhalb vier Wochen stattfinden, wenn mindestens 30 stimmberechtigte Mitglieder mit Angabe des Beratungsgegenstandes es schriftlich beantragen.

§ 29.

Anträge von Mitgliedern zur ordentlichen Mitgliederversammlung müssen der Geschäftsstelle mit Begründung 14 Tage, und soweit sie eine Satzungsänderung oder die Auflösung der Gesellschaft betreffen, vier Wochen vor der Versammlung durch eingeschriebenen Brief eingereicht werden.

§ 30.

Die Mitgliederversammlung beschließt, soweit nicht Änderungen der Satzung oder des Zweckes oder die Auflösung der Gesellschaft in Frage kommen, mit einfacher Stimmenmehrheit der anwesenden stimmberechtigten Mitglieder. Bei Stimmengleichheit entscheidet die Stimme des Vorsitzenden; bei Wahlen jedoch das Los.

§ 31.

Eine Abänderung der Satzung oder des Zweckes der Gesellschaft kann nur durch Mehrheitsbeschluß von drei Vierteln der in einer Mitgliederversammlung erschienenen Stimmberechtigten erfolgen.

§ 32.

Wenn nicht mindestens 20 anwesende stimmberechtigte Mitglieder namentliche Abstimmung verlangen, wird in allen Versammlungen durch Erheben der Hand abgestimmt.

Wahlen erfolgen durch Stimmzettel oder durch Zuruf. Sie müssen durch Stimmzettel erfolgen, sobald der Wahl durch Zuruf auch nur von einem Mitglied widersprochen wird.

Ergibt sich bei einer Wahl nicht sofort die Mehrheit, so sind bei einem zweiten Wahlgange die beiden Kandidaten zur engeren Wahl zu bringen, für die vorher die meisten Stimmen abgegeben waren. Bei Stimmengleichheit kommen alle, welche die gleiche Stimmenzahl erhalten haben, in die engere Wahl. Wenn auch der zweite Wahlgang Stimmengleichheit ergibt, so entscheidet das Los darüber, wer nochmals in die engere Wahl zu kommen hat.

§ 33.

In allen Versammlungen führt der Geschäftsführer eine Niederschrift, die von ihm und dem Leiter der Versammlung unterzeichnet wird.

VI. Auflösung der Gesellschaft.

§ 34.

Die Auflösung der Gesellschaft muß von mindestens einem Drittel der stimmberechtigten Mitglieder beantragt werden

Sie kann nur in einer Mitgliederversammlung durch eine Dreiviertel-Mehrheit aller stimmberechtigten Mitglieder beschlossen werden. Sind weniger als drei Viertel aller stimmberechtigten Mitglieder anwesend, so muß eine zweite Versammlung zu gleichem Zwecke einberufen werden, bei der eine Mehrheit von drei Vierteln der anwesenden stimmberechtigten Mitglieder über die Auflösung entscheidet.

§ 35.

Bei Auflösung der Gesellschaft ist auch über die Verwendung des Gesellschaftsvermögens zu beschließen; doch darf es nur zur Förderung der Luftfahrt verwendet werden.

III. Kurzer Bericht über den Verlauf der XIV. Ordentlichen Mitgliederversammlung der Wissenschaftlichen Gesellschaft für Luftfahrt (WGL) vom 9. bis 12. September 1925 in München.

Herr Ministerialrat Dr. Hellmann (Handelsministerium, München) hatte auf der XIII. Ordentlichen Mitgliederversammlung der WGL den Antrag gestellt, die diesjährige Tagung in München stattfinden zu lassen, um der Deutschen Verkehrsausstellung eine besondere Note zu geben. Diesem Wunsche wurde gern entsprochen. Unter dem Ehrenschutze des Staates Bayern und der Stadt München fand in der Zeit vom 9. bis 12. September die jährliche Zusammenkunft der Mitglieder und Gäste der WGL in München statt.

Die Beteiligung an der Tagung kann als außerordentlich gut bezeichnet werden. Es waren zahlreiche führende Persönlichkeiten der Wissenschaft und der Luftfahrtindustrie, Vertreter des Reiches, verschiedener Ministerien sowie der Stadt München anwesend. Da jeder in seiner Art größte und große Verdienste in der deutschen Luftfahrt hat, würde es zu weit führen, all die Namen der vielen aufzuführen, die zur Tagung zugegen waren. Die große Zahl der Teilnehmer ist ein Beweis für das große Interesse, das der Luftfahrt entgegengebracht wird, und für den Eifer, mit dem im Luftfahrwesen gearbeitet wird.

Die Tagung stand unter dem Zeichen erfreulicher Fortschritte, die trotz der sinnlosen und frivolen Begriffsbestimmungen und schwerer wirtschaftlicher Hemmungen gemacht worden sind. Sie zeichnete sich durch eine Reihe gediegener, meist vorzüglich gesprochener, sorgfältig aufeinander abgestimmter Vorträge für Fachleute und durch verständnisvolle Anpassung an die Lage der deutschen Luftfahrt aus.

Die glatte Durchführung der Tagung verbürgte die Zusammenarbeit der Berliner Geschäftsstelle mit den maßgebenden Persönlichkeiten aus München. Den Vorsitz während der Vorträge führte der Ehrenvorsitzende der Gesellschaft, Seine Königliche Hoheit Prinz Heinrich von Preußen. Die Leitung der Tagung selbst lag in Händen des ersten Vorsitzenden, Herrn Geh. Reg.-Rat Prof. Dr.-Ing. e. h. Schütte, des stellvertretenden Vorsitzenden, Herrn Oberstleutnant a. D. Wagenführ, des dritten Vorsitzenden, Herrn Prof. Dr. Dr.-Ing. e. h. Prandtl, und des Geschäftsführers, Herrn Hauptmann a. D. Krupp.

Die Tagung begann mit einer Sitzung des Vorstandsrates am 9. September, 10 Uhr vormittags, im Hotel »Bayerischer Hof«.

Am Abend desselben Tages fand im Alten Rathaussaal die Begrüßung durch die Stadt München statt. Zahlreiche hervorragende Münchener Persönlichkeiten, wie Handelsminister Exzellenz Dr. v. Meinel, Regierungspräsident v. Knözinger, Staatssekretär a. D. Dr. v. Frank, Vertreter der Staatsregierung, der Reichswehr und Landespolizei sowie Mitglieder des Stadtrates und des Direktoriums der Deutschen Verkehrsausstellung hatten sich zum Empfang der Wissenschaftlichen Gesellschaft für Luftfahrt und ihrer Gäste eingefunden. Der Empfang war äußerst herzlich.

Herr Bürgermeister Scharnagl begrüßte nach einleitenden musikalischen Darbietungen die Anwesenden. Er wies auf die Bedeutung des historischen Saales hin und gab der Hoffnung Ausdruck, daß durch die Zusammenarbeit hervorragender Persönlichkeiten auf dem Gebiete der Flugtechnik und Flugwissenschaft diese beiden Zweige zu immer höherer Vollkommenheit geführt werden möchten. Er gab seiner Freude darüber Ausdruck, daß die WGL sich wieder in München zur Tagung versammelt hat. Er wies auf das große Werk des Grafen Zeppelin hin. Deutschland hätte im Flugwesen sich nicht eine führende Stellung erringen können, wenn es dazu nicht durch die enge Fühlung mit der Wissenschaft befähigt worden wäre. Zum Schluß sprach der Herr Bürgermeister den Wunsch aus, daß die Tagung der Deutschen Luftfahrt und damit dem deutschen Ansehen dienen möge.

Die überaus herzliche Ansprache löste großen Beifall aus.

Nach dem Gesang des Deutschlandliedes dankte Seine Königliche Hoheit Prinz Heinrich von Preußen, der Ehrenpräsident der Wissenschaftlichen Gesellschaft für Luftfahrt, der Stadt München für den herzlichen Empfang und für die freundliche Aufnahme. Es sei die Tagung schon einmal in München gut gelungen, und als man aufs neue die bayerische Hauptstadt vorgeschlagen, habe das in allen Kreisen der WGL Begeisterung ausgelöst.

Im Laufe seiner Ausführungen erinnerte Prinz Heinrich an das Wort eines Engländers nach dem Kriege: »Wir können so viel Deutsche totschlagen, wie wir wollen, aber nicht das deutsche Gehirn.« Die Wissenschaftliche Gesellschaft wird nach Kräften mitarbeiten am Aufbauen. Wir fühlen uns innerhalb der weißblauen Pfähle wohlgeborgen, besonders aber zu Hause in München, der Residenz des alten, ehrwürdigen Geschlechtes der Wittelsbacher. Das Hoch des Redners galt dem Wohlergehen der Stadt München.

An den gemeinsamen Gesang des Flaggenliedes schloß sich eine Fülle reizender Darbietungen. Herr Schriftsteller Hermann Roth begrüßte als alter Ratsherr, begleitet von Lehrlingen in mittelalterlicher Tracht mit Zunftzeichen, die Versammlung in Versen, die in den Wunsch für Deutschlands Wiederaufstieg durch die Macht der Wissenschaft ausklangen.

Die Zöglinge der Maria Theresia-Anstalt führten den historischen Schäfflertanz vor. Die Reifschwinger brachten ein Hoch aus auf den Ehrenpräsidenten, die Deutsche Wissenschaft, die Stadt München und Bayern. Liesl v. Blank sang entzückende Wiener Lieder, darunter eine zu Gemüt sprechende, mit großem Beifall aufgenommene Komposition des zu Gast anwesenden, bekannten Komponisten Ludwig Gruber. Kunstmaler Rudolf Staudenmaier brachte heitere bayerische Lieder, zwei Postillione spielten auf dem Posthorn heimische Weisen und verschiedene improvisierte Vorträge gestalteten den festlichen Abend sehr gemütlich. Besonders hervorzuheben ist noch der gute Imbiß, für den die Stadt München gesorgt hat.

Der 10. September vereinigte die Teilnehmer zu den wissenschaftlichen Vorträgen im Mathematischen Hörsaal der Technischen Hochschule. Nach der Begrüßung der Mitglieder und Gäste durch den Vorsitzenden, Herrn Geheimrat Schütte, erhielt als erster Herr Prof. Dr. L. Föppl das Wort, der die Versammlung im Namen des Rektorats der Technischen Hochschule begrüßte. Hierauf bat Herr Geheimrat Schütte den Ehrenvorsitzenden Prinz Heinrich, den Vorsitz zu übernehmen. Prinz Heinrich teilte mit, daß Herr Ministerialrat Brandenburg, der als erster Redner vorgemerkt war, infolge Verspätung eines der älteren

18

Verkehrsmittel — der Eisenbahn — erst als zweiter Redner sprechen werde. Er erteilte deshalb Herrn Dr.-Ing. e. h. Dornier das Wort zu dem Vortrage: »Neuere Erfahrungen im Bau und Betrieb von Metall-Flugzeugen.« Dr. Dornier weist zunächst auf den vor vier Jahren anläßlich der 10. Ordentlichen Mitgliederversammlung der WGL gehaltenen Vortrag: »Über Metallwasserflugzeuge« hin. Die Konstruktionsprinzipien, über welche damals ausführlich berichtet wurde, nämlich die ausschließliche Verwendung von Stahl und Duraluminiumblechen und -bändern als Ausgangsmaterialien sowie die Vermeidung jeglicher Schweißung sind auch weiterhin beibehalten worden. Die Tendenz, wo es irgend möglich ist, Stahl zu verwenden, ist heute noch mehr ausgesprochen als früher.

Es wird kurz über Versuche mit verschiedenen Leichtmetallen und Stahl in bezug auf die Einflüsse der Witterung und des Seewassers berichtet und dabei auf die Wichtigkeit der Veredelung der Duraluminiumnieten hingewiesen.

Die Frage der konstruktiven Ausbildung der Metallflügel wird berührt und dabei erwähnt, daß der Vortragende als erster im Jahre 1917/18 einen Leichtmetallflügel mit glatter tragender Außenhaut gebaut hat. Dieser Flügel hat insofern ein historisches Interesse, als er anderen Konstrukteuren zum Vorbild diente und als man neuerdings gerade dem Flügel mit tragender Außenhaut eine besondere Bedeutung beilegt. Der Vortragende ist auf Grund seiner Erfahrungen der Überzeugung, daß die tragende Außenhaut nicht ohne Beschränkung Anwendung finden kann und in bezug auf den Gewichtsaufwand hinter anderen Flügelausbildungen zurücksteht. Er weist darauf hin, daß von einer vollen Ausnützung des Materials bei dem Flügel mit tragender Außenhaut nicht gesprochen werden kann.

Der Einfluß des Seitenverhältnisses auf das Flügelgewicht wird gestreift und darauf hingewiesen, daß das Verhältnis Kraglänge zu Holmhöhe für freitragende Flügel mit annähernd rechteckigem Grundriß eine obere Grenze für das Seitenverhältnis gegeben ist, welche bei freitragenden Eindeckern in keinem Falle über 1:6 liegt. Für Eindecker mit Abstützung oder für Doppeldecker kann das Seitenverhältnis gegenüber den freitragenden Flügeln bei gleichbleibenden Gewichtsverhältnissen erhöht werden.

Über einen Fall von Resonanzerscheinung an einem Jagdflugzeug wird berichtet und angegeben, auf welche Weise schließlich die Resonanz vermieden wurde. An Hand von Lichtbildern wird die Entwicklung der Fahrgestellausbildung der vom Vortragenden in den letzten sechs Jahren gebauten Landflugzeuge geschildert.

Verschiedene in Deutschland gebaute Verkehrsflugzeuge und im Ausland hergestellte Militärflugzeuge, und zwar sowohl Wasser- als Landflugzeugtypen, werden kurz besprochen. Eingehender wird die Type Wal geschildert, welche zurzeit eine große Anzahl von Weltrekorden für Seeflugzeuge hält und besonders infolge ihrer hohen Seefähigkeit internationalen Ruf bekommen hat. Das Flugzeug ist in aerodynamischer Hinsicht sehr bemerkenswert, da seine guten Leistungen bei einem sehr schlanken Flügelprofil und bei einem Seitenverhältnis von 1:52 erreicht werden. Die hohe Seefähigkeit des Typs wird der geringen Flächenbelastung sowie der geringen Tauchung des Bootes in Verbindung mit der großen Bootsbreite zugeschrieben. An einem Beispiele wird die Widerstandsfähigkeit des Bootes erläutert. Die für den Transport dieses Typs entwickelte Einrichtung wird beschrieben und im Lichtbild vorgeführt.

Der Vortragende erwähnt zum Schlusse, daß infolge des Versailler Vertrages die Fortführung seiner Arbeiten auf dem Gebiete des Riesenflugzeugbaues verhindert wurden, wenigstens soweit der Bau dieser Flugzeuge in Frage kam. Im Konstruktionsbureau wurde unablässig weitergearbeitet. Heute ist das vieltausendpferdige Riesenflugzeug kein Problem mehr, sondern eine Aufgabe. Die wissenschaftlichen und technischen Voraussetzungen zur Lösung dieser Aufgabe sind geschaffen, und man steht soeben im Begriffe, im Auslande den Bau vieltausendpferdiger Maschinen aufzunehmen.

Alsdann sprach Herr Ministerialrat Brandenburg über »Die Lage der Deutschen Luftfahrt«. Er führte aus, daß in einer Zeit ödester Zerrissenheit unter dem Druck des Auslandes in der Luftfahrt eine Art Schicksalsgemeinschaft herangereift sei. Er betonte, daß unsere ganze Luftfahrt auf dem Luftverkehr beruht, der für einige große Linien vom Reich für die Zwischenverbindungen von Städten usw. unterstützt wird. Wenn diese wirtschaftliche Stütze auch nicht sicher ist, so sind doch die Fortschritte und Erfolge des gemeinsamen Wetteiferns erfreulich.

Die Bodenorganisation wird ständig weiter entwickelt. Zurzeit werden 42 Flugplätze (Flughäfen oder Landeplätze) regelmäßig angeflogen, 37 Wetterwarten und 17 Funkstellen dienen der Flugsicherung.

Besonders dringend ist die Frage des Fliegernachwuchses, zumal das Fliegen nicht nur für die Luftfahrt, sondern auch seines Erziehungswertes wegen äußerst nützlich ist. Leider ist auch der Betrieb von Fliegerschulen zu wenig rentabel, daß in absehbarer Zeit nur wenigen Gelegenheit zum Schulen geboten werden kann. An der Verkehrsfliegerschule wird das Luftfahrtpersonal unserer friedlichen Handelsflotte gründlich ausgebildet, wobei besonders hervorzuheben ist, daß die Laufbahn eines Luftfahrzeugführers nicht die eines Chauffeurs, sondern die eines Kapitäns sein wird.

Unserer Luftfahrzeugindustrie fehlt, da wir keine Luftstreitkräfte besitzen dürfen, ein Absatzgebiet über den Luftverkehr und einen bescheidenen Schul- und Sportbetrieb hinaus. Trotzdem darf sie in der jetzigen Wirtschaftskrise nicht zugrunde gehen. Ihre Not kann nicht besser demonstriert werden als dadurch, daß das Werk Zeppelins darauf angewiesen ist, sich durch Sammelpfennige Arbeitsmöglichkeit zu verschaffen.

Aufgaben der Luftfahrttechnik sind: Erhöhung der Sicherheit, Weiterbildung des leichten Motors für Schule und Sport, Entwicklung des Schwerölmotors und Schaffung von Meßgeräten für das Fliegen und Landen ohne Sicht, Vermehrung der Seefestigkeit bei Wasserflugzeugen.

An der Gestaltung des Weltluftrechts ist Deutschland nicht beteiligt, da es ohne Gleichstellung der Luftfahrtkonvention nicht beitreten kann. Da Deutschlands geographische Lage seinen dauernden Ausschluß von der Mitwirkung an der Weltluftfahrt unmöglich macht, wurde bereits jetzt ein unabhängiges Institut für Luftrecht gegründet.

In der inneren Luftpolitik ist die Überparteilichkeit der Luftfahrt erfreulich, in der äußeren Politik der Druck der Botschafterkonferenz hemmend. Die neue Luftfahrtnote vom 24. Juni bietet keine Grundlage für die Anbahnung eines Luftverkehrs mit unseren Nachbarn, Frankreich, Belgien, Tschechoslowakei und Polen, die an einer Verbindung über uns hinweg größeres Interesse haben als wir.

Neben dem unerträglichen Druck der Baubeschränkungen lastet auf dem deutschen Luftverkehr die Verordnung 80 der Rheinlandskommission, welche den Überflug deutscher Flugzeuge über das besetzte Gebiet verbietet und die Auslegung des Art. 43 der Versailler Urkunde durch die a. und a. Mächte, wonach Flughäfen in der 50 km-Zone östlich des Rheins als »Mobilmachungsvorbereitungen« angesehen werden.

Es besteht kein Zweifel, daß die unberechtigten und unverständlichen Gewaltsmaßnahmen ebenso wie die Begriffsbestimmungen mit dem Geiste eines etwaigen Sicherheitspaktes nicht im Einklang stehen.

Erfreulich ist das erfolgreiche Fortarbeiten der deutschen Luftfahrtwissenschaft und Technik, das besonders dankenswert ist, weil sich diese Arbeit an der Luftfahrt, abweichend von mancher etwas lauten Propaganda anderer Luftfahrzweige, in der Stille, aber darum um so wirkungsvoller vollziehen nach dem nicht oft genug zu betonenden Grundsatz:

»Die Tat ist stumm.«

Als dritter Redner sprach Herr A. Baeumker über »die Zweckgedanken im ausländischen Flugzeugbau« und führte anschließend einen sehr interessanten Reisefilm vor.

Der Vortragende weist zunächst auf den überwiegend m i l i t ä r i s c h e n Einfluß hin, der sich im Ausland bei der Entwicklung der Luftfahrt geltend macht. Demgegenüber sind die einer w i r t s c h a f t l i c h e n Entwicklung des Luftfahrwesens dienenden Gesichtspunkte vernachlässigt. Das Verwässern des wirtschaftlichen Gedankens in Konstruktion und Betriebsorganisation hat im Auslande mehr oder weniger die Zivilluftfahrt gegenüber dem militärischen Flugwesen in ein nachgeordnetes Verhältnis gebracht. Die Stärke der ohne militärische Bindungen arbeitenden deutschen Verkehrskonzerne und Produktionsfirmen tritt demgegenüber allmählich so stark in Erscheinung, daß vom Auslande zurzeit versucht wird, diese Überlegenheit auf p o l i t i s c h e m Wege zu zerstören. Die letzte Luftfahrtnote zeigt das wahre Gesicht der uns zur Luft immer noch feindlichen westlichen Großmächte.

Der überwiegend militärische Einfluß im Flugwesen des Auslandes muß auch in der Gliederung des Vortrages zum Austrag kommen.

Der Abschnitt K r i e g s f l u g w e s e n zeigt zunächst die a l l g e m e i n e n Grundlagen der fremden Luftrüstungen in konstruktiv-technischer, fabrikatorischer, personeller und finanzieller Beziehung.

Hieran anknüpfend wird über die Einwirkungen der strategischen und taktischen Grundlagen bei kriegerischen Verwickelungen zur Luft in Europa gesprochen. Die Rückwirkungen der luftgeographischen Verhältnisse aller Großmächte sind hierbei besonders ausführlich behandelt. Es wird gezeigt, wie stark schon hierin die Konstruktion des Luftfahrzeugs vom Kriegszweck abhängt.

Nach einer kurzen theoretischen Erläuterung des Wesens der Kriegsflugzeuggattungen ist ausführlicheren Darlegungen über die Rückwirkungen des militärischen Zweckes auf die allgemeinen Konstruktionsgrundlagen ein breiterer Raum gewidmet.

Hier steht zunächst die Abhängigkeit der Bauausführung von der Forderung auf größte Waffenwirkung im Vordergrund.

Die Abhängigkeit der allgemeinen Bauformen der Flugzeuge vom militärischen Zweck wird an der Hand der Betrachtungen über die zur Gattungsbildung führenden Gesichtspunkte dargelegt. Operativ-taktische Gedanken werden zur Erörterung gestellt.

Vom Verwendungszweck abhängige Festigkeitsfragen sowie besondere hieraus zu folgernde konstruktive Einzelheiten werden gestreift.

Als eines der wichtigsten Gebiete für den Gesamtwert des fliegerischen Fortschrittes bezeichnet der Vortragende den Stand des F l u g m o t o r e n b a u e s. Die gewaltigen Fortschritte des Auslandes sind in der Unabhängigkeit dieses Zweiges von den wirtschaftlichen Gegenwartsbedürfnissen zu erklären. Die von allen Großmächten aufgebrachten Riesensummen für Versuchszwecke waren die einzige Ursache, daß hier Deutschland der fremden Entwicklung infolge seiner finanziellen Notlage nicht ganz zu folgen vermochte.

Die Darlegungen des Vortrages erstrecken sich sodann auf die Bedeutung der äußeren Formgebung, auf die Gestaltung der Einheitsgewichte, auf den Leistungsabfall bei abnehmender Luftdichte sowie auf die Klassifizierung im militärischen Sinne. Die Wechselbeziehungen zur Gattungsbildung im Kriegsflugzeugbau sowie die Auffassungen und Wege in allgemein konstruktiver Hinsicht werden gestreift.

Auf einige Bemerkungen zur Entwicklung des Zubehörs, wie Kühler, Luftschrauben, Anlasser, folgen Ausführungen zur Betriebstofffrage und zur Frage der Verwendung von Schwerölen als Brennstoff. Die kriegswirtschaftliche Bedeutung dieser Fragen wird unterstrichen.

Im gleichen Zusammenhang erfolgt eine kurze Darstellung des Einflusses der Wahl der Baustoffe und der fabrikatorischen Möglichkeiten im Kriegsfalle auf die allgemeine Bauausführung.

Die neueren Wege der Waffentechnik werden im Zusammenhang mit Fragen des allgemeinen Flugzeugbaues behandelt.

Sodann wendet sich der Vortrag Fragen des L u f t v e r k e h r s und S p o r t e s zu. Der Vortragende zeigt den eingangs schon bemängelten hemmenden Einfluß der militärischen Gewalten.

Eine kurze Zusammenfassung der technischen, organisatorischen und politischen Wege beschließt die Darlegungen über die Zweckgedanken der ausländischen Luftfahrt.

Über das »Behmlot« für Wasser- und Luftlotungen sprach der Kieler Physiker A. Behm, der Erfinder des Echolotes.

Dieses für die Schiffahrt und Luftschiffahrt gleich wichtige Verfahren zur Bestimmung von Wassertiefen und Flughöhen, hat seine prinzipielle und praktische Lösung zuerst in Deutschland durch Behm, der, ohne von den ergebnislosen Versuchen zu wissen, die schon von ihm in verschiedenen Ländern angestellt waren, seine Arbeiten zur Lösung dieser Frage im Jahre 1912 in Wien begann, gefunden. Die Schwierigkeiten, die sich der Schaffung des Echolotes für Wasser entgegenstellten, waren außerordentlich zahlreich, und auch der Grund, weshalb in anderen Ländern bis dahin erfolglos an der Schaffung eines solchen Lotgerätes gearbeitet wurde. Bei der großen Schallgeschwindigkeit von 1500 m pro Sek. im Wasser, bedeutet ein Meßfehler bei der Zeitbestimmung der Echozeit, die zwischen Aussendung eines Schallsignals und seiner Rückkehr als Echo verstreicht, einen Fehler von einem ganzen Meter Wassertiefe. Da ein Echolot jedoch mindestens $\frac{1}{4}$ m Wassertiefe noch anzeigen muß, so ist eine Zeitgenauigkeit von $\frac{1}{3000}$ Sek. erforderlich. Solche Zeitmessungen ließen sich bisher nur mit Geräten ausführen, die zumeist auf photographischem Wege arbeiten. Erst durch die Schaffung des Behmzeitmessers, der von ungeübter Hand ohne weitere Zeitmessungen mit derartiger Genauigkeit gestattet, trotzdem er ein auf mechanischem Prinzip beruhendes Gerät ist, wurden solche Zeitmessungen möglich.

Die Methode, nach der das Behmlot sowohl auf Wasser- wie auf Luftfahrzeugen arbeitet, beruht auf der Abgabe eines Schallsignals, Empfang des Echos durch einen durch den Schiffskörper gegenüber dem Schallgeber abgeschirmten Schallempfänger, wobei die Echozeit mittels des Behmzeitmessers gemessen und direkt in Tiefenmetern oder Höhenmetern abgelesen werden kann.

Die Lösung des Problems war erst möglich, nachdem es Behm gelungen war, die Schallwellen im Wasser sichtbar zu machen und zu photographieren, und an Hand derselben die Echoerscheinungen zu studieren. Hierbei gelang es sogar, die Oszillation des elektrischen Funkens von Schallwellen im Wasser zu photographieren, die einander in Zeitabständen von 1½ Millionstel Sekunde folgten.

Die ersten praktischen Versuche des Behmlotes als Luftlot erfolgten auf den Probefahrten des Z.R. 3 und waren von einem vollen Erfolg begleitet. Für Flugzeuge ist es jetzt gelungen, das Behmlot in anderer Form soweit zu verbessern, daß eine Höhenbestimmung jeder Flughöhe von Null angefangen im Prinzip möglich ist, bei einer Genauigkeit von 10 cm für kleine Flughöhen. Die Erprobung dieser neuen Methode in praktischen Versuchen auf einem Flugzeug steht bevor.

Die Bedeutung der Lösung des Problems, die Flughöhe außerbarometrisch auf akustischem Wege zu bestimmen, ist von weittragender Bedeutung für die Luftfahrt, da das Höhenbarometer dem Flieger bei Landungen in Nacht und Nebel oder unsichtigem Wetter, aber auch schon bei von der Sonne beschienenen ebenen Schnee- oder Wasserflächen, keinen Anhalt für die Flughöhe über dem Erdboden geben kann, so lange die Meerestiefe des überflogenen Geländes unbekannt ist.

2*

Der Behmsche Vortrag bildete den Abschluß der Vortragsreihe des ersten Sitzungstages. Es folgte ihm ein gemeinsames Frühstück in der Technischen Hochschule.

Am Nachmittag fand die Begrüßung der Teilnehmer an der Tagung der Wissenschaftlichen Gesellschaft für Luftfahrt in der Deutschen Verkehrsausstellung durch den Präsidenten der Ausstellung, Herrn Staatssekretär a. D. Dr. v. Frank, statt. Er erinnerte bei der Begrüßung an die Eröffnung der Luftfahrtausstellung, die die Deutschen Verkehrsausstellung erst ihre Krönung gegeben habe. Die Ausstellung der WGL nehme sich neben den glänzenden Vögeln der Luft wie ein bescheiden im Verborgenen blühendes Veilchen aus, obwohl gerade durch die Luftfahrtwissenschaft erst der Grundstein zu den Erfolgen der deutschen Luftfahrt gelegt wurde. Die Ausstellungsleitung rechne es sich zur besonderen Ehre an, daß die Deutsche Verkehrsausstellung den Anlaß dazu gab, die Tagung der Gesellschaft in München abzuhalten.

Im Namen der WGL dankte Geheimrat Dr. Schütte für die liebenswürdige Begrüßung und insbesondere dafür, daß der Gesellschaft Gelegenheit gegeben wurde, ihre erste Ausstellung in einem so glanzvollen Rahmen durchzuführen. Was die Verkehrsausstellung zeige, sei über jedes Lob erhaben.

Hieran anschließend fand die Besichtigung der Ausstellung statt.

Am Abend desselben Tages vereinigten sich die Herren der WGL mit ihren Damen und Ehrengästen zu einem Festessen im Hotel »Bayerischer Hof«. Herr Geheimrat Dr. Schütte begrüßte die Erschienenen und wies darauf hin, daß dieses Jahr im Zeichen großer vaterländischer Ereignisse stehe: Der Jahrtausendfeier der Rheinlande, der Einweihung des Deutschen Museums und der Deutschen Verkehrsausstellung. Er wandte sich dann gegen den Boykott der deutschen Wissenschaft in der Nachkriegszeit, der zeige, daß das wahre Barbarentum nicht diesseits des Rheines zu suchen sei. Anschließend teilte Geheimrat Prof. Dr. Schütte mit, daß die WGL den Schützer und Träger des Gedankens des Deutschen Museums, Seine Exzellenz Dr. Oskar v. Miller, zu ihrem Ehrenmitgliede ernannt habe. Exzellenz Dr. v. Miller habe die Ehrenmitgliedschaft angenommen. Weiter teilte Geheimrat Schütte mit, daß die WGL beabsichtige, neben diese Ehrung eines Lebenden auch die eines Toten treten zu lassen und an dem Orte, wo Otto Lilienthal seine ersten Gleitflüge machte, in Gr.-Lichterfelde, ein Denkmal zu setzen. Das Hoch, das der Redner ausbrachte, galt dem deutschen Vaterlande, dem Staate Bayern und der Stadt München. Das Deutschlandlied schloß sich an. Im Namen der bayerischen Staatsregierung gab Handelsminister Exzellenz Dr. Ritter v. Meinel seiner Freude darüber Ausdruck, daß er, wie vor vier Jahren, auch jetzt wieder die Wissenschaftliche Gesellschaft für Luftfahrt in München begrüßen könne.

Die letzten vier Jahre seien auch in Bayern keine Jahre des Stillstandes gewesen. Die großen Aufgaben des Reiches ließen noch Raum genug für eine Mitarbeit der Länder und Kommunen auf dem Gebiete der Luftfahrt. Bayern habe es sich angelegen sein lassen, die Begeisterung für die Flugsache zu vermehren, die zwei Luftverkehrsgesellschaften in Bayern tatkräftig zu fördern, die Bodenorganisation auszubauen, zwei Fliegerschulen zu gründen und bei all diesen Aufgaben auch materiell zu helfen.

Mit dem Wunsche, daß die Tagung auch für die deutsche Luftfahrt von Bedeutung sein möge, auf daß Deutschland wieder zu Ehren komme, schloß der Herr Minister seine Ansprache mit einem Hoch auf die Wissenschaftliche Gesellschaft für Luftfahrt.

Herr Ministerialrat Brandenburg überbrachte die Grüße und herzlichsten Wünsche der Reichsregierung, insbesondere des Herrn Reichsverkehrs- und des Herrn Reichspostministers. Er sprach der bayerischen Staatsregierung, Exzellenz Dr. Ritter v. Meinel, seinen besonderen Dank für die tatkräftige Mitarbeit der bayerischen Regierung an der Sache der deutschen Luftfahrt aus.

Herr Bürgermeister Dr. Küfner bewillkommnete die Versammlung im Namen der Stadt München. Unter lebhaftestem Beifall der Versammelten betonte der Redner, daß sich Bayern und München von niemandem in der Freude am Reich übertreffen lasse.

Grüße und Wünsche überbrachte noch der Verband Deutscher Luftfahrzeug-Industrieller und der Aero-Club von Deutschland.

Insbesondere sei noch erwähnt, daß mit großer Anerkennung der gründlichen Vorbereitungen und der ausgezeichneten Organisation gedacht wurde, die die glatte Abwicklung der Tagung gewährleistet hat. Dem Geschäftsführer der Wissenschaftlichen Gesellschaft für Luftfahrt, Herrn Hauptmann a. D. Krupp, wurden für seine gewandte Tätigkeit lobreiche Worte gezollt. Die Festversammlung brachte auf ihn ein Hoch aus.

Der zweite Vortragstag begann mit der Geschäftssitzung im Mathematischen Hörsaal der Technischen Hochschule.

Nach Erledigung des geschäftlichen Teiles sprach als erster Herr Ing. Herrmann über »Technische Gegenwartsfragen im deutschen Flugzeugbau«.

In seinen Ausführungen über Technische Gegenwartsfragen im deutschen Flugzeugbau ging der Chefkonstrukteur der Udet-Werke-München, Herrmann, zunächst auf erreichbare Genauigkeit der Berechnung von Flugleistungen ein. Die Höchstgeschwindigkeit normaler Flugzeuge läßt sich mit 2–3 vH Genauigkeit berechnen. Die Steigfähigkeit kann bei Normalflugzeugen mit einiger Sicherheit bestimmt werden. Sehr unsicher ist die Berechnung der Steigfähigkeit gänzlich anormaler Entwürfe. Der Grund liegt in der Unkenntnis der Vorgänge im Schraubenstrahl und des Zusammenwirkens zwischen Rumpf und Schraube. Ein gründliches Studium aller Parallelarbeiten im Schiffbau und Vorgehen mit der gleichen Arbeitsmethode in der Luft wie dort im Wasser, erscheint ratsam. Die Ansicht, daß dicke Flügelprofile in allen Fällen vorzuziehen sind, wird als falsch bezeichnet. Verlängerungswellen der Motoren zur Erzielung von Druckschraubenantrieb lassen sich vollkommen sicher vorausberechnen und bauen. Zur Übertragung der Widkanal messung an Auftrieb sammelt sich allmählich einiges Material. Wir wissen heute, daß durch gute Abrundung des Flügelgrundrisses, der Auftrieb dicker Profile gesteigert wird. Das Flügelgewicht freitragender Eindecker ist dem vom verspannten Doppeldecker stets unterlegen. Durch die Möglichkeit nur halber Flächengröße gestattet der Spaltflügel, bedeutend leichter zu bauen und gleichzeitig die Geschwindigkeit, entsprechend der verminderten Flächengröße und den verminderten schädlichen Widerständen, zu erhöhen. In Bildern wurden innengefederte Räder gezeigt, die eine bedeutende Ersparnis an Luftwiderstand ergeben.

Dem Wasserwiderstand, der heute durch eingehende Versuche geklärt wird, war ein besonderer Abschnitt gewidmet. Augenblicklich laufen Versuche an einem Udet-Schwimmergestell zum Vergleich der Modellmessung und der Ausführung. Der Unterschied beträgt 30 vH. Im letzten Teil brachte der Vortragende neuartige Rechnungen über die Steuerbarkeit dezentraler Flugzeuge. Es wurde nachgewiesen, daß Flugzeuge mit weit außenliegenden Motoren sich sehr leicht fliegerisch beherrschen lassen.

Im Anschluß hieran referierte Dr.-Ing. Lachmann über »Absturzsichere Flugzeuge«.

Der Grundsatz »safety first!« erfährt neuerdings im Luftverkehr erhöhte Geltung, um das Vertrauen des Publikums in die Zuverlässigkeit des Fliegens zu steigern.

Durch die Anwendung mehrerer Motoren wird die Betriebssicherheit zwar gesteigert, dieser Grundsatz enthält jedoch mehr oder weniger das Eingeständnis einer dem Flugzeug von vornherein innewohnenden Gefährlichkeit beim Versagen der Kraftquelle.

Ungefähr 90 vH aller Abstürze erfolgen aus geringer Höhe durch Überziehen in der Kurve, vornehmlich beim Aussetzen des Motors, wobei die Maschine mangels genügender

Wirkung der Ruder, insbesondere von Quer- und Seitenruder, steuerlos wird.

Die bisherigen analytischen Untersuchungen des Gleichgewichts im überzogenen Flug (Hopf) beziehen sich vornehmlich auf die Längsstabilität.

Neuere englische Windkanal- und praktische Flugversuche lehren die besondere Bedeutung der Querruder. Es ergibt sich danach. im überkritischen Anstellwinkelbereich eine starke Abnahme des Rollmoments (Moment um die Längsachse), verbunden mit einem Anwachsen des gleichzeitig wirkenden, aus der Kurve herausdrehenden Giermoments (Moment um die Hochachse).

Die verhängnisvolle Wirkung des Überziehens im Geradeausflug läßt sich durch Wahl geeigneter Profile mit flachem Abfall der Auftriebskurve, verbunden mit einer Abnahme des Anstellwinkels nach den Flügelenden zu, einschränken. Auf dieser bekannten Erscheinung beruhten die Vorführungen von Fokker in Croyden im April dieses Jahres.

Der überzogene Kurvenflug verlangt jedoch stärkere Mittel zu seiner Beherrschung.

Eine bisher erfolgreich versuchte praktische Lösung beruht auf der Anwendung des Spaltflügeleffektes. (Nach Lachmann und Handley Page.) Die Querruder werden mit einem an der Vorderkante des Tragflügels liegenden kleinen Hilfsflügel derart gekuppelt, daß das Senken der Klappe ein Öffnen des Vorderschlitzes bewirkt. Beim Heben der Klappe bleibt der Schlitz geschlossen. Auf diese Weise wird das gefährliche Abreißen der Strömung selbst zum Steuern herangezogen.

Es wird ein Auszug aus zahlreichen englischen Untersuchungen des »Aeronautical Research Committee« gebracht, aus welchem hervorgeht, daß das Rollmoment bei sehr großen Anstellwinkeln ungefähr auf den sechsfachen Betrag normaler Querruder gebracht werden kann, während das korrespondierende Giermoment negative, d. h. eine Kurve mit richtiger Neigung unterstützende Beträge erreicht.

Durch praktische Flugversuche wurden die Windkanalversuche bestätigt gefunden. Bei der erwähnten Vorführung in Croydon flog der bekannte englische Pilot Bulman eine mit einer derartigen Vorrichtung ausgestattete Avro-Maschine vor, wobei u. a. im überzogenen Fluge Kurven ohne Benutzung des Seitenruders drehte.

Die beschriebene Einrichtung sollte im Anschluß an die Tagung durch Herrn Udet an einem Udet-»Flamingo« vorgeführt werden.

Alsdann berichtete Dr.-Ing. Georg Madelung über den Wettbewerb um den Otto-Lilienthal-Preis:

Dieser Wettbewerb war der erste technische Wettbewerb seit dem um den Kaiserpreis für den besten deutschen Flugmotor im Jahre 1913. Trotz ungünstiger Umstände (Witterung und Nachwehen des Deutschen Rundfluges) wurde er glatt durchgeführt. Unfälle und schwere Brüche sind ausgeblieben. Der Vortragende weist auf den großen Vorzug technischer Wettbewerbe in dieser Beziehung hin und zieht Vergleiche mit den Unfällen und Materialverlusten, die bei Rundflügen kaum vermeidlich sind. Infolge der geringen Organisationskosten war die erfolgreiche Teilnahme selbst kleiner Firmen und akademischer Fliegergruppen möglich geworden. Überdies brachte der Wettbewerb positive Werte in Gestalt von Meßergebnissen. Der Vortragende fordert deshalb, daß technische Wettbewerbe den Rundflügen gleichgestellt werden sollen, und daß möglichst jedes Jahr ein solcher stattfinden soll. Er fordert auch Ausscheidungs-Wettbewerbe, um den Sieg technisch minderwertiger Flugzeuge bei Rennen und Rundflügen unmöglich zu machen.

Die beim Otto-Lilienthal-Wettbewerb benutzten Meßgeräte und Verfahren wurden alsdann beschrieben und im Bilde vorgeführt. Die Flugzeuge wurden zunächst aufgemessen und in einer besonderen Wägehalle auf automatisch schreibenden Wagen gewogen. Geeichte Höhenschreiber, Dreifachschreiber nach Koppe zum Messen des Flugwinkels, des Stau- und Luftdruckes einschl. Meßdüsen

wurden eingebaut. Die Messung der größten Geschwindigkeit durch Umfliegen eines Dreiecks von 20 km Umfang ging zuverlässig und ohne Schwierigkeiten. Diese Messungen wurden aufgehalten durch tiefhängende Wolken, die zu unterfliegen die Ausschreibung nicht gestattete. Das Messen der geringsten Geschwindigkeit durch Ausmessen mit Theodoliten war äußerst zeitraubend. Da es überdies nicht auf die geringste Geschwindigkeit bei stetigem Flug ankommt, sondern auf die Landegeschwindigkeit im Moment der Bodenberührung, soll hierfür ein besonderes Meßverfahren entwickelt werden. Messungen von Gipfelhöhe und Steiggeschwindigkeit machten keine [Schwierigkeiten. Hierbei wurde gelegentlich ein Aufwind von 2 m/s unter einer Gewitterwolke festgestellt. Die Messung von An- und Auslaufstrecke vor und hinter einem Hindernis erwies sich als ein sehr aussichtsvolles Mittel zur Feststellung der Start- und Landefähigkeit.

Hierauf zeigte der Vortragende Lichtbilder der teilnehmenden Flugzeuge und berichtete über die zahlenmäßigen Meßergebnisse und erörterte das Verfahren der Wertung der Flugleistungen. Er begründete die benutzten Formeln, die zu vernünftigen Ergebnissen geführt haben, und berichtete über weitere Arbeiten in der Entwicklung eines rationellen Wertungsverfahrens. Hierbei sollen grundsätzlich alle für den Enderfolg belanglosen Zwischenwerte eliminiert sein. Die vom Vortragenden vorgeschlagenen Formeln enthalten nur den Aufwand, der möglichst gering sein soll, und Leistungen, die möglichst hoch sein sollen. Als Maßstab für den Aufwand eines Flugzeuges schlägt er dessen Leergewicht und Brennstoffverbrauch vor, als positive Leistungen die Höchstgeschwindigkeit, Steiggeschwindigkeit und Gipfelhöhe, als negative Leistungen An- und Auslaufstrecke, sowie Landegeschwindigkeit. Die Formeln sind so berechnet, daß Flugzeuge gleicher Güte der Konstruktion dieselben Wertungszahlen erreichen können, auch wenn ihre absoluten Leistungen verschieden sind. Die vorgeschlagenen Formeln sind aber nur ein Schritt in einer stetigen Entwicklung.

Als nächster Redner sprach Geheimrat Prof. Schreiber von der Universität in Königsberg i. Pr., Leiter des Institutes für Luftrecht daselbst, über »Deutsche Arbeit am Luftrecht der Welt«. Er legte dar, daß ohne Zweifel die Notwendigkeit bestehe, ein weltgleiches Luftrecht in weitem Umfange zu schaffen, daß aber dem Streben hiernach die Verschiedenheiten der nationalen Rechte sowie die Unterschiede der luftpolitischen Interessen entgegenständen. Diese Differenzen würden erst nach langen Kämpfen in einem Ausgleich überwunden werden. Die deutsche Mitarbeit sei hierbei unentbehrlich, und man könne ruhig abwarten, bis sie erbeten werde. Aber es sei ein Lebensinteresse der deutschen Luftfahrt, dann auf das Beste vorbereitet zu sein. Der Redner bezeichnete als wesentliche Punkte einer solchen Vorbereitung die Herstellung eines völligen Verständnisses zwischen den in der Luftfahrt führenden Ingenieuren und Wirtschaftlern auf der einen und den mit Luftfahrtfragen befaßten Juristen auf der anderen Seite, die Vervollkommnung der innerdeutschen Luftfahrtgesetzgebung zu der Höhe, die einer so engen Zusammenarbeit entsprechen würde, sowie das genaueste Studium der inneren Vorgänge bei der gegenwärtigen Entwicklung des internationalen Luftrechts.

Herr Dr. Döring sprach hierauf über »die Entwicklung der Luftfahrtversicherung«.

Das Versicherungswesen hat in den letzten Jahren mit der Entwicklung der Luftfahrt nicht nur Schritt gehalten, sondern ist ihr vielfach in der Mannigfaltigkeit der angebotenen Formen vorausgeeilt. Der Vortrag schildert die Vorteile und Nachteile dieser Entwicklung in ihrer letzten Gestalt.

Als besondere Gefahr für die Luftfahrt wie auch für die deutschen Versicherungsgesellschaften selbst wird die starke internationale Poolbildung unter den Versicherern angesehen, die einen großen Teil des deutschen Versicherungsmarktes in eine gewisse Abhängigkeit vom Auslande, insbesondere von England, gebracht hat. Diese Gefahr ist um so größer, als die vielfach propagierte bessere Verteilung der Risiken innerhalb eines Pools im wesentlichen ein Vorwand ist und vielmehr die Konkurrenzausschaltung im Vordergrunde steht.

Der Vortragende strebt eine Vereinfachung der Versicherungsbedingungen, insbesondere die Säuberung der Kaskoversicherung von allzuvielen technischen Einzelheiten an.

Von Interesse sind die im Vortrage bekanntgegebenen Statistiken des Aero-Lloyd-Konzerns, die in allen Versicherungszweigen einen Überschuß, zum Teil in wesentlicher Höhe für die Versicherungsgesellschaften, ausweisen. Wenn dies schon für die zurückliegenden Jahre des Aufbaus gilt, so ist zu erwarten, daß schon die nächste Zeit den Bedingungen der Luftfahrt-Versicherung eine immer weiter fortschreitende Besserung bringen wird.

Nachdem in der Technischen Hochschule ein gemeinsames Frühstück eingenommen war, sprach Dr. O. Tietjens über »Kinematische Strömungsaufnahmen von rotierenden und nicht rotierenden Zylindern«.

Die in dem Vortrag vorgeführten Filme wurden vom neugegründeten Kaiser-Wilhelm-Institut für Strömungsforschungen in Göttingen hergestellt. Ein mit einem kinematographischen Aufnahmeapparat verbundener Zylinder wurde durch einen mit Wasser gefüllten Kanal geschleppt und dabei die Strömungserscheinungen der Wasseroberfläche, deren Bewegung durch aufgestreutes Aluminiumpulver kenntlich gemacht worden war, gefilmt. Es wurden im ersten Teil des Vortrages zwei Filme vorgeführt, von denen der erste die Strömung des Wassers um einen ruhenden Zylinder wiedergab, während der zweite Film die Strömung um einen rotierenden Zylinder zeigte und veranschaulichte, wie durch die Rotation des Zylinders die Strömung des Wassers beeinflußt und abgelenkt wurde.

Der zweite Teil des Vortrages brachte eine neue Art kinematographischer Aufnahmen, die man »Zeitfilm« nennen könnte. Die einzelnen Bilder waren nicht kurze Momentaufnahmen wie gewöhnliche Filmbilder, sondern waren etwa zehnmal so lange belichtet, ohne daß die Zeit für den Transport vergrößert werden brauchte. Bei den so erhaltenen Bildern schlossen sich die kleinen Strichelchen, welche die sich bewegenden Aluminiumteilchen wegen der längeren Belichtung auf dem Film hinterließen, zu Stromlinien zusammen und ergaben ein deutliches Stromlinienbild, aus dem man die Einzelheiten des Strömungsvorganges gut erkennen konnte. Der von diesem Negativfilm nach einem besonderen Verfahren hergestellte Positivfilm gab bei der Vorführung den Eindruck der Wasserbewegung gut wieder und gestattete außerdem, einen beliebigen Zustand des Vorganges einzeln zu betrachten, dadurch daß man den Film an der betreffenden Stelle stehen ließ. Das dann auf die Leinwand geworfene Stromlinienbild ließ die Einzelheiten des Strömungszustandes sehr gut erkennen, während ein Stehbild eines Normalfilms die Aluminiumteilchen nur als Punkte zeigen und daher über den Strömungszustand nichts erkennen lassen würde. Man beobachtete insbesondere, wie sich beim nicht rotierenden Zylinder zu Beginn der Bewegung zwei äußerst gleichartig geformte und zum Zylinder symmetrisch gelegene Wirbel ausbildeten, während man beim rotierenden Zylinder im einzelnen verfolgen konnte, wie die Rotation das Stromlinienbild beeinflußte und die ursprüngliche Strömungsrichtung des Wassers ganz beträchtlich ablenkte.

Es folgte Herr Dipl.-Ing. Scheubel mit dem Vortrage über »Schwingungserscheinungen des Segelflugzeuges Rheinland«. Mit Filmvorführung.

Das Aachener Segelflugzeug Rheinland, das am Rhönwettbewerb 1923 teilnahm, zeigte eigenartige Schwingungserscheinungen, eine langsam anwachsende Drehschwingung um die Querachse bei starken periodischen Höhenruderausschlägen. Eine Nachrechnung zeigte, daß das Flugzeug bei festem Höhenruder dynamisch stabil ist, daß jedoch bei elastisch gebundenem Höhenruder (Elastizität der Steuerzüge und der Arme des Führers) dynamische Instabilität eintreten kann. Für den einfachsten Fall — reine Drehschwingung eines Flugzeugs mit Höhenruder ohne Dämpfungsfläche — werden die Stabilitätsbedingungen diskutiert. Die Behandlung komplizierterer Fälle — Seitwerk mit Dämpfungsfläche, Berücksichtigung der Elastizität des Seitwerks — wird kurz gestreift. Zur Klärung einiger Punkte sind Modellversuche im Aachener Windkanal angestellt worden. Ein dort aufgenommener Film zeigt einige Schwingungsformen.

Als letzter sprach Herr Dr.-Ing. Bruno Eck, Aachen, über »Hydrodynamische Methoden der Turbinentheorie«.

Bei Übertragung der Tragflügeltheorie auf Probleme des Turbinenbaues ist es wichtig, sich von vornherein über die Aussichten einer derartigen Theorie im klaren zu sein. Diese sind nun ungleich schlechter wie bei den Aufgaben der Flugtechnik, da es möglich ist, zu einer präzisen Aussage über den Wirkungsgrad zu gelangen. Dies kommt daher, weil sog. induzierte Verluste im Turbinenbau nicht vorhanden sind. Der Aufgabenkreis ist also hierdurch schon wesentlich eingeengt und hat sich im wesentlichen auf eine Berechnung der Druckdifferenz, die ein rotierendes Schaufelrad erzeugt, zu beschränken. Da für unendlich viele Schaufeln die Lösung trivial ist, reduziert sich die Aufgabe auf die Ermittlung des Einflusses der endlichen Schaufelzahl. Es werden verschiedene Methoden zur Ermittlung dieses Einflusses abgegeben.

Als Vergleichsmaße hat man bei Turbinen den Begriff der spezifischen Drehzahl aufgestellt. In dem verwandten Gebiete des Propeller- und Schiffsschraubenbaues die physikalisch viel klareren Begriffe des Belastungs- und Fortschrittsgrades. Es wird nachgewiesen, daß die Begriffe spezifische Drehzahl und Belastungsgrad sich decken und ihr Zusammenhang durch eine Formel dargestellt werden kann. Hierin kommt zum Ausdruck, daß der Belastungsgrad umgekehrt prop. der 4. Potenz der spezifischen Drehzahl ist. Im Interesse des gegenseitigen Austausches von Erfahrungen wäre es erwünscht, wenn hierin eine Einigkeit erzielt würde.

An die Vorträge schlossen sich lehrreiche Aussprachen an. Am Abend desselben Tages fand in dem Hauptrestaurant der Deutschen Verkehrsausstellung ein gemütliches Beisammensein statt.

Am Sonnabend, den 12. September, wurde um 10 Uhr vormittags gemeinsam das Deutsche Museum besichtigt.

Herr Kommerzienrat Wagner begrüßte die Anwesenden. Graf Moy bedankte sich im Namen der Teilnehmer der Tagung und brachte das Hoch auf die Jugend aus.

Darauf antwortete Frl. Schütte, Tochter des Geh.-Rat Schütte, und dankte im Namen der Jugend. Die gewandte, frische Ansprache ließ die durch die mannigfache, während der Tagung neu aufgenommene Weisheit ernst sinnenden Gesichtsausdrücke der Gelehrten und ihrer Jünger aufklaren. Sonne, Freude zog in die Herzen und verursachte einen besonders schönen Abschluß des offiziellen Teiles der Tagung der Wissenschaftlichen Gesellschaft für Luftfahrt.

IV. Protokoll

über die geschäftliche Sitzung der XIV. Ordentlichen Mitglieder-Versammlung am 11. September 1925, vormittags 8³⁰ Uhr, im mathematischen Hörsaal der Technischen Hochschule, München.

Vorsitz: Geh. Reg.-Rat Prof. Dr.-Ing. e. h. Schütte.

Tagesordnung.

a) Bericht des Vorstandes,
b) Entlastung des Vorstandes und Vorstandsrates,
c) Neuwahl der Rechnungsprüfer,
d) Neuwahl des Vorsitzenden,
e) Neuwahl der stellvertretenden Vorsitzenden,
f) Zuwahl in den Vorstandsrat,
g) Wahl des Ortes für die OMV 1926,
h) Verschiedenes.

Vorsitzender: Kraft meines Amtes eröffne ich die heutige geschäftliche Sitzung der XIV. Ordentlichen Mitglieder-Versammlung der WGL und heiße Sie herzlich willkommen. Ich stelle fest, daß die Versammlung beschlußfähig ist.

Bericht des Vorstandes.

Vorsitzender: Leider haben wir im verflossenen Geschäftsjahr den Tod mehrerer tüchtiger und treuer Mitglieder zu beklagen. Es sind dies: Geheimrat Müller-Breslau, den wir im Jahre 1921 hier in München zum Ehrenmitglied ernannt haben, Dr. Gradenwitz, der Präsident des »Aero-Clubs von Deutschland«, langjähriger Förderer der Luftfahrt und bewährter Freund des Grafen Zeppelin, und Geh. Rat Professor Dr. h. c. Felix Klein, der große Mathematiker in Göttingen. Die WGL hat in Würdigung dieser Persönlichkeiten Nachrufe in ihrer Zeitschrift »ZFM« veröffentlicht. Ferner Dr.-Ing. Birnbaum und Löwe. Dazu verunglückte in den letzten Tagen auf dem Motorrad Obering. Horst v. Platen. — Ich darf die Versammlung bitten, sich zum ehrenden Gedenken unserer Toten von den Sitzen zu erheben. (Geschieht.) Ich danke Ihnen.

Mitgliederstand.

Im vorigen Jahre hatten wir 781 Mitglieder; davon sind 6 verstorben und 15 ausgetreten, während 54 Neuaufnahmen dazu gekommen sind, so daß der Bestand zurzeit 814 Mitglieder beträgt.

Diese Zahl ist ein sehr erfreuliches Zeichen; denn sie bedeutet ein ständiges Anwachsen. Seit dem Kriege, wo wir etwa 450 Mitglieder waren, hat sich die Mitgliederzahl beinahe verdoppelt.

Sitzungen des Vorstandsrates.

Der Vorstandsrat hat am 2. September 1924 und am 9. September 1925 getagt. Außerdem sind wir in ständigem Konnex mit den einzelnen Mitgliedern gewesen. Es haben zahlreiche Besprechungen in der Geschäftsstelle stattgefunden, so daß von einem laufenden Verkehr gesprochen werden kann.

Flugtechnische Sprechabende.

Wie Sie wissen, haben wir satzungsgemäß Sprechabende abzuhalten; was auch geschehen ist. Bei dieser Gelegenheit darf ich darauf hinweisen, daß unsere Satzungen weiter eine Bestimmung enthalten, wonach wir auch außerhalb Berlins Ortsgruppen bilden sollen. Leider ist uns dies bis jetzt noch nicht gelungen, weil sich keine Gelegenheit dazu bot. Sie wollen daraus gütigst nicht den Schluß ziehen, daß wir uns nicht ernstlich Mühe gegeben hätten; vielleicht läßt sich diese Vorschrift im Laufe der Zeit doch noch erfüllen.

Es haben seit der Ordentlichen Mitglieder-Versammlung in Frankfurt a. M. folgende Sprechabende stattgefunden:

22. Oktober 1924:
a) Prof. Everling: »Der 2. Küstensegelflug«,
b) Dr.-Ing. Seehase: »Der bemannte Drachen«,
c) Ing. Offermann: »Aufgaben und Ziele des Segelfluges«,
d) Dr.-Ing. Bleistein: »Fortschritte im Luftschiffbau nach dem Kriege«.
Anschließend: Erstaufführung des Films »Die deutsche Luftschau 1924«, aufgenommen von Hauptmann a. D. Krupp.

14. November 1924:
a) Ing. Bartels: »Konstruktive Gesichtspunkte des modernen Flugmotorenbaues«,
b) Ing. Alfred Richard Weyl: »Der gegenwärtige Stand des Flugmotorenbaues«.

11. Dezember 1924: Direktor A. Flettner: »Anwendung der Erkenntnisse der Aerodynamik zum Windvortrieb von Schiffen«.

9. Januar 1925: Colonel the Master of Sempill-London: »Aviation in Japan«.

13. März 1925: Geh. Reg.-Rat Prof. Dr. Cranz: »Über Luftwiderstand bei großen Geschwindigkeiten«.

17. April 1925: Dr. Heinrich Seilkopf: »Meteorologische Studienfahrten über den Atlantik und die meteorologische Beratung transatlantischen Luftverkehrs«.

Arbeit mit anderen Vereinen.

Entsprechend §§ 2 und 3 unserer Satzung haben wir die Arbeit mit verwandten Vereinen aufgenommen bzw. weiter gepflegt, und zwar mit dem Verein deutscher Ingenieure, dem Deutschen Verband Technisch-Wissenschaftlicher Vereine, dem Deutschen Luftfahrt-Verband, dem Deutschen Luftrat und der Rhön-Rossiten-Gesellschaft.

Zur Tagung des Deutschen Luftfahrt-Verbandes in Würzburg haben wir Herrn Hptm. a. D. Krupp entsandt. Bei den Sitzungen des Verbandes Technisch-Wissenschaftlicher Vereine bin ich selbst als Vorsitzender der WGL zugegen gewesen. Im Patentausschuß des Vereins deutscher Ingenieure vertritt uns Herr Reg.-Rat Gohlke vom Reichspatentamt, der an allen Sitzungen teilnimmt und die Interessen der Gesellschaft wahrt. In diesem Jahre sind wir der Arbeitsgemeinschaft für Auslands- und Kolonialtechnik (Akotech) beigetreten. Der Vertreter der WGL ist Herr Oberstleutnant a. D. Wagenführ bzw. unser Geschäftsführer. Es sollen hier Vorarbeiten geleistet werden für den Fall, daß wir wieder Kolonien erhalten sollten. Sie wissen, daß die Ansichten in Deutschland allgemein dahin gehen, daß über die Verteilung unseres Kolonialbesitzes noch nicht das letzte Wort gesprochen ist. Sollten wir wieder zu Kolonien kommen, so würden sie für die Luftfahrt von größter Bedeutung sein. Ich brauche nur an die Fahrt des Zeppelinschiffes in das Innere Afrikas, bis Chartum bzw. bis zum Zusammenfluß des weißen und blauen Nils, hinweisen und auf die Überquerung des Ozeans im Jahre 1924 durch LZ 126.

Rechnungslegung.

Wie alljährlich, hat auch im verflossenen Jahre eine Prüfung der Bücher stattgefunden. Da Herr Patentanwalt Fehlert durch Krankheit verhindert war, hat Herr Justizrat Dr. Hahn mit unserem altbewährten Rechnungsprüfer, Herrn Prof. Berson, die Prüfung der Bücher vorgenommen und ihre Richtigkeit festgestellt.

Die Mitgliedsbeiträge allein, die auch nur wieder zu ¾ eingetroffen sind, haben nicht gereicht, um die WGL flott zu halten. Dank der Rührigkeit unseres Geschäftsführers und der Unterstützung durch eine Reihe von Wohltätern konnten wir auch in diesem Jahre ein Winterfest veranstalten, das rund M. 3000 Überschuß eingebracht hat. Wir sind den gütigen Spendern zu aufrichtigem Dank verpflichtet. Weiter sind wir noch zu großem Dank verpflichtet dem Vertreter des Reichsverkehrsministeriums, Abteilung Luftfahrt, der es uns ermöglichte, die ZFM besonders auf dem Gebiete der Luftfahrt-Rundschau weiter auszubilden.

Dank der finanziellen Geschicklichkeit unseres Schatzmeisters, Herrn Oberstlt. a. D. Wagenführ, ist es uns gelungen, den Vermögensbestand der WGL zu halten, so daß wir zurzeit nicht zu fürchten brauchen, wegen Mangels an Geldmitteln in Bedrängnis zu geraten. — Ich bitte Herrn Prof. Berson den Bericht über die Rechnungsprüfung zu erstatten.

Prof. Berson: Wir haben, wie der Herr Vorsitzende erwähnt hat, die Bücher und Belege geprüft und alles in Ordnung gefunden. Ich darf mir bei dieser Gelegenheit gestatten, auf zwei Punkte aufmerksam zu machen, und zwar erfreulicher Natur. Ich muß Herrn Geheimrat Schütte widersprechen, daß es unserem Schatzmeister nur gelungen ist, unseren Vermögensbestand zu halten. Es ist unserem Schatzmeister gelungen, den Vermögensbestand erheblich zu vermehren und zwar von M. 3004,26 am Schlusse des Vorjahres auf M. 16774,14 bei Abschluß des letzten. Der zweckerfreuliche Umstand, den wir bei Revision der Kassengebahrung festgestellt haben, ist, daß — zum Unterschied von verschiedenen anderen ähnlichen Gesellschaften — nur ein kleinerer Teil des Jahresaufwandes für Gehälter, Büro usw., kurz die Verwaltung, Verwendung findet, der größere dagegen für die eigentlichen wissenschaftlichen Zwecke, wie Zeitschrift, Sonderhefte, Sprechabende usw.

Justizrat Dr. Hahn: Ich kann mich den Ausführungen des Herrn Prof. Berson anschließen und beantrage meinerseits, Vorstand und Geschäftsführer Entlastung zu erteilen.

Vorsitzender: Wünscht jemand zu diesem Bericht bzw. Antrage das Wort? — Das ist nicht der Fall. Ich darf

Bilanz am 31. Dezember 1924.

Aktiva	M.			Passiva	M.
Kassenbestand am 31. 12. 1924			4 565,89	Vermögen am 31. 12. 1924	16 774,14
Wertpapiere:					
Nom M. 33 000 Aktien Mitteldt. Credit-Bank à M. 34	1 122,00				
Nom M. 3000 Aktien Dt. Atl. Telegr. à M. 245	1 470,00				
Nom M. 1000 Aktien Pomm. Prov. Zucker à M. 160,00	160,00				
Devisen:					
1 $ à M. 4,20	4,20				
1 £ à » 19,80	19,80				
21 hfl à » 169,79	39,65				
20 schw. Fr à » 81,57	16,30				
2473 000 österr. K pro Tausend 5892	145,70	2 973,65			
Filme			279,60		
Emden & Co.			5 715,00		
Deutsche Bank			3 240,00		
			16 774,14		16 774,14

Gewinn- und Verlust-Konto.

Verlust	M.	Gewinn	M.
Bureau-Miete	1 317,15	Gewinn-Vortrag aus 1923	3 004,26
Gehälter	4 827,65	Zinsen	814,87
Bureau-Unkosten	4 448,00	Spenden	16 755,80
Unkosten aus Mitglieder-Versammlung	1 406,06	Mitglieder-Beiträge	17 318,18
Reisegelder	1 883,80	Wohltätigkeitsfest	4 054,92
Handlungs-Unkosten	32,98		
Unkosten f. d. Jahrbuch (s. Gegenposten Spenden)	8 304,47		
Flugtechnische Sprechabende	885,14		
Unkosten f. Zeitschriften	2 068,64		
Gewinn-Saldo	16 774,14		
	41 948,03		41 948,03

Die Bücher geprüft und an Hand derselben obige Bilanz aufgestellt.	Wissenschaftliche Gesellschaft für Luftfahrt E. V.		Nach den Büchern und Belegen geprüft und richtig befunden.
Berlin, den 14. Februar 1925. gez. K. Horstmann, Bücher-Revisorin.	Der Schatzmeister: gez. Wagenführ.	Der Geschäftsführer: gez. Krupp.	Berlin, den 27. August 1925. gez. Berson, gez. Hahn.

also annehmen, daß Vorstand und Geschäftsführer Entlastung erhalten haben. (Zustimmung.)
— Ich danke Ihnen, meine Herren!

Neuwahl der Rechnungsprüfer.

Vorsitzender: Anschließend möchte ich den Herren
Rechnungsprüfern den Dank für ihre bisherige Tätigkeit
aussprechen. An diesen Dank möchte ich die Bitte schließen,
daß sie auch in Zukunft in altbewährter Weise die Prüfung der
Bücher vornehmen möchten. Nachdem jedoch Herr Patentanwalt Fehlert mit Rücksicht auf sein Alter von seiner Person
als Rechnungsprüfer Abstand zu nehmen bittet, möchte ich
Herrn Justizrat Hahn ersuchen, dieses Amt gütigst zu übernehmen. — Ein Widerspruch erhebt sich gegen die Wahl der
Herren Prof. Berson und Justizrat Dr. Hahn nicht.
Die Herren sind also zu Rechnungsprüfern gewählt.

Bei dieser Gelegenheit wird es der Vorstand unserer
Gesellschaft nicht unterlassen, Herrn Patentanwalt Fehlert
für seine langjährige Tätigkeit den Dank der WGL auszusprechen.

Ehrenmitglieder.

Im Mai ds. Js. wurde das Deutsche Museum in München
eröffnet, welches, wie Sie wissen, der Erfolg der langjährigen
Arbeit eines überaus tüchtigen Mannes ist, des Reichs-
rates Exzellenz Oskar v. Miller. Die Anerkennungen, die
Herr v. Miller hier in München durch die Vertretungen, man
kann ruhig sagen, des gesamten Deutschlands und eines
Teiles des Auslandes erhalten hat, waren außerordentlich.
Ich glaube, kein König früherer Zeit hätte mehr geehrt
werden können als Oskar v. Miller.

Als langjähriges Mitglied des Vorstandsrates des Deutschen Museums durfte ich den Feierlichkeiten beiwohnen.
Die WGL hat beschlossen, Herrn v. Miller zum 70. Geburtstage eine Adresse zu überreichen. Ich meine, die WGL
kann es sich nur zur Ehre anrechnen, wenn sie Oskar
v. Miller nun auch zum Ehrenmitglied ernennt. Ich
habe mit ihm darüber vertrauliche Aussprache gepflogen.
Er würde die Ehrung, auch diese Ehrung, annehmen und sie
als Dank für seine Tätigkeit auf dem Gebiete der Luftfahrt
ansehen. — Es erhebt sich kein Widerspruch. — Wir
haben hiermit Reichsrat Exzellenz Oskar v. Miller
zum Ehrenmitgliede der WGL ernannt.

Ehrendiplome.

Sie entsinnen sich der ruhmreichen und denkwürdigen
Fahrt des LZ 126. Die WGL hat geglaubt, dem Luftschiffbau Zeppelin nicht nur das bekannte Telegramm schicken zu sollen, das ich Ihnen nochmals vorlese:

»An den Luftschiffbau Zeppelin,

Friedrichshafen.

Die Wissenschaftliche Gesellschaft für Luftfahrt
spricht dem Luftschiffbau Zeppelin, den Konstrukteuren,
den Erbauern und der Besatzung des stolzen Luftschiffes
ZR III ihre herzlichsten Glückwünsche aus zu dem
glänzenden Erfolge.

Ein Meisterwerk deutscher Technik und Arbeits-
kraft, trägt das Luftschiff die Ehre des deutschen Namens
in die Welt hinaus.

Möge die Welt sich würdig erweisen der Manen des
Grafen Zeppelin, möge sie ihm ihre Dankbarkeit bezeugen
dadurch, daß sie wieder freie Bahn gibt denen, die sein
großes Werk heute fortführen.

Luftschiffahrt ist not!

Wissenschaftliche Gesellschaft für Luftfahrt:
Schütte, Wagenführ, Prandtl, Krupp.«

sondern den Herren Dr. Dürr und Dr. Maybach für ihre
langjährigen Verdienste um die Luftschiffahrt und aus Anlaß der glücklichen Landung des LZ 126 in Amerika noch
eine besondere Ehrung zuteil werden zu lassen. Wir haben
die Herren gebeten, gütigst nach Berlin zu kommen, um
uns einen etwa 20 Minuten dauernden Vortrag zu halten.
Im Anschluß daran wollten wir ihnen bei einfachem Mahle

je ein Ehrendiplom überreichen. Leider waren die Herren
seinerzeit mit Arbeiten derart überlastet, daß sie keine
Zeit erübrigen konnten, nach Berlin zu reisen. Wir haben
ihnen daher die Diplome zusenden müssen.

Unser langjähriges Vorstandsmitglied, Herr Prof. Dr.-
Ing. e. h. Dr. Prandtl, hat am 4. Februar 1925 seinen
50. Geburtstag gefeiert. Es hieße Wasser in die Isar gießen,
wenn ich über die Verdienste, die Herr Prof. Prandtl um
die Luftfahrtwissenschaft und um unsere Gesellschaft sich
erworben hat, weiteres ausführen wollte. Die WGL hat
aus diesem Anlaß zusammen mit dem Verlag R. Oldenbourg
ein »Prandtl-Sonderheft« unserer ZFM herausgegeben,
das Ihnen bekannt ist.

Gleichzeitig hat der Vorstand der WGL Herrn Prof.
Prandtl in Anbetracht seiner Verdienste um die deutsche
Luftfahrt ebenfalls ein Ehrendiplom überreicht.

(Zu Prandtl.) Ich darf Ihnen, sehr verehrter Herr
Professor, nachträglich nochmals im Namen der WGL unsere
allerherzlichsten Glückwünsche aussprechen.

Ferner wollen wir der Einweihung des »Kaiser-
Wilhelm-Institutes für Strömungslehre«, verbunden mit der Aerodynamischen Versuchsanstalt,
gedenken, die am 16. Juli ds. Js. in Göttingen stattfand.
Leider war es uns nicht möglich, an dieser Feier teilzunehmen,
da der Tag ungünstig für uns lag, weil die WGL durch
ihren Vorstand und ihren Geschäftsführer auf der Münchener Verkehrsausstellung vertreten sein mußte und dieser
Vertretungstermin bereits lange vorher festgelegt war. Wir
haben Herrn Prof. Dr. Prandtl daher schriftlich unsere
Glückwünsche übermittelt. Ich nehme Gelegenheit, ihm
heute nochmals für seine wichtigen Arbeiten auf dem Gebiete
der Strömungslehre ganz besonderen Dank zu sagen.

Entschließungen.

Zur Reichstagswahl haben wir die einzelnen Parteien
gebeten, in ihr Programm auch die Luftfahrt aufzunehmen.
Wir haben folgende Entschließung an sämtliche Parteien abgesandt:

Fernstehend jeder Politik, fordert die Wissenschaftliche Gesellschaft für Luftfahrt, die be-
rufene Vertreterin deutscher Luftfahrt-Wissenschaft,
sämtliche politischen Parteien Deutschlands auf, bei den
bevorstehenden Wahlen in ihr Wahlprogramm die Forderung aufzunehmen auf Befreiung des deutschen Luftfahrzeugbaues und -verkehrs von ihrer augenblicklichen
Fesselung, um damit der Welt zu beweisen, daß das
deutsche Volk einmütig der Ansicht ist, daß Luftschiffe
und Flugzeuge für Deutschland in Zukunft nicht mehr
die Bedeutung von Kriegswaffen haben, sondern einzig
und allein den friedlichen Zwecken des völkerverbinden-
den Verkehrs dienen können und sollen.

Die Welt außerhalb Deutschlands wird einer solchen,
von allen Parteien ausgesprochenen Erklärung nicht den
Glauben versagen können und wird die Folgerung daraus
ziehen!

Nicht darf in sinnloser Weise die Luftschiffbau-Halle
in Friedrichshafen zerstört werden, in der LZ 126, das
an Amerika abgelieferte Reparations-Luftschiff erstand,
dessen Leistungen die ganze Welt bewunderte! Nicht
dürfen länger die Begriffsbestimmungen den Bau von
wirklich leistungsfähigen Verkehrs-Luftschiffen und Ver-
kehrs-Flugzeugen für die Kulturzwecke des Verkehrs
hemmen!

Im Interesse nicht nur Deutschlands, sondern der
ganzen Welt liegt es, diesen haltlosen und niemandem
nützenden Zustand zu beseitigen. Freie Bahn wird
von uns erstrebt für deutsche Luftfahrt! Arbeitsmöglichkeit für die deutschen Arbeiter muß erhalten und
weiter ausgebaut werden! Verhindert muß jeder Versuch werden, ohne Nutzen größte volkswirtschaftliche
Werte in unserem verarmten Lande sinnlos zu vernichten!
Im freien Wettbewerb der Kräfte wollen wir Gelegenheit
haben, im Luftfahrzeugbau und im Luftverkehr die Kultur
der Welt voranzubringen zum Segen späterer Geschlech-

ter, die einst von uns Rechenschaft fordern werden darüber, wie wir das uns anvertraute Gut an Wissen und Können verwaltet haben!

Wenn auch die politischen Parteien Deutschlands sonst in ihren Ansichten und Zielen verschieden sind, in diesem einen Punkte werden sie einig sein, in dem Bestreben, der deutschen Luftfahrt zu helfen. Sie haben eine schwere Verantwortung vor der Menschheit, und die Wissenschaftliche Gesellschaft für Luftfahrt erwartet von Ihnen, daß sie ohne Ausnahme klar und offen im Interesse der deutschen Luftfahrt Stellung nehmen, um ihr zu helfen!

Luftfahrt ist Not!
Wissenschaftliche Gesellschaft für Luftfahrt
gez. Schütte. gez. Wagenführ. gez. Prandtl.
gez. Krupp.

Von allen Parteien gingen daraufhin zustimmende Antworten ein.

Ende Juni ds. Js wurde dem Deutschen Reiche durch die Entente eine neue Luftfahrtnote überreicht, die uns wiederum in der Entwicklung des Luftverkehrs und des Flugzeug- und Luftschiffbaues stark hemmt. Der Vorstand hat daraufhin an den Herrn Reichpräsidenten, Seine Exzellenz Generalfeldmarschall von Hindenburg folgendes Telegramm geschickt:

»An den Herrn Reichspräsidenten, Se. Exz. Generalfeldmarschall von Hindenburg, Berlin.

Eure Exzellenz bittet die Wissenschaftliche Gesellschaft für Luftfahrt als Vertreterin der deutschen Luftfahrtwissenschaft gütigst alles tun zu wollen, die neue Bedrohung deutscher Luftfahrtwissenschaft und freier technischer Entwicklung durch Beschränkung, sogar der Zahl unserer Luftfahrzeuge und Flieger, abzuwenden. Kein Kulturvolk kann von uns verlangen, daß wir unsere Forscher- und Ingenieurarbeiten weiter knebeln lassen.
gez. Schütte. gez. Wagenführ. gez. Prandtl.
gez. Krupp.«

Zu meinem Bedauern muß ich feststellen, daß alles dies wiederum nichts genützt hat. Ich möchte überhaupt vor weiteren flammenden Protesten warnen. — Wenn alle unsere »flammenden« Proteste seit November 1918 wirklich zu Flammen geworden wären, hätten sie die Welt in Flammen hüllen müssen. Genützt haben sie so gut wie gar nichts.

Tätigkeit der Kommissionen.

1. Vorbereitung zur Ordentlichen Mitglieder-Versammlung 1925 in München.

Vorsitzender: Herr Ministerialrat Dr. Hellmann, München, hatte die Liebenswürdigkeit, uns auf der vorjährigen Versammlung in Frankfurt a. M. nahezulegen, die diesjährige Hauptversammlung wieder in München abzuhalten. Meine Herren! Da die Tagung 1921 in München bei uns allen in bester Erinnerung war und der Vorstand die Ermächtigung erhalten hatte, den Ort zu bestimmen, so haben wir diese Anregung dankend aufgenommen und sind ihr gefolgt. Gelegentlich der Eröffnung des Deutschen Museums habe ich mit dem Herrn Handelsminister Exz. v. Meinel, mit dem Herrn ersten Bürgermeister Scharnagl und dem rechtskundigen Herrn Bürgermeister Dr. Küfner, München, Fühlung genommen. Ich habe die Herren gebeten, die diesjährige Tagung unter das Protektorat des Staates Bayern und der Stadt München stellen zu dürfen. Nicht zuletzt wurde ich hierzu durch die Absicht unserer Gesellschaft veranlaßt, eine Sonderausstellung in der Deutschen Verkehrsausstellung in München zu veranstalten. — In entgegenkommender und liebenswürdiger Weise hat sowohl der Staat Bayern als auch die Stadt München dieser Bitte entsprochen.

2. Kommission für Vorträge.

Vorsitzender: Der Kommission gehörten an die Herren: Prof. Everling, Prof. Dr.-Ing. Hoff, Prof. Prandtl, Prof. Reißner, Dr.-Ing. Rumpler und unser Geschäftsführer. — In diesem Jahre sind sehr viele Anmeldungen eingelaufen, so daß wir leider gezwungen waren, verschiedene Vorträge abzusetzen, da sonst die Zeit nicht gereicht hätte. Wir haben die Herren, deren Vorträge zurückgestellt werden mußten, gebeten, diese im kommenden Winter bei den Sprechabenden in Berlin zu halten. — Auch dieser Kommission unseren besten Dank für ihre Mitwirkung.

Prof. Prandtl: Ich habe gelegentlich einer Aussprache, die entstanden ist in dem Ausschuß, der die Vorträge für die Versammlung vorbereitete, zwei Anträge gestellt, die die Billigung des Vorstandsrates gefunden haben und um deren Genehmigung durch die Versammlung ich bitte.

Der eine Antrag verlangt, daß Vorträge auf der Hauptversammlung nicht über 45 Minuten dauern sollen; eine Verlängerung über 1 Stunde hinaus soll in keinem Fall zulässig sein. Vorträge wie der eine im vorigen Jahre, der etwa 2 Stunden gedauert hat und eine Materialsammlung brachte, die man zwar lesen, aber bei mündlichem Vortrag in dieser Zeit nicht auffassen kann, müssen entschieden vermieden werden. Lieber soll man reichlichere Zeit für die Aussprache lassen.

Der zweite Antrag bezieht sich darauf, daß bei jeder Ordentlichen Mitglieder-Versammlung der WGL eine Sitzung den wissenschaftlichen Fragen gewidmet und durch eine Zweiteilung es so eingerichtet werden soll, daß jene Mitglieder, die an dieser »Fachsimpelei« sich nicht beteiligen wollen, irgendwie in angenehmer Weise anders beschäftigt werden. Es sollen also neben den allgemein interessierenden Fragen, die zur Beratung kommen, die speziellen wissenschaftlichen Angelegenheiten von den Wissenschaftlern in engerem Kreise besprochen werden. Dies zu ermöglichen, bezweckt mein Antrag. Die Sitzung, die wir heute nachmittag haben, ist bereits eine solche, wie ich zur Warnung für solche, die sich vor Formeln fürchten, erwähnen möchte. Ich weiß nicht, ob eine Abstimmung über diese beiden Anträge notwendig ist.

Vorsitzender: In der Vorstandsratssitzung wurde gesagt, daß man diese Anträge wohl als eine Anregung für den Vorstand betrachten, aber den Vorstand durch solche Beschlüsse nicht binden solle. Es gibt doch Vorträge, die in 45 Minuten nicht erledigt werden können und für die es schade wäre, sie nur deshalb zu kürzen. — 2 Stunden dürfen sie natürlich nicht dauern. — Als Anregung sind diese beiden Anträge des Herrn Prof. Prandtl zu begrüßen. Bindende Beschlüsse sollten sie aber nicht werden. Dem Vorstand sollte es freistehen, erweiterte Ausarbeitungen vor der Hauptversammlung zu versenden, um den Teilnehmern an der Hauptversammlung den Vortrag in vollem Umfange unterbreiten zu können. — Zum 2. Antrag, der die Einführung sogenannter Fachsitzungen wünscht, wird vorgeschlagen, diese Fachsitzungen möglichst in das Programm der Mitgliederversammlung einzuordnen, so daß die Dauer derselben nicht beeinträchtigt wird. Im VDI werden solche Fachsitzungen schon seit Jahren veranstaltet. Sie werden möglichst parallel zu anderen Veranstaltungen, insbesondere geschäftlicher Art, gelegt, so daß die Gesamtdauer der Versammlung dadurch nicht anwächst. Das Programm erhält auf diese Weise eine geschlossenere Form.

Prof. Prandtl: Die Fachsitzungen parallel zu den Vorstandssitzungen zu legen, geht nicht; denn die Herren, die den Fachsitzungen anwohnen wollen, gehören vielfach dem Vorstandsrat an. Wir haben uns diesen Vorschlag im Vorstandsrat schon überlegt, konnten uns aber in der Mehrheit nicht dafür entscheiden. Auf die Bedenken möchte ich erwidern, daß der Antrag nicht so gemeint ist, daß nach 45 Minuten einfach die Guillotine heruntersausen soll und der Vortrag abgeschnitten wird, wenn der Betreffende nicht aufhört, sondern daß es im Ermessen des Versammlungsleiters liegen soll, unter Umständen den Vortragenden doch ausreden zu lassen. Es ist aber zweifellos sehr gut, wenn man sich einem Redner gegenüber, von dem man wünscht, daß er endlich aufhört, auf eine Statutenbestimmung berufen kann. Das war die Idee, die ich mit meinem Antrag verfolgte. Wenn ein allgemeines Interesse vorliegt, wird jeder Vorsitzende Milde walten lassen. Ich weiß nicht, ob ich durch meine Ausführungen die geäußerten Bedenken zerstreut habe.

Vorsitzender: Die Anträge des Herrn Prof. Prandtl wurden ausgelöst durch Vorgänge auf der letzten Hauptversammlung in Frankfurt, auf der ein Vortragender über 2 Stunden gesprochen hatte und trotzdem nicht zu Ende gekommen war. Der ganze Vortrag hätte ungefähr 4 Stunden gedauert. Ich glaube in der Annahme nicht fehlzugehen, daß Sie wünschen, daß Vorträge in der Regel nicht länger als 45 Minuten bis höchstens 1 Stunde dauern sollen, damit eine entsprechend längere Diskussion stattfinden kann.

Prof. Berson: Der Antrag will wohl so aufgefaßt werden, daß bei bestimmten Vorträgen selbstverständlich von vornherein eine längere Dauer zugelassen wird. Wir haben ja auch z. B. gestern für den Vortrag des Herrn Baeumker 5/4 Stunden festgesetzt. Im allgemeinen muß man die Festlegung dem Vorstand und der Vorbereitung der Sitzung überlassen, die im allgemeinen an die Richtlinien des Antrages sich halten und nur in bestimmten Fällen davon abgehen werden.

Vorsitzender: Die Mitgliederversammlung ist also der Meinung, daß Vorträge — wie von Herrn Prof. Prandtl vorgeschlagen — im allgemeinen nicht länger als 45 Minuten bis zu einer Stunde dauern sollen. Nachträglich können die einzelnen Gruppen unter sich noch einen Meinungsaustausch pflegen. — Nachdem sich hiergegen kein Widerspruch geltend macht, darf ich diese Angelegenheit als erledigt betrachten.

8. Illustrierte Technische Wörterbücher.

Hptm. a. D. Krupp: Von der WGL ist, wie Sie wissen, Herrn Ingenieur Schlomann zugesichert worden, daß die WGL an der Herausgabe des Technischen Wörterbuches für Luftfahrt sehr stark interessiert ist und ihn in der Vorbereitung hierzu in jeder Weise unterstützen will. Die hierzu gebildete Kommission, bestehend aus den Herren v. Tschudi, Bleistein, Everling, Koppe, Lachmann und Rohrbach, hat viele Besprechungen und Sitzungen gehabt, bis Klarheit geschaffen wurde und die ganze Vorbereitungen in die Hand des Kommissionsvorsitzenden, Herrn Major v. Tschudi, gelegt wurden. Die Vorbereitungen dieses Wörterbuches waren so weit fortgeschritten, daß die weitere Bearbeitung in die Hände des Herrn Schlomann nach München verlegt wurde. Herr Schlomann wird so liebenswürdig sein, Ihnen einen Bericht über den Stand der Arbeiten zu geben.

Ing. Schlomann: Meine Herren! Ich danke zunächst sehr, daß Sie mir Gelegenheit geben, über den Stand der Arbeiten mündlich kurz zu berichten. Der erste Versuch, ein Wörterbuch über Luftverkehrstechnik zu schaffen, ist in dem Band »Motorfahrzeuge« des Illustrierten Technischen Wörterbuches, das im Jahre 1910 herausgekommen ist, gemacht worden. Es ist selbstverständlich, daß das Ergebnis der damaligen Arbeiten ein sehr spärliches war, weil im Jahre 1910 die Luftfahrttechnik weder technisch noch verkehrstechnisch den Umfang angenommen hatte, den sie heute aufweist. Die Arbeiten, die ich Ihnen heute hier, nur um zu zeigen, daß tatsächlich etwas geschehen ist, in diesen vollgefüllten Kästen vorlegen kann, und zwar in Manuskripten, die vollständig bebildert sind, sind soweit gediehen, daß eine Arbeit vorliegt von rund 13 000 termini technici, die sich ausschließlich mit der Technik der Luftfahrzeuge, der Wetterkunde, der Navigation und mit den Hilfswissenschaften befassen. Das Ergebnis dieser Arbeit mit rund 13 000 Wörtern umfaßt ein einziges Gebiet noch nicht: das ist das Gebiet des Luftrechtes. Es war bis heute nicht möglich, auch dieses Gebiet in die Bearbeitung einzube-

ziehen; es ist aber beabsichtigt, auch das Luftrecht eingehend zu würdigen. Die 13 000 termini technici sind unterstützt durch 2125 kleinmaßstäbliche Zeichnungen.

Ich möchte ganz kurz über den Inhalt der Arbeit folgendes sagen: Es ist eine endgültige Systematik oder Disposition bis heute noch nicht aufgestellt worden, weil ich der Meinung bin, daß dem Wörterbuchausschuß der WGL ein sehr weitgehender Einfluß in der endgültigen Disponierung des Wörterbuches gelassen werden soll. Ohne mich infolgedessen auf die Reihenfolge festzulegen, möchte ich die Hauptabschnitte, die behandelt wurden, hiermit bekanntgeben. Es sind das die Gebiete: Wetterkunde, Navigation, Aerodynamik, aerostatische Luftfahrzeuge, aerodynamische Luftfahrzeuge, Flugzeugstatik, Baustoffe, Motor, Luftschraube, Flugbetrieb, das militärische Flugwesen und das Prüfungs- und Meßwesen der Luftfahrttechnik. Es fehlt also, wie gesagt, nur noch das Luftrecht.

Meine Herren! Die Arbeit, die vorliegt, und die, wie ich hoffe, den Wörterbuchausschuß im einzelnen noch beschäftigen wird, stellt — das darf ich sagen — das Beste dar, was die Schriftleitung der Illustrierten Technischen Wörterbücher zu schaffen in der Lage war. Es sind sämtliche uns zugänglichen und für uns greifbaren Drucksachen sowohl wissenschaftlicher Art, wie Zeitschriften und Bücher, als auch die Veröffentlichungen der einschlägigen Firmen verarbeitet worden. Selbstverständlich enthält dieses Manuskript, das ich hier vorlege, zunächst nur die deutschen Ausdrücke und die Zeichnungen. Mit diesen Zeichnungen sind rund 6000 Ausdrücke bebildert worden durch Bezugzeichen, die in den einzelnen Abbildungen enthalten sind. Das Manuskript ist heute, so wie es ist, von der Schriftleitung wohl als abgeschlossen zu betrachten; aber ich habe den lebhaften Wunsch, der sicher auch von Ihnen geteilt wird, daß nunmehr dieses Manuskript mit tunlichster Beschleunigung und in enger Fühlungnahme mit Ihrem Wörterbuchausschuß einer eingehenden Durchsicht und Bearbeitung unterzogen wird, und daß zwischen dem Wörterbuchausschuß und mir diejenigen Wege beschlossen werden, die geeignet sind, auf kürzeste und beste Weise das Werk zu vollenden. Ich möchte ausdrücklich bemerken, daß es bei dieser Mitarbeit zunächst nicht darauf ankommt, die fremdsprachlichen Ausdrücke zu schaffen — dafür, glaube ich, stehen die Mittel und Wege sowohl der Schriftleitung wie auch Ihnen genügend zur Verfügung —, sondern es handelt sich zunächst darum, daß die einschlägigen Flugzeugfirmen, Sonder-Fachleute usw, sich in bezug auf Vollständigkeit des Wörtermaterials mit der Sammlung beschäftigen, und zwar in einer möglichst weitgehenden Arbeitsteilung. Es kommt ferner darauf an, was bei einem Wörterbuch so wichtig ist, daß dieses Manuskript, welches, wie ich sagen darf, eine außerordentlich fleißige und mühsame Arbeit aller der Herren, die damit beschäftigt waren, darstellt, wenn es der Öffentlichkeit im Druck übergeben wird, auch tatsächlich die Sprache der deutschen Luftfahrttechnik enthält, daß auch diejenigen Ausdrücke, die einheitlich angewendet werden, und daß alle die Lücken, die selbstverständlich noch im Manuskript enthalten sein müssen, ausgeglichen werden. Ich glaube, daß sich diese Überarbeitung nicht anders wird bewerkstelligen lassen, als daß vor allem die Luftfahrzeuge bauenden Firmen den einen oder anderen ihnen geeignet erscheinenden Herrn veranlassen, sich mit diesem Manuskript zu beschäftigen, um es zu verbessern.

Ich möchte bei dieser Gelegenheit anfügen, daß das Ausland ein außerordentliches Interesse an der Fertigung und Herausgabe dieses Wörterbuches kundgibt. Ich möchte darauf hinweisen, daß schon seit längerer Zeit der bekannte Herausgeber des »Aeroplane«, Herr Grey, mit mir in Fühlung steht und sehr stark darauf drängt, daß dieses Wörterbuch möglichst bald herauskommt, und er hat seine Mitarbeit für die englische Bearbeitung in Aussicht gestellt. Es sind von Italien und von allen möglichen Staaten Anregungen an mich gekommen, die Arbeit zu beschleunigen, weil man erklärt, daß dadurch die Technik als Ganzes außerordentlich gefördert würde. Ich glaube, daß es sich erübrigt, daß ich Sie im einzelnen noch über die Arbeit, über ihre Entstehung, ihren Inhalt usw. hier unterrichte. Ich habe die Arbeit mitgebracht, damit Sie sich durch den Augenschein überzeugen können, daß heute tatsächlich etwas sehr weit Fortgeschrittenes vorliegt. Es ist mir eine angenehme Pflicht, an dieser Stelle meinen ganz besonderen persönlichen Dank auch noch auszusprechen Herrn Major v. Tschudi, der die Arbeiten in sehr weitgehender Weise gefördert hat, dessen persönliche Mitarbeit zu einem erheblichen Teile in dieser Arbeit vorliegt. Ferner möchte ich auch den Dank aussprechen einer ganzen Reihe von Luftfahrzeug bauenden Firmen, die mich durch Übersendung von Material und Zeichnungen in weitgehendem Maße unterstützt haben. Ich möchte diesen Dank auch noch besonders zum Ausdruck bringen Herrn Hauptmann Krupp, der jederzeit, wenn irgendeine Frage vorlag, die Schriftleitung unterstützt hat. Ich würde, falls irgend welche Fragen in dieser Angelegenheit an mich gerichtet werden, sehr gerne bereit sein, diese Fragen noch zu beantworten und möchte meine Ausführungen im Augenblick damit schließen, daß ich bitte, dieser Arbeit eine recht weitgehende Beachtung zu schenken und vor allen Dingen dafür zu sorgen und mitzuhelfen, daß die Veröffentlichung und Vervollständigung des Werkes möglichst schnell vorangeht. Ich rechne damit, daß es, wenn die Überarbeitung durch den Wörterbuchausschuß in 3 bis 4 Monaten vollendet ist, möglich sein wird, mit Ende nächsten Jahres das Wörterbuch in 6 oder mehr Sprachen herauszugeben.

Vorsitzender: Wünscht jemand das Wort? — Das Wort wird nicht gewünscht. — Wer jemals in die Werkstätte eines technischen Wörterbuches hat hineinblicken dürfen, weiß, wieviel Arbeit, wieviel Fleiß es kostet und wieviel Opfer gebracht werden müssen, um ein solches Werk zustande zu bringen. Sie haben gesehen, wie weit das Werk gediehen ist. Ich glaube, wir können Herrn Schlomann nur unseren Dank aussprechen, daß er diese Arbeit in seine bewährte Hand genommen und mit der WGL durchgeführt hat.

4. Bericht über den Segelflug.

Seine Königliche Hoheit Prinz Heinrich von Preußen: Ich darf Ihnen folgendes berichten. Im vergangenen Jahr hat sich nicht aus Not, sondern, ich will sagen, aus Notwendigkeit geboren, eine Gesellschaft konstituiert, die sich Rhön-Rossitten-Gesellschaft nannte und den Zweck verfolgt, keine Eifersucht aufkommen zu lassen zwischen Rossitten und Rhön, wohl aber parallel miteinander zum Besten des deutschen Flugwesens zu arbeiten. Es ist vollkommen gleichgültig für den vorliegenden Fall, ob Rossitten oder Rhön eine größere Rolle dabei spielt oder ersprießlicher für den Segelflug wirkt. Rossitten kann sicher hervorragende Leistungen aufweisen. Ich darf im voraus bemerken, daß in diesem Jahre trotz schlechten Wetters aber auch auf der Rhön auf dem Gebiete des Segelfluges einige Welthöchstleistungen zu verzeichnen waren, und zwar speziell auch auf dem Gebiet des Passagierfluges. Ich möchte hier keine falschen Zahlen nennen, da ich sie bedauerlicherweise nicht bei mir habe. Die Erfolge sind aber in der Presse veröffentlicht worden. Ich möchte anschließend bemerken, daß es der Rhön-Rossitten-Gesellschaft in keiner Weise um Welthöchstleistungen zu tun ist. Diese sind uns vollkommen gleichgültig. Werden sie nebenher geleistet, so mag das eine gewisse Befriedigung des Hungers der Neugier des großen Publikums sein. Es hat nun unter meinem Vorsitz eine Sitzung stattgefunden, in welcher wir die Richtlinien für die Zukunft der Rhönflüge festgelegt haben.

Es soll zunächst einmal die Schule Martens, die sich seit dem vorigen Jahre oben festgesetzt hat, und zwar auch baulich sehr interessant, mit Werkstätten usw., so daß Reparaturen dort ausgeführt werden können, an die Rhön-Rossitten-Gesellschaft angegliedert werden, und zwar mit dem Zweck, junge Mannschaften auszubilden. Bei der Ausbildung der Piloten gibt es A-, B- und C-Prüfungen bzw. Wettbewerbsausschreibungen für junge Leute. Ferner soll

ein flugwissenschaftliches Institut gegründet werden. Ich bemerke dazu, daß wir bereits drei Schwingenflieger hatten, die natürlich vollkommen im Anfangsstadium standen und den Ideen nach rechtlich voneinander verschieden waren. Sie waren technisch ganz außerordentlich interessant. Die ersten Versuche waren natürlich wie immer, ich kann nicht anders sagen, etwas lächerlicher Natur. Das hat uns jedoch nicht davon abgebracht, hier unterstützend einzugreifen, zum Teil pekunär, zum Teil durch kleine Ehrenpreise. Die Schaffung eines solchen wissenschaftlichen und praktischen Forschungsinstitutes ist auch ein Zweck der Rhön-Rossitten-Gesellschaft. Schließlich und endlich — wir haben dafür schon im vergangenen Jahre Preise gestiftet — wollen wir das Segelflugzeug dahin ausbilden, daß nicht kleine, aber leichte Motoren eingebaut werden sollen. Es sind auch bereits einzelne Industrien vorhanden, die sich mit solchen Leichtmotoren befassen. Der Leichtmotor soll unter anderem so eingerichtet sein, daß man einen Mechanismus, den man bekanntermaßen auf deutsch beim Motorfahrrad mit dem reizenden Wort ›Kickstarter‹ bezeichnet, in das Flugzeug einbaut mit dem Zweck, daß, wenn Aufwind und Hangwind vorhanden sind, Flüge über Land gemacht werden können, wobei der Motor abgestellt wird, und dann, wenn das Flugzeug herunter muß, wieder in Betrieb gesetzt werden kann. Dies sind die drei Hauptpunkte, die sich die Rhön-Rossitten-Gesellschaft zum Ziele gesetzt hat. Ferner ist ausdrücklich betont worden, daß in engster Gemeinschaft mit der WGL, wie ich hoffe, nicht nur auf dem Gebiete des Segelflugs allein, sondern im ganzen Flugwesen weitergearbeitet werden soll. Ich möchte daher unseren Präsidenten, Herrn Geheimrat Schütte, in erster Linie bitten, und ebenso alle anderen Herren, das Interesse an den ganzen Rhön- und Rossittenflügen nicht fallen zu lassen, sondern ihnen auch weiterhin ihre Unterstützung zuteil werden zu lassen.

Vorsitzender: Eurer Königlichen Hoheit darf ich für den interessanten Bericht unseren Dank aussprechen und die Versicherung abgeben, daß die WGL nach wie vor das Interesse für das Unternehmen wahren wird.

5. Bericht über den Deutschen Rundflug.

Hptm. a. D. Krupp: Wie Sie wohl durch die Tages- und Fachpresse gehört haben, ist der Deutsche Rundflug 1925 ohne wesentliche Unglücksfälle glatt verlaufen und hat über Erwarten recht gute Resultate gezeigt. Im Einverständnis mit der Firma Albatros hatte die WGL ein Flugzeug Albatros B II, das bereits aus dem Jahre 1913 durch den Prinz-Heinrich-Flug bekannt war und jetzt noch als Schulmaschine diente, gemeldet. Als Führer flog ich selbst. Die Albatroswerke sowie die WGL wollten auf Grund der Ausschreibungen des Deutschen Rundfluges mit diesem Flugzeug Vergleiche zwischen dem alten und dem neuen Flugzeugtyp aufstellen. Ich habe die über 5000 km betragende Flugstrecke ohne Strafpunkte glatt erledigt. Über den Deutschen Rundflug selbst wird Herr Major v. Tschudi ganz kurz berichten.

Major v. Tschudi: Es erübrigt sich, auf die Ergebnisse im allgemeinen einzugehen. Es ist zweckmäßiger, hier die Schwierigkeiten zu beleuchten, die sich dabei ergeben haben, und die in Zukunft vermieden werden müssen. Daß bei einer Veranstaltung von einem Umfang, wie man noch keine andere gesehen hatte, die Ansichten über die Möglichkeiten und Wünschenswertigkeiten von vornherein sehr verschieden sein würden, war zu erwarten. Ich hatte aber nicht erwartet, daß manche Punkte so mißverstanden würden. So wurde vor dem Rundflug bereits aufs heftigste beanstandet, daß 5 Tage nacheinander je 1000 km geflogen werden sollen. Die Betreffenden haben über den Punkt hinweggelesen, daß für die Leistung jedesmal zwei Tage zur Verfügung standen. Ferner wurde beanstandet, daß für die drei Klassen von Flugzeugen gleiche Streckenleistungen gefordert wurden. Das war wiederum falsch gelesen. Es waren nicht gleiche Leistungen gefordert, sondern lediglich die gleiche Strecke gewählt worden, und zwar aus sehr einleuchtenden Gründen, über die jeder Kritiker bei kurzem Nachdenken sich hätte klar werden können. Überlegt man sich, was es bedeutet, eine Strecke zu beurkunden, die sich über ganze Tage, ja sogar über zwei Tage von morgens früh 4 Uhr bis abends 9 Uhr ausdehnt, so wird man einsehen, daß die Beurkundung einen umfangreichen Apparat erfordert. Hätten wir verschiedene Strecken gewählt, so wäre es notwendig gewesen, einen noch größeren Beurkundungsapparat in Bewegung zu setzen, als dies sowieso schon notwendig war. Es war nicht verlangt, daß irgend jemand volle Leistungen auf der Strecke erzielt, sondern es wurde relativ das Maximum gewertet. Den Unterschied zwischen relativer Wertung und absoluter Wertung hat von den gesamten Kritikern nur ein außerordentlich geringer Teil erfaßt. Man muß sich immer klar sein, ist verlangt, daß eine bestimmte Leistung erfüllt wird, oder eine Leistung als das Maximum dessen, was prämiert wird, festgelegt. Das ist ein großer Unterschied. Dann wurde mit einem gewissen Recht die Klasseneinteilung beanstandet. Ultra posse nemo obligatur. Heute ist es nicht möglich, die bestehenden kleineren Flugzeuge so in Klassen einzuteilen, daß die in einer Klasse befindlichen absolut miteinander vergleichbar sind. Es werden demgemäß auch die Leistungen verschieden sein. Was wir sicher gelernt haben, ist, daß man nicht mehr nach Pferdestärken einteilen darf. Diese Einteilung wurde ad absurdum geführt. Die Motoren, die als gleichwertig anzusehen, die gleichen Typs sind und von Fabriken als gleich stark bezeichnet werden, weisen immer einen Unterschied auf. Bruchteile von Pferdekräften festzulegen, hat sich für die Praxis nicht bewährt. Man wird darauf verzichten müssen. Ungefähr zu der Zeit des Deutschen Rundfluges ist man in England dahin gekommen, nicht mehr die Pferdestärken, sondern Motorengewicht zum Vergleich heranzuziehen, und neuerdings ist bei uns das Bestreben vorhanden, das gesamte Flugzeug einschließlich des Motors zu wiegen. In dieser Beziehung wird man also künftig zweifellos anders verfahren. Eine Schwierigkeit, die von den Kritikern auch nicht verstanden wurde, und zwar durchwegs nicht, hat sich in der Richtung ergeben, daß früher bei größeren Veranstaltungen — es waren dies gewöhnlich in Johannisthal — abgesehen von den Prinz-Heinrich-Flügen, für die zu sorgen verhältnismäßig leicht war, weil militärische Mitarbeit vorhanden war, die Verhältnisse insofern einfach lagen, als eine Person Flugpolizei, Flugplatzverwaltung und Veranstalter darstellte. Das war diesmal anders. Vor dem Kriege hatten wir keine Flugplatzpolizei, sondern der Amtsrichter von Adlershof pflegte bei mir anzufragen, ob die von mir geleitete Veranstaltung ohne Bedenken genehmigt werden könne. Nachdem ich ja gesagt hatte, war sie genehmigt. Das ist jetzt anders. Es gab eine Flugpolizei und eine getrennte Flugplatzverwaltung. Wenn ich auch im Aufsichtsrat bin, so habe ich doch jetzt schon der Verwaltung gegenüber ausgesprochen, daß ich nie wieder Veranstaltungen leiten werde, wenn nicht auch der Flugplatz unter meine Leitung gestellt würde. Es muß soweit gegangen werden, daß das Verlangen gestellt wird, daß die Leitung, insoweit sie in technischer Beziehung hatte, auch in dieselbe Hand kommt. Die Polizei ist nur eine Behörde, die einen Verbrecher in Verwahrung nimmt, der ihr von der Flugleitung ausgehändigt wird, oder verhindert, daß Unberufene auf die Flugbahn gelangen. Es sind in der Richtung ganz erstaunliche Unzuträglichkeiten entstanden. So weigerte sich die Flugplatzverwaltung, die Flugzeuge in den Zelten, wo sie für die Presse und die Sachverständigen zugänglich gewesen wären, aufzustellen und verlangte, um die Grasnarbe zu schonen, die übrigens sehr dürftig war, daß sie auf der entgegengesetzten Seite aufgestellt würden. Das rief bei der Presse einen Sturm der Entrüstung hervor. Man kann von den Pressevertretern nicht verlangen, daß sie so objektiv sind, daß sie trotz aller Verärgerung dann wohlwollend schreiben. Man hätte allerdings erwarten können, daß sie die Verantwortlichen

kritisiert hätte und nicht den Veranstalter. Das war gewiß ungerecht. Glücklicherweise folgte die Strafe auf dem Fuß. Der Platz wurde bei der jetzigen Unterbringung mehr beschädigt, als wenn man die Flugzeuge vor den Honoratioren- und Presseplätzen aufgestellt und ohne weiteres zugänglich gemacht hätte. Es wäre dann nicht durch die Automobile die Grasnarbe umgewälzt worden. Das wären die wesentlichen Bedenken, die in Zukunft beachtet werden müssen, um bei künftigen Veranstaltungen wieder eine so unerfreuliche Presse zu haben. Eines dürfte noch kurz zu streifen sein, daß in einem Teil der Presse das Unrecht begangen wurde, die politische Einstellung eines Preisstifters zum Maßstab des Wohlwollens der Kritik zu machen.

Vorsitzender: Ich darf Herrn Major v. Tschudi namens der WGL herzlichst danken. Ich war bei der Eröffnung des Rundfluges zugegen und habe gesehen, was alles auf ihn einstürmte und welchen Angriffen er manchmal ausgesetzt war. Mit bewunderungswürdiger Energie und gutem Humor haben Sie, sehr verehrter Herr Major, alles überwunden.

6. Bericht über den Navigierungsausschuß.

Prof. Berson: Der Navigierungsausschuß ist im verflossenen Jahr aus den Vorbereitungsarbeiten, die sehr viel Zeit erforderten, herausgekommen. Er hatte sich in früherer Zeit erst klar werden müssen, welche Aufgaben zu bewältigen waren und in welche Gruppen die verschiedenen Fragen, welche auftauchten, zerfallen; hierauf mußten die Persönlichkeiten gewählt werden, welche geeignet waren, den bisherigen Stand der Arbeitsmethoden festzustellen. Im verflossenen Jahre haben wir nur wenige Sitzungen gehabt, denn es war durch den Übergang von der Arbeit in den Sitzungen zu der wichtigeren Einzelarbeit der einzelnen Referenten bezeichnet. Ich habe im vorigen Jahre mitgeteilt, daß 8 verschiedene Punkte zu bearbeiten sind. Hierfür waren 5 Referenten — 2 waren ausgefallen, und es wurden dann die Themata von anderen Herren übernommen — festgesetzt worden. Leider können wir Ihnen von den Arbeiten, die zum Teil schon abgeschlossen sind, nur eine einzige gedruckt vorlegen, die von Herrn Geh. Admiralitätsrat Prof. Wedemeyer herausgegebenen ›Tafeln zur Funkortung‹. Es ist das keine unterhaltende Lektüre: lauter Zahlen mit Ausnahme von zwei Seiten Text. Die Arbeit ist aber von sehr großer Wichtigkeit. Sie wissen, daß die Funkortung bei der Navigierung mit der Zeit eine immer mehr ausschlaggebende Rolle spielen wird. Die zweite Arbeit von Herrn Kapitän Boykow ist bereits gedruckt, aber noch nicht erschienen, da wir nicht jede kleinere Arbeit für sich herausgeben können, sondern abwarten wollen, bis mehrere kleinere — nicht alle haben den Umfang der ersten, die aus einem anderen Grunde, als sie ein reines Tabellenwerk ist, für sich erscheinen mußte — zusammenkommen, um sie dann gemeinsam herauszugeben. Diese zweite Arbeit behandelt das Signalwesen in der Luftfahrt. Die anderen Arbeiten nähern sich ihrem Abschluß. Es ist leider in solchen Fällen, wenn Persönlichkeiten ausgewählt werden, die man als die Berufensten und Tüchtigsten zur Bearbeitung solcher komplizierter schwieriger Fragen betrachtet, immer so, daß Leute in Frage kommen, die ohnehin sehr viel zu tun haben, also nur sehr wenig freie Zeit verfügen. Deshalb pflegen sich solche Sachen zu verzögern. Wir haben deshalb die Herren nicht mahnen können. Herr Hauptmann Krupp wird allerdings in Zukunft wohl gröberes Geschütz auffahren lassen müssen, obgleich wir anerkennen, daß die Herren sehr fleißig waren. Eines unserer Mitglieder, das ein sehr wichtiges Referat hatte, war längere Zeit außer Europa verreist, und ein anderer Herr war in der Umgestaltung seines ganzen Arbeitsgebietes begriffen. Mehrere Herren hatten zu tun bei den Vorbereitungen des Deutschen Rundfluges, speziell des Otto-Lilienthal-Preises. Wir hoffen, der nächsten Mitgliederversammlung sämtliche Arbeiten vorlegen zu können. Die zweite Aufgabe, die sich der Navigierungsausschuß gestellt hatte, nämlich die Konstruktion von Instrumenten der Navigierung zu fördern, mußte zurücktreten. Es ist das eine Geldfrage.

Vorsitzender: Ich bitte Herrn Prof. Berson, auch gleich das Referat über den nächsten Punkt zu erstatten.

7. Bericht über die Erforschung der Arktis.

Prof. Berson: Mir war nicht bekannt, daß ich über diesen Punkt zu berichten hätte. Ich glaube nun, mich darauf beschränken zu sollen, auszuführen, inwiefern die WGL mitgearbeitet hat. Daß die WGL an dem Projekt, das seinerzeit zuerst von Hauptmann Bruns in Abgriff genommen, mit größter Energie seit Jahren betrieben wurde und nun aus dem Stadium der reinen Projektenmacherei gediehen ist, das größte Interesse hat, ist klar. Als seinerzeit ein kleiner Ausschuß, vorübergehend unter meiner Leitung, dann aber unter einer Persönlichkeit, die im öffentlichen Leben eine Rolle spielt, Herrn Geh. Rat Kohlschütter, gebildet wurde, dem aus unserem Vorstandsrat außer mir die Herren Dr.-Ing. Bleistein, Geheimrat Prof. Süring und Kapitän Boykow angehörten, stand die Frage so, daß eine nicht gerade erquickliche Antithese entstanden war. Sie gab Veranlassung, daß in einer Angelegenheit, welche eine internationale geworden ist, zu der aber die Anregung und die Vorarbeiten von Deutschland ausgingen, in Deutschland zwei Parteien vor den Ausländern erschienen, was ja auch sonst schon in der europäischen und deutschen Geschichte vorgekommen ist. Darüber haben Sie in den Zeitungen einiges gelesen. Wie gewöhnlich, war dabei Wahrheit und Dichtung untermischt. Darüber will ich nicht weiter sprechen. Ich möchte nur soviel sagen, daß nun eine Internationale Gesellschaft zur Erforschung der Arktis mit dem Luftschiff besteht unter der Leitung von Fridtjof Nansen. Es erübrigt sich zu sagen, was das bedeutet. In dem hierfür eingesetzten Ausschuß sind jetzt 15 Staaten, oder vielmehr Wissenschaftler und Luftfahrer von 15 Staaten, vertreten, wobei Aussicht besteht, sehr bald weitere zu gewinnen. Die deutsche Gruppe unter der Leitung von Geheimrat Kohlschütter hat, wie schon gesagt, die sämtlichen Vorarbeiten dazu geleistet. Es ist eine Denkschrift erschienen, die den meisten Herren bekannt sein wird und die ich auf den Tisch des Hauses legen kann. In einer gemeinsamen Erklärung der sämtlichen Mitglieder der internationalen Kommission werden die Zwecke und Möglichkeiten wiedergegeben und in 4 Anlagen die speziellen Fragen der einzelnen wissenschaftlichen Gebiete, die studiert werden sollen, angeführt.

Über die Beschaffung des Luftschiffes waren Differenzen entstanden. Die internationale Gesellschaft für Luftfahrt hatte ein Angebot vom Zeppelinbau bekommen, worüber noch Verhandlungen schweben. Erfreulicherweise kann ich berichten, daß es einem engsten Komitee der deutschen Gruppe, aber unter Führung, Anwesenheit und dauernder Mitarbeit von Fridtjof Nansen und unter tätiger Teilnahme und Förderung des Reichsluftamtes gelungen ist, eine Hauptschwierigkeit zu überbrücken, und daß die Stelle, die ausschließlich in Deutschland das Luftschiff bauen kann — das ist der Luftschiffbau Zeppelin — und anderseits die Stelle, die allein die Erlaubnis zum Bau eines solchen Luftschiffes erwirken kann, die Internationale Gesellschaft, sich in nächster Zeit an den Beratungstisch setzen und zusammen arbeiten werden. Das ist ein sehr wichtiger Schritt, der in dieser Richtung vor wenigen Tagen erreicht wurde. Das ist alles, was ich darüber sagen kann. Es wird gelingen, jetzt wenigstens alle hier in Deutschland in Betracht Kommenden an einen Strang zusammenzubringen.

Vorsitzender: Ich selbst habe vor 8 Tagen an den Beratungen mit Fridtjof Nansen teilgenommen und bin froh, daß Sie uns heute mitteilen können, daß gewisse Gegensätze überbrückt sind. Es ist oft darüber gestritten worden, wer der erste war, der den Gedanken der Erforschung der Arktis mit dem Luftschiff gehabt hat.

Darf ich Ihnen schnell etwas vorlesen. —

»Seit den Zeiten Elisabeths von England beschäftigt das Problem der Nordpolexpedition den menschlichen Geist. Mit den bisherigen Mitteln und Anstalten der Ausführung hat es schon viele Menschenleben gekostet und scheint auf den gewöhnlichen Wegen dennoch unlösbar zu sein. Wie leicht würde das Luftschiff über die undurchdringlichsten Eisfelder hinwegfliegen! Wirklichkeit würde werden, was bisher Zauber der Phantasie war.

Außer für die polaren Expeditionen ist auch für die Erforschung der unersteiglichen Vulkane und sonstiger Berggipfel die Verwendung des Luftschiffes in Anregung gekommen.

Soviel dürfte feststehen, daß keine Erfindung so sehr wie die Luftschiffahrt zu einer Vervollkommnung der Kommunikationen der Erdbewohner sich als geeignet erweisen wird.«

Und an einer anderen Stelle heißt es:

»Helmholtz kommt theoretisch zu dem Ergebnis, daß man mittels eines sehr großen und mit Wasserstoffgas gefüllten Ballons wohl das Anderthalbfache von der bisherigen Geschwindigkeit der Kriegsdampfer erreichen könnte, und daß diese Geschwindigkeit schon hinreichend sein würde, um gegen eine frische Brise anzugehen. Aber die Konstruktion und Füllung so kolossaler Ballons, die etwa dreieinhalbmal größer sein müßten als die untergetauchten Teile eines Linienschiffes, ist abgesehen von dem Kostenpunkt sehr schwierig.«

Meine Herren, das 3,5fache der Linienschiffe zu der Zeit der vorstehenden Ausführungen würde etwa 30 000 cbm und das 1,5fache der Geschwindigkeit, etwa 11 m pro Sekunde ergeben.

Kein Geringerer als der Generalpostmeister Dr. von Stephan, der Begründer des Weltpost-Vereins, hat mit weitvorausschauendem Blick diese Ausführungen am 24. Januar 1874 vor dem Wissenschaftlichen Verein zu Berlin gemacht. Sein im hohen Grade interessanter und anregender Vortrag ist am 31. Januar 1874 gedruckt und damit der Allgemeinheit zugänglich gemacht worden. (Verlag: Julius Springer, Berlin.)

8. Bericht über den Ausschuß für konstruktive Fragen.

Prof. Reißner: Dieser Ausschuß hat sich in dem verflossenen Geschäftsjahr mit der weiteren Ausarbeitung und Umarbeitung und der endgültigen Redaktion der Preisaufgaben beschäftigt, die auf der vorjährigen Versammlung des Vorstandsrates grundsätzlich genehmigt wurden. Die Aufgaben waren im Ausschuß ursprünglich von den Herren Dorner, Rohrbach, Seehase und Reißner vorgeschlagen worden und sind auf Grund von Erweiterungs- und Umänderungsvorschlägen der Herren Everling, Hoff, Junkers, v. Mises und v. Parseval noch einmal gründlich umgearbeitet und redigiert worden.

Diese Arbeiten haben einen gewaltigen Impuls dadurch bekommen, daß von einem hohen Gönner der WGL M. 20 000 für die Prämierung des Preisausschreibens zur Verfügung gestellt wurden. Der Vorsitzende dieses Ausschusses hat sich dann noch einmal dahinter gesetzt und auf Grund der Anregungen und Vorschläge versucht, nach dem heutigen Stand der Wissenschaft vier Aufgaben zu formulieren. Diese 4 Aufgaben behandeln Materialeignung und Materialprüfung, Bausicherung und Belastungsprüfung, Schwingungserscheinungen am Flügel und Statik des freitragenden Flügels. Die Aufgaben sind jetzt, nachdem sie einer großen Zahl von Mitgliedern nochmals vorgelegt waren, in Fahnen gedruckt worden, um in der jetzigen Vorstandsratsitzung diese letzte endgültige Fassung genehmigt zu erhalten und das Preisausschreiben zu veröffentlichen. Der Vorstandsrat hat in der gestrigen Sitzung das Preisausschreiben genehmigt und folgende Herren in das Preisgericht gewählt: Prof. Reißner (Vorsitzender), Prof. Everling, Justizrat Dr. Hahn, Prof. Hoff, Prof. v. Karman, Prof. v. Mises, Prof. v. Parseval, Prof. Prandtl, Prof. Pröll, Dr.-Ing. Rumpler, Prof. Schlink, Hptm. a. D. Krupp (Geschäftsführer der WGL).

Der Vorstandsrat hat ferner dem Preisgericht das Recht gegeben, Sachverständige zu hören bzw. einen Referenten, Korreferenten oder eine dritte Person für die einzelnen Arbeiten zu bestimmen und schließlich die Arbeiten innerhalb der Kommission kursieren zu lassen.

Nachstehend geben wir jetzt die augenblickliche Fassung des Preisausschreibens bekannt:

Preisausschreiben der Wissenschaftlichen Gesellschaft für Luftfahrt E. V.

Die Wissenschaftliche Gesellschaft für Luftfahrt hat sich nach dem Vorschlag des von ihr im Jahre 1922 neu eingesetzten Ausschusses für konstruktive Fragen zu dem Versuche entschlossen, durch Stellung von Preisaufgaben der wissenschaftlichen Durchdringung der Luftfahrzeugbautechnik eine Anregung zu geben. Es schien der Gesellschaft nämlich, daß die Wissenschaft des eigentlichen Luftfahrzeugbaues gegen die Wissenschaften der Aerodynamik, der Motortechnik und der Navigation nicht genügend vorwärts gegangen, zum mindesten aber nicht genügend zugänglich für die jüngere Generation geworden ist.

Anderseits war sich der genannte Ausschuß darüber klar geworden, daß die heutigen Probleme der Luftfahrttechnik solche Schwierigkeiten machen, daß sie weder früher in gegenseitiger Aussprache oder durch Übertragung aus älteren verwandten Gebieten der Technik von Kommissionen gefördert werden können, sondern zu ihrer Lösung gründliche Neuarbeit und ganze Hingabe erfordern.

Gesellschaft und Ausschuß verkannten zwar durchaus nicht, daß die Industrie in ihren Versuchsanstalten, Werkstätten, Versuchs- und Meßflügen und Berechnungs- und Konstruktionssälen dauernd wertvolle wissenschaftliche Arbeit trotz der widrigen äußeren Umstände leistet, die sie auch zuweilen der Allgemeinheit zugute kommen läßt. Aber auch abgesehen davon, daß wirtschaftliche Gründe viele Erkenntnisse nicht ans Tageslicht kommen lassen, ist zu bedenken, daß es Aufgabestellungen, und nicht die unwichtigsten gibt, die über die Forderung des Tages hinaus und den augenblicklichen Bedürfnissen vorauseilend, in Ruhe ohne den Druck einer Fabrikleitung durchgekämpft werden müssen.

Die WGL hat sich demgemäß schon seit geraumer Zeit mit der Formulierung von Problemen beschäftigt, welche für die forschungsgerichteten, auf dem Luftfahrgebiet arbeitenden Ingenieure, Physiker und Mathematiker, insbesondere für den wissenschaftlichen Nachwuchs gewisse, für besonders wichtig gehaltene Ziele angeben sollen.

Aus den vielerlei gegebenen Anregungen haben sich die folgenden vier bestimmten Themata herausgeschält und festere Gestalt angenommen.

Aufgabe I des Preisausschreibens der Wissenschaftlichen Gesellschaft für Luftfahrt.

Materialeignung und Materialprüfung.

Es wird eine geschlossene Darstellung der Anforderungen, welche man an Luftfahrzeugbaustoffe je nach ihrem verschiedenen Verwendungszweck stellen darf und soll, gewünscht.

Obgleich die Bearbeiter ihr eigenes Urteil darüber gebrauchen müssen, welche Erkenntnisse den Luftfahrzeugbau am besten fördern, möchten die Aufgabesteller doch unverbindlich nachstehend einige Unterfragen angeben, deren Beantwortung oder wenigstens Klärung sie für wichtig halten, mit denen sie aber abweichende, genügend begründete Ansichten über das zweckmäßige Forschungsprogramm nicht abschrecken wollen.

1. Gibt es für die hauptsächlichsten in der Luftfahrt verwendeten Baustoffe eine für praktische Zwecke brauchbare Grenze für beliebig dauernde, wechselnde und schwankende Belastung, unterhalb deren keine Festigkeitsverminderung bzw. Strukturänderung und keine bleibende Formänderung eintritt?

Welche Grenzen dieser Art und für welche Baustoffe sind bei einfachem und bei zusammengesetztem Spannungszustande anzusetzen?

2. Welche Rolle spielt die Materialzähigkeit bei der Auswahl des Materials für die verschiedenen Verwendungszwecke? Kann der Begriff der Zähigkeit heute schon irgend

wie zahlenmäßig scharf formuliert werden? Können irgendwelche von den Maßzahlen, die die Fließgrenze, die Kohäsionsbruchgrenze, die Bruchdehnung, die Kerbfestigkeit und die Schwingungsbelastung bestimmen oder Verbindungen von diesen, für die Gewinnung eines Zähigkeitsmaßes herangezogen werden, das die technologische Eigenschaft der Zähigkeit genügend wiedergibt?

3. Wie wirken Herkunft, Wachstum, Lagerung, Feuchtigkeitsgehalt, Imprägnierung, Faserrichtung, Warmbiegen, Kalt- und Heißleim, Absperren und sonstige Werkstattbehandlung auf die Elastizitäts- und Festigkeitseigenschaften von Weich- und Harthölzern insbesondere im Hinblick auf 1 und 2.

4. Entsprechend für Bespannungsstoffe des Luftfahrtbaues Faserart, Webart, Imprägnierung, Feuchtigkeit, Bestrahlung, Alter, Befestigung usw.? Desgleichen für Kautschuk?

5. Wie hängen bei den im Luftfahrtbau verwendbaren Eisen- und Stahlsorten die unter 1 und 2 genannten Eigenschaften mit den chemischen Zusätzen bzw. Verunreinigungen von Kohle, Silizium, Mangan, Nickel, Chrom, Vanadium, Kupfer, Phosphor, ferner mit der Kalt- und Warmbearbeitung und der Art des Erstarrungsprozesses bei der Herstellung durch Gießen, Tempern, Walzen, Pressen, Ziehen, Schmieden, Vergüten und Schweißen bei Gußstücken, Walzstäben, Drähten, Blechen, Federstählen, Preß- und Schmiedestücken usw. zusammen? Entsprechend bei Aluminium? Wie sind die schädigenden Einflüsse der Bearbeitung durch Drehen, Hobeln, Stanzen, Nieten, Biegen, Schweißen usw. durch zweckmäßige Materialauswahl, Nachbehandlung und richtige konstruktive Anordnung zu bekämpfen?

6. Welche Baustoffe eignen sich am besten für Verwendung bei dünnwandigen Bauteilen wie Rohren, Kastenholmen, Tragflächen-, Rumpf- und Schwimmerwandungen. In welcher Art sind dieselben im Hinblick auf Steifigkeit und Beständigkeit anzuordnen? Diskussion an Hand des spezifischen Gewichtes, der Festigkeits- und Elastizitätszahlen und der Formgebung der betreffenden Baustoffe!

7. Welche Baustoffe sind also je nach spezifischem Gewicht und Festigkeit für die verschiedenen Bauglieder des Luftfahrzeugs vorzuschlagen? Welchen Prüfungen sollen sie unterworfen werden und welche Qualitätszahlen nach 1—6 sind vorzuschreiben? Soweit diese Vorschläge über das bisher Geübte hinausgehen, ist der mit ihnen erzielbare Fortschritt der Luftfahrt und die wirtschaftliche Möglichkeit zu besprechen.

8. Ein Teilgebiet der unter 1 bis 7 gestellten Aufgaben kann herausgenommen werden, soweit es sich in geschlossener Darstellung behandeln läßt. Z. B. Flugzeugbau allein, oder Luftschiffbau, oder Holzarten, oder Stoffe, oder Metalle allein.

Aufgabe II des Preisausschreibens der Wissenschaftlichen Gesellschaft für Luftfahrt.

Bausicherheit und Belastungsprüfung von Baugliedern und ganzen Luftfahrzeugen.

Die WGL betrachtet es als wünschenswert, daß die Bausicherheiten der Luftfahrzeuge erforscht und vereinheitlicht werden. Sie stellt demgemäß die Aufgabe, zu untersuchen:

a) Die Beziehungen zwischen den Sicherheitsfaktoren der statischen Berechnung und der bei der Belastungsprüfung erzielten Festigkeit unter Berücksichtigung der statischen Berechnung und der Sorgfalt der Belastungsanordnung.

b) Die Möglichkeiten einer Ergänzung der Belastungsprüfungen im Hinblick auf elastische und bleibende Formänderungen, wiederholte Beanspruchung und Knickung, ferner einer Ergänzung der statischen Berechnung in bezug auf zulässige Flügel- und Rumpfdurchbiegungen und Verdrehungswinkel, insbesondere für freitragende Flügel.

c) Vorschläge für die zulässigen Spannungs- und Knicksicherheiten der verschiedenen Bauteile eines Luftfahrzeuges, je nach Wahl des Baustoffes, Dauer, Wiederholung und Schwankung der Belastung und je nach der Lebenswichtigkeit des Bauteiles.

Die Vorschläge unter b) und c) bedürfen einer ausführlichen rationellen Begründung.

Die sinngemäße Bearbeitung dieser Fragen ist für Luftschiffe und Flugzeuge in gleichem Maße erwünscht.

Aufgabe III des Preisausschreibens der Wissenschaftlichen Gesellschaft für Luftfahrt.

Schwingungserscheinungen an Flügeln.

Die Eigenschwingungen und die erzwungenen Schwingungen (Resonanzschwingungen) von Flugzeugflügeln und Propellerflügeln im Fluge sowie die Anfachung solcher Schwingungen durch Luftkräfte sollen theoretisch und experimentell untersucht werden, wobei es freistehen soll, entweder die theoretische oder die experimentelle Seite besonders zu betonen.

Dabei wird unter anderem Wert darauf gelegt, daß die Einflüsse des Flugzustandes, der Bauausführung (einholmig, mehrholmig, durchlaufend oder am Rumpf unterbrochen), der Motor- und Propellervibrationen und die Beeinflussung des Wirkungsgrades, der Steuerung und die Festigkeit durch Schwingungen, behandelt werden.

Aufgabe IV des Preisausschreibens der Wissenschaftlichen Gesellschaft für Luftfahrt.

Statik des freitragenden Flügels.

Die Statik des freitragenden Flügels ist gegenüber der Statik der Flugzeugzelle nicht genügend durchgebildet worden. Es wird deshalb der folgende Aufgabenkreis angegeben:

Es soll ein bestimmtes Beispiel eines freitragenden Flügels bewährter Bauart nach den neuzeitlichen Methoden der Statik bzw. Elastizitätslehre durchgerechnet werden.

1. Dabei ist zu achten auf den zweckmäßigen statischen Entwurf der Innenverspannung in bezug auf die Lastaufnahme der Holme, die Verdrehungsfestigkeit des Flügels, die Unempfindlichkeit gegen das Versagen einzelner Glieder und die übersichtliche Berechenbarkeit.

2. Dieses System ist für Landungsstoß, für Aufrichten nach Sturzflug, für Gleitflug, für Rückenflug und für Sturzflug durchzurechnen (Fall A, B, C, D) mit den durch den Verfasser zu begründenden Belastungs- und Sicherheitsfaktoren, wobei es zulässig sein soll, das Wesentliche dieser Belastungsfälle durch einfachere Grundbelastungen zusammenzufassen. Insbesondere ist bei der Berechnung Wert zu legen auf die Besonderheiten der Rechnung, welche durch die Dünnwandigkeit der Querschnitte, durch die Knotenanschlüsse, durch die Innehaltung von Gewichtsgrenzen und die Rücksicht auf die aerodynamische Güte entstehen.

3. Außer den Spannungen sind auch die Formänderungen zu ermitteln.

Es ist erwünscht, daß Gesichtspunkte für die zulässige Biegungs- und Verdrehungsdeformation entwickelt werden.

4. Die kritische Besprechung und statische Nachrechnung der bei freitragenden Flügeln angewandten Anschlüsse, der festen und abnehmbaren Verbindungen und der Knotenpunkte an Hand von Skizzen ist erwünscht.

Die sinngemäße Übertragung dieser Aufgabe auf die statische Berechnung starrer oder unstarrer Luftschiffe oder wichtiger Teile derselben wird in gleicher Weise zum Wettbewerb zugelassen.

Preiskrönungsverfahren.

1. Die Wissenschaftliche Gesellschaft für Luftfahrt setzt für Bearbeitungen der oben gestellten Aufgaben, die bis zum 1. Oktober 1926 von Reichsdeutschen und Ausländern mit nachweislich deutscher Muttersprache (versiegelter Briefumschlag mit Namen und Mottoaufschrift)

bei ihr eingereicht sind und von einem vom Vorstandsrat der WGL auf einer Hauptversammlung einzusetzenden Preisgericht günstig beurteilt werden, Geldpreise (und Veröffentlichungsbeihilfen) zunächst im Gesamtbetrag von M. 20 000 (Zwanzigtausend Reichsmark) aus.

2. Für solche ordnungsmäßig eingereichten Arbeiten wird das Preisgericht innerhalb von drei Monaten über die Preiswürdigkeit im allgemeinen und die Reihenfolge der Zuerkennung von Preisen entscheiden, die in Beträgen von M. 1000 (Eintausend) bis M. 3000 (Dreitausend) an die Preisträger übereignet werden sollen.

3. Befinden sich unter den eingereichten Arbeiten nicht genügend viele preiswürdige, so ist das Preisgericht berechtigt, entweder den Termin zu verschieben, oder einen Teil der Mittel für einen späteren Termin aufzusparen oder verspätet eingereichte, besonders gute Arbeiten mit Preisen zu bedenken.

4. Die preisgekrönten Arbeiten stehen der WGL kostenlos zur Veröffentlichung in der von dem Vorstandsrat für richtig erachteten Weise zur Verfügung.

5. Der Bewerber erkennt durch seine Beteiligung die Entscheidungen des Preisgerichts als endgültige unter Verzicht auf jeden Einspruch und unter Ausschluß des Rechtsweges an.

Außerdem soll die Möglichkeit bestehen, Arbeitsbeihilfen von M. 300 (Dreihundert) im Vierteljahr, je nach Fortschritt einer angemeldeten Arbeit, für zuverlässige, von Mitgliedern der WGL genügend empfohlene Herren nach Entscheidung des Preisgerichtes, die auch durch schriftlichen Umlauf gefällt werden kann, zu verleihen.

Der Vorstand: Der Geschäftsführer:
gez. Schütte.   gez. Krupp.
  » Wagenführ.
  » Prandtl.

Der Obmann des Ausschusses für konstruktive Fragen:
gez. Reißner.

Vorsitzender: Wünscht jemand das Wort? Es geschieht nicht, dann hat Herr Dr. Schreiber das Wort.

9. Bericht über die Kommission für Luftrecht.

Geh. Reg.-Rat Prof. Dr. Schreiber: Enge Verbindung mit der Praxis des Luftverkehrs und Luftfahrzeugbaues, die seit dem Jahre 1919 bestand, hatte schon frühzeitig meine Aufmerksamkeit auf die Besonderheiten des Luftrechts gelenkt. Sehr bald entstand die Überzeugung, daß dieses Rechtsgebiet besonderer und planmäßiger wissenschaftlicher Pflege bedürfe. Für diese Auffassung fand ich in weiten beteiligten Kreisen das vollste Verständnis. Frankreich, das klassische Land der Wissenschaft des Luftrechts, besaß schon seit dem Jahre 1910 eine eigene luftrechtliche Zeitschrift und dazu gehörige internationale wissenschaftliche Einrichtungen. Als zu Anfang 1924 Italien ebenfalls mit einer eigenen Zeitschrift folgte, bestand für Deutschland die dringende Gefahr, ins Hintertreffen zu kommen. Jedoch war die Aufnahme internationaler wissenschaftlicher Beziehungen für eine Bearbeitung des Luftrechts eine nicht wegzudenkende Voraussetzung. Derartigen Beziehungen standen bekanntlich unmittelbar nach dem Kriege für Deutschland schwer überwindbare Hindernisse entgegen. Inzwischen war aber auf diesem Gebiete insoweit eine Entspannung eingetreten, daß das Unternehmen mit Aussicht auf Erfolg gewagt werden konnte. So wirkte das italienische Vorgehen zugleich mit dieser Entspannung als eine Aufforderung, nunmehr zur Tat zu schreiten. Es gelang, unter Förderung durch alle maßgebenden Stellen, am 1. Mai des Jahres 1925 das neue Institut für Luftrecht zu errichten.

Das Institut ist eine rein wissenschaftliche Forschungs- und Lehranstalt. Es untersteht meiner Leitung und ist, solange ich ordentlicher Professor in Königsberg bin, der dortigen Universität angegliedert. Daher untersteht es auch, insoweit es sich wissenschaftlich betätigt, der Aufsicht des Preußischen Ministers für Wissenschaft, Kunst und Volksbildung. Mit Rücksicht darauf aber, daß die Leitung eines derartigen Institutes heute noch wesentlich eine Personalfrage ist, und daß es nicht sicher ist, daß ich selbst dauernd in Königsberg bleiben werde, ist das Institut verlegbar gestaltet. Für den Fall einer Versetzung an eine andere Universität wird das Institut mir folgen.

Der Zweck des Institutes ist die wissenschaftliche Bearbeitung des Luftrechtes in weitestem Umfange. Darum wird erstrebt, die luftrechtliche Literatur der Welt restlos zu sammeln. Die Literatur der juristischen Anschlußgebiete wird so weit gesammelt, daß den Benutzern des Institutes überall die Wege zur Spezialliteratur geöffnet sind. Deshalb finden sich im Institut Bücher über Völkerrecht, internationales Zivil-, Prozeß- und Strafrecht, ferner über Verwaltungsrecht, Staatsrecht, bürgerliches und Handelsrecht aller bearbeiteten Länder. Das Institut strebt danach, auch diesen Teil seiner Bücherei im Laufe der Zeit nach Möglichkeit abzurunden. Als äußerlich sichtbares Zeichen für die Arbeit des Institutes soll eine eigene Zeitschrift herausgegeben werden, deren erstes Heft bereits in Vorbereitung ist und voraussichtlich um die Jahreswende erscheinen wird.

Das Institut arbeitet mit einer Personalbesetzung durch den ehrenamtlich arbeitenden Leiter, ferner durch einen wissenschaftlichen Assistenten, zwei Sekretärinnen, deren eine des Englischen, Russischen und Französischen in Wort und Schrift mächtig ist, sowie einen Institutsdiener. Da das Institut gegenwärtig noch im Stadium der Vorbereitung sich befindet, tritt ein Teil dieses Personals erst am 1. Oktober ein. Zu Beginn des Wintersemesters, d. h. zum 1. November, wird das Institut eröffnet werden. Es werden dann Doktoranden zur Bearbeitung geeigneter Themata planmäßig herangezogen, außerdem werden auch Übungen und Diskussionen aus dem Gebiete des Luftrechts in dem Institut abgehalten werden. An der Universität werde ich selbst schon im nächsten Winter zum erstenmal eine systematische Vorlesung über Luftrecht halten.

Die internationalen Beziehungen sind bereits in weitem Umfange aufgenommen. Das konnte geschehen teils auf wissenschaftlichem Wege, teils durch die außerordentliche dankenswerte Förderung, welche die beiden großen Luftverkehrskonzerne, Aero-Lloyd und Junkers, dem Institut unausgesetzt zuteil werden lassen. Das Erscheinen der Zeitschrift wird den weiteren Ausbau gerade dieser Beziehungen ganz erheblich fördern. Den Verlag der Zeitschrift hat die Firma Walter de Gruyter & Co. in Berlin zu sehr günstigen Bedingungen übernommen.

Die Mittel für das Institut werden ausschließlich von den beteiligten Stellen gegeben. Der Preußische Staat liefert nichts dazu. Das ist ein durchaus erwünschter Zustand, da es nicht angemessen ist, gegenwärtig schon das Institut dauernd an Preußen zu binden. Zur Abnahme der Rechnungen und als Organ für die dauernde Fühlung mit der Praxis und den sonst beteiligten Stellen hat das Institut ein Kuratorium. In diesem Kuratorium sitzen durch je einen Vertreter:

1. Das Reichsverkehrsministerium, Abteilung für Wasserstraßen, Luft- und Kraftfahrwesen,
2. der Aero-Club von Deutschland,
3. der Verband Deutscher Luftfahrzeug-Industrieller E. V. in Berlin,
4. die Wissenschaftliche Gesellschaft für Luftfahrt E. V. in Berlin,
5. der Aero-Lloyd-Konzern,
6. der Junkers-Konzern.

Die Satzung des Instituts befindet sich gegenwärtig noch in der Vorarbeit. Es ist anzunehmen, daß sie noch im Laufe dieses Jahres endgültig festgestellt und dann vom Preußischen Minister für Wissenschaft, Kunst und Volksbildung genehmigt wird.

Die Wissenschaftliche Gesellschaft für Luftfahrt e. V. hat dem Institut in sehr entgegenkommender Weise unter Anerkennung der Notwendigkeit der hier verfolgten Bestrebungen ihre Förderung zugesagt. Damit diese Zusage

nicht nur eine theoretische bleibt, sondern sich praktisch in die Tat umsetzen kann, dürfte es sachgemäß sein, für ihre Ausführung ein besonderes Organ, einen Ausschuß für Luftrecht, zu schaffen. In diesem Ausschuß sollte die Industrie, die technische Wissenschaft und die Rechtswissenschaft vertreten sein. Er sollte die Aufgabe haben, gemeinsam mit dem Leiter des Instituts dafür Sorge zu tragen, daß die aufkommenden Probleme laufend bearbeitet werden. Über seine Tätigkeit sollte gelegentlich der jährlichen Tagungen der Wissenschaftlichen Gesellschaft für Luftfahrt jeweils Bericht erstattet werden. Bei geeigneter Leitung der Geschäfte des Ausschusses könnte hier eine Zusammenarbeit entstehen, die ganz außerordentlich fruchtbringend für die Sache wirken wird. Es wäre möglich, eine organisierte Zusammenarbeit von führenden Männern der Wissenschaft und der Praxis herzustellen, deren gerade die Luftrechtwissenschaft besonders dringend bedarf. Über die persönliche Zusammensetzung des Ausschusses möchte ich mich hier nicht aussprechen. Ich bitte die dahin gehenden Vorschläge Kundigeren überlassen zu dürfen. Dagegen wäre ich dankbar, wenn meiner Anregung auf Einsetzung eines solchen Ausschusses sofort stattgegeben werden könnte, und wenn es möglich wäre, ihn alsbald mit geeigneten Persönlichkeiten zu besetzen. Wie in allen Arbeiten des Luftrechts, so ist auch hier keine Zeit zu verlieren, und die erforderlichen Maßnahmen müssen möglichst bald getroffen werden.

Vorsitzender: Ich glaube, wir können die Anregung des Herrn Geheimrat Schreiber nur begrüßen und wärmstens befürworten. — Von der Vorstandsratsitzung ist folgende Zusammensetzung dieses Ausschusses genehmigt worden:

Vorsitzender:
   Geh. Reg.-Rat Prof. Dr. Schreiber;
Mitglieder:
   Justizrat Dr. Hahn,
   Major a. D. v. Tschudi,
   Direktor Tetens,
   Dr. Döring,
   Dr. Veiel,
   Hauptmann a. D. Krupp.

Der Ausschuß ist ermächtigt sich durch Kooptierung zu erweitern.

10. WGL-Ausstellung auf der Deutschen Verkehrsausstellung in München.

Vorsitzender: Wie Sie gestern gesehen, hat die WGL auf der Deutschen Verkehrs-Ausstellung in Halle 7a eine Ausstellung »Luftfahrtwissenschaft und Praxis« eröffnet. Unser Geschäftsführer hat darüber in der ZFM Heft 17/18, dem »Ausstellungs-Sonderheft«, eingehend berichtet. Sein Artikel »Luftfahrtwissenschaft und Praxis« in diesem Heft enthält auch sonst alles Wissenswerte über die Ausstellung der WGL und die der Luftfahrzeug-Industrie.

Für die sehr umfangreichen Vorbereitungen und Arbeiten, die diese Ausstellung erforderte, schulden wir unserem tüchtigen Geschäftsführer und Herrn Architekt J. M. Moßner wärmsten Dank und aufrichtige Anerkennung.

Herr Hauptmann Krupp hat das Wort.

11. Lilienthal-Gedächtnisstätte.

Hptm. a. D. Krupp: Es steht zu befürchten, daß der Hügel, auf dem Otto Lilienthal seine ersten Flugversuche gemacht hat, in Lichterfelde-Ost allmählich der Vernichtung durch Bebauung anheimfällt. Wir möchten nun diese Stelle gerne retten und sie zu einer Gedächtnisstätte ausgestalten. Ein Entwurf hiervon ist bereits laut nebenstehender Abbildung angefertigt.

Vorsitzender: Wir haben uns zwecks baldiger Durchführung des Gedankens mit den einzelnen zuständigen Stellen in Verbindung gesetzt. Die verschiedenen Schreiben in dieser Angelegenheit faßten wir zusammen und geben sie Ihnen hierdurch bekannt:

Zeesen, den 29. Juni 1925.
b. Königswusterhausen (Mark).

Herrn
Oberbürgermeister Dr. Böß, hochwohlgeboren,
Berlin
Rathaus.

Hochverehrter Herr Oberbürgermeister!

Ich darf auf unsere kurze Unterredung gelegentlich der Feier der Verteilung der deutschen Rundflug-Preise am Abend des 26. Juni 1925 zurückkommen und Sie namens der Wissenschaftlichen Gesellschaft für Luftfahrt bitten, dem Gedanken der Errichtung eines Otto Lilienthal-Denkmals an der Stelle, an der dieser zielbewußte Mann seine kühnen, bahnbrechenden Flüge begann, gütigt ernsthaft näher treten zu wollen. Ich setze hierbei voraus, daß Herr Baurat Dr. Adler, mit dem die Angelegenheit vor einigen Wochen eingehend besprochen wurde, und der bereits Fühlung mit dem Herrn Bürgermeister von Lichterfelde genommen hat, Sie über die Einzelheiten unseres Planes inzwischen unterrichtet hat.

Wenn wir uns erlaubten, ein Modell vorzuführen, so sollte dies lediglich dazu dienen, dem Gedanken eine Form zu geben, die selbstverständlich jederzeit entsprechend den Wünschen der maßgebenden Berliner Stellen geändert werden kann.

Im Jahre 1908 schrieben die Gebrüder Voisin, Konstrukteure der Flugmaschine Farmans, in einem Artikel: »The practice of aviation« wie folgt:

Entwurf der »Lilienthal-Gedächtnisstätte«

»Lilienthal, master of us all, once wrote:

To invent a flying-machine is an easy matter. To construct it, is difficult. To test it, that is everything.

The apostle of gliding flight here summarised in a few words the whole history of aviation.«

Ernest Archdeacon, der große Förderer der Flugtechnik in Paris, der mit Deutsch de la Meurthe zusammen den 50000 Frs.-Preis gestiftet hat, schrieb an den leider zu früh verstorbenen Oberstleutnant Hermann W. L. Moedebeck am 9. April 1908:

»Je continue à constater, que la "patrie de Lilienthal" s'est laissée devancer dans cette belle science dont Lilienthal fut pourtant le véritable père. Comme je considère, la Science n'a pas de patrie, je vous souhaite bien sincèrement de rattraper le temps perdu et d'arriver même, si vous le pouvez a nous devancer un jour a votre tour.«

Ähnlich, vielleicht mit noch mehr Anerkennung, haben sich die Amerikaner Gebr. Wright geäußert.

Lilienthal ist heute in der internationalen Flugwelt als der Vater des modernen Fliegens anerkannt, und ich glaube, wir sollten es nicht versäumen, diesen Gedanken in einem Denkmal, das das deutsche Volk nur ehren kann, festzuhalten. Außerdem würde sich der Ort in hervorragender Weise dazu eignen, für unsere gefallenen deutschen Fliegerhelden eine Ruhmeshalle zu schaffen, an der sich Deutschlands Jugend und Deutschlands alte Kraft wieder aufrichten kann

Ich denke hierbei an die Inschrift unter dem Adler auf der Rhön:

Wir toten Flieger   Volk! Flieg Du wieder!
Wurden Sieger . .   Und Du wirst Sieger
Durch uns allein   . Durch Dich allein.

Da ich auf einige Wochen verreise, so wäre ich Ihnen, hochgeehrter Herr Oberbürgermeister, dankbar, wenn Sie die Güte hätten, Ihre Antwort an die Geschäftsstelle der Wissenschaftlichen Gesellschaft für Luftfahrt, Berlin W 35, Blumeshof 17, gelangen zu lassen.

Mit dem Ausdrucke meiner vorzüglichsten Hochachtung
Ihr aufrichtig ergebener
gez. Schütte.

Der Oberbürgermeister

Berlin C 2, den 4. Juli 1925.

In Beantwortung des gefl. Schreibens des Herrn Geheimen Regierungsrates Professor Schütte vom 29. v. M. bezüglich der Errichtung eines Otto Lilienthal-Denkmals in Lichterfelde teile ich mit, daß ich gern bereit bin, dem Gedanken näher zu treten, vorausgesetzt, daß die in Frage kommenden Reichsbehörden (Reichsverkehrsministerium evtl. Reichswehrministerium) in zustimmendem Sinne sich zu dem Vorhaben, seinen Einzelheiten und seiner Finanzierung geäußert haben.

Bezüglich des Weiteren bitte ich Sie, sich unmittelbar mit Herrn Stadtbaurat Dr. Adler in Verbindung zu setzen.
Böß.

An die
Geschäftsstelle der Wissenschaftlichen
Gesellschaft für Luftfahrt, E. V.,
Berlin W 35,
Blumeshof 17.

Der Reichsverkehrsminister
L. 7. Nr. 6274/25.
Berlin W 66, den 8. Juli 1925.
Wilhelmstraße 80.

Für die Übersendung der Abschrift des Briefes an Herrn Oberbürgermeister Dr. Böß gestatte ich mir ergebenst zu danken. Ich begrüße den Gedanken, an dem Übungshügel des Altmeisters Lilienthal eine Gedenkstätte zu schaffen, und erkläre mich bereit, an der Förderung des Planes mitzuwirken.

Im Auftrage:
Brandenburg.

An
Herrn Geh. Reg.-Rat
Prof. Dr. Johann Schütte,
Zeesen (Mark).

Wir haben die Absicht, mit den Ministerien und sonstigen einschlägigen Stellen weiter zu verhandeln. In erster Linie müssen wir das Gelände bekommen, und hierfür ist natürlich die Stadt Berlin zuständig. Wir haben mit Herrn Stadtbaurat Dr. Adler Fühlung genommen und uns auch mit dem

Herrn Bürgermeister von Steglitz ins Benehmen gesetzt. Die Sache läuft also; hoffentlich können wir bald anfangen.

Herr Hauptmann Krupp hat das Wort:

Zeitschrift und Beihefte.

Hptm. a. D. Krupp: Seit der letzten Ordentlichen Mitglieder-Versammlung in Frankfurt a. M. 1924 haben wir ein Sonderheft der ZFM Nr. 21/22 am 28. November 1924 über den Segelflug herausgebracht. Im Jahre 1925 sind bis zur heutigen Tagung erschienen: das »Prandtl-Sonderheft« Nr. 3/4 zu seinem 50. Geburtstage am 14. Februar; Heft 12, über die Meßergebnisse bei den Segelflügen in Rossitten und in der Rhön und jetzt zu Beginn der Tagung Nr. 17/18, das »Ausstellungs-Sonderheft« über die Luftfahrt-Ausstellung bei der Deutschen Verkehrs-Ausstellung in München.

Vom 1. Januar 1926 ab wird die ZFM und ebenso die Berichte und Abhandlungen (Jahrbuch), wie es der Verein deutscher Ingenieure vorschreibt, erscheinen.

Von den Berichten und Abhandlungen haben wir Beiheft 12 herausgebracht als Jahrbuch der WGL über die XIII. Ordentliche Mitglieder-Versammlung in Frankfurt a. M. Außer den Vorträgen ist noch ein Beitrag von Herrn Baeumker über »Selbständigkeit einer Luftstreitmacht« enthalten. Die Herausgabe dieses Jahrbuches hat sich leider verzögert, weil die Geschäftsstelle die fertigen Vorträge von den Herrn Vortragenden nicht rechtzeitig erhalten hatte. Wir hoffen, daß das Jahrbuch 1925 Anfang Januar bereits erscheinen wird.

Der »Luftweg«, den unsere Mitglieder ebenfalls kostenlos erhalten, ist besser ausgestattet worden, nachdem er von dem Verlag Pflaum, München, herausgebracht wird, im Einverständnis mit dem Aero-Club von Deutschland.

Vorsitzender: Wünscht jemand das Wort zu diesem Punkt? Es geschieht nicht, dann darf ich Seine Königliche Hoheit den Prinzen Heinrich von Preußen bitten, für den nächsten Punkt der Tagesordnung den Vorsitz zu übernehmen.

Neuwahl des Vorsitzenden.

[(Seine Königliche Hoheit Prinz Heinrich von Preußen übernimmt den Vorsitz.)

Seine Königliche Hoheit Prinz Heinrich von Preußen: Als Sie vor 13 Jahren die Güte hatten, mich zu Ihrem Ehrenvorsitzenden zu ernennen, hatte ich das Gefühl, nicht dekorativ, sondern auch aktiv mitzuwirken. Aus diesem Grunde wollen Sie die Güte haben, mir ein gewisses Maß von Personalkenntnis zuzutrauen. Dieses Maß von Personalkenntnis möchte ich auf die Neuwahl des Vorsitzenden übertragen und zunächst bei dieser Gelegenheit unserem Präsidenten, Herrn Geheimrat Schütte, unseren sehr warmen Dank auszusprechen dafür, daß er es als Vorsitzender der WGL in den vielen Jahren verstanden hat, die WGL nicht nur zu leiten, sondern im In- und Auslande zu dem zu machen, was aus ihr tatsächlich geworden ist. Das ist der persönliche Verdienst von Herrn Geheimrat Schütte.

Wenn sich die Herren noch überlegen wollen, wer an die Stelle unseres verehrten Vorsitzenden jetzt treten soll, so würde ich der Meinung sein, daß Sie diese Persönlichkeit mit einer Diogenes-Laterne so leicht nicht finden. Ich möchte Ihnen daher den Vorschlag machen, die Wiederwahl, wie es auch bereits im Vorstandsrat beschlossen worden ist, hiermit zu bestätigen. — (Bravorufe.) — Es erhebt sich dagegen kein Widerspruch. Herr Geheimrat Schütte, ich freue mich, daß ich Sie wieder als Präsidenten begrüßen darf und bitte Sie, wieder den Vorsitz zu übernehmen.

Vorsitzender: Geheimrat Schütte: Ich danke Ihnen für das Vertrauen, das Sie mir durch die Wiederwahl entgegengebracht haben. Nachdem Seine Königliche Hoheit — dem ich besonders danke, und dessen anerkennende Worte ich auf den gesamten Vorstand und seinen Geschäftsführer übertragen zu dürfen bitte — mir die Leitung der Versammlung wieder übertragen hat, bitte ich nun auch die Neuwahl der beiden stellvertretenden Vorsitzenden vorzunehmen.

Neuwahl der beiden stellvertretenden Vorsitzenden.

Vorsitzender: Was Herr Oberstleutnant Wagenführ in seiner Eigenschaft als Schatzmeister der WGL war, wissen Sie, und was Herr Prof. Prandtl auf dem Gebiete der Wissenschaft ist, wissen Sie ebenfalls. Ich bitte, auch diese beiden Herren wiederzuwählen. — (Bravorufe.) — Es erhebt sich kein Widerspruch. Ich bitte die Herren, die Wahl anzunehmen. (Die Gewählten erklären ihr Einverständnis.)

Ich danke Ihnen und bitte die geehrten Herren, ihre Ämter wieder zu übernehmen.

Neuwahl von Vorstandsratsmitgliedern.

Hptm. a. D. Krupp: Satzungsgemäß scheiden aus die Herren: Baumann, Engberding, Dorner, Dornier, Dörr, Dröseler, Hoff, Hopf, Junkers, v. Karman, Kasinger, Klemperer, Kober, Koschel, Linke, Naatz, v. Parseval, Pröll, Rasch, Reißner, Rohrbach, Rumpler, Schwager, Süring; ferner durch Todesfall Herr Dr. Gradenwitz.

Nach der Besprechung im Vorstandsrat wird vorgeschlagen, die oben genannten Herren wiederzuwählen mit Ausnahme folgender Herren: Baumann, Klemperer, Rasch, Dröseler (da diese Herren auf längere Zeit im Auslande weilen).

Augenblicklich waren 36 Stellen im Vorstandsrat besetzt. Nach unseren Satzungen soll der Vorstandsrat nur 35 Stellen umfassen. Im letzten und vorletzten Jahre hat jedoch der Vorstandsrat und die Mitgliederversammlung beschlossen, verschiedene Herren über die eigentlich zulässige Zahl hinaus in den Vorstandsrat aufzunehmen mit der Maßnahme, daß sie einstweilen an den Sitzungen des Vorstandsrates teilnehmen dürfen, um dann später in die freiwerdenden Stellen aufzurücken.

Es wären demnach satzungsgemäß 3 Stellen frei. Hierfür werden im Einverständnis mit dem Vorstandsrat folgende Herren in Vorschlag gebracht:

Dr. phil. Koppe, Dr.-Ing. Madelung, Ing. Offermann, ferner mit der Maßnahme, daß sie in spätere Stellen einrücken:

Geh. Reg.-Rat Prof. Dr. Schreiber, Dr. phil. Spieweck, Dr.-Ing. Stieber, Direktor Tetens.

Vorsitzender: Hat jemand gegen den gestellten Antrag bzw. gegen die Wiederwahl der Herren des Vorstandsrates etwas einzuwenden? — Eine Einwendung wird nicht erhoben. — Die Vorschläge sind also genehmigt.

Wahl des Ortes für die OMV 1926.

Vorsitzender: Ich bitte Sie, wiederum den Vorstand zu ermächtigen, den Ort für die nächste Hauptversammlung zu wählen. Es war seinerzeit beabsichtigt, umschichtig in Berlin und außerhalb zu tagen. Ob diese Absicht ohne weiteres erfüllbar ist, läßt sich vorher schwer sagen. Ich darf Sie bitten, auch weiterhin zu genehmigen, daß der Vorstand die Entscheidung trifft. — Ich stelle fest, daß sich hiergegen kein Widerspruch geltend macht.

Verschiedenes.

Vorsitzender: Es wird beabsichtigt, den Wunsch verschiedener Mitglieder zu erfüllen und ein **Mitgliedsabzeichen der WGL** einzuführen (s. Abb.). Das Ihnen vorgelegte Abzeichen ist in bewährter Weise von Herrn Maler Lietzmann, der die Diplome für Ehrenmitglieder bisher herstellt, entworfen worden. Ich glaube, daß Sie mit dem Entwurf wohl einverstanden sein können. — Widerspruch erhebt sich nicht. — **Das Mitgliedabzeichen der WGL ist damit angenommen.**

Vorsitzender: Wünscht jemand zu dem Punkt »Verschiedenes« das Wort. — Es geschieht nicht. Ich schließe daher die geschäftliche Sitzung und danke Ihnen allen für Ihre Mitarbeit.

V. Ansprachen während der Tagung in München.

A.
Begrüßungsabend im Alten Rathaussaal.

Zu Beginn des Festes erschien, begleitet von Lehrlingen in Zunfttracht, die altertümliche Insignien trugen, als Ratsherr mit Talar, Halskrause und Amtskette in der historischen Tracht, die dem mittelalterlichen Charakter des Festsaales entsprach, **Schriftsteller Hermann Roth** und grüßte die Versammlung mit folgenden Versen:

Liebwerte Frau'n, verehrte Herrn willkommen!
Euch grüßt die Stadt in ihrem schönsten Saal,
Der viele Gäste schon hat aufgenommen,
Der einst gedient zu Festen ohne Zahl.

Im lieben München, unserm schönen Bayern,
Sah man wie nirgends sonst die Freude blühn,
Und frohe Feste wußten wir zu feiern,
Nach frischer Arbeit und vollbrachten Müh'n.

Laß ich zurück den Blick im Geiste schweifen,
Da unser Rat Talar und Kette trug,
So seh' ich viele bunte Bilder reifen
In der Jahrhunderte bewegtem Flug.

Mit Ehrfurcht sollt ihr diesen Raum betrachten,
Er zeugt von der Geschichte unserer Stadt,
Er spiegelt wider, was die Zeiten brachten,
Was sich an Lust und Leid ereignet hat.

»Des Münch'ner Rates Schmuckschrein« ist's gewesen,
Den uns der Schöpfer unseres Doms gebaut;
Dem ernsten Künstler war, so ist zu lesen,
Der heit're Geist der Raumkunst gleich vertraut.

Der Wappenfries, der rings läuft an den Wänden,
Er stammt von des Erasmus Grasser Hand,
Die Narrentänzer, die sich drehn und wenden,
Er hat sie in lebendige Form gebannt.

Die alten Banner, die den Zünften waren,
Sie zeugen noch von längst entschwund'ner Pracht,
Wo man bei Paukenschlag und Festfanfaren
Zur Tafel saß im Schmucke reicher Tracht.

Wenn sich der Saal gefüllt mit frohen Gästen,
Hat nicht der Bürger hier nur pokuliert,
Es kamen Fürsten auch zu lichten Festen,
Und haben mit dem Volk sich erlusiert.

Doch ernster Arbeit diente meist die Halle,
Wenn sich der Ältesten vielweiser Rat
In langen Sitzungen bemüht für alle;
Beschlossen ward hier manche wackre Tat!

Auch Steuersorgen gab es, ja selbst Schulden,
Sie machten unseren Vätern manche Pein,
Und waren's damals auch noch harte Gulden,
Die scheinbar großen Lasten waren klein.

Fragt heute nicht des Rates Säckelmeister
Nach SOLL und HABEN, MINUS oder PLUS,
Des Defizites dunkle Schattengeister
Bereiten Sorgen ihm und viel Verdruß!

Es geht dem Guten eben wie uns allen,
Was wir besassen schlang die Inflation,
Der Wohlstand schwand, heut sind wir nur Vasallen,
Und Müh' und Arbeit fanden schlechten Lohn.

Sonst war die Tafel üppig stets geraten,
Doch heute spiegelt sie der Zeiten Not,
Es gibt nicht Suppe, Fisch und leckre Braten,
Nein — ganz bescheiden ein belegtes Brot.

Doch sollen wir ob alledem verzagen?
Nein, laßt uns hoffend in die Zukunft seh'n,
Von neuem gilts zu schaffen und zu wagen,
Dem Kommenden mit Mut entgegengeh'n.

Und wenn uns heut auch schwere Fesseln binden,
Und selbst die Luft der Feind verbieten will,
Der deutsche Geist wird neue Wege finden,
Die deutsche Wissenschaft, sie ruht nicht still.

Wie dieser Saal, der unter Putz und Tünchen
Viel Jahre schlief, mißachtet und verkannt,
Dann neu entdeckt, der Stolz von unserm München,
So wirds auch gehen mit dem deutschen Land.

Seht an der Tafel hohe Namen glänzen,
Es ist der Ehrenbürger stolze Zahl;
Ein Bismarck schuf des neuen Reiches Grenzen,
Von Zeppelin auch kündet dieses Mal.

Der Zwietracht Würger und des Reichs Begründer,
Er führt' als Staatsmann unser Steuer lang,
Der andere, ein Held war's und Erfinder,
Der siegreich selbst der Lüfte Reich bezwang.

Wenn solche Männer wieder auferstehen,
Und wenn ihr Geist nur unser Handeln trägt,
Dann muß in spät'rer Zeit es doch geschehen,
Daß uns die Stunde der Befreiung schlägt.

Ich grüß Euch noch einmal — Seid uns willkommen!
Schafft alle redlich mit für Euern Teil!
Dann wird die Arbeit unserm Deutschland frommen,
Zu seinem Wiederaufstieg Glück und Heil!

Im Laufe des Abends zogen im scharlachroten Rock mit grünen Schlegelkappen allerliebste kleine Schäffler — Zöglinge der Maria-Theresia-Anstalt — in den Saal und führten den historischen Zunfttanz auf. Schriftsteller Hermann Roth, der künstlerische Leiter der Veranstaltung, hatte diese originelle Darbietung, die den ungeteilten Beifall der Versammlung fand, folgendermaßen angekündigt:

Als einst vor bald 500 Jahr
Noch eng und klein mein München war,
Da kam die Pest als grimmer Gast
Und raffte wohl ein Drittel fast
Der braven Bürgerschaft dahin;
So steht es in der Chronik drin.
Die ganze Stadt war öd und leer,
Es stockte Handel und Verkehr,
Es blieb ein jeder still zu Haus
Und Trauer war und Not und Graus.

Da bracht' die wack're Schäfflerzunft
Die Leute wieder zur Vernunft.
Denn junge Burschen frisch und keck,
Die noch das Herz am rechten Fleck,
Die zogen da mit Faß und Kranz
Von ihrer Herberg aus zum Tanz.
Daß sie's getan, das war wohl gut,
Die Bürger faßten neuen Mut,
Die Traurigkeit war schnell verschwunden
Und bald das Schlimmste überwunden.
Der schöne Brauch vom alten Schlag,
Ein Sinnbild ist's für unsere Tag.
Er hat sich immer noch erhalten,
Die Jungen machens wie die Alten,
Es tanzt noch alle sieben Jahr
Zur Faschingszeit die Schäfflerschar.
Und unsere Buben üben auch
Im roten Rock den zünft'gen Brauch,
Sie zeigen ihn im alten Glanz;
Musik, spiel auf zum flotten Tanz!

Während des Tanzes — als aus den grünen Reifen die Krone gebildet wurde, ertönte lauter Beifall —, brachten die kleinen Reifenschwinger folgende Trinksprüche aus:

Erster Reifenschwinger:

Unser verehrter Ehrengast,
Der für die Luftfahrt wirkt ohn' Rast,
Prinz Heinrich von Preußen, er soll leben,
Und die Präsidenten danebenl

Zweiter Reifenschwinger:

Die edle deutsche Wissenschaft,
Die uns verhilft zu neuer Kraft,
Und fördert auch der Luftfahrt Streben,
Hoch soll sie leben!

Dritter Reifenschwinger:

Das dritte Hoch gilt der lieben Stadt,
Die heute uns bewirtet hat,
Ich rufe laut mit Herz und Hand:
Hoch München! Hoch das Bayerland!

B.
Begrüßungsansprache in der Technischen Hochschule.

Professor Dr. L. Föppl: Königliche Hoheit! Meine hochverehrten Damen und Herren! Als Vertreter der Technischen Hochschule München heiße ich Sie im Namen S. Magnifizenz des Herrn Rektors Geheimrat v. Dyck sowie des Herrn Geheimrat Zenneck, die beide verreist sind, in den Räumen unserer Hochschule herzlich willkommen!

Ich brauche Ihnen kaum zu versichern, wie sehr wir es begrüßen, daß die diesjährige Tagung der WGL bei uns abgehalten wird. Es ist Ihnen vielleicht bekannt, daß wir an unserer Hochschule uns lebhaft bemühen, die Flugtechnik mehr zu pflegen, als dies bisher der Fall gewesen ist. München ist dank seiner Lage ein Hauptknotenpunkt für Verkehrsflugzeuge. Es besitzt in Schleißheim einen der günstigsten Flugplätze Deutschlands. Diese und verschiedene andere Umstände geben uns nicht nur das Recht, sondern legen uns die Pflicht auf, für eine stärkere Betonung der Flugtechnik an unserer Hochschule mit Entschiedenheit einzutreten. Dazu kommt eine freudige Begeisterung unserer akademischen Jugend, die sich in den vorläufigen Kursen, die wir seit einem Jahr abhalten, durch äußerst starke Beteiligung gezeigt hat. — Mit großer Befriedigung kann ich feststellen, daß sowohl unser Ministerium als auch der Bayerische Landtag unseren Bestrebungen wohlwollend gegenüberstehen, so daß ich die Hoffnung aussprechen darf, daß demnächst auch unsere Hochschule eine erstklassige Stätte für die theoretische wie experimentell-praktische Ausbildung junger Flugzeugingenieure werden wird.

Mit diesem Gedanken, hochverehrte Anwesende, begrüßte ich Sie nochmals und wünsche Ihrer Tagung einen vollen Erfolg!

C.
Begrüßungsansprache in der „Deutschen Verkehrsausstellung".

Staatssekretär a. D. v. Frank: Am 15. VII. h. J. haben wir durch Eröffnung der Luftfahrzeugausstellung den Schlußstein auf unser Ausstellungsgebäude gesetzt, und damit unser Werk nicht nur vollendet, sondern auch gekrönt. Denn diese Abteilung ist im besonderen das, was unserer Verkehrsausstellung vor allen ihren Vorgängerinnen auszeichnet und hervorhebt.

Der blendende Reigen der Luftfahrzeuge übte stets eine große Anziehungskraft auf unsere Besucher aus, so daß die Ausstellungsleitung nicht nur eine moralische, sondern auch halbwegs eine materielle Entschädigung für die großen Aufwendungen gefunden hat, die sie für das Luftfahrwesen gemacht hat.

Neben den das allgemeine Aufsehen erregenden »großen Vögeln« präsentiert sich in weniger glanzvollen Räumen, fast wie ein im Verborgenen blühendes Veilchen, die Ausstellung der »Wissenschaftlichen Gesellschaft für Luftfahrt«, obwohl diese doch der Unterbau ist, auf dem die glänzenden Erfolge der neueren Entwicklung der Flugtechnik erst möglich geworden. Heute soll auch diese Abteilung zu voller Geltung kommen, da wir die Auszeichnung haben, die Wissenschaftliche Gesellschaft für Luftfahrt hier begrüßen zu können.

Über die kulturelle und wirtschaftliche Bedeutung der Luftfahrt, deren wissenschaftliche Förderung Ihr Gesellschaftszweck ist, hier noch ein Wort zu verlieren, hieße Wasser in die Isar tragen. Die Ausstellungsleitung will nur der Freude darüber Ausdruck geben, daß die Deutsche Verkehrsausstellung der Gesellschaft Veranlassung war, eine neue bedeutungsvolle Veranstaltung ihrer früheren hier in München durch ihre 14. Mitgliederversammlung anzureihen, worin Sie erweisen, daß, trotzdem die Wirtschaftsverhältnisse jetzt trübe sind und zu schwersten Befürchtungen Anlaß bieten, sich die Wissenschaft für Luftfahrt, wie alle echte Wissenschaft, nicht von materiellen Rücksichten allein leiten läßt, sondern ihre Arbeit am ethischen und kulturellen Wohl der Menschheit ohne Hintergedanken weiter führt. Damit ist Ihre Tagung ein Lichtblick in der furchtbar düsteren Zeit. Für unsere deutsche Not ist heute V. M. mit Recht die Pfennigsammlung für den Zeppelin-Luftschiffbau als besonderes Merkmal erklärt worden; aber sie wird auch, wenn es gelingt, nach dem Ausspruch Eckeners die Dokumentierung deutschen Willens, wieder »hoch zu kommen«, sein. Ich hoffe, daß sich diese Annahme ganz erfüllen wird; denn wir haben allen Grund, als Deutsche stolz zu sein auf die Erfolge unserer Luftfahrt und insbesondere der sie begründenden Luftfahrwissenschaft. Mit Recht sagte heute Herr Brandenburg: Was deutsche Wissenschaft in der letzten Zeit in dieser Beziehung geleistet hat, darüber wird erst die Geschichte Aufschluß geben. Etwas konkreter formulierte das Dr. Dornier am Schluße seines Vortrages so: Es ist deutscher Geist und deutsche Arbeit (auch wenn sie sich in der Heimat nicht auswirken können), was die heutige Flugtechnik auszeichnet. In dieser Überzeugung lassen Sie mich als Präsident der Deutschen Verkehrsausstellung Sie noch einmal von ganzem Herzen willkommen heißen.

D.
Trinksprüche, gehalten beim Festessen
im Hotel Bayerischer Hof.

Geh. Reg.-Rat Prof. Dr.-Ing. e. h. Schütte: Eure Königliche Hoheit, meine sehr verehrten Damen und Herren! Als im August vorigen Jahres von Herrn Ministerialrat Dr. Hellmann, München, eine Aufforderung an die Wissenschaftliche Gesellschaft für Luftfahrt erging, ihre nächste Hauptversammlung wieder in München abzuhalten, wurde diese Anregung eingedenk des ausgezeichneten Verlaufes unserer Tagung im Jahre 1921 mit großer Freude und Genugtuung aufgenommen, um so mehr als unsere Gesellschaft beabsichtigte, eine Sonderausstellung über Luftfahrt, Wissenschaft und Praxis in der Deutschen Verkehrsausstellung in München zu veranstalten.

Seit dieser Zeit hat sich manches ereignet, Erfreuliches und Trauriges! Das zahlreiche Erscheinen, insbesondere die Gegenwart der Vertreter hoher und höchster Staatsbehörden, des Deutschen Reichstages, des Landes Bayern, der Stadt München, der deutschen Presse, von Freunden und Gönnern unserer Gesellschaft beweist, daß diese Ereignisse dem Interesse für unsere Bestrebungen keinerlei Abbruch getan haben. Darf ich Ihnen allen hierfür aufrichtig danken und der Hoffnung Ausdruck geben, daß Sie auch weiterhin uns treu bleiben. Ganz besonderen Dank sind wir dem Staate Bayern und der Stadt München schuldig, daß sie in liebenswürdiger Weise den Ehrenschutz über die diesjährige Tagung übernommen haben.

Deutschland stand und steht zurzeit noch im Zeichen der Tausendjahrfeier des Rheinlandes, der Eröffnung des Deutschen Museums und der Deutschen Verkehrsausstellung in München. Der Zusammenschluß der Deutschen am Rhein beweist, daß der Rhein nicht Deutschlands Grenze, sondern Deutschlands Strom bleiben soll.

Als hier in München die Deutsche Verkehrsausstellung eröffnet wurde, führte der bayerische Herr Ministerpräsident aus:

»Man kann uns mit Gewalt niederhalten wollen, man kann uns wider alles Recht und alle Natur Gebietsteile unserer Nation rauben, man kann uns wirtschaftlich in tiefste Armut stoßen, niederhalten und knechten, aber eines kann man nicht: uns den deutschen Erfindergeist, unsere Schaffenskraft, unsere Schaffensfreude nehmen. Man kann das deutsche Volk nicht als Kulturmacht und als kulturfördernden Faktor von hohem Range von seiner für den Fortschritt der Völker unentbehrlichen Tätigkeit ausschließen.«

Am Abend des Tages der diesjährigen Verfassungsfeier in Berlin führte der Herr preußische Minister des Innern aus, daß die deutsche Arbeiterschaft im August 1914 nicht in den Kampf gezogen sei, um als Lohn eine deutsche Republik geschenkt zu erhalten, sondern um Deutschland vor der östlichen Barbarei zu schützen. Ich möchte dem hinzufügen, auch vor der westlichen. Denn die Art und Weise, wie man einen Monat vor dem Waffenstillstand 1918 in einem unter dem Vorsitz Balfours tagenden Ausschuß der Ententeakademien in London und — was noch schlimmer ist — unmittelbar nach dem Waffenstillstand in der Sitzung der Vereinigung der Alliierten Akademien in Paris die gesamte deutsche Wissenschaft restlos boykottierte, und diesen Boykott sogar statutenmäßig niederlegte, wie man trotz des immer wieder betonten Friedensgeistes, der sich jedoch in Wirklichkeit in nichts von dem Geiste des Versailler Schanddiktats unterscheidet, die Begriffsbestimmungen über die deutsche Luftfahrt nicht abänderte, wie der Chef der Luftstreitkräfte der französischen Armeen während des Krieges nur einer Aviation »Boche« und einer Artillerie »Boche« spricht, beweisen, daß das wahre Barbaren- und Hunnentum sich nicht diesseits, sondern jenseits der Vogesen befindet.

Diese meine Behauptung kann kaum schlagender bewiesen werden als durch die Vollendung des Deutschen Museums und die Eröffnung Ihrer Verkehrsausstellung, der größten der Welt, die beide die außerordentliche Friedensarbeit wiedergeben, die wir Deutsche im Gegensatz zu den Franzosen, die seit tausend Jahren mordend und sengend in ewiger Beutegier durch ganz Europa nach Afrika und Asien gezogen, ja bis nach Amerika gefahren sind, in den letzten hundert Jahren geleistet haben.

Die Wissenschaftliche Gesellschaft für Luftfahrt konnte sich nicht mehr ehren als dadurch, daß sie den Schöpfer des Deutschen Museums, Seine Exzellenz Herrn Oscar v. Miller der leider durch eine Auslandsreise verhindert ist, an unserer Tagung teilzunehmen, zu ihrem Ehrenmitgliede ernannte.

Neben dieser Ehrung eines Lebenden möchten wir die Ehrung eines Toten setzen, eines Mannes, der von aller Welt als der Vater des heutigen Menschenfluges anerkannt wird, Otto Lilienthals. Die Wissenschaftliche Gesellschaft für Luftfahrt beabsichtigt, nachdem das Reichsverkehrsministerium, das Reichswehrministerium und der Herr Oberbürgermeister der Stadt Berlin ihre grundsätzliche Zustimmung gegeben haben, diesem großen Deutschen an der Stätte in Lichterfelde bei Berlin, an der er seine Gleitflüge begann, ein Denkmal zu errichten, umgeben von einem Ruhmeshain, der Zeugnis ablegen soll für die Heldentaten deutscher Flieger, den Toten zum Gedächtnis und Deutschlands Jugend zur Mahnung.

Meine Damen und Herren! Jeder, der deutsch empfindet, wird es mit tiefem Bedauern erleben, wenn sich Deutschlands wehrhafte Jugend bereits in politische Parteien spaltet und sich nicht nur in Wort und Schrift, sondern auch durch Tätlichkeiten bekämpft, bei denen deutsches Blut fließt, und es sogar Tote gibt. Ich glaube doch wohl voraussetzen zu dürfen, daß keiner von diesen jungen Männern die Absicht hat, seinem Vaterlande zu schaden. Ich setze bei allen so viel Vaterlandsliebe und Ehrgefühl voraus, daß alle diese jungen Männer Deutschland wieder emporheben wollen zu einer hervorragenden Machtstellung im Rate der Völker. Wieviel Leerlaufarbeit, wieviel unproduktive Arbeit wird wieder durch solchem Gebahren infolge der alten deutschen Zwistigkeit geleistet und wieviel positive Arbeit könnte an ihre Stelle gesetzt werden.

Sicher wird jeder, der schaffend im Leben steht, mehr oder weniger schwere innere und äußere Kämpfe durchgemacht haben, seien sie selbstverschuldet oder unverschuldet über ihn hereingebrochen, und keiner von uns wird frei von Schuld und Fehl sein. Ob wir nun aber, geläutert durch solche Kämpfe, auf unsere Fahne schreiben:

Glaube, Liebe, Hoffnung,

oder

Freiheit, Ehre, Vaterland

dürfte gleich sein, denn der Glaube an unser Vaterland gebiehrt seine Freiheit, die Liebe zu unseren Mitmenschen läßt uns ihre Ehre respektieren und die Hoffnung ist der Born, aus dem wir die feste Zuversicht an des Vaterlandes Errettung schöpfen.

Neben mir sitzt unser langjähriger tüchtiger Geschäftsführer, Herr Hauptmann Krupp. Er schrieb mir gelegentlich meines 50. Geburtstages:

»Mag auch die dumpfe Welt zum Chaos werden, kein Schlag der Zeit zertrümmert Gottes Uhr, denn einmal wird es Frühling sein auf Erden, das ist nicht Glaube, Freund, das ist Natur!«

Meine hochverehrten Damen und Herren! Diese Erkenntnis schafft den Geist, der die Wissenschaftliche Gesellschaft für Luftfahrt beseelt, und dieser Geist ist es, der uns heute an dieser festlichen Tafel versammelt hat. Daß wir uns hier versammeln konnten, dafür sind wir dem bayerischen Staate und der Stadt München zu größtem Danke verpflichtet, und ich glaube, daß Sie meiner Bitte zustimmen, sich von den Sitzen zu erheben und zu rufen:

Unser geliebtes deutsches Vaterland, der Staat Bayern und die Stadt München Hurra! Hurra! Hurra!

Deutschlandlied.

Staatsminister für Handel, Industrie und Gewerbe, Exzellenz Dr. v. Meinel: Es ist mir eine besondere Freude und Ehre, der Wissenschaftlichen Gesellschaft für Luftfahrt diesmal als zuständiger Ressortminister zu ihrer Tagung in München den herzlichsten Willkommengruß der bayerischen Staatsregierung entbieten zu können, wie ich ihn ihr vor vier Jahren bei gleichem Anlaß in Vertretung meines Ministers entbieten durfte.

Ist doch die Erinnerung an den Verlauf der 1921er Tagung und die wertvollen persönlichen Beziehungen, die wir damals mit den hochstehenden Männern der Wissenschaft und Technik, die in Ihrer Gesellschaft vereinigt sind, anknüpfen konnten, lebhaft und frisch in meinem und wie ich sagen darf, in aller damals teilnehmenden bayerischen Vertreter Gedächtnis. Aus der Tatsache, daß Sie wieder München für ihre Tagung gewählt haben, glaubten wir entnehmen zu dürfen, daß auch Sie eine angenehme Erinnerung von jener Tagung mit sich genommen haben und Ihr verehrter hochverdienter Ehrenvorsitzender, S. K. H. Prinz Heinrich hat dies gestern mit herzlichen Worten bestätigt. Ich möchte daraus schließen dürfen, daß Sie schon damals gefühlt haben, wie hier bei uns im Süden unseres großen deutschen Vaterlandes die Bedeutung der Luftfahrt, der großen Sache, der Sie Ihre rastlose Tätigkeit gewidmet haben, erkannt wird und daß Ihre Bestrebungen aufrichtige und warme Sympathie bei uns finden.

Das Gefühl, das gleiche zu wollen und anzustreben, bietet ja die beste Grundlage für die Anbahnung guter und herzlicher Beziehungen zwischen den Menschen.

Wie hoch auch wir die Bedeutung der Flugsache schätzen, das habe ich in meinem Geleitwort in der Ihnen gewidmeten Festzeitung dahin ausgedrückt, daß nach meiner Überzeugung in der Würdigung der Geschichte unsere dunkle Zeit vielleicht als eine helle erscheinen wird, weil sie den lang ersehnten großen Fortschritt der Menschheit, die Beherrschung der Luft als Verkehrsweg, gegeben hat.

In den kurzen vier Jahren seit Ihrer letzten Tagung sind Fortschritte auf dem Gebiete der Luftfahrt gemacht worden, die uns zu Freude und Zuversicht berechtigen, und den Männern der Wissenschaft und Technik, die der Flugsache ihre Kraft und ihr Können hingebend widmen, zur höchsten Ehre gereichen und die Anerkennung des Volkes und der Regierung verdienen.

Was ich besonders an Ihren Bestrebungen begrüßen möchte, ist der ideale Zug, der ihnen zugrunde liegt. In einer Zeit, der die Jagd nach materiellem Gewinn mit Recht zum Vorwurf gemacht wird, ist es erhebend und sollte es für unser Volk vorbildlich sein, wie in der Flugsache eifrig und aufopfernd Kräfte eingesetzt werden, obwohl, wie heute ausgeführt wurde, für keinen Beteiligten, zurzeit auch für den industriellen nicht, ein namhafter oder sicherer Gewinn zu erhoffen ist.

Die Fortschritte, die auf dem Gebiete der wissenschaftlichen Forschung und Erfindung, der Konstruktion der Fahrzeuge und der Organisation des Luftverkehrs in den letzten vier Jahren erzielt worden sind, haben wir aus den interessanten Vorträgen des heutigen Tages mit Bewegung und Staunen vernommen. Sie werden, wie dies bereits die Amerika-Fahrt Eckeners in so reichem Maße getan hat, die Aufmerksamkeit der Welt darauf lenken, daß Deutschland auch jetzt noch in der Luftfahrt und ihrer Entwicklung in erster Reihe der Kulturnationen sich zu behaupten vermocht hat.

Wir schöpfen daraus das beglückende Gefühl, daß die Versuche unserer Gegner, uns den Weg zur Höhe und freien Beteiligung auch auf diesem Gebiete zu versperren, erfolglos bleiben müssen.

Wir führen diesen Kampf um Macht und Freiheit mit Waffen, die uns kein Abrüstungsdiktat rauben kann, mit unserem Wissen und unserer Kultur, denn »Wissen ist Macht« und »Bildung macht frei«.

Bayern verfolgt diesen Kampf nicht bloß mit innerer Sympathie, sondern Volk und Regierung wünschen auch, sich immer mehr daran zu beteiligen und das Verständnis für die Bedeutung des Kampfes immer mehr zu verbreiten. Auch für die bayerische Regierung sind die letztverflossenen vier Jahre in bezug auf die Beteiligung an der Flugsache und Luftfahrt keine Jahre des Stillstandes gewesen.

In Ergänzung der tatkräftigen Fürsorge, die das Reich, wie Herr Ministerialrat Brandenburg heute früh dargelegt hat, der deutschen Luftfahrt angedeihen läßt, ist es Aufgabe der Länder, das Interesse der kleineren Volkskörper an dem Luftverkehr zu erwecken und zu pflegen. Die Begeisterung, die hier vielfach sich entzündet, muß aus einzelnen Flammen zu nachhaltigem warmen Feuer von den Ländern vereinigt werden. Den großen Aufgaben und Ideen

des Reiches gilt es. vorzuarbeiten. In engstem Zusammengehen mit dem Reich ist Bayern unter den Ländern bei der Förderung der Luftfahrt mit an erster Stelle gestanden.

Die Luftverkehrsgesellschaften — die Bayerische Luftverkehrs A.-G. im Junkers-Konzern und der Süddeutsche Aerolloyd im Aerolloyd-Konzern betreiben mit den modernsten Luftfahrzeugen einen dichten Luftverkehr in und über Bayern. Der bayerische Staat hat sich daran beteiligt.

Zwei Flugschulen sorgen in Bayern dafür, daß der wachsende Bedarf an Verkehrsfliegern gedeckt werden, und der heißeste Wunsch der Jugend, fliegen zu lernen, erfüllt werden kann.

Ein Kleinluftverkehr in Bayern ist in Vorbereitung. Weitere Fortschritte in der Bodenorganisation (neben den erstklassigen Flughäfen in Schleißheim und Fürth) sind in nächster Zeit zu erhoffen.

Alle diese Dinge war die bayerische Regierung dank großzügiger und verständnisvoller Unterstützung des bayerischen Landtags, werktätig zu fördern, in der Lage.

Den Boden dafür vorzubereiten, war gewiß die Tagung Ihrer Gesellschaft in Bayern vor vier Jahren in hohem Maße geeignet.

Daß München dank der Mitwirkung des ganzen deutschen Volkes in dem Deutschen Museum die historische Entwicklung des Flugwesens und der Luftfahrt in vorbildlicher Weise zeigen kann, daß die unter so lebhafter und ausgezeichneter Mitwirkung Ihrer Gesellschaft zustande gekommene Deutsche Verkehrsausstellung Ihnen einen Überblick über den gegenwärtigen Stand der Luftbeherrschung zeigen kann, begrüße ich mit freudigem Stolz und hoffe, daß es Ihnen die Erinnerung an die heutige Tagung in München verschönen wird.

Für Bayern aber wird Ihre Tagung ein neuer Ansporn sein, der Luftfahrt werktätiges nachhaltiges Interesse und freudige Mitarbeit zu widmen.

Möge aber auch der großen deutschen Flugsache, die auch eine Sache der Welt und des Menschheitsfortschritts ist, aus Ihrer heurigen Tagung neuer Fortschritt erwachsen.

Mit diesem Wunsche bitte ich Sie, Ihre Gläser zu erheben:

Die Deutsche wissenschaftliche Gesellschaft für Luftfahrt, sie blühe und gedeihe, sie lebe hoch!

Dr. Küfner, rechtskund. II. Bürgermeister der Stadt München: Zunächst meinen herzlichsten Dank für die freundlichen Worte, mit denen Herr Geheimrat Schütte der Stadt München gedacht hat.

Wir Deutsche haben uns erst verhältnismäßig spät mit der Luftfahrt beschäftigt, dann aber um so gründlicher und erfolgreicher.

Dies letztere war auch der Grund, warum in das Versailler Diktat besonders feindselige Bestimmungen gegen unser Flugwesen aufgenommen wurden.

Trotz dieser Bestimmungen, oder vielleicht gerade, weil sie uns zu besonders rationeller Arbeit zwangen, steht heute die deutsche Luftfahrt an erster Stelle.

Wir danken der mustergültigen Zusammenarbeit von Wissenschaft und Praxis, erstere zusammengefaßt und verkörpert hauptsächlich in der Wissenschaftlichen Gesellschaft für Luftfahrt, letztere zu wunderbaren Leistungen ausgebaut durch unsere Industrie und unsere Flieger, die zum größten Teile noch aus der Kriegs- und Vorkriegszeit stammen und für die ein gleichwertiger Nachwuchs durch unsere Fliegerschulen immer wieder herangebildet werden muß.

Das Resultat dieser Zusammenarbeit sehen wir in unserer Verkehrsausstellung zum Staunen aller Besucher des In- und Auslandes vorzüglich dargestellt. Wir haben die feste Überzeugung, daß gerade die Luftfahrt berufen ist, ihr Teil dazu beizutragen, daß Deutschlands kulturelle und wirtschaftliche Weltgeltung wieder hergestellt wird und wenn die Wissenschaftliche Gesellschaft dabei so eifrig, so sachkundig und erfolgreich mitarbeitet wie bisher schon, so leistet sie damit eine eminent wichtige vaterländische Arbeit.

München, dessen Name mit manchem Ereignis von Bedeutung auf dem Gebiete der Luftfahrt verknüpft ist, hat der Luftfahrt von Anfang an größtes Interesse entgegengebracht.

Heute ist München bereits ein nicht unbedeutender Knotenpunkt der Luftverkehrslinien, die mit unserer und des bayerischen Staates und des Reiches Unterstützung ausgebaut wurden und betrieben werden, und München wird auch in Zukunft zur Unterstützung des Flugwesens besonders bei Schaffung eines den zu stellenden Anforderungen entsprechenden Lufthafens, tun, was in seinen Kräften steht.

Weil wir also die große wirtschaftliche und kulturelle Bedeutung des Flugwesens und alle die zu seiner Förderung tätigen Kräfte so hoch schätzen, darum freuen wir uns so herzlich, daß wir Sie jetzt, nach vier Jahren, wieder bei uns begrüßen dürfen; wir dürfen daraus wohl entnehmen, daß auch Sie unser Interesse an Ihrer Tätigkeit richtig einschätzen und daß Sie sich bei Ihrem letzten Aufenthalt in unserer Stadt einigermaßen hier wohl gefühlt haben.

Ganz besonders freuen wir uns aber auch darüber, daß so viele hochverehrte Gäste aus allen deutschen Gauen bei uns zu zusammengekommen sind, denn wir erhoffen uns von solchen Zusammenkünften, zumal auf so bedeutender Grundlage, daß das Band zwischen Nord und Süd und Ost und West immer noch enger und fester geknüpft wird, und wir in Bayern legen besonderen Wert auf die Feststellung, daß wir bei aller Wahrung und Betonung unserer Eigenart uns in der Treue zum Reiche von niemand übertreffen lassen.

Indem ich Ihrer Tagung reichen Erfolg im Interesse unseres geliebten Vaterlandes wünsche, indem ich weiter wünsche, Sie möchten die besten Eindrücke von München, seinen Einrichtungen, Leistungen und Bestrebungen mit sich nach Hause nehmen, heiße ich Sie namens der Stadt auf das herzlichste willkommen.

Major v. Kehler, Präsident des »Aeroclub von Deutschland«: Eure Königliche Hoheit! Meine Damen und Herren! Der »Verband Deutscher Luftfahrzeug-Industrieller« und der »Aeroclub von Deutschland« sprechen der Wissenschaftlichen Gesellschaft ihre freundnachbarlichen und herzlichsten Grüße und Wünsche aus zu der diesjährigen Tagung, verbunden mit dem Danke dafür, daß sie an diesen festlichen Tagen im schönen München teilnehmen dürfen.

Wir drei Hausgenossen ziehen an demselben Strang, und zwar nicht nach verschiedenen Seiten, das ist bekannt, und so kann ich mich kurz fassen. Dies würde ich auch schon getan haben eingedenk der Warnung vor zu vielen Worten, die der hochverehrte Herr Ministerialrat Brandenburg heute früh ausgesprochen hat, aber ich lese eine solche Mahnung außerdem aus dem Namen der Wissenschaftlichen Gesellschaft heraus. Die Wissenschaftliche Gesellschaft für Luftfahrt nennt sich WGL, und ihre Zeitschrift ZFM; diese Buchstaben W. G. L. Z. F. M. scheinen mir zu bedeuten: »Wir genießen lieber zwar fröhlichen Mahles«, wobei zu ergänzen ist »als lange Reden anzuhören«. Also will ich auch nicht weiter stören und würde überhaupt das Wort nicht ergriffen haben, wenn es mir nicht am Herzen gelegen hätte, noch ein Hoch auszubringen: Derjenige, der uns dies fröhliche Mahl bereitet und auch sonst wieder in gewohnter mütterlicher und vorbildlicher Weise für uns gesorgt hat, die Stütze der Wissenschaftlichen Gesellschaft für Luftfahrt, Herr Hauptmann Krupp, er lebe hoch, hoch, hoch!

Schriftsteller Herman Roth: Wenn München seine Gäste grüßt, hat es erst recht die Pflicht, ihre besseren Hälften, die Damen, willkommen zu heißen.

Es ist nicht meine Schuld, wenn das erst nach dem Käse geschieht, was man leicht als eine Mißachtung des schönen Geschlechtes auslegen könnte. Die Bombe hätte zum mindestens beim Eis platzen müssen, für das die Damen sich besonders erwärmen. Sie sind in der Wissenschaftlichen Gesellschaft für Luftfahrt hoch geschätzt, ihr Vorsitzender namentlich will es mit ihnen nicht »verschütten« und bricht für die Damen manche »Lanze«.

Ihre Gesellschaft selbst ist weiblich wie die Luft ja auch, wie überhaupt alles Schöne auf der Welt, die Schönheit, die Kunst, die Poesie, die Natur, die Literatur, die Musik. Ausnahmen wie die Xantippe oder die Megäre bestätigen nur die Regel.

Zwischen Flugwesen und Damen bestehen scheinbar keine engeren Beziehungen, bei näherer Betrachtung sind aber doch mehr vorhanden, als man im ersten Augenblick glauben möchte.

In den Damen berühren sich die Gegensätze: Sie sind Engel, wenn auch ohne Flügel, und darum manchmal flatterhaft, sie sind aber auch als Hexen schon durch die Lüfte gefahren und somit bereits im Mittelalter der Aeronautik nahe gestanden.

Es ist bekannt, daß die Frauen unsere Herzen im Flug erobern; es ist peinlich für einen Mann, wenn er für die Frau Luft ist und sich bei der Werbung um sie einen Korb in der Größe eines Ballonkorbes holt. Es ist bedauerlich, daß der Luftikus bei ihnen manchmal mehr Aussichten hat, als der ernsthafte Mann.

Die Frauen können uns von oben herunter behandeln, trotzdem fliegen die Männer auf die Frauen, manchmal fliegen sie dabei sogar herein.

Um die Damen näher kennen zu lernen, muß man sie heiraten — alles andere ist graue Theorie. Aus der Wissenschaft und der Literatur läßt sich kein klares Bild gewinnen, hier entscheidet ausschließlich — die Praxis.

Die Ehen, sagt das Sprichwort, werden im Himmel geschlossen, infolgedessen ist mancher darnach wie aus den Wolken gefallen.

Viele Frauen sind unverlässig wie das Wetter oder haben einen Charakter von »starrem System«, ohne deshalb leicht lenkbar zu sein.

In solchen Fällen kann der Mann nur gelegentlich seinen Hausdrachen steigen lassen.

Manche Frauen machen dem Manne das Leben sauer, indem sie in ihren Toiletten- und Hutrechnungen ungeahnte »Höhenrekorde« aufstellen.

Aber auch in der besten Verbindung bleibt der Ehehimmel nicht immer ungetrübt.

Bei dem unablässigen Bestreben der Frau, den Mann zu einem brauchbaren Mitglied der menschlichen Gesellschaft zu erziehen, kommt es zu Reibungen, atmosphärischen Störungen und Gewitterbildungen, es tritt zuweilen ein Vakuum ein, durch das man durchsacken kann.

Um solche Gefahren zu vermeiden, muß der Ehemann ein gewiegter Pilot sein, der sich gleichermaßen auf die Theorie wie auf die Praxis versteht.

Ihre Gesellschaft läßt sich ja die Erziehung ihrer Mitglieder in diesem Sinne angelegen sein lassen, es ist also anzunehmen, daß sie auch tüchtige Ehemänner heranbildet, die für Staat und Gesellschaft nicht weniger wichtig sind, als die braven Frauen, von denen wir den tüchtigen Fliegernachwuchs erwarten.

Die Frau hat sich längst die Gleichberechtigung mit dem Manne erworben; die Scherze, daß sie dem Mann den Hausschlüssel vorenthält, sind heute nicht mehr gültig, sie hat ihren eigenen, und mit der neuesten Mode, dem »Bubikopf«, hat sie die kecke Männerbehauptung vom langen Haar und kurzen Verstand zu entkräften versucht.

Die Frau ist heute unsere ebenbürtige Kameradin und Weggenossin, Mitstreiterin in den großen Aufgaben um die Zukunft, sie kann und soll, wie schon Bismarck sagte, Trägerin der deutschen Einheit sein.

In diesem Sinne möchte ich sie grüßen und mein Glas erheben auf die wackere deutsche Frau, sie lebe hoch!

E.
Ansprachen im „Deutschen Museum".

Graf Moy: Eure Königliche Hoheit! Meine Damen und Herren! Wir stehen am Schlusse unserer Tagung, und da drängt es mich — als Ihr Gast — Ihnen von Herzen meinen wärmsten Dank zu sagen für alle geistigen und leiblichen Genüsse — den Dank zugleich auch im Namen der übrigen Gäste.

Wenn ich mir einen Rückblick auf die Tagung zu werfen gestatten darf, so muß ich mit größter Befriedigung hervorheben, daß es eine hohe Freude war, zu sehen, mit welchem gierigen Eifer sich unsere Jugend den Fragen der Luftfahrt hingibt — wie sie diesem wichtigsten Problem der Zukunft ein geradezu brennendes Interesse schenkt. Und es ist ein außerordentliches Verdienst der Wissenschaftlichen Gesellschaft für Luftfahrt, daß es ihr gelungen ist, unsere Jugend von dem rein empirischen Wege abzubringen und sie zu begeistern für die wissenschaftliche Ergründung all der tieferen Geheimnisse, die hier noch vor uns liegen.

Die praktische Behandlung und Durchführung der ganzen Frage wird ja immer in den Händen der Jugend liegen, und wem es — wie mir — vergönnt war, in den letzten Tagen oft in die glänzenden Augen einer von Wissensdrang durchglühten Jugend zu schauen und zu beobachten, wie diese Jugend sich mit flammender Begeisterung der Lösung noch vieler ungeklärter Fragen zur Gewinnung der Luftwege hingibt, der wird den goldenen Trost mit nach Hause nehmen können, daß es unserer deutschen Jugend gelingen wird, uns auf dem Wege durch die Luft wieder empor zu führen; der wird — wie ich — in seiner Hoffnung befestigt werden, daß auch wir Alternden noch wenigstens die Strahlen jener Sonne wieder sehen werden, in der wir uns früher erwärmen durften; der wird aber auch — wie ich — dieser deutschen Jugend alle Liebe und alles Vertrauen schenken und der wird sich gerne mit mir vereinigen in dem Rufe: unsere deutsche Jugend lebe hoch, hoch, hoch!

Dorothea Schütte: Seine Exzellenz, der Herr Graf Moy, waren so liebenswürdig, in seiner soeben gehaltenen Rede der deutschen Jugend in zu Herzen gehenden Worten zu gedenken. Er sprach den Wunsch und die Hoffnung aus, daß endlich die Zeit kommen möge, in der wir unser geliebtes deutsches Vaterland wieder der Sonne entgegen führen können und forderte insbesondere die deutsche Jugend auf, das ihre dazu beizutragen, daß wenigstens noch ein kurzer Strahl dieser Sonne die älteren Herrschaften treffen möchte.

Ich darf Seiner Exzellenz für diese Worte aufrichtig danken und nicht nur Seiner Exzellenz hierfür, sondern unseren »alten Herrschaften« dafür, daß sie uns geholfen haben, den Weg zur Erfüllung dieses Wunsches zu finden und einzuschlagen. Ich darf an diesen Dank die Bitte knüpfen, daß die alten Herrschaften uns auch weiterhin mit Rat und Tat zur Seite stehen wollen, damit wir den einmal beschrittenen Weg auch einhalten können.

Meine verehrten Damen und Herren, ich bitte Sie darum, mit mir einzustimmen in den Ruf: Unsere alten Herrschaften, sie leben hoch!

VORTRÄGE DER
XIV. ORDENTLICHEN MITGLIEDER-
VERSAMMLUNG

I. Neuere Erfahrungen im Bau und Betrieb von Metallflugzeugen.

Vorgetragen von C. Dornier.

Vier Jahre sind vergangen, seitdem ich die Ehre hatte, in diesem Saale anläßlich der 10. ordentlichen Mitgliederversammlung der WGL zu sprechen.

Damals mußte ich mich darauf beschränken, Ihnen einen kurzen Überblick dessen zu geben, was innerhalb der Zeitdauer von 1914 bis 1921 von uns auf dem Gebiete des Metallwasserflugzeugbaues geleistet worden war.

Ich habe damals darauf hingewiesen, daß das Ausgangsmaterial sämtlicher von uns gebauten Flugzeuge Stahl- und Duralumin-Bleche und -Bänder sind. Durch entsprechende Formgebung werden diese Baustoffe knicksicher gestaltet. Schweißung wird grundsätzlich vermieden. Alle hochbeanspruchten Teile werden aus Stahl hergestellt, während für untergeordnete sowie formgebende Teile Duralumin weitest gehend verwendet wird.

Die damals maßgebenden Grundsätze haben wir bis heute unverändert beibehalten.

Die Tendenz, überall, wo es irgend möglich ist, Stahl zu verwenden, ist heute stärker denn je ausgesprochen. Neue Möglichkeiten haben sich hier durch die jetzt auf den Markt gebrachten, nicht rostenden Stähle aufgetan.

Selbstverständlich machte sich überall das Streben nach weitgehender Vereinfachung und Verbilligung der Konstruktion geltend, und man hat mit Rücksicht auf die Billigkeit der Fabrikation manche Feinheiten der Gestaltung geopfert.

Die planmäßigen Versuche mit allen neu auf den Markt gelangenden Stahlsorten und Leichtmetallegierungen wurden fortgesetzt. Wenn auch einige dieser neuen Baustoffe, wie z. B. Aludur, Lautal und Aeron, was Materialfestigkeit, Dehnung und Bearbeitungsmöglichkeit anlangt, im Laufe der Zeit mit Duraluminium auf gleiche Stufe gelangten, so haben seither unsere Versuche hinsichtlich der Wetterbeständigkeit ergeben, daß in dieser Hinsicht heute noch Duraluminium deutscher, englischer und italienischer Herkunft unerreicht dasteht. Die letzten Ergebnisse lassen jedoch erhoffen, daß es den Anstrengungen der in Frage kommenden Firmen in absehbarer Zeit gelingen wird, auch in puncto Wetterbeständigkeit das Duralumin einzuholen.

Die Versuche über den Einfluß der Atmosphärilien sowie des Meerwassers auf die von uns verwendeten Baustoffe werden seit Jahren in der Nordsee von einem Feuerschiffe aus unter Mithilfe der Hamburger Seewarte ausgeführt. Parallelversuche finden in Marina di Pisa im Mittelländischen Meere statt. Bleche, Profile, zusammengesetzte Bauteile und Versuchsschwimmkörper werden ausgesetzt. Auf Abb. 1

Abb. 1. Versuchskörper zur Erprobung der Wetterbeständigkeit.

sehen Sie einen derartigen Versuchskörper. Derselbe wurde aus Duraluminium und Aludur hergestellt. Außerdem wurden, um den Einfluß der Veredelung bzw. Nichtveredelung der Nieten festzustellen, Nietreihen mit veredelten und nicht veredelten Nieten ausgeführt. Die Wechselwirkung zwischen Dural, bzw. Aludur und Stahl sollte an einigen mit den Leichtmetallblechen durch Eisennieten verbundenen Stahlbeschlägen studiert werden.

Abb. 2. Einfluß des Meerwassers auf einen Versuchsschwimmkörper.

Die Abb. 2 zeigt den Schwimmkörper, nachdem er nahezu tausend Stunden ununterbrochen der Einwirkung des Seewassers sowohl als der Luft ausgesetzt war. Die wichtigsten Ergebnisse des Befundes waren folgende:

Am Schwimmkörperboden fehlte das Aludurprofil. Dasselbe ist vollkommen zerfressen. Es sind nur mehr einige Überreste in der nächsten Umgebung der Nietköpfe vorhanden. Dieses Aludurprofil war mit veredelten Nieten befestigt. Die Nieten haben sich sehr gut gehalten. Ein nachteiliger Einfluß durch das zerstörte Aludurprofil ist nicht ersichtlich.

Das am Boden des Schwimmkörpers mit unveredelten Nieten befestigte Duralprofil konnte gerade noch geborgen werden, da diese Nieten sämtlich abgefressen waren. Das Duralprofil ist außer einem leichten Belage sehr gut erhalten, obwohl die Schutzfarbe (Aluminiumbronze) abgeblättert war.

Eine Stirnwand des Schwimmkörpers war in Aludur ausgeführt. Die Korrosion ist hier so stark, daß große Löcher in das Blech gefressen wurden. Das noch vorhandene Blech bröckelt beim leichtesten Fingerdruck ab. Eine Zerreißprobe der Überreste ergab aus drei Proben im Mittel eine Bruchfestigkeit von nur 5 kg/mm². Dehnung war keine mehr vorhanden.

Die Duraluminiumwandungen des Schwimmkörpers waren vollständig intakt. Lediglich an den Eckwinkeln zeigten sich an den Stellen, wo der Farbanstrich abgeblättert war, geringfügige Anfressungen.

Die Köpfe der nichtveredelten Duralnieten waren sämtlich abgefressen, während die veredelten Nieten alle in einwandfreiem Zustande waren.

Die Stahllaschen hatten leichten Rostanflug. Irgendwelche nachteilige Beeinflussung zwischen Stahl und Leichtmetall war nicht bemerkbar. Dies ist nur eine erneute Bestätigung der von uns seit mehr als 10 Jahren festgestellten

Tatsache, daß Stahl und Duraluminium ohne jedes Bedenken zusammen verwendet werden können.

Es sei auch noch erwähnt, daß legierter Stahl wesentlich widerstandsfähiger gegen Korrosion ist als gewöhnlicher Kohlenstoffstahl. Im Verhalten gegenüber Duralumin sind nach unseren Beobachtungen beide Stahlarten gleichwertig.

Abb. 3. Mit Kalkablagerungen und Muscheln besetztes Duraluminblech.

Abb. 3 zeigt ein Duraluminblech, welches stark mit Kalkablagerungen und kleinen Muscheln bedeckt ist. Von einem Teil des Bleches wurde der Belag entfernt, und Sie sehen, daß das Blech vollständig intakt ist.

Im Dauerbetrieb der Flugzeuge ergab sich immer wieder, daß glatte Duralbleche so gut wie gar nicht angefressen werden, es sei denn, daß Walzfehler vorhanden sind. Profile, Eckwinkel usw. sind der Korrosion viel stärker ausgesetzt. Bei sachgemäßer Konservierung halten sie aber jahrelang stand. Stark und in verhältnismäßig kurzer Zeit werden jene Teile aus Duraluminium angefressen, welche zum Zwecke der leichteren Bearbeitung mehrere Male erwärmt wurden. Aus diesem Grunde vermeiden wir bei Seeflugzeugen grundsätzlich Konstruktionen, welche eine Warmbehandlung erfordern.

Zusammenfassend kann man als Ergebnis mehr als zehnjähriger Beobachtungen sagen, daß Metallflugzeuge, falls die Wandstärken nicht zu gering sind und als Baumaterial lediglich Duraluminium und Stahl verwendet wird, bei sachgemäßer Pflege auch unter sehr ungünstigen klimatischen Verhältnissen viele Jahre voll gebrauchsfähig bleiben. Der Ausdruck »sachgemäße Pflege« ist zu unterstreichen. Es fehlt hier oft noch sehr. Die gewissenhafte Wartung ist aber unerläßlich, um so mehr als alle derzeitigen Farbanstriche noch nicht befriedigen.

Die Bauweise der Flügel der von uns in den letzten Jahren herausgebrachten Flugzeuge ist im großen und ganzen dieselbe geblieben, wie ich sie in meinem letzten Vortrage »über

Metallwasserflugzeuge« schilderte. Es wird nebeneinander die sogenannte »volltragende« Bauweise, die »Verbund«-Bauweise, bei welcher die Blechhaut lediglich die Diagonalspannungen zu übertragen hat, und der Metallflügel mit Stoffbespannung angewendet. Ein Beispiel der »Verbund«-Bauweise gibt Ihnen die Abb. 4, welche den halbgeöffneten Flügel des Typs Do. B (Komet III) darstellt.

Abb. 4. Halb geöffneter Flügel des Typs Do. B.

Ich habe schon 1921 erwähnt, daß wir in den Jahren 1917/18 als Erste ein Flugzeug mit einem Leichtmetallflügel mit tragender glatter Außenhaut entwickelt und gebaut haben. Es war dies ein freitragender Jagdeinsitzer Doppeldecker, den Sie in der nächsten Abb. 5 sehen, der Typ Do. D I. Da man dem Flügel mit tragender Haut in Fachkreisen neuerlich eine erhöhte Bedeutung beimißt, gestatte ich mir, Ihnen einen Querschnitt dieses ersten,

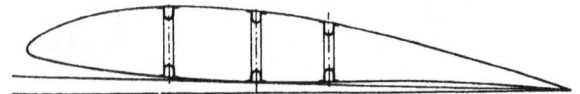

Abb. 6. Querschnitt des ersten Flügels mit glatter tragender Außenhaut.

sozusagen historischen Flügels in Abb. 6 vorzuführen. Ich verweise insbesondere auf die Aussteifung der Haut durch die aus dem Lichtbilde ersichtlichen Spezialprofile die Sie heute in genau derselben Form bei beinahe allen im In- und Auslande gebauten Flügeln mit glatter tragender Außenhaut finden. Ohne diese von uns entwickelten Profile ist es unmöglich, die Haut in rationeller Weise zum Tragen heranzuziehen, da das Aufnieten von Winkeln oder gewöhnlichen U-Profilen im Effekt den U-Flanschprofilen weit nachsteht und zu viel Gewicht erfordert.

Die von mir 1921 ausgesprochene Ansicht, daß der Flügel mit tragender Außenhaut nicht der »alleinseligmachende« ist, vertrete ich auch heute noch. Das Studium der Gestaltung von Flügeln sehr bedeutender Dimensionen hat mich noch bestärkt in der Überzeugung, daß der Verwendung der tragenden Haut Grenzen gezogen sind.

Ich möchte hier übrigens noch kurz erwähnen, daß die Bezeichnung »volltragende Außenhaut« geeignet ist, falsche Vorstellungen über die Ausnutzung des Materials zu geben. Es ist ohne einen unverhältnismäßig großen Aufwand an Aussteifungen, verbunden mit zeitraubender und kostspieliger Nietarbeit nicht möglich, die Blechhaut mit mehr als höchstens 60 vH. der vorhandenen Materialfestigkeit zum Tragen heranzuziehen, soweit Druckbeanspruchungen in Frage kommen, und diese sind von ausschlaggebender Bedeutung.

Die Abb. 7 veranschaulicht die ungefähre Spannungsverteilung in einem Stück tragender Blechhaut mit Spezial-

Abb. 5. Vorderansicht des ersten Flugzeuges, dessen Flügel eine glatte, tragende Außenhaut besaßen.

Versteifungsprofilen. Die Aufnahmefähigkeit des Bleches sinkt mit zunehmendem Abstande von den Aussteifungen.

Es ist wohl ohne weiteres klar, daß, falls an Stelle des U-Flanschprofils nur Winkel- oder gewöhnliche U-Profile

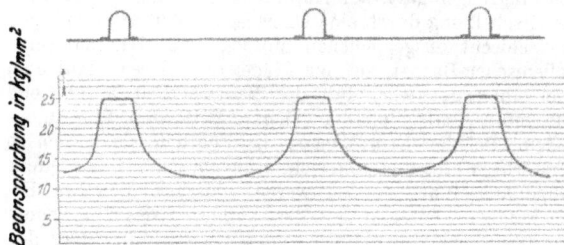

Abb. 7. Schematische Spannungsverteilung in einem zum Tragen herangezogenen Bleche.

aufgenietet würden, die Ausnutzung des Materials noch geringer wäre, da der Einfluß des Winkels als aussteifendes Organ sich auf eine wesentlich kleinere Zone erstreckt als jener der Dornier-Spezialprofile.

In dem vorstehend Angeführten begründet sich ein gewisser Trugschluß bezüglich der Wirtschaftlichkeit der »volltragenden Bauweise«. Tatsächlich sind auch alle sowohl von uns als von anderer Seite gebauten Blechflügel mit tragender Außenhaut im Einheitsgewichte schwerer als z. B. der Metallflügel in Verbundbauweise oder gar jener mit Stoffbespannung. Dies gilt ganz besonders für zunehmende Flügeldimensionen und aus diesem Grunde haben wir die volltragende Bauweise nur für verhältnismäßig geringe Spannweiten ausgeführt.

Wenn es sich darum handelt, einen Flügel bei gegebener Bausicherheit mit dem denkbar geringsten Gewichtsaufwand zu erbauen, so wird das Streben, den statischen Aufbau so zu gliedern, daß möglichst wenige, aber hochbeanspruchte Teile vorhanden sind, zweifellos das beste Ergebnis zeitigen. Es ist viel leichter, eine Kraft von 20 t auf einmal zu übertragen, als zehnmal eine solche von 2 t. Je größer die Spannung, um so größer wird der Querschnitt. Je größer der Querschnitt, desto höher die Materialausnutzung, und damit desto geringer das für die Übertragung der Kraft aufzuwendende Gewicht.

Die Zeit, die mir hier zur Verfügung steht, ist zu beschränkt, um länger bei der Ausbildung der Flügel zu ver-

weilen; ich kann es mir aber nicht versagen, ganz kurz noch eine der wichtigsten Fragen zu streifen, die hier in Betracht kommt, nämlich den Einfluß der Wahl des Seitenverhältnisses auf das Flügelgewicht. Hier ist heute noch in weiten Kreisen eine erstaunliche Verkennung der für die Erreichung günstiger Verhältnisse maßgebenden Faktoren vorhanden. Man berauscht sich an den bedeutenden Werten von $\frac{c_a^3}{c_w^2}$, welche man mit hohem Seitenverhältnis erreichen kann, übersieht aber die statischen Konsequenzen des extremen Seitenverhältnisses und vergißt wohl auch manchmal zu berücksichtigen, daß das Gewicht in der Leistungsgleichung ebenfalls in der dritten Potenz erscheint.

Man kann leicht nachweisen, daß eine Erhöhung des Seitenverhältnisses λ über 1:6 hinaus eine Steigerung der Gipfelhöhe nicht mehr mit sich bringt. In praxi liegt nach unseren Erfahrungen das Optimum bei Eindeckern noch unter $\lambda = 1:6$.

Herr Dr. Vogt, z. Zt. in Japan, hat, meiner Anregung folgend, den Einfluß des Seitenverhältnisses auf die Gipfelhöhe untersucht und einen diesbezüglichen Aufsatz[1] in der ZFM. 1925 veröffentlicht.

Ganz abgesehen von aerodynamischen Gesichtspunkten, gibt es aber eine rein statische Forderung, welche das Seitenverhältnis freitragender Flügel beschränkt, nämlich die Begrenzung der Deformation des Flügels. Die Erfahrung zeigt, daß man das Verhältnis Kraglänge zu Holmhöhe S nicht über ein bestimmtes Maß steigern kann, da sonst der Flügel zu weich wird. Bei Flügeln mit annähernd konstantem Profile, also rechteckigem Grundrisse muß nach unseren Erfahrungen sein:

Bei Verwendung von Stahl .... $s \lesssim 17$
bei Verwendung von Duralumin .... $s \lesssim 15$

Überschreitet man diese Grenzen, so muß man unverhältnismäßig viel Gewicht in die Gurtungen stecken, um die Deformation einigermaßen in zulässigen Grenzen zu halten.

Wir bringen das durch die Forderungen: rationelles Gewicht und beschränkte Deformation in gewissen Grenzen gegebene Schlankheitsverhältnis s des Holmes mit dem Schlankheitsverhältnis des Profiles $\varphi = \frac{t}{h}$ in Beziehung. (t = Flügeltiefe, h = größte Höhe des Profiles). Führt man

[1] Das günstige Seitenverhältnis, ZFM 1925, Heft 8.

noch das Seitenverhältnis $\lambda = \frac{b}{t}$ ein, so erhält man, indem man b und t durch λ ausdrückt und die Verringerung der Kraglänge durch den Baldachin oder sonstige in der Nähe der Flügelwurzel befindliche Abstützungen außer acht läßt:

$$s = \frac{\varphi\,\lambda}{2}.$$

Mit unseren Erfahrungszahlen ergibt sich demnach für Stahl:

$$\frac{\varphi\,\lambda}{2} \leqq 17,$$

für Duraluminium:

$$\frac{\varphi\,\lambda}{2} \leqq 15.$$

Man erhält hiermit für verschiedene Werte von φ die in Zahlentafel 1 zusammengestellten Werte von λ:

Zahlentafel 1.

φ	λ	
	Stahl	Dural
4	$\leqq 8{,}5$	$\leqq 7{,}5$
5	6,8	6,0
6	5,7	5,0
8	4,3	3,8
10	3,4	3,0

Abb. 8. Zahlentafel 1.

Da ein Profil mit $\varphi = 5$ schon als ein sehr dickes Profil anzusehen ist und für schnelle Maschinen kaum Profile mit einem φ über 8 angewendet werden können, sieht man, daß bei »freitragender Bauweise« die Grenzen für λ recht eng gezogen sind. Unsere die Wahl von φ betreffenden Erfahrungen sind neuerdings durch amerikanische Modellversuche bestätigt worden. (The comparison of well-known and new wing sections tested on the variable density wind tunnel. By G. T. Wiggins, Langley Memorial Aeronautical Laboratory.) Die Verhältnisse ändern sich natürlich sofort, wenn die Flügel, wie ich dies heute in der Regel tue, abgestützt sind. Dann sind die Zusammenhänge zwischen φ und λ nur für die Kragarme maßgebend, und man kann mit verhältnismäßig schlanken Profilen ein λ von 6 und mehr bei statisch rationellen Verhältnissen erreichen. Dasselbe gilt natürlich auch für Doppeldecker mit Stielen sowie in gewissem Maße beim Flügel mit trapezförmigem Grundriß.

Das Auftreten von Resonanzerscheinungen hat in den letzten Jahren Veranlassung zu einer Reihe von Unfällen gegeben. Ich möchte einen Fall von Resonanz beschreiben, der uns viel Kopfzerbrechen bereitete und der vielleicht von

Abb. 9. Ansicht des Jagdflugzeuges Falke Typ 1922.

allgemeinem Interesse ist. Das Flugzeug Falke, das in der Schweiz und in Amerika in jeder Richtung erprobt worden war, erlitt bei einem Vorführungsfluge in Madrid im Jahre 1923 einen Unfall, der sich folgendermaßen abspielte:

Beim gedrückten Horizontalflug mit Vollgas beobachtete man plötzlich ein Flattern und daran anschließendes Auf-

biegen des einen Flügelendes etwa vom Beginn der Verwindungsklappen ab. Der Pilot ging in den Gleitflug über, konnte aber das Flugzeug nicht mehr horizontal aufsetzen, so daß die Maschine stark beschädigt wurde und der Führer einen Armbruch erlitt. Der Führer gab an, daß er plötzlich außerordentlich starke Vibrationen verspürte und des Glaubens war, daß der Motor sich aus seiner Lagerung reißen würde. Das Aufbiegen des Flügelendes habe er selbst nicht

Abb. 10. Seitenansicht des Jagdflugzeuges Falke Typ 1922.

beobachtet. Die Untersuchung des Flügels, der bei der Landung stark beschädigt worden war, brachte keine Anhaltspunkte für die Klärung des Unfalles. Die Maschine war nach den Bauzeichnungen des früheren Typs ausgeführt. Die Bausicherheit wurde von der Direzione Superiore del Genio e delle Costruzioni Aeronautiche in Rom zu 11,5 festgestellt, entsprach somit den damals an diese Klasse von Jagdflugzeugen gestellten Anforderungen. Man neigte dazu, die Erscheinung durch eine Übertragung der Schwingungen des schlecht ausgeglichenen Motors, eines Hispano-Suiza italienischer Bauart, auf den Flügel zu erklären. Trotzdem man überzeugt war, daß die Bausicherheit ausreichend sein müsse, entschloß man sich, dieselbe auf 12,5 zu erhöhen. Bei den Erprobungen des Flugzeuges mit dem so verstärkten Flügel zeigten sich, nachdem schon verschiedene Flüge ausgeführt worden waren, plötzlich dieselben Erscheinungen. Diesmal trat das Aufbiegen des Flügelendes in einer steilen Linkskurve ein. Der Pilot, der über den seinerzeitigen Unfall genau im Bilde war, nahm sofort das Gas weg und schritt zur Landung, die in sumpfigem Gelände erfolgte, mit einem normalen Überschlag, ohne großen Schaden am Flugzeug zu verursachen. Der Führer blieb unverletzt. Während man bei dem ersten Unfall über die Ursache ganz im unklaren war, war diesmal sowohl vom Pilot als auch vom Flugplatz aus beobachtet worden, saß die Schwingungen des Flügels von den Verwindungsklappen ausgingen. Warum waren aber diese Erscheinungen nicht in Amerika aufgetreten. Diese neuerdings gestellte Frage brachte jetzt die Lösung. Der einzige Unterschied zwischen dem amerikanischen Baumuster und dem neuen Typ bestand darin, daß die Verwindungsklappen bei jenem mit Stoff bespannt waren, während man sie bei der neuen Ausführung ganz in Metall ausgeführt hatte. Die Gewichte der beiden Klappen verhielten sich etwa wie 1:2. Man ersetzte nun die Ganzmetallklappen durch Stoffbespannte und seit diesem Moment ist alles in bester Ordnung. Kleine Ursachen, große Wirkungen.

Der von uns erstmals 1917 ausgeführte Blechrumpf mit glatter, zum Tragen herangezogener Haut und einfachen Rahmenspanten wird unverändert weitergebaut und hat inzwischen im In- und Auslande zahlreiche Nachahmer gefunden. Herr Weyl hat in der letztjährigen ordentlichen Mitgliederversammlung in Bremen darauf hingewiesen, welchen Schutz derartige Rümpfe bei Bruchlandungen zu bieten vermögen. Ich führe ein weiteres Beispiel an. Es handelt sich um einen sehr schweren Bruch als Folge einer durch ungenügende Kühlerwirkung bedingten Notlandung, der normalerweise verhängnisvoll hätte werden müssen. Kabine und Führersitz sind wie Sie sehen vollständig unversehrt geblieben. Verletzungen sind nicht vorgekommen.

An Hand einiger Abbildungen möchte ich Ihnen einen kurzen Überblick über die Entwicklung unserer Fahrgestelle geben. Die Abb. 12 zeigt das Fahrgestell des schon

Abb. 11. Verhalten des Blechrumpfes bei einem schweren Bruche. (Die auf dem Bilde ersichtliche Türe gehört schon dem Gepäckraum an.)

unter dem Abschnitt Flügel erwähnten Jagdflugzeuges Do. D 1, Baujahr 1918. Federung und Achse sind normal, während die tropfenförmig ausgebildeten Stützen des Fahrgestells biegungssteif an den Blechrumpf angeschlossen sind. Irgendwelche Verspannungen sind nicht vorhanden.

Abb. 12. Fahrgestell eines Ganzmetalljagdflugzeuges aus dem Frühjahre 1918.

Die nächsten beiden Bilder stellen das Fahrgestell des Typs Falke dar. Dieses Fahrgestell wurde erstmals ausgeführt 1922 und ist bis heute unverändert beibehalten worden. Die durchgehende Achse ist in Wegfall gekommen.

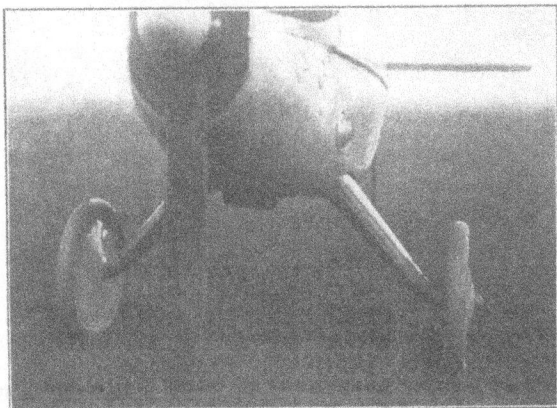

Abb. 13. Fahrgestell des Typs Falke 1922.

Die Federung ist in das Innere des Flugzeuges verlegt. Während das Fahrgestell des Typs Do. D 1 verhältnismäßig schwer auswechselbar war, ist bei dem Typ Falke einfachste Auswechselungsmöglichkeit gegeben. Der Luft-

Abb. 14. Schwenkbare Fahrgestellstiele des Typs Falke.

widerstand ist auf ein Minimum reduziert. Das Fahrgestell hat sich auch bei ausgesprochen harten Landungen vorzüglich bewährt.

Abb. 15. Fahrgestell des Typs Komet II.

Die Abb. 15 zeigt das Fahrgestell eines Verkehrsflugzeuges Typ Komet II, das vorbildlich für eine Reihe in- und ausländischer Fahrgestelle wurde. Die Achse ist geteilt innerhalb zweier stromlinienförmiger Ausleger gelagert und in bekannter Weise durch Gummizüge abgefedert. Auf dem nächsten Bilde sehen Sie das Verhalten des Komet II bei einer Notlandung in schlechtem Gelände, der tiefliegende

Abb. 16. Notlandung des Typs Komet II.

Schwerpunkt im Vereine mit der Ausgestaltung des Rumpfes machen einen Überschlag beinahe unmöglich.

Die Abb. 17 bringt die Fahrgestellausbildung bei einer zurzeit in Deutschland gebauten Verkehrsmaschine Typ

Abb. 17. Fahrgestell des Typs Do. B. (Komet III).

Do. B (Komet III). Diese Ausführung ist nicht so elegant wie die vorhergehende, hat aber den Vorzug rascherer Auswechselbarkeit und billigerer Herstellung.

Abb. 18 gibt Fahrgestell und Rumpfausbildung einer kleinen Schulmaschine wieder.

Ich komme nun dazu, Ihnen einen gedrängten Überblick über die von uns in den letzten Jahren neu herausgebrachten Flugzeuge zu geben. Das Jagdflugzeug Falke erwähnte ich schon im Vorhergehenden. Dieser Typ wurde zunächst mit Hispano-Suiza-Motoren verschiedener Provenienz gebaut. Bei 300 kg Zuladung beträgt die Geschwindigkeit mit dem

Abb. 18. Fahrgestellausbildung bei einem mit Bristol Lucifer ausgerüsteten Schulflugzeuge.

italienischen Hispano-Suiza-Motor 252 km/h, während mit einem amerikanischen HS-Motor bei 360 kg Zuladung 260 km/h erreicht werden. Neuerdings hat man mit BMW IVa Ergebnisse erzielt, die insofern bemerkenswert sind, als die Versuche mit einer aus dem Jahre 1923 stammenden

Zelle durchgeführt wurden. Mit 310 kg Zuladung benötigt das Flugzeug mit BMW IVa nach offiziellen Feststellungen 14½ Minuten von Null auf 5000 m. Der Flügel hat rechteckigen Grundriß und ein Seitenverhältnis von nur 1 : 5.

Abb. 19. Seefalke im Fluge.

Das Flugzeug ist jetzt auch als Seejagdflugzeug auf den Markt gekommen.

Eine derartige, mit BMW IVa ausgerüstete Maschine, den »Seefalken« zeigen Ihnen die nächsten beiden Lichtbilder.

Abb. 20. Seefalke in ostasiatischen Gewässern.

Der Typ Do. B, auch Komet III genannt, ist, da er auch im deutschen Luftverkehr Verwendung findet, den meisten von Ihnen bekannt. Er bedeutet eine Weiterentwicklung des Typs Komet II. Das Flugzeug darf zurzeit in Deutsch-

Abb. 21. Verkehrsflugzeug Do. B.

land nur mit Motoren bis zu 360 PS gebaut werden. Mangels eines geeigneten deutschen Motors wird zur Zeit der englische Rolls-Royce-Eagle IX verwendet.

Der Typ Do. C, welcher im Auslande gebaut wird, ist ein sogenanntes Dreizweckeflugzeug. Ausgerüstet mit Motoren von 400 bis 600 PS kann das Flugzeug für Fernaufklärung, Bombenwurf und Transport militärischer Lasten (Mannschaft, Verwundete etc.) Verwendung finden. Je nach der Stärke der Motore beträgt die Zuladung einschließlich der Betriebsmittel 1500 bis 2000 kg. Die Rumpfunterseite und das Fahrgestell sind so ausgebildet, daß in einfacher

Abb. 22. Dreizweckeflugzeug Do. C schräg von vorne gesehen.

Weise Bomben bis zu 1000 kg befestigt und abgeworfen werden können. Die Bewaffnung erfolgt normalerweise durch 2 starre und 2 drehbare gekoppelte M. G.

Ein weiterer im Auslande gebauter und mit dem Typ Do. C verwandter Typ ist das Flugzeug Do. D, welches als Seeaufklärungsflugzeug und Torpedoflugzeug Verwendung findet.

Abb. 23. Dreizweckeflugzeug Do. C schräg von hinten gesehen.

Die Ausgestaltung des Schwimmergestelles war keine leichte Sache. Abb. 24 u. 25 zeigt die Maschine von vorne und von der Seite. Die Schwimmer sehen Sie auf dem nächsten Lichtbilde.

Die Maschine hat vor kurzem bei einer offiziellen Konkurrenz der japanischen Marine als einziges unter allen gemeldeten Flugzeugen die sehr schweren Bedingungen erfüllen können.

Abb. 24. Torpedojagdflugzeug Do. D von vorne gesehen.

Ein zwei- bis dreisitziges Seeaufklärungs- und Kampfflugzeug ist der Typ Do. E, welcher mit Motoren von 360 bis 500 PS ausgestattet wird und ebenfalls nicht in Deutschland gebaut werden darf. Die Bewaffnung ist ähnlich wie bei dem Typ Do. C.

Eine Weiterentwicklung des Verkehrsflugzeuges Delphin, über welches ich hier erstmals 1921 berichtete, sehen Sie in den nächsten beiden Bildern. Der Führersitz wurde nach unten verlegt. Die Maschine wird neuerdings mit BMW IV geliefert, wobei die normale Zuladung 800 kg beträgt.

Ich komme nun auf den Typ Wal zu sprechen, bei welchem ich mich etwas länger aufhalten will, weil dieses Flug-

Abb. 25. Torpedojagdflugzeug Do. D von der Seite gesehen.

zeug zur Zeit eine Reihe von Weltrekorden hält und auch infolge seiner überragenden Seefähigkeit internationalen Ruf bekommen hat. Der Wal wird mit geringfügigen Ände-

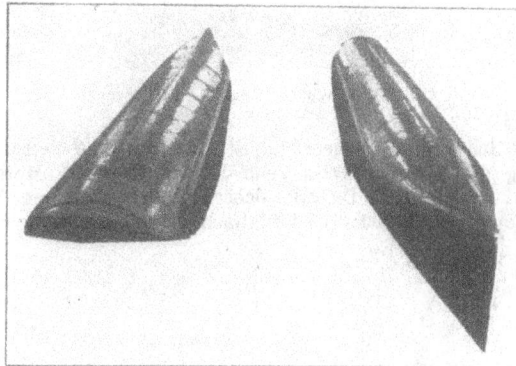

Abb. 26. Schwimmer des Typs Do. D von vorne und von achtern.

rungen seit 1919 gebaut. Die erste Maschine war mit zwei Maybach-Motoren ausgestattet. Später fanden der 300 PS

Abb. 27. Aufklärungsflugboot Do. E.

Hispano-Suiza, der 400 PS Liberty und besonders der 360 PS R. R. Eagle IX Verwendung. Neuerdings wird die Maschine auch mit Napier-Lion und Bristol-Jupiter-Motoren geliefert. Es ist ein besonderer Vorzug dieser Type, daß die gesamte Antriebsanlage annähernd symmetrisch

4*

Abb. 28. Flugboot »Delphin« schräg von vorne.

Abb. 29. Flugboot »Delphin« von vorne.

zum Schwerpunkt angeordnet ist, daß also eine Verschiebung des Schwerpunktes beim Einbau stärkerer Motore nicht stattfindet. Die Bausicherheit der Maschine bei Motoren bis zu 300 PS ist fünffach, bei Verwendung von

Abb. 30. Flugboot »Wal« Militärtyp von der Seite.

Abb. 31. Flugboot »Wal« Militärtyp schräg von vorne.

Abb. 32. Flugboot »Wal« Verkehrstyp.

Zahlentafel 2.
Charakteristische Zahlenangaben des Zweimotorenflugbootes „Dornier-Wal" mit zwei Rolls-Royce-Eagle-Motoren.

Abmessungen.

Spannweite . . . . 22,5 m
Flügeltiefe . . . . 4,3 »
Seitenverhältnis . . . . 5,24 »
Inhalt der Tragfläche . . . 97 m²
Länge über alles . . . . . . 17,25 m
Größte Höhe . . . . 4,7 »

Gewichte.

Antrieb mit Gondel, Ölkühler und Wasser 1515 kg
Flügel mit Stielen und Querruder . . . . 640 »
Boot mit Stummeln und Einbauten . . . 1100 »
Leitwerk und Steuerung . . . . 175 »
                                        ──────
                                        3430 »

Zuladungen.

Normal . . . . 2000 kg
Maximal . . . . 2800 »
Erreicht . . . . 3100 »

Kennziffern.

Flächenbelastung normal 56 kg/m², max. 64 kg/m²
Leistungsbelastung normal 7,5 kg/PS, max. 8,6 kg/PS

Betriebsmittelverbrauch (Benzin und Öl).

Bei Vollgas . . . . 171 kg/h
Im Reiseflug (155 km/h) . . . 135 »

Flugleistungen.

Bei Normalzuladung von 2000 kg	Bei Verwendung von		
	2 × 360 PS Rolls-Royce-Eagle IX	2 × 420 PS Lorraine-Dietrich	2 × 450 PS Napier-Lion-Motoren
Geschwindigkeit km/h	185	193	200
Steigzeit 0—1 km min	7	6	5
» 1—2 » »	11	9	7
Gipfelhöhe . . . m	3700	3900	4500

Weltrekorde des Wal mit Rolls-Royce-Eagle-Motoren.

Februar 1925: 20 Weltrekorde (hievon 18 bis jetzt von der F. A. I. anerkannt) darunter bei 2000 kg Nutzlast:
Höhe . . . . . 102 vH über dem alten Rekord
Geschwindigkeit 56 » » » » »
(auf 100 km)
Entfernung . . 154 » » » » »

Metacentrische Höhen.

Längenmetazentrum $\overline{M_lF} = 25{,}85$ m
Metazent. Höhe . . $\overline{M_lG} = 24{,}42$ »
Breitenmetazentrum $MF = 7{,}92$ »
Metazentr. Höhe . . $\overline{MG} = 6{,}49$ »

Stat. Stabilitätsmomente.

5° Neigung = 2,10 mt
10° » = 3,60 »
15° » = 4,25 »

Abb. 33. Zahlentafel 2.

Motoren über 300 PS wird der Flügel mit sechsfacher Sicherheit ausgeführt Der Wal wird im Auslande als Militärflugzeug und als Verkehrsmaschine gebaut. Die Abb. 30 und 31 zeigen die Maschine als Militärflugzeug.

Die Abb. 32 gibt einen Verkehrswal wieder. In der Zahlentafel 2 sind die Hauptabmessungen und wichtigsten Daten des Flugzeuges zusammengestellt. Besonders bemerkenswert an diesem Flugzeuge ist, daß die hervorragende Steigfähigkeit und Geschwindigkeit mit einem Seitenverhältnis von 1:5,2 und einem recht schlanken Flügelprofile $\varphi = 13$ erreicht wird. Ich weise auch auf das ungewöhnlich hohe Verhältnis von Leergewicht zu max. Zuladung hin. Dasselbe hat z. B. bei den von der Amundsen Expedition benützten Apparaten nahezu 100 vH erreicht und beträgt normalerweise etwa 65 bis 75 vH, Werte, die soweit mir bekannt mit mehrmotorigen Seeflugzeugen bei gleicher Bausicherheit noch nie erreicht wurden.

Trotz des verhältnismäßig geringen Gewichtes des Bootskörpers ist derselbe ungemein widerstandsfähig. Die von Kapitän Amundsen verwendeten Walboote haben beispielsweise, ohne irgendwelche Verstärkungen zu erhalten, anstandslos auf Eis und Schnee gestartet, zum Teile erheblich überlastet und unter Umständen, die als außerordentlich ungünstig anzusehen sind.

Herr Amundsen wird über seine Expedition in Bälde berichten und ich kann ihm in der Veröffentlichung seiner Erfahrungen nicht vorgreifen. Ich möchte aber immerhin einen Fall erwähnen, der die Widerstandsfähigkeit der Boote illustriert. Man war in der hohen Arktis gezwungen, das Boot Nr. 25 von der Landestelle an einen für den Abflug geeigneten Platz zu bringen. Das Boot rollte mit eigener Kraft auf dem Eise. Hiebei brach dieses unter dem Gewicht des Flugzeuges durch. Während die Stummel noch auf dem Eise glitten, wirkte der eigentliche Bootskörper als Eisbrecher und schuf sich eine Fahrrinne durch das 10 cm starke Eis. Nach einigen hundert Metern gelangte man wieder zu tragfähigem Eise. Das Boot hob sich nun aus der Rinne, um seinen Weg auf dem Eise fortzusetzen.

Ich hatte Gelegenheit, das Flugzeug nach seiner Rückkehr in Norwegen zu besichtigen. Aus den vorhandenen Deformationen an den unteren Teilen der Seitenwände des Bootes zu schließen, muß die Eispressung stellenweise mindestens 30 000 kg/m² betragen haben. Trotzdem war das Boot vollständig dicht geblieben.

Ich möchte die Faktoren, die meiner Meinung nach den Kompromiß, welchen der »Wal« so gut wie jedes andere Flugzeug darstellt, zu einem so günstigen gestalten, wie folgt zusammenfassen:

1. Geringe Flächenbelastung gleichbedeutend mit geringer Landegeschwindigkeit und damit geringen Beanspruchungen des Bootes und kurzem Start, also hoher Seefähigkeit und guter Steigfähigkeit.

2. Großes breites Boot, gleichbedeutend mit geringer Einheitsbelastung des Bootsbodens, geringer Tauchung, gutem Start und reichlichem Platz im Boote.

Abb. 35. Anbringen der Transporträder.

3. Seitenverhältnis 1:5,2 gleichbedeutend mit günstigen Gewichtsverhältnissen, der Möglichkeit ein gutes, für hohe Geschwindigkeit geeignetes Profil zu verwenden, geringer Spannweite und hoher Bausicherheit.

4. Tandemanordnung der Motore, gleichbedeutend mit denkbar einfachster Anordnung und Kontrolle des Antriebes.

Abb. 36. An Landrollen des »Wal«.

Die Abb. 34 zeigt die gedrängte Maschinenanlage des Wal mit 2 R. R. Eagle IX.

Das Aus- und Einbringen des Flugzeuges sowie das Ins-Wasser-Setzen illustrieren die folgenden Abbildungen, die auch Zeugnis für die Einfachheit des Transportes der Maschine ablegen. Auf Abb. 35 sehen Sie das Anbringen der Räder, das durch zwei Mann erfolgen kann. Es ist nur nötig, die Achse in die Öffnung des Stummels einzuführen und hierauf durch einen Splint das Rad gegen Herausfallen zu sichern. Abb. 36 zeigt das Flugzeug, nachdem es mit eigener Kraft

Abb. 34.
Maschinenanlage des »Wal«.

Abb. 37.
Auffahren auf die Transportwagen zum seitlichen Verschieben.

eine Böschung hinaufgerollt ist. Die Lichtweiten der meisten ausländischen Flugzeughallen sind sehr knapp bemessen. Das Flugzeug fährt deshalb oft, damit es seitlich in die Halle gebracht werden kann, auf einen kleinen Spezialtransportwagen (Abb. 37).

Auf dem nächsten Bilde sehen wir wie das Flugzeug auf diesem Wagen quer verschoben wird.

Abb. 38. Seitliches Verschieben des »Wal«.

Die leichte Zusammenbaumöglichkeit des Wal dürfte die Tatsache erhellen, daß in einem überseeischen Staate eine Lizenznehmerin den Wal wiederholt im Wasser auf- und abmontierte. Zur Ausführung dieser Arbeiten bediente man sich lediglich zweier Leichter, zwischen welchen das Boot befestigt war.

Im Auslande wird eine zweimotorige Landmaschine Typ Do. N gebaut, welche die dem Wal charakteristische Tandemanordnung der Motore über dem Flügel aufweist. Die Abmessungen dieser Maschine sind größer als jene des

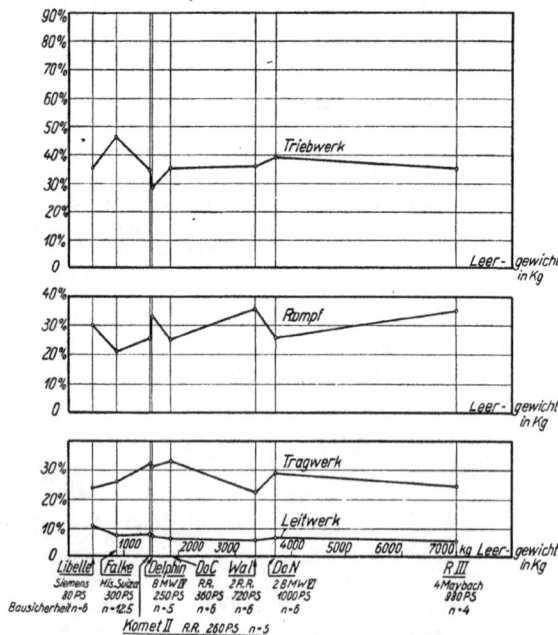

Abb. 39. Flugzeugteilgewichte von acht verschiedenen Dornier-Flugzeugen von 400—7000 kg Leergewicht.

Wal. Die untere Grenze der für den Einbau geeigneten Motore ist 500 PS. Das Flugzeug hat ein ganz neuartiges Fahrgestell. Nähere Angaben über die Maschine kann ich leider nicht machen. Ich erwähne dieselbe nur der Vollständigkeit halber.

In der Annahme, daß es von allgemeinem Interesse ist, einmal zuverlässige Angaben über die Gewichtsverhältnisse

von Metallflugzeugen zu erhalten, sind auf der Abb. 39 für 8 verschiedene Dornier-Flugzeuge die Flugzeugteilgewichte in vom Hundert des Leergewichtes aufgetragen in Abhängigkeit vom Leergewicht. Das Diagramm vereinigt Flugzeuge mit Leergewichten von etwa 400—7000 kg. Das Gewicht wurde zerlegt in vier Gruppen: Triebwerk, Tragwerk, Rumpf und Leitwerk. In dem Schaubilde sind die verschiedensten Typen Land- und Wasserflugzeuge, Militär-, Verkehrs- und Riesenflugzeuge enthalten. Im Rumpfgewicht ist das Gewicht von Fahrgestell, Sporn und Spornlagerung usw. einbegriffen, bei Booten die Stummel. Im Leitwerkgewicht ist die gesamte Steueranlage einschließlich Führersitz etc. eingeschlossen. Bei Verkehrsflugzeugen ist das Gewicht der Kabinenausstattung weggelassen, um bessere Vergleiche zu ermöglichen. Bei der Betrachtung der Schaulinien ist zu berücksichtigen, daß es sich zum Teile um Flugzeuge verschiedenster Flächen und Leistungsbelastung handelt.

Sämtliche Gewichte sind sorgfältig ermittelt und durchwegs durch genaues Wiegen der Einzelteile sowohl als des fertigen Flugzeuges festgestellt worden. Nur bei dem Typ Do. N sind einige Teilgewichte nach Zeichnung ermittelt, weil dieser Typ heute noch nicht mit BMW VI, sondern mit einem stärkeren ausländischen Motor gebaut wird. Abweichungen von mehr als 3 vH von der Wirklichkeit sind auch hier ausgeschlossen.

Das Gewicht der Type R III Marine Nr. 1431 ist vom ehemaligen Seeflugzeugversuchskommando (SVK) ermittelt. Diese Type ist heute natürlich längst veraltet und wurde nur aufgenommen, um gewisse Schlüsse bezüglich der Gewichtsverhältnisse bei einer erheblichen Vergrößerung des Leergewichtes über das Heute bei Metallflugzeugen Übliche zu ermöglichen. Es sei darauf hingewiesen, daß dieser Typ neben dem Boot einen oberhalb des Tragdecks gelegenen Rumpf besaß, eine Anordnung, die seinerzeit getroffen wurde in der Absicht die Seefähigkeit zu erhöhen, die aber natürlich einen Mehraufwand an Gewicht bedeutet. Unter Rumpfgewicht sind in diesem Falle die Gewichte des Bootes plus Rumpf zu verstehen. Hieraus erklärt sich der verhältnismäßig hohe Anteil des Rumpfes bei diesem Typ. Unsere Ermittlungen für viel höhere Leergewichte ergeben bei normaler Bauweise einen Anteil des Rumpfgewichtes am Gesamtgewicht von nicht mehr als 26—28 vH, das heißt genau denselben Prozentsatz, wie er bei Maschinen mit etwa 1500 kg Leergewicht Geltung hat.

Es steht hier leider nicht genügend Zeit zur Verfügung, um die in der Abbildung enthaltenen Werte bezw. Zusammenhänge des näheren zu besprechen. Ich behalte mir vor, demnächst in einer Veröffentlichung auf die Frage der Vergrößerung von Flugzeugen einzugehen und werde bei dieser Gelegenheit die Einflüsse konstruktiver und aerodynamischer Maßnahmen auf das Gewicht von Metallflugzeugen behandeln.

Man hat in den letzten Jahren von berufener und weniger berufener Seite viel über die Vergrößerung der Flugzeuge geschrieben und gesprochen. Verschiedene Autoren sind dabei zu dem Ergebnis gekommen, daß einer rationellen Vergrößerung der Flugzeuge Grenzen gezogen wären und daß eine solche überhaupt nur möglich wäre, falls eine bedeutende Steigerung der Flächenbelastung eintritt.

Diesen Ansichten kann ich nicht beitreten. Selbstverständlich wird die Flächenbelastung mit wachsendem Flugzeuggewichte, d. h. wachsenden Dimensionen zunehmen können, aber der Steigerung der Flächenbelastung sind natürliche Schranken gezogen durch die unbedingt nötige Begrenzung der Landegeschwindigkeit, sowie durch das Erfordernis eines kurzen Startes. Dies gilt ganz besonders für Seeflugzeuge. Seefähigkeit und hohe Landegeschwindigkeit sind Dinge, die nimmer mehr vereinigt werden können, das eine schließt das andere aus. Eine rationelle Vergrößerung der Flugzeuge ist aber auch ohne Gefährdung der Sicherheit durch zu hohe Landegeschwindigkeit, bedingt durch zu hohe Tragflächenbelastung, möglich. Unsere Abbildung zeigt z. B. daß das Tragwerk des Typs Wal mit

97 qm Fläche prozentual nicht schwerer ist, als jenes des Typs Libelle mit 15,5 qm Fläche bei gleicher Bausicherheit.

Das Tragwerk des Typs R III (Marinenummer 1431) mit 226 m² Fläche ist bei vierfacher Bausicherheit im Verhältnis ungefähr gleich jenem der kleinen Libelle. Es ist zu bedenken, daß die Type R III 1917/18 entstand und die statischen Verhältnisse des Flügels infolge sehr geringer Holmbauhöhe ziemlich ungünstige waren. Heute wäre ein Tragwerk gleicher Fläche bei gleichem Gewichte ohne Schwierigkeit mit sechsfacher Sicherheit zu bauen. Das Triebwerkgewicht eines derartigen Flugzeuges würde sich, falls an Stelle der damals benützten 245 PS Maybach-Motore moderne 400-pferdige Motore eingebaut würden, nicht nennenswert verschieben, da der 245-PS-Maybachmotor von damals 430 kg ohne Zubehör wog, während ein moderner 400-PS-Motor ungefähr 400 kg wiegt. Die Folgerungen hieraus sind leicht zu ziehen. Ein modernes Flugzeug von ca. 7000 kg mit 1600 PS und 226 qm Fläche bei sechsfacher Sicherheit ist möglich. Bei einer Zuladung von 4500 kg würde sich eine Leistungsbelastung von 7,2 kg/PS ergeben. Die Flächenbelastung wäre 51 kg pro m², was einer Landegeschwindigkeit von höchstens 75 km in der Stunde entsprechen würde. Selbstverständlich wäre die Ladefähigkeit eines derartigen Flugzeuges mit 4500 kg noch lange nicht erschöpft, denn bei einer Fläche von 226 m² kann bei Verwendung des neuzeitlichen Profiles die Flächenbelastung auf über 60 kg/m² gesteigert werden, ohne daß die Landegeschwindigkeit über das zulässige Maß steigt.

Aussprache:

Oblt. z. See a. D. v. Dewitz: Ich möchte hier nur ein kurzes Wort über die Frage der Seewasserbeständigkeit des Duralumins sagen.

Herr Dr. Dornier verglich in seinen Ausführungen die Seewasserbeständigkeit von Duralumin gegen andere Leichtmetall-Legierungen, z. B. Allodur und erwähnte ferner die geringe Seewasserbeständigkeit von warm bearbeitetem Duralumin gegenüber kalt bearbeitetem. Man könnte aus diesen Ausführungen leicht den Schluß ziehen, daß nun die Seewasserbeständigkeit von richtig verarbeitetem Duralumin allen Anforderungen entspräche. Dies ist jedoch in keiner Weise der Fall.

Meine Ausführungen stützen sich auf langjährige Erfahrungen der SCADTA in Kolumbien resp. in Zentralamerika, wo allerdings wohl unter den denkbar ungünstigsten Verhältnissen gearbeitet werden muß. Abgesehen davon, daß die Karibische See eines der am stärkst salzhaltigen Gewässer überhaupt ist, herrscht z. B. in Barranquilla eine durchschnittliche Feuchtigkeit von 94 bis 97 vH bei einer Durchschnitts-Tagestemperatur von über 30⁰. Außerdem bringt der von der See herüberstreichende Passatwind von den Phosphatbergen in Curacao Phosphatstaub mit, welcher sich dann mit der Feuchtigkeit der Luft zusammen niederschlägt. Unter diesen Umständen haben häufig Duralteile, welche in der Nord- und Ostsee bei normaler Konservierung eine fast unbeschränkte Lebensdauer haben, nur eine Lebensdauer von wenigen Wochen. Die Werkstätten der SCADTA sind zu über 50 vH nur mit Konservierungsarbeiten beschäftigt.

Es würde in diesem Rahmen zu weit führen, die bezüglich der Konservierung gemachten Erfahrungen im einzelnen hier durchzusprechen. Ich möchte nur zusammenfassend sagen, daß auf diesem Gebiete noch lange nicht das letzte Wort gesprochen und das beste Konservierungsmittel noch lange nicht gefunden ist.

Außer auf das Konservierungsmittel kommt es jedoch ebensosehr auf die Konservierungsmöglichkeit an. Diejenige Konstruktion, die der Statiker wählt, weil sie die größte Festigkeit bei geringstem Gewicht gibt, kann in der Praxis im extremen Falle völlig unbrauchbar sein, wenn die hoch beanspruchten Teile so gelagert oder gestaltet sind, daß eine äußere und innere Kontrolle, d. h. Erneuerung des Anstriches und ev. Entfernung des alten Anstriches, nicht möglich ist, resp. nicht ohne die Teile auseinander zu nieten möglich ist. Dieser Gesichtspunkt findet vielfach in den Konstruktionsbureaus noch zu geringe Beachtung. Es müssen hier bei der Konstruktion Kompromisse gemacht werden, auch wenn dies manchmal für den Konstrukteur schmerzlich ist.

II. Das Behmlot und seine Entwicklung als akustischer Höhenmesser für Luftfahrzeuge.

Vorgetragen von A. Behm, Kiel.

Der Gedanke, das Echo zur Bestimmung der Meerestiefe zu verwenden, ist alt und erstmalig von dem Amerikaner Maury im Jahre 1855 ausgesprochen worden, der auch selbst ergebnislose Versuche dieser Art ausführte. Es haben sich alsdann fast alle Länder mit der Lösung dieses Problems, jedoch erfolglos, beschäftigt. Als nun im Jahre 1912 der Untergang der Titanic, der zahlreiche Opfer forderte und durch Zusammenstoß mit einem Eisberg hervorgerufen war, mir Veranlassung gab, mich mit der Verhütung derartiger Zusammenstöße zu befassen durch Abstandsbestimmung vom Eisberge mittels des Echos unter Wasser, erkannte ich bei eingehender Betrachtung dieses Problems sehr bald, daß ein allgemeines Interesse für die Schiffahrt hier nicht vorläge, daß dies jedoch bei einer Wassertiefenbestimmung durch das Echo zweifelsohne der Fall sein würde. Hätte ich damals Kenntnis von der Tatsache gehabt, daß die Welt schon seit über 50 Jahren sich mit der Lösung dieses Problems beschäftigte, so würde ich mich sicher nicht an die Lösung desselben gewagt haben. Nur dadurch, daß ich dieselbe für viel leichter hielt, als sie war, und der jeweiligen Lösung zumeist näher zu sein glaubte, als es der Fall war, gelang es mir, über die auftretenden Schwierigkeiten hinwegzukommen.

Als ich im Jahre 1912 meine Untersuchungen in dieser Richtung in Wien begann, trat ich nicht ganz ohne akustische Werkzeuge an diese Frage heran. In meinem in Abb. 1 in Außenansicht dargestellten Sonometer (Schallstärkenmesser), den ich zur Untersuchung der Raum-Akustik und zur Bestimmung der Intensität des Schalldurchganges durch Baukonstruktionen (Wänden und Decken) geschaffen hatte[1]),

---

[1]) »Schallisolation« von A. Behm. Badische Gewerbezeitung, Bd. 38, 1905, Nr. 44, 45 und 46.

besaß ich ein Gerät, mit dem die augenblickliche Feststellung der Intensität von Schallwellen keine Schwierigkeiten bot. Abb. 2 zeigt das Prinzip desselben. Ein

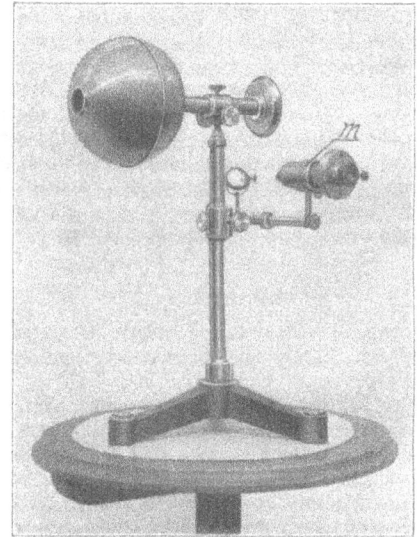

Abb. 1.

Helmholz-Resonator H steht durch eine Rohrleitung mit einer Membrankapsel M in Verbindung, die einen dünnen Glasstab trägt, der durch einen leichten Reiter mit der Mitte der Membran einerseits und an seinem festen Ende ander-

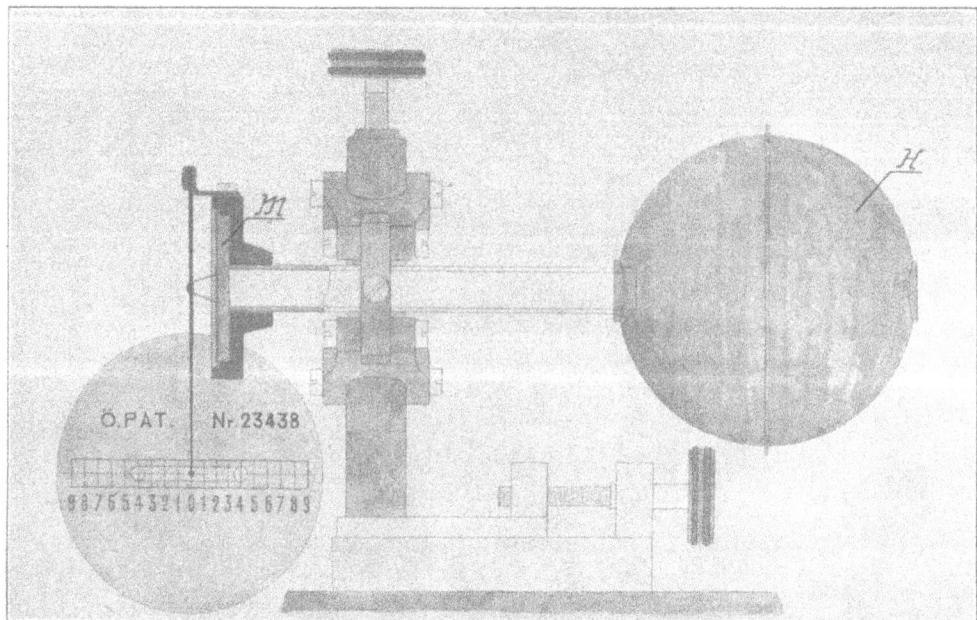

Abb. 2.

seits am Rande der Membrankapsel befestigt ist. An diesen Glasstab ist ein zweiter dünnerer angesetzt, der in einer kleinen Glaskugel endet. Durch geeignete Wahl von Länge und Dicke ist nun die Schwingungszahl des kugeltragenden dünnen Glasstabes in ein bestimmtes Verhältnis zu der Schwingungszahl des seine Fortsetzung bildenden dickeren Glasstabes gebracht und Membran und Resonator so gewählt, daß sie zur Eigenschwingung des Glasstabes passen. Das das Ende des Glasstabes bildende kleine Glaskügelchen ist eine recht vollkommene Linse und entwirft von einer in einiger Entfernung aufgestellten, am besten punktförmigen Lichtquelle, in seinem Brennpunkte ein sehr kleines umgekehrtes Bild derselben, dessen Größe so gering ist, daß es, durch ein in Abb. 1 sichtbares Mikroskop *M* vergrößert, immer noch die Dimension eines Punktes beibehält. Das in Ruhe punktförmige Bild der Lichtquelle

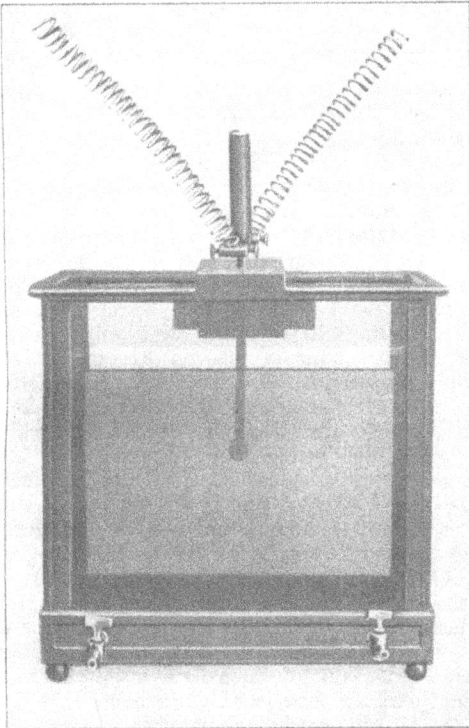

Abb. 3.

wird sofort zu einem Strich, sobald die Glaskugel zu schwingen anfängt, was eintritt, sobald ein Ton in entsprechender Tonhöhe auf den Resonator einwirkt. An einer Teilung im Okular oder einer Projektionsebene läßt sich alsdann die Schwingungsweite genau ausmessen und aus ihr die Schallintensität ableiten.

Das Vorhandensein dieses Gerätes bestimmte nun die Richtung meiner ersten Untersuchungen. Diese erstreckten sich darauf, die Wassertiefe aus der Intensität des Echos zu bestimmen, mit der es aus den verschiedenen Tiefen zurückkehrt. Da die Schallintensität mit dem Quadrat der Entfernung abnimmt, so war, ein entsprechendes Echo im Wasser vorausgesetzt, besonders für die kleinen Tiefen eine sehr starke Änderung der Echointensität mit der Wassertiefe gegeben und zu erwarten, zumal ja auch die Erlotung der kleinen Wassertiefen für die Schiffahrt wichtig ist. Die spätere Entwicklung des Echolotes hat jedoch, wie ich hier vorwegnehmen möchte, gezeigt, daß, wenn auch dieser Weg gangbar, so doch nicht zweckmäßig ist, da die Beschaffenheit des Grundes häufigem Wechsel unterworfen ist und die Wassertiefe ohne Kenntnis der Grundbeschaffenheit nicht mit absoluter Genauigkeit aus der Echointensität ermittelt werden kann, wohl aber vermag man durch Bestimmung der

Echointensität bei bekannter Wassertiefe, auf eine ähnliche Frage ist später bei meinem Luftlot zurückzukommen sein, Rückschlüsse auf die Bodenbeschaffenheit zu ziehen, so daß man eine Art akustische Grundprobe an Stelle der bisher vom Seemann benutzten wirklichen Grundprobe erhalten kann, die auch bei Echolotungen einen teilweisen Ersatz für den Ausfall der letzteren zu bieten vermag. Es ist daher von mir der Weg der Wassertiefenbestimmung aus der Echointensität sehr bald verlassen und der Weg, die Wassertiefe aus der Echozeit zu bestimmen, beschritten worden.

Ein solches Unternehmen scheint für den ersten Blick etwas reichlich kühn, wenn man sich vergegenwärtigt, daß die Schallgeschwindigkeit im Wasser etwa 4½ mal so groß ist als in Luft und bei dem hier in Frage kommenden Seewasser etwa 1500 m/s beträgt, zumal da, mein Augenmerk von vornherein nicht in erster Linie auf die ozeanischen Tiefen, sondern der für die Schiffahrt wichtigeren kleinen Tiefen gerichtet war. Erachtet man die Genauigkeit solcher Lotungen bis auf ¼ m Wassertiefe für notwendig, so ergibt sich daraus eine Genauigkeit der Zeitbestimmung von über $1/_{3000}$ s bei einer Gesamtechozeit, die für eine Wassertiefe von 5 m nur $1/_{150}$ s beträgt. Es hat daher nicht an Zweiflern gefehlt, die die Ausführbarkeit dieser Methode schon aus diesem Grunde für unwahrscheinlich hielten, denn solche Zeitmessungen auf einem schwankenden Schiff bei Sturm und schwerem Seegang von ungeübter Matrosenhand vornehmen zu lassen, erschien manchem mehr als gewagt, und war bis dahin ein Experiment, das man vielleicht im Laboratorium hätte durchführen können. Aber auch Zweifel anderer Art wurden geltend gemacht, so vor allem der, daß mit einer merklichen Schallreflexion am Meeresgrunde überhaupt nicht zu rechnen sei, da der Schall in den zumeist sandigen und von Wasser durchsetzten Grund eindringe, ohne eine merkliche Zurückwerfung zu erfahren, besonders dann, wenn es sich um einen schlickigen und schlammigen Grund handelt, wie er beispielsweise fast überall an unseren Nordseeküsten und teilweise auch vor Flußmündungen auftritt. In dieser Beziehung schienen auch die Verhältnisse im Kieler Hafen, in dem die ersten praktischen Versuche ausgeführt wurden, wenig erfolgversprechend, da hier eine starke Schlickschicht vorhanden ist. Von den Zweiflern wurde auch noch geltend gemacht, daß, eine genügend kräftige Reflexion am Meeresgrunde vorausgesetzt, das Echo kaum eine solche zeitliche Schärfe besitzen würde, die zur Ausführung von Zeitmessungen bei der oben dargestellten Genauigkeit ausreichend sei.

Die Durchführung meiner Versuche wurde besonders erschwert durch die geringe Wassertiefe im Kieler Hafen, der an der mir zur Verfügung stehenden Stelle nur eine solche von 8 bis 9 m besaß. Es ist daher nicht zu verwundern, daß durch die schwierigen Grundverhältnisse im Verein mit der geringen Wassertiefe meine ersten Echolot-Versuche erfolglos verliefen. Als sich jedoch auch bei weiteren Versuchen nicht die Spur eines eindeutigen Erfolges einstellte, erkannte ich sehr bald, daß auf diesem Wege dem Problem nicht näher zu kommen war. Besonders erschwert wurde die Ausführung der Untersuchungen dadurch, daß bei denselben zufolge der geringen Wassertiefe die Unterstützung fehlen mußte, die man bei Durchführung der Untersuchungen auf großen Wassertiefen im menschlichen Ohre gefunden hätte. Wollte man hier weiter kommen, so galt es vor allem zuerst, die Echobildung im Wasser und dadurch die Reflexion von Wasser-Schallwellen in den verschiedenen Medien zu untersuchen. Der erfolgverheißendste Weg erschien mir der, die Schallwellen im Wasser entweder dem Auge direkt sichtbar zu machen oder sie photographisch zu fixieren. Auch hier galt es wiederum, Zeitwerte von recht geringer Größe exakt zu beherrschen. Da diese Versuche naturgemäß nur im Laboratorium ausgeführt werden konnten, so stand mir ein Versuchsbassin, das bezüglich seiner Dimensionen in einem einigermaßen erträglichen Verhältnis zu der Schallgeschwindigkeit im Wasser stand, nicht zur Verfügung. Ich griff daher zu einem zufällig in meinem Besitz befindlichen Goldfisch-Aquarium (Abb. 3) mit den allerdings recht bedenklich kleinen Dimensionen von 30 × 30 × 10 cm.

Die Sichtbarmachung der Schallwellen im Wasser wurde nun in der Weise herbeigeführt, daß inmitten des mit Wasser gefüllten Gefäßes (Abb. 4) zwischen zwei isoliert hineingeführte Elektroden *11* ein elektrischer Funke durch Entladung einer Leydener Flasche *3* erzeugt wurde, der mit plötzlichem Knall unter Knallgasentwicklung das Wasser zerriß und so zum Ausgangspunkte einer Knall-welle wurde. Damit nun die Schallwelle, nicht aber der Funke selbst dem Auge sichtbar wurde, war durch zwei kreisförmige Blendenscheiben *12* dafür gesorgt, daß das

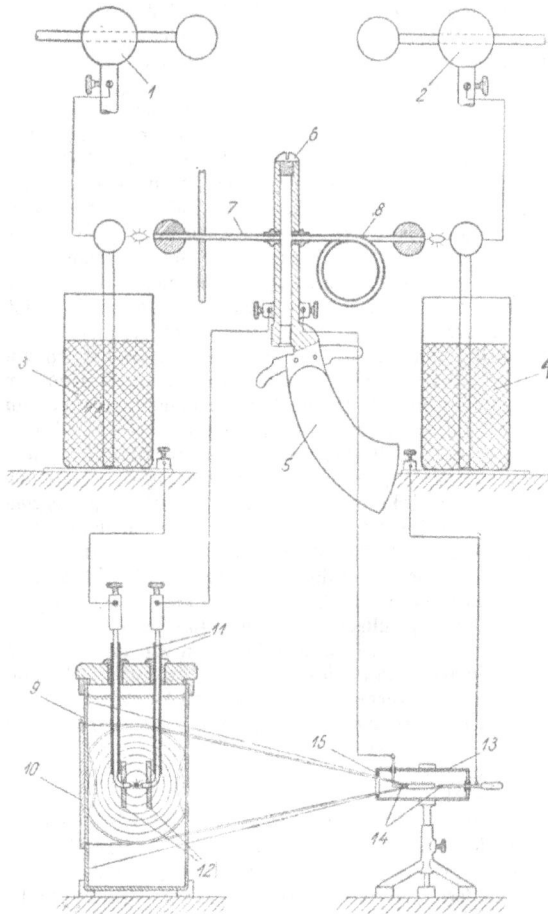

Abb. 4.

Auge oder die an seiner Stelle angebrachte photographische Platte *10* vom direkten oder von dem von der Rückwand des Aquariums gespiegelten Licht dieses Funkens nicht getroffen werden konnte. Die Sichtbarmachung der Schall-wellen wurde nun dadurch erreicht, daß dieselbe im ge-eigneten Zeitpunkt, in welchem sie die gewünschte Aus-breitung erfahren hatte, durch einen zweiten Funken be-leuchtet wurde, der also entsprechend später erzeugt werden mußte. Wird eine kugelförmige Schallwelle durch eine punktförmige Lichtquelle *14* aus großer Entfernung beleuchtet, so wirkt der periphäre Teil derselben für die auftreffenden divergierenden Lichtstrahlen wie eine Ring-linse und vereinigt den auffallenden Lichtkegel in einer ringförmigen von einem dunklen Saum umgebenen Brenn-linie, die auf einer Mattscheibe für das Auge außerordentlich scharf und gut sichtbar ist und die in gleicher Weise auf die photographische Platte einwirkt, die ohne weitere Optik einfach gegen die hintere Glaswand des Aquariums gestellt werden kann. Dabei bedarf es zur Herstellung

derartiger Schallwellen-Photographien nicht einmal der photographischen Platte oder des Filmes, sondern gewöhn-liches Bromsilber-Papier ist bezüglich seiner Empfindlich-keit für diesen Zweck vollkommen ausreichend. Man kann es nun nicht dem Zufall überlassen, bei den für solche Aufnahmen notwendigen starken elektrischen Entladungen die geeignete Zeitdifferenz zwischen Schall und Beleuch-tungsfunken herbeizuführen. Die Hauptschwierigkeit lag daher darin, eine geeignete Methode zu finden, die die hier notwendige Zeitdifferenz zwischen den erwähnten beiden Funken, die je nach der Größe der gewünschten Schall-wellen zwischen $\frac{1}{10\,000}$ s und $\frac{1}{150\,000}$ s lag, herbeizuführen. Dabei war von vornherein klar, daß nur eine wirklich ein-fache Methode hier zum Ziel führen konnte, eine Erkennt-nis, von der man sagen kann, daß sie fast allgemeine Be-deutung besitzt. Eine solche Methode wurde nun in folgen-der Weise ausgebildet, und sei kurz wegen ihrer Verwend-barkeit für ähnliche Zwecke beschrieben:

In Abb. 4 stellen *1* und *2* die Konduktoren einer großen Starkstrom-Influenz-Elektrisiermaschine dar, durch die die beiden Kapazitäten *3* und *4* aufgeladen werden. Im Stromkreise der äußeren Belegung der Leydener Flasche *3* liegt nun die Funkenstrecke *12*, die der Erzeugung des Schallfunkens im Aquarium dient, während im Stromkreise der zweiten Kapazität *4*, ebenfalls an der äußeren Belegung liegend, die zur Vermeidung des störenden Nebenlichtes in einem Blendenrohr eingeschlossene punktförmige Licht-quelle als horizontale Funkenstrecke *14* gelegt ist. Den Kon-duktoren der Kapazitäten stehen zwei weitere Konduktoren gegenüber, und zwar in solchem Abstande, daß selbst bei voller Aufladung der Belegung die erzielte Span-nung den Abstand nicht zu überbrücken vermag. Diese beiden Konduktoren sind nun durchbohrt und werden von zwei Rohren geringen Durchmessers von ungleicher Länge getragen, die an der gleichen Stelle einander gegen-über seitlich in den Lauf einer Pistole *5* geschraubt sind. Dieselbe ist mit einem gewöhnlichen Kupferhütchen einer Flobert-Patrone geladen, aus dem vorher die Bleikugel entfernt wurde. Feuert man nun bei vollauf geladenen Kapazitäten die am Ende durch eine Verschraubung *6* verschlossene Pistole *5* ab, so vermögen die durch die Ver-brennung des Knallquecksilbers entwickelten heißen Gase aus dem Pistolenlauf nur durch die zwei seitlich ansetzenden dünnen Rohre zu entweichen. Durch diese in der Rich-tung des zu erwartenden elektrischen Funkens zwischen den Konduktoren mit großer Geschwindigkeit heraus-geschleuderten heißen Quecksilberdämpfe wird nun die Funkenstrecke mit großer Plötzlichkeit und Zeitgenauig-keit ionisiert und der elektrische Funke vermag, den heißen Quecksilberdampf als Bahn benutzend, die Strecke zwischen den Konduktoren zu überbrücken. Da nun aber das eine Rohr länger als das andere gemacht ist, so erfolgt zuerst eine Entladung der Kapazität, in deren Stromkreis der Schall-funke liegt, und erst nachdem die so entstandene Schallwelle Zeit zu ihrer Ausbreitung bis zu dem gewünschten Durch-messer gehabt hat, geht auch die Entladung der zweiten Kapazität in gleicher Weise vor sich, in deren Stromkreis der Beleuchtungsfunke erzeugt wird. Bedingung ist hierbei noch, daß durch eine für die Ultra-Strahlen undurchlässige Platte oder Glasscheibe bei dem einen Rohr dafür gesorgt ist, daß nicht durch das Licht des zuerst übergehenden Funkens gleichzeitig eine Ionisierung des erst später ein-tretenden Beleuchtungsfunkens erfolgt, da sonst beide Funken fast ohne einen merklichen Zeitabstand gleich-zeitig übergehen.

Mit Hilfe dieser einfachen Vorrichtung war es nun ver-hältnismäßig leicht, die ganzen Schallerscheinungen mit dem Auge oder in der photographischen Aufnahme, wobei jedesmal nur ein einziges Bild einer Schallwelle erhalten wurde, zu studieren. In Abb. 5 ist die Photographie einer solchen Schallwelle dargestellt. Man erkennt auf ihr die Schallwelle selbst als Kreis, sowie deren Reflexion an der Wasseroberfläche und an den Spitzen eines ¼ mm dicken, gewellten Streifen Zinkblechs, der auf den Grund des Aquariums gelegt war. Abb. 6 zeigt, wie selbst ein Gebilde von so geringer Masse, wie es ein Löschblatt darstellt, im Wasser

überhaupt sich auszubilden vermögen, zeigt die gleiche Aufnahme, indem die Oszillationen des elektrischen Funkens, der als Schallquelle diente, selbst zum Ausgangspunkt von weiteren Schallwellen geworden sind, die hier

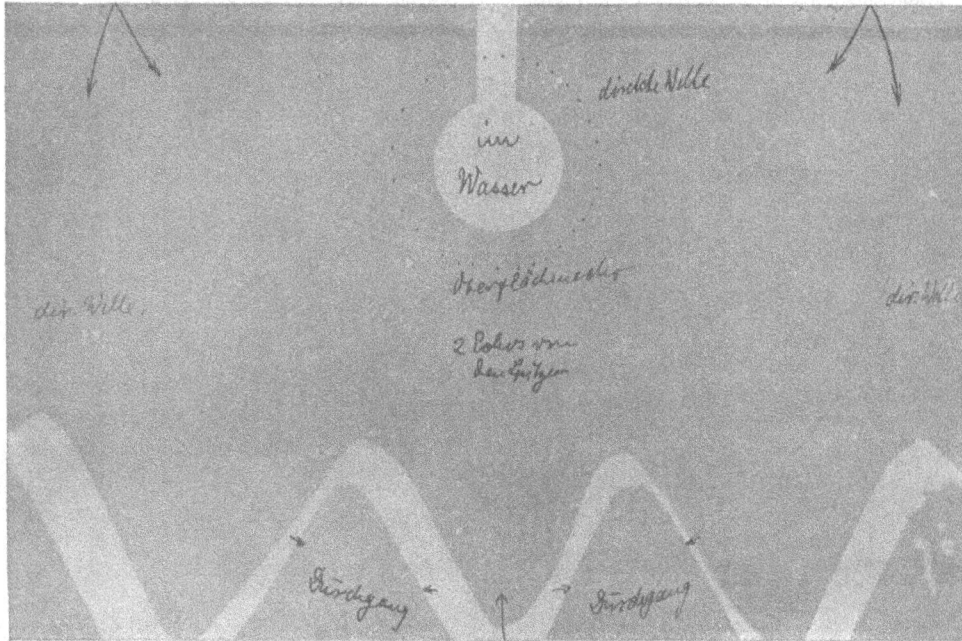

Abb. 5.

imstande ist, ein deutlich sichtbares Echo zu geben, selbst dann noch, wenn nicht die Schallwelle selbst, sondern ihr Echo von der Wasseroberfläche am Löschblatt zur Reflexion gelangt. Mit welcher Exaktheit Echos im Wasser

einander in einem Zeitabstand von etwa $\frac{1}{1435000}$ s folgen. Diese Oszillationen sind auch noch deutlich nach ihrer Reflexion an der Glaswand erhalten und erkennbar. In

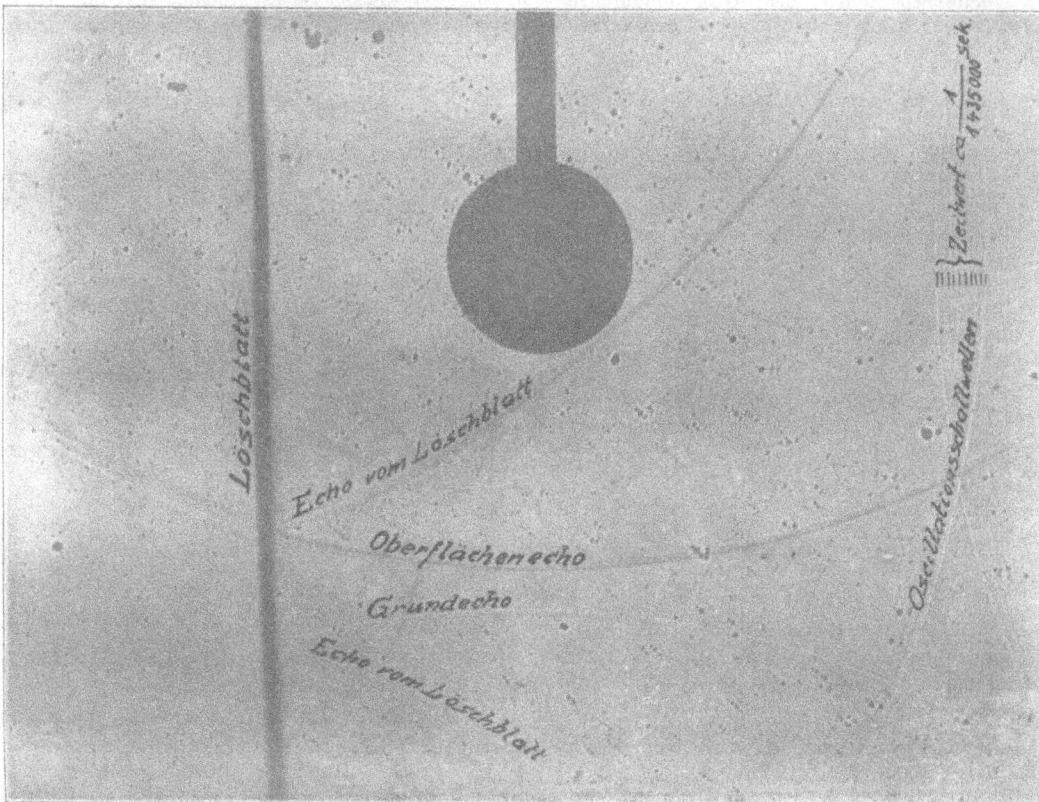

Abb. 6.

weiteren hier nicht wiedergegebenen Abbildungen wurde gezeigt, wie man dieses Verfahren zur Untersuchung der Schalldurchlässigkeit verschiedener Körper im Wasser anwenden kann. Dabei wurde erkannt, daß Hartgummi von 10 mm Dicke den Schall im Wasser fast ungeschwächt hindurchtreten läßt und nur ein sehr schwaches Echo ergibt,

nung[1]) zur Bestimmung der Schallgeschwindigkeit im Wasser unter Verhältnissen, die denen in der Tiefsee ähnlich sind. Durch Anwendung der eben gekennzeichneten Methode auch auf Luftschallwellen wurde die Ausbreitung der Entstehung des Echos in Luft mit denen im Wasser verglichen und, wie zu erwarten, eine fast vollkommene

Abb. 7.

während von einer 2 mm starken Glasplatte der Schall fast vollkommen zurückgeworfen wird und nur ein geringer Teil der Schallwelle hindurchtritt. Bemerkenswert ist dabei, daß die außerordentlich schnell aufeinanderfolgenden Oszillations-Schallwellen durch das Glas hindurchzudringen vermögen, ebenso wie sie von demselben zurück-

Übereinstimmung der Ausbreitung in beiden Medien bezügl. der geometrischen Form erkannt und festgestellt, daß ein Echo im Wasser ein Gebilde von gleicher, wenn nicht noch größerer Zeitexaktheit ist als in Luft. Vor allem wurde dabei die für die spätere Entwicklung des Luftlotes wichtige Tatsache erkannt, daß sich in Luft nicht nur Schallwellen,

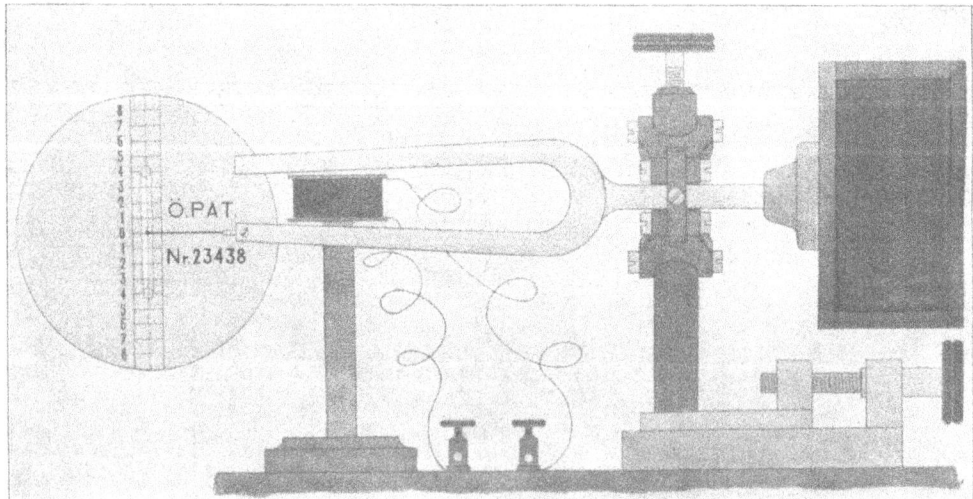

Abb. 8.

geworfen werden, während Hartgummi dieselben weder hindurchtreten läßt noch reflektiert und dieselben vollkommen absorbiert.

Es sei hier noch kurz gestreift, daß man die von mir ausgebildete Methode der Schallwellen-Photographie im Wasser zu einer exakten Zeitmessung benutzen kann, so beispielsweise in einer von mir angegebenen Anord-

sondern auch Knallwellen erzeugen lassen, die außerordentlich stark einseitig gerichtet sind.

---

[1]) Geschichte und Stand der Entwicklung des Behmlotes unter besonderer Berücksichtigung der Lotungen auf D. S. »Hansa«, Hamburg Amerika Linie, v. Dr. Bruno Schulz, Hamburg, Seewarte. Annalen der Hydrographie, 52. Jahrgang 1924, Heft 11 und 12.

Wenn diesem Punkte der Vorarbeiten ein sehr breiter Raum in meinem Vortrage eingeräumt ist, so mag dies damit entschuldigt sein, daß diese Untersuchungen die Grundlage für das ganze Echolot bilden und das Fundament waren, auf dem bei den vielen Mißerfolgen immer wieder aufgebaut werden mußte. Nur die klare Erkenntnis, daß es bei einer derartigen Exaktheit eines Knallechos im Wasser möglich sein müsse, nach Schaffung auch für den praktischen Gebrauch geeigneter Zeitmeßgeräte, eine allen Ansprüchen an Exaktheit genügende Methode

Abb. 9.

der Tiefenmessung aufzubauen, ließ alle Schwierigkeiten bis zum Ende überwinden.

Nachdem vorstehende Kenntnis gewonnen war, ging ich daran, mir ein möglichst einfaches, allen Ansprüchen an Zeitgenauigkeit der hier notwendigen Größenordnung entsprechendes Zeitmeßgerät zu schaffen, indem ich darauf verzichtete, bisher benutzte Methoden zu verwenden, da mir in meinem registrierenden Sonometer[1]) ein Gerät, das ebenfalls zur Bestimmung der oben erwähnten Versuche über Raumakustik und Schallisolierung ausgebildet war, ein Apparat zur Verfügung stand, der sich leicht in ein für diese Zwecke geeignetes Zeitmeßinstrument verwandeln ließ durch Kombination meines Stimmgabel-Sonometers (Abb. 7 u. 8) und des in Abb. 1 u. 2 dargestellten Membransonometers.

Es würde hier zu weit führen, dieses in Abb. 9 dargestellte Gerät im einzelnen zu beschreiben und dürfte es genügen, nur kurz die Konstruktion desselben zu kennzeichnen. An Stelle des bei meinem Membran-Sonometer (Abb. 2) benutzten Helmholzresonators trat als Empfänger ein anfänglich durch die Bordwand ins Meerwasser hinausgestecktes, später im Innern auf die Bordwand montiertes Mikrophon (Abb. 10), das in direkter oder Transformatorschaltung auf einen Elektromagneten wirkte, der an die Stelle der bei meinem Sonometer benutzten Glasmembran trat und auf den in eine Glaskugel endenden Glasstab dadurch einzuwirken vermochte, daß der dicke Glasstab durch eine Platten- oder Blattfeder aus magnetischem Material ersetzt wurde, an der der Glasstab befestigt war. Wird nun bei direkter Schaltung der Mikrophonstrom selbst oder bei Transformatorschaltung durch eine besondere Hilfswicklung des Magneten die Feder kräftig von demselben angezogen und dadurch gespannt, so schnellt bei

[1]) »Thermische und Akustische Isolierungen« von Fr. Braikowich. Zeitschrift des Österreichischen Ingenieur- und Architekten-Vereins Nr. 27 und 28, 1913.

In dieser Arbeit ist in Abb. 8 mein altes Sonometer im Bilde dargestellt. Die Abb. 1 bis 7 behandeln mein Stimmgabel- und mein Membransonometer. Die Arbeit selbst beschäftigt sich eingehend mit der Anwendung dieser Geräte.

einer plötzlichen Herabsetzung des Magnetismus durch Erregung des Mikrophons die Feder mit großer Kraft und Schnelligkeit vom Pol des Magneten fort und der durch das Glaskügelchen erzeugte Lichtpunkt macht diesen Weg, vergrößert durch Hebelwirkung, Abstimmung und mikroskopische Vergrößerung mit. Da das in eine Kugel auslaufende Ende dieses stabförmigen Schwingungsgebildes frei ist, so lassen sich außerordentlich große Schwingungsweiten in allerkürzesten Zeiten erreichen, so daß selbst bei großer Registriergeschwindigkeit dieses Vorganges ein fast rechtwinkliger Ausschlag bei Erregung dieses registrierenden Sonometers erfolgt, und Aufzeichnungen erhalten werden, die mit außerordentlicher Leichtigkeit und größter Deutlichkeit den Augenblick des Eintreffens des Echos auf dem Filmstreifen nach Entwicklung erkennen lassen.

War schon an sich die Einführung eines solchen photographischen Gerätes als Echolot in den Bordgebrauch auf Schiffen ein Wagnis, so war von vornherein an eine Einbürgerung dieser Methode in den praktischen Schiffahrtbetrieb nur dann zu denken, wenn es gelang, ein Photogramm der Echolotung darzustellen, das keinerlei wissenschaftliche Vorkenntnisse zu seiner Auswertung bedurfte, sondern eine fast direkte Ablesung der Tiefen gestattete. Zur Niederschrift des Sonometers, auf das die Schallwelle zweimal einzuwirken hatte, einmal bei Abgabe des Schallsignals, ein zweites Mal bei Rückkehr desselben als Echo, wurde als Filmstreifen der Kostenersparnis wegen einfach Bromsilberpapier verwendet, das in einer gekrümmten Bahn angeordnet war, über die der Lichtpunkt von einem durch Uhrwerk oder Motor angetriebenen rotierenden Spiegel geführt wurde. Bei Eintritt der Schalleinwirkung auf das Empfangsmikrophon wurde durch Erregung des Magneten der Lichtzeiger dessen Bahn bis dahin gradlinig verlief, plötzlich rechtwinklig abgelenkt. Der Abstand der beiden durch die Signalabgabe und das Echo hervorgerufenen mit großer Schärfe erkenntlichen Ablenkungen entsprach der Echozeit und war ein Maß für die Tiefe. Der großen Zeitge-

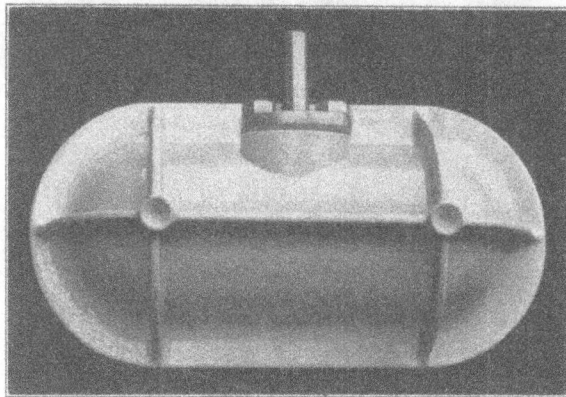

Abb. 10.

nauigkeit wegen, die für diese Messungen erforderlich ist, war es notwendig, noch die Schwingungen einer Stimmgabel mit auf diesen Filmstreifen zu registrieren. Hier stand mir wiederum in meinem Stimmgabelsonometer (Abb. 8) ein geeignetes Gerät zur Verfügung, das leicht zu diesem Zwecke abgeändert werden konnte, indem ich die ebenfalls mit abgestimmtem Glasfaden und Glaskugel versehene Stimmgabel im Gesichtsfeld des gleichen Mikroskops schwingen ließ, das zur Vergrößerung der Ausschläge des Sonometers diente. Die Erregung dieser Stimmgabel erfolgte bei den verschiedenen Konstruktionen, die mein ältestes photographisches Echolot erfuhr, teils auf elektromagnetischem Wege, teils durch mechanischen Anschlag. Die Schwingungszahl der benutzten Stimmgabel betrug ca. 1500 Schwingungen pro Sekunde, so daß eine halbe Schwingung (das ist der Abstand von einem Punkt zum nächsten) fast genau 1 m Wassertiefe entsprach, was die Ablesung und Auswertung der Photogramme wesentlich erleichterte. Dabei kam in beiden Fällen der photographischen Niederschrift zugute, daß nicht nur das punktförmige Bild der Lichtquelle nach Vergrößerung in beiden Fällen punktförmig blieb, sondern daß auch das Schattenbild der Glaskugel vergrößert auf dem Film abgebildet wurde, und somit eine Schwärzung des Filmes für Ausschläge bis zum Durchmesser des Schattenbildes durch Überstrahlung des an der Glaskugel vorbeigelangenden Lichtes (Gesichtsfeld) nicht stattfinden konnte. Die Auswertung der Photogramme (Abb. 11) erfolgt durch Abgreifen der Echozeit E mit einem Zirkel und Übertragen derselben auf die Stimmgabelschwingungen S durch Auszählung der letzteren. In Abb. 11 war die Stimmgabel nicht zum Schwingen gebracht worden, so daß hier nur eine Lichtlinie sichtbar ist.

Die übrige Konstruktion dieses Apparates, auf die ich nicht näher eingehen will, war derart, daß der ganze Vorgang der Echolotung automatisch verlief, indem es genügte, durch

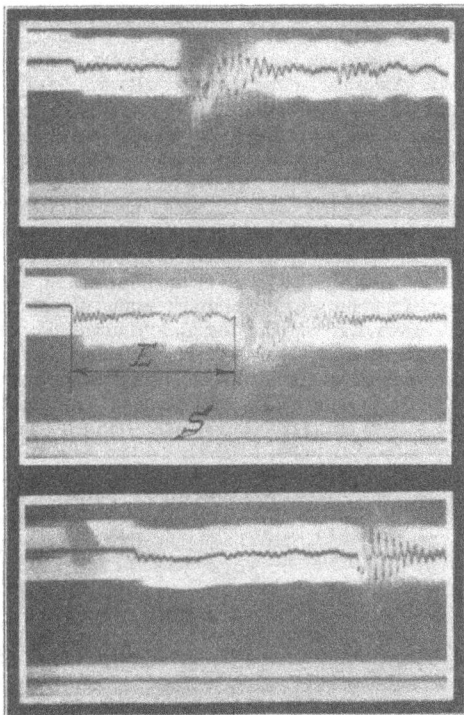

Abb. 11.

Druck auf einen Knopf das Gerät in Tätigkeit zu setzen, wodurch dieses zuerst die Stimmgabel erregte, alsdann den photographischen Verschluß öffnete, hierdurch das Schallsignal zur Auslösung brachte (z. B. den Schuß abfeuerte), und zwar so, daß dies in dem Augenblick geschah, wo der Lichtpunkt auf dem Filmstreifen schon eine kurze Strecke zurückgelegt hatte. Nachdem alsdann der Lichtpunkt durch den Schall und das Echo seine zweimalige Ablenkung bei Zurücklegung seiner Bahn auf dem Filmstreifen erfahren hatte, wurde der photographische Verschluß noch vor Vollendung einer ganzen Drehung des rotierenden Spiegels geschlossen, so daß eine nochmalige Beleuchtung des Filmstreifens nicht stattfinden konnte. Die Entwicklung des Filmstreifens erfolgte in wenigen Sekunden mit Rodinal 1:3, so daß schon etwa 10 bis 15 s nach erfolgter Lotung das Resultat zu erhalten war. Als Lichtquelle diente bei diesem Instrument eine Bogenlampe. Wenn ich diesem Gerät hier zum ersten Male einen breiteren Raum einräume, so geschieht dies einmal aus historischen Gründen, vor allem aber deshalb, weil es für die Konstruktion meines neuen Luftlotes von wesentlichem Einfluß geworden ist, indem manche seiner Teile bei dieser neuen Konstruktion Verwendung gefunden haben.

Mit Hilfe dieses registrierenden Sonometers wurden nun die ersten praktischen Echolotungen von mir ausgeführt. Hierbei bereitete es jedoch anfänglich allerlei Schwierigkeiten, eindeutige und klare, leicht auswertbare Echoaufnahmen zu erhalten, weil der Schall auf mehreren Wegen zum Echoempfänger gelangen konnte. Es waren dies folgende:

Der kürzeste und schnellste Weg für die Schallwelle, der vom Knallort zum Echoempfänger führt, geht durch das Eisen des Schiffskörpers mit einer Schallgeschwindigkeit von etwa 5000 m/s und bewirkt die erste Ablenkung des Lichtpunktes. Mit Wasserschallgeschwindigkeit trifft alsdann die zweite, je nach der Anordnung des Echoempfängers schwächere oder stärkere, direkt um den Schiffskörper unmittelbar an der Bordwand herumgelaufene Schallwelle am Echoempfänger ein. Der letzte und längste Weg, auf dem der Schall zum Echoempfänger zu gelangen vermag, ist der über den Grund als Echo. Es ist ohne weiteres ersichtlich, daß ein eindeutiges Photogramm nur dann zu erhalten war, wenn es gelang, diese drei Einwirkungen auf den Empfänger zeitlich zu trennen und so ihrer Stärke nach abzustufen, daß das Echo in seiner Intensität die beiden ersten Einwirkungen bei weitem übertrifft. Dies bot anfänglich große Schwierigkeiten, da bei dem mir zur Verfügung stehenden Versuchsschiff[1]) zufolge seiner geringen Breite eine sehr starke Eisenleitung vorhanden war, und auch der Schall bei dem geringen Tiefgang dieses Schiffes von nur 80 cm eine Anordnung von Geber und Empfänger in 40 cm Wassertiefe notwendig machte.

Bei den für Echolotungen in Frage kommenden kurzen Zeiten im Wasser lassen sich Zeitmessungen mittels des Echos für kleine Wassertiefen nur dann leicht ausführen, wenn die Erregung des Echoempfängers durch die Signalabgabe schwächer ist als die Einwirkung des Echos, da die kurze Zeit zwischen diesen beiden Einwirkungen nicht ausreicht, die erste Erregung des Echoempfängers und auch des Registrierinstrumentes soweit abklingen zu lassen, daß der Einsatz des Echos in der Niederschrift leicht und deutlich erkenntlich wird. Demzufolge standen nun auch die ersten Echolotungen in recht unleserlichen Photogrammen, mit denen der Laie, und ein solcher wäre in diesem Falle der Seemann, praktisch nicht viel hätte anfangen können, zumal die Photogramme um so unleserlicher wurden, je geringer und damit um so wichtiger die zu erlotenden Tiefen waren. Wurde anfänglich von mir die Schalleitung durch das Eisen des Schiffskörpers oder die um den Schiffskörper direkt herumgelaufene Schallwelle benutzt, um den Beginn der Zeitmessung auf dem Film zu markieren, so erwies es sich doch bald als unzweckmäßig, so zu verfahren, weil die Leserlichkeit der Niederschrift dadurch bedeutend verringert wurde. Ich ging daher dazu über, den Beginn der Zeitmessung dadurch zu markieren, daß ich ein Mikrophon an der Stelle innen auf die Bordwand setzte, an welcher das Schalsignal im Wasser ausgesandt wurde. Zu wirklich in jeder Weise praktisch brauchbaren Lotergebnissen gelangte ich erst dann, nachdem ich die akustische Schirmwirkung des Schiffskörpers in seiner Größe erkannt hatte und ihn dazu benutzte, den Echoempfänger gegenüber dem Geber abzuschirmen.

Dieser Anordnung gingen jedoch Versuche voraus, bei denen ich den Echoempfänger für die Zeit der Signalabgabe vom Aufnahme-Instrument abschaltete und ihn erst kurz vor Eintreffen des Echos mit dem Aufnahme-Instrument zeitgenau in elektrische Verbindung brachte. Dieses heute mit Vorteil für große Wassertiefen angewandte Verfahren konnte jedoch damals keinen Erfolg bringen, weil zufolge der kurzen Echozeit die Verbindung zwischen Echoempfänger und Sonometermagneten so frühzeitig hergestellt werden mußte, daß das auf direktem Wege erregte Mikrophon

---

[1]) Es war dies das ehemalige Kanonenboot »Otter«, das durch Herausnehmen der Maschinen zu einer Hulk geworden war und das von mir zu einem schwimmenden Laboratorium ausgebaut wurde.

noch so wenig abgeklungen war, daß bei Einschalten des Sonometermagneten immer noch eine sehr starke Erregung des Sonometerfadens erfolgte.

Die Abschirmung des Schiffskörpers sowohl bei Wasser- wie auch bei Luftschiffen und Flugzeugen ist recht beträchtlich und weitaus größer, als dies im allgemeinen vermutet wurde. Die Bedeutung der Abschirmung ist im Wasser jedoch weitaus größer als bei Echolotungen in Luft zufolge der im Wasser größeren Schallgeschwindigkeit. So ist beispielsweise im Wasser die Abschirmung eines nicht einmal allzu großen Fahrzeuges so kräftig, daß die Intensität des aus 100 m Tiefe zurückkehrenden Echos noch größer ist als der auf dem Wege der Beugung direkt um den Schiffskörper herumgelaufene Schall, denn derselbe erfährt eine zweimalige Beugung an der Kimm des Schiffes, die diese beträchtliche Schwächung hervorruft. Nach Einführung der Abschirmung ist es mir dann auch gelungen, Echolotungen mit großer Deutlichkeit und Zeitexaktheit auszuführen mit einer Genauigkeit von ¼ m Wassertiefe. In Abb. 11 sind derartige Lotungen auf verschiedenen Wassertiefen dargestellt.

Wenn auch hier diesen Ausführungen wiederum ein breiterer Raum gewährt ist, obwohl sie sich auf das Wasser beziehen, so geschieht dies, weil die gleichen Verhältnisse bei meinem Luftlot für die Erlotung kleiner Höhen wirksam sind. Die Benutzung der von mir zuerst eingeführten Abschirmung bei Echolotungen ist aber ein zweischneidiges Schwert, wenn es sich um die Erlotung sehr kleiner Tiefen handelt. Wir haben gesehen, daß die Schwächung, die der Schall an den beugenden Kanten des Schiffes erfährt, außerordentlich groß ist. Nimmt nun aber die zu erlotende Wassertiefe stark ab, dann kommt man, wie aus Abb. 12 abzuleiten ist, sehr bald zu einer Tiefe, von welcher ab die zum Loten ausgesandte Schallwelle nicht ohne Beugung zu dem Punkt gelangen kann, der den Reflexionspunkt für den zeitlich kürzesten Weg für das Echo zum Echoempfänger darstellt. Da man aber die maximale Schirmwirkung des Schiffskörpers nur dann ausnutzt, wenn man den Echoempfänger so anordnet, daß zwischen ihm und dem Geber der gesamte Schiffskörper liegt, also beide Kanten des Schiffes beugend wirken, so erfährt auch das Echo auf seinem Wege zum Echoempfänger eine Beugung an der zweiten Kante des Schiffskörpers. Dies hat zur Folge, daß bei kleiner werdender Tiefe die Echointensität sehr schnell abnimmt und daß für Tiefen nahe Null die Echointensität fast von gleicher Größenordnung ist, wie die der um den Schiffskörper direkt herumgebeugten Schallwelle, während für die Wassertiefe Null direkter Schall und Echo ineinander übergehen.

Hieraus ist ersichtlich, daß eine in dieser Art mit Hilfe der Abschirmung arbeitende Behmlot-Einrichtung erst von einer gewissen Minimaltiefe ab befriedigende Lotergebnisse liefern kann. In welcher Weise diese Schwierigkeiten beim Luftlot überwunden sind, wird später gezeigt werden.

Nach dem vorstehend Gesagten ist leicht einzusehen, daß die wirklichen Schwierigkeiten bei Echolotungen, nachdem das Problem einmal seine erste praktische Lösung durch mich gefunden hatte, nur in der Erlotung der kleinen und allerkleinsten Wassertiefen, und Flughöhen bestanden. Demzufolge war auch das oben beschriebene älteste Gerät geeignet, jede, selbst die größte ozeanische Wassertiefe zu bestimmen, da die Frage der Echolotung in diesem Sinne nur eine Intensitätsfrage ist und sich eine genügende Knallintensität im Wasser ohne irgendwelche Schwierigkeiten selbst bis zu einem mehrfachen Echo auf ozeanischen Tiefen erreichen läßt.

Die unglücklichen Verhältnisse am Kriegsende, die Deutschlands wirtschaftlichen Niederbruch bedingten und uns sowohl die Schiffe der Kriegs- wie auch der Handelsmarine nahmen, haben es der amerikanischen Marine leicht gemacht, als erste Lotungen mittels des Echos auf ozeanischen Tiefen auszuführen, die in wissenschaftlichen Fachkreisen deshalb so großes Aufsehen erregten, weil hier zum ersten Male so recht die großen Vorteile zur Geltung kamen, die die zuerst in Deutschland gelungene Lösung des Echolotproblems besonders für die Ozeanographie mit sich brachte.[1] Bedenkt man, daß eine Lotung auf 5000 m Wassertiefe, je nach der Art ihrer Ausführung, Stunden in Anspruch nahm, gegenüber dem heute für eine Echolotung auf dieser Tiefe erforderlichen Zeitraum von 7 s bei gleicher, wenn nicht größerer Genauigkeit des Resultats, so ist die Aufmerksamkeit, die diese Lotungen gefunden haben, begreiflich.

So wichtig nun auch derartige Lotungen für die Ozeanographie sind, so liegt der Wert dieses neuen Lotgerätes doch in der Hauptsache darin, dem Seemann ein schnelleres und einfacheres Erloten der kleinen Wassertiefen zu ermöglichen als bisher. Zu ersterem war nun an sich die oben geschilderte Apparatur imstande, dem zweiten jedoch zu genügen, war sie weit entfernt. In der Erkenntnis der Tatsache, daß mit einer allgemeinen Einführung des Echo-

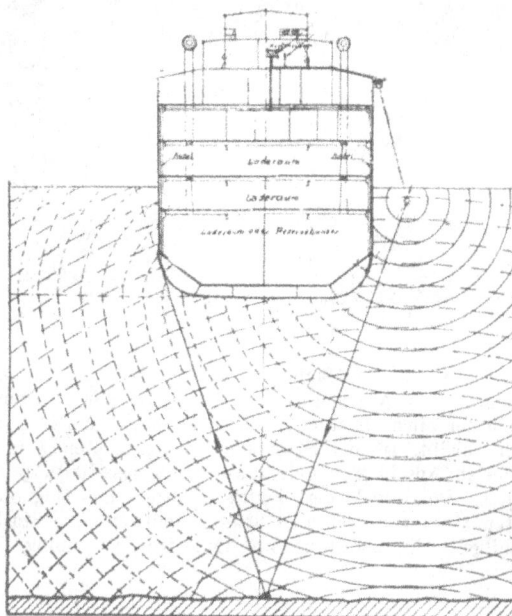

Abb. 12.

lotes in der Schiffahrt nur dann zu rechnen sein würde, wenn es gelang, die photographische Zeitregistriermethode durch ein rein mechanisches Zeitmeßgerät zu ersetzen, begann ich gegen Kriegsende, meine Arbeiten der Schaffung eines solchen Gerätes zuzuwenden.

Die Erfahrungen, die ich bei der Entwicklung des photographisch-registrierenden Echolotes gesammelt hatte, haben

---

[1] Prof. Dr. G. Schott sagt darüber in dem von der Deutschen Seewarte herausgegebenen Bericht »Aus dem Arbeitsbereich der Deutschen Seewarte, Hamburg«, Hamburg 1925, Siegfried Mittler & Sohn, Berlin, in dem Abschnitt: »Die meereskundliche Forschung in ihrer Gesamtheit und in ihrer Bedeutung für den Seeverkehr« folgendes:

»Eine besondere Aufgabe ist ferner die Feststellung der Meerestiefen, der kleinen wie der großen. Unsere Kenntnisse sind in dieser Hinsicht mit den gewaltigen Räumen, außerordentlich dürftig, und doch brauchen wir sowohl für die Schiffahrt wie für den Verkehr auf den Telegraphenkabeln eine vollkommene Orientierung. Die bisherigen Lotungen wurden mit Stahldrahtlotmaschinen ausgeführt, in mühsamem und zeitraubendem Verfahren. Jetzt ist die Methode der akustischen Tiefenmessung, ist das ‚Echolot‘ verschiedener Konstruktion auf dem Marsche, da alle seefahrenden Länder die gewaltigen mit dieser Methode winkenden Vorteile erkennen.«

alsdann zur Konstruktion des Behmzeitmessers geführt[1]), der in seiner ältesten Form in Außenansicht in Abb. 13 dargestellt ist. Das Prinzip dieses Gerätes geht aus Abb. 14 hervor und sei hier nur kurz gestreift:

Eine in Rubinen oder Saphieren gelagerte leicht drehbare Scheibe *3* trägt einen Anker *4*, der von einem Magneten *1* angezogen wird, dabei aber nur bis zu einem festen Anschlag verdreht werden kann. Hierbei spannt eine Nase *17* am Umfange des Rades *3* eine Blattfeder *5*, und zwar stets mit der gleichen Stärke, und unabhängig

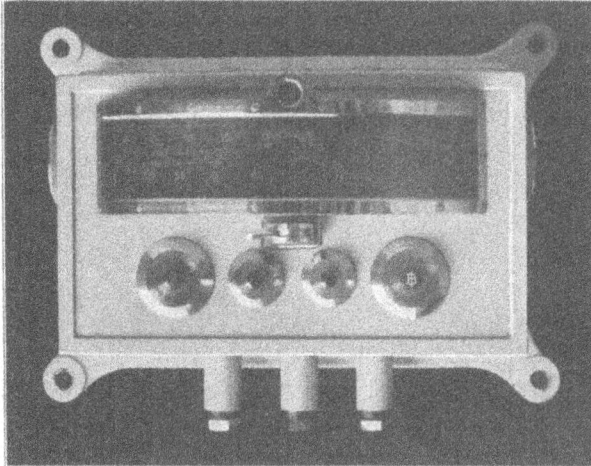

Abb. 13.

von der Kraft des Magneten, da die Scheibe nur bis zu dem festen Anschlag verdreht werden kann. Damit auch unter allen Umständen die Spannung der Feder die gleiche bleibt, ist der Stromkreis des Magneten *1* über den festen Anschlag in Selbstunterbrechungsschaltung geführt, so daß, sobald der elektrische Strom den Magneten nicht mit der zum richtigen Spannen notwendigen Stärke durchfließt, die Selbstunterbrechung jede Spannung der

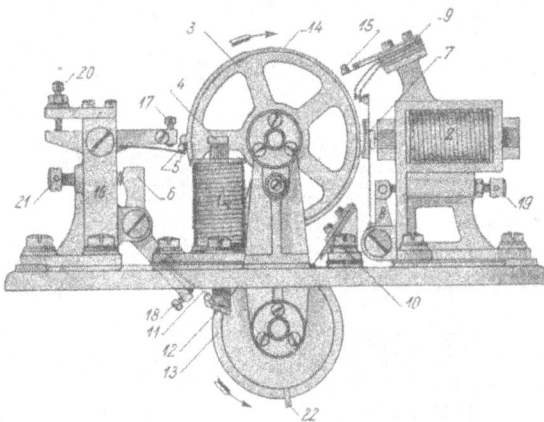

Abb. 14.

Feder überhaupt verhindert. Dem eben beschriebenen Abgangsmagneten gegenüber ist ein Bremsmagnet *2* angeordnet, in dessen Anzugsbereich sich eine Blattfeder *7* befindet mit einer an ihrem Anker angeordneten Backenbremse. Auch ist der Stromkreis wiederum um einen am Anker angeordneten Selbstunterbrechungskontakt geführt.

---

[1] »Über die Weiterentwicklung des Behmlotes und das Prinzip des Kurzzeitmessers« von A. Behm. »Annalen der Hydrographie und Maritimen Meteorologie«, Bd. 50, Heft 11, 1922. Herausgegeben von der Deutschen Seewarte Hamburg.

Die Achse des Rades *3* trägt zwei Spiegel, die mit Hilfe von Taschenlampenglühbirnen, Lichtspalt und Linse, zwei strichförmige Lichtzeiger auf zwei kreisförmiggebogenen, durchsichtigen Skalen erzeugen. Die Winkelstellung der Spiegel zueinander ist derart gewählt, daß der Lichtzeiger auf der 2. Skala erst dann erscheint, wenn der erste seine Skala durchlaufen hat und daß, sobald der Lichtzeiger der ersten Skala auf den Endteilstrich zeigt, der zweite Lichtzeiger gleichzeitig auf den Anfang-Teilstrich derselben steht. In den Stromkreis des Abgangsmagneten ist nun der oben als Abgangsmikrophon bezeichnete Schallempfänger geschaltet, in den Stromkreis des Echomagneten das Echomikrophon. Durch von außen zu bedienende Regulierwiderstände lassen sich die magnetischen Kräfte des Abgangs- und Bremsmagneten so regulieren, daß beide ihre Anker nur mit einem ganz geringen Übergewicht an Kraft festhalten, was durch besondere Einrichtungen, auf die hier nicht näher eingegangen werden kann, automatisch erreicht wird. Der Vorgang bei einer Echolotung ist nun folgender:

Durch Betätigung der am Gehäuse angeordneten Druckknöpfe in bestimmter Reihenfolge werden die entsprechenden Stromkreise eingeschaltet und durch Druck auf den am weitesten nach rechts befindlichen Knopf (Abb. 13) das Lotsignal (Abfeuerung der Patrone) abgegeben. Sobald nun das Abgangsmikrophon erregt wird, wird der Abgangsmagnet *1* stromlos. Dadurch entspannt sich unter Selbstunterbrechung des Stromkreises die Blattfeder *5* und erteilt dem Rad samt dem Spiegel einen stets gleichstarken Impuls, wodurch das Rad mit stets ein- und der-

Abb. 15.

selben Winkelgeschwindigkeit verdreht wird. Während das Rad alsdann frei von der Antriebskraft seine zeitgenaue Umdrehung ausführt, eilt der Schall zum Meeresgrunde oder vom Luftschiffe aus zum Erdboden herab, wird dort reflektiert und trifft auf den Echoempfänger. Dadurch wird die Stromstärke im Bremsmagneten 2 plötzlich, wenn auch um einen geringen Betrag herabgesetzt, was zur Folge hat, daß auch dieser Magnet seinen Anker plötzlich zufolge der Selbstunterbrechung vollkommen losläßt, wodurch sich die Backenbremse gegen den gezahnten Umfang des Rades legt und dasselbe plötzlich in seinem Lauf hemmt. Die stattgefundene Winkelverdrehung gibt ein Maß für die verflossene Zeit, und die Tiefe oder Höhe kann an der in Metern direkt geeichten Skala augenblicklich abgelesen werden. Zufolge der großen Schallgeschwindigkeit im Wasser erfolgt die Anzeige der Tiefen praktisch im gleichen Augenblick, in dem man den Knopf zum Abfeuern der Lotpatrone berührt. Die Genauigkeit, mit der dieses Zeitmeßgerät arbeitet, beträgt 10^{-4} s. Dies dankt es in erster Linie der Einfachheit seiner Konstruktion. Der

Abb. 16.

Behmzeitmesser hat im Laufe der Zeit verschiedene Umänderungen erfahren, die besonders dahin gehen, ihm eine längere Laufzeit zu geben.

Eine solche Form des Behmzeitmessers fand erstmalig als Luftlot Anwendung. Das erste Gerät dieser Art wurde für die Probeflüge des ZR III geschaffen. Dieser in Abb. 15 dargestellte Behmzeitmesser besitzt einen mechanischen Zeiger und vermag eine Umdrehung von 360° auszuführen. Er ist im übrigen in der gleichen Weise konstruiert, wie der oben beschriebene Behmzeitmesser. Um sich mit der Handhabung des Instrumentes vertraut zu machen und um eine Kontrolle über den richtigen Gang desselben zu haben, ist mit dem Behmzeitmesser eine Kontrollvorrichtung verbunden, die in einem zeitmachenden System nach dem Prinzip des Kurzzeitmessers besteht, indem eine nach dem Kurzzeitmesserprinzip ebenfalls in zeitgenaue Umdrehungen versetzte Scheibe nacheinander zwei Kontakte öffnet, die im Stromkreise des Abgangs- und Bremsmagneten liegen und so den Behmzeitmesser in und außer Gang setzen. Durch Betätigung eines besonderen Kontrolldruckknopfes (dritter Knopf von links Abb. 13) kann diese Vorrichtung durch einfaches Niederdrücken desselben in Gang gesetzt werden, worauf der Kurzzeitmesser die von der Kontrolle einmal festgelegte

Flugtechnik, Beiheft 13.

Zeit in beliebig häufiger Wiederholung anzeigt. Abb. 16 zeigt dieses Gerät auf dem ZR III eingebaut.

Der Behmzeitmesser mit mechanischem Zeiger wird als veraltet heute nicht mehr ausgeführt, da der mechanische Zeiger für den Gebrauch eines solchen Gerätes auf einem Flugzeug oder Luftschiff gegenüber der optischen Ablesung mancherlei Nachteile bietet.

In Abb. 17 ist ein solches Gerät in Ansicht von oben und in Abb. 18 von der Seite sowie in Abb. 19 das Innere in

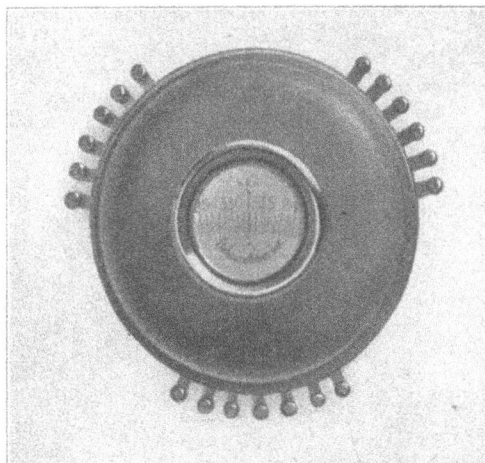

Abb. 17.

Draufsicht dargestellt. Es weicht von der ursprünglichen Form des Behmzeitmessers vor allem dadurch ab, daß an Stelle eines Metallrades ein Glasrad *Gl* mit einer kreisförmigen Gradteilung getreten ist, das in einem äußerlich gezahnten Metallrand gefaßt ist. Auch insofern ist eine Neuerung eingetreten, als der die Blattfeder spannende

Abb. 18.

Anker nicht mehr am Umfang des Rades, sondern an der Abschnellfeder selbst befestigt ist. Dadurch wird der Luftwiderstand des Rades herabgemindert, und auch noch aus anderen Gründen eine Erhöhung der Zeitgenauigkeit erzielt. Die Abb. 19 läßt den Abschnellmagneten *A*, Bremsmagneten *B* sowie die Bremsfeder *F* mit Bremsbacke erkennen, während die Abschnellfeder in Abb. 20 (19) erkenntlich ist. Der Rückführung des Behmzeitmesserrades dient auch bei dieser Type ebenso wie bei dem in Abb. 13 dargestellten Instrument eine Unruhefeder. An der Zeitmessung selbst ist dieselbe nicht beteiligt. Durch ein Objektiv

O (Abb. 20) wird nun die Gradteilung auf eine Mattscheibe *M*, die einen zylindrischen Ansatz des Gehäuses *G* abschließt, projiziert, und ihre Winkelverdrehung an einem festen Nullstrich (Abb. 17) abgelesen. In der hier abgebildeten Form mit äußerlichen Anschlußklemmen dient das Gerät

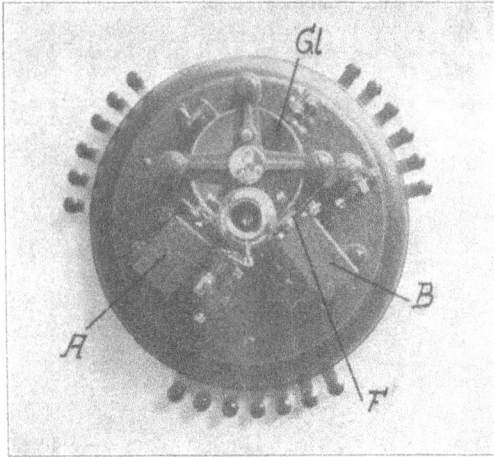

Abb. 19.

750 m entsprechend einer Laufzeit von einer Sekunde dieses Instrumentes. Zur Betätigung des Behmzeitmessers trägt das Instrument auf der Vorderseite zwei runde Hauptdruckknöpfe und zwei auf einer ovalen Platte vereinigte Hilfsdruckknöpfe. Zur Ausführung von Lotungen genügt es auch hier, die Knöpfe der Reihe nach niederzudrücken. Dabei dient der am weitesten links befindliche Druckknopf als Hauptschalter und macht die letzte Lotung beliebig oft wieder ablesbar, sobald er niedergedrückt wird, indem die zur Projektion dienende Taschenlampenglühbirne dabei aufleuchtet. Eine Lotung wird auch hier ausgeführt, indem man durch den 1. Hilfsdruckknopf die alte Lotung auslöscht, und die Skala auf Null führt, während der zweite am weitesten rechts befindliche Druckknopf zur Abgabe des Lotsignals und damit zur Herbeiführung der Lotung dient. Der 3. Druckknopf von links gerechnet dient zur Ausführung einer Kontrollierung in der oben bei der ersten Type beschriebenen Weise.

Abb. 20 zeigt die innere Einrichtung des Gerätes, auf die schon oben Bezug genommen wurde, und auf die hier aus Raummangel nicht weiter eingegangen werden kann.

Diese Type II des Behmlotes, die für die »Meteor«-Expedition geschaffen wurde, ist inzwischen durch eine vereinfachte neue Type II *a* ersetzt worden, die in Abb. 22 dargestellt ist. Sie weicht von dem vorgenannten Gerät in der Hauptsache dadurch ab, daß die Druckknöpfe, die

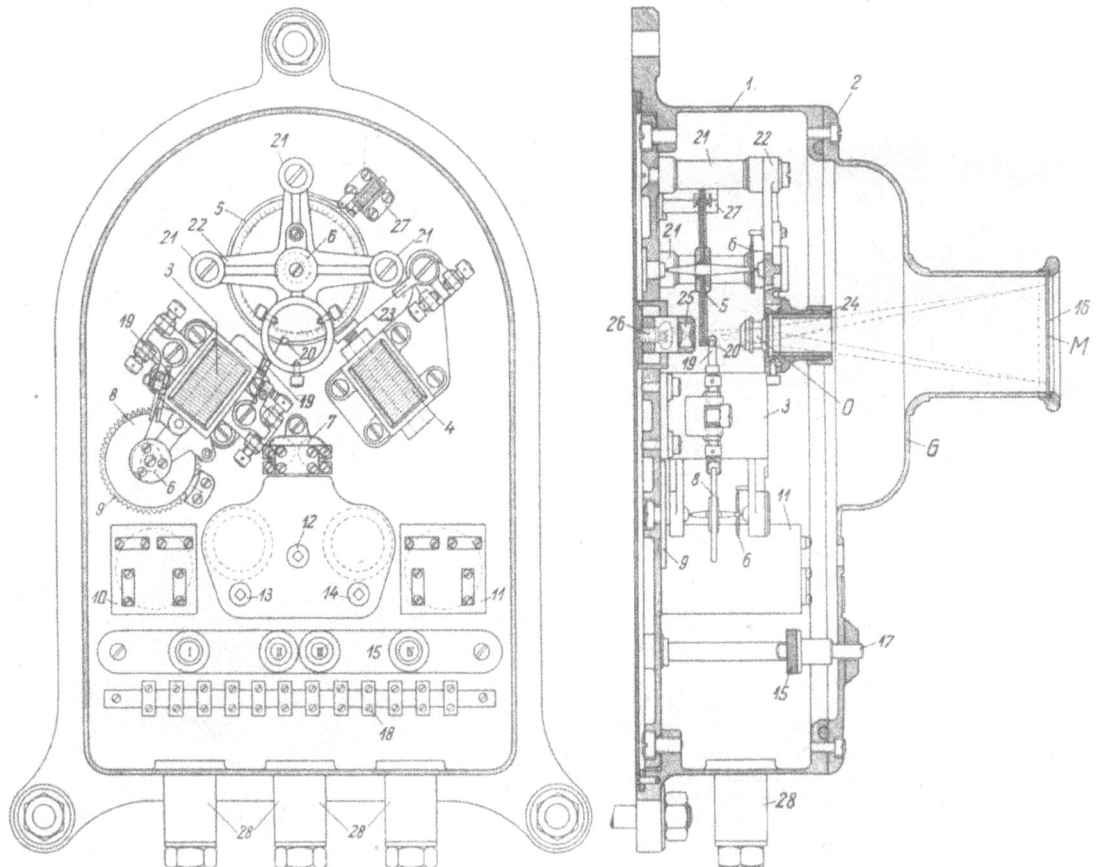

Abb. 20.

zu wissenschaftlichen Zwecken sowohl im Laboratorium als auch im Hörsaal, wo die Projektion der Gradteilung nach Ersatz der Mattscheibe durch eine planparallele Glasplatte unter Benutzung einer Bogenlampe als Lichtquelle auf jeden beliebigen Schirm mit festem Nullstrich erfolgen kann.

Die Abb. 20 u. 21 zeigen eine Ausführungsform dieses Gerätes für Wasserlotungen, und zwar bis zu Tiefen von

zur Betätigung des Instrumentes dienen, auf einen unterhalb des Instrumentes besonders angeordneten Schaltkasten gesetzt sind, der auch die zur Einstellung des Instrumentes erforderlichen zwei Regulierwiderstände enthält. Im übrigen ist die Einrichtung des Instrumentes eine ähnliche, wie bei dem Instrument nach Abb. 17 und Abb. 21.

Um auch größere Wassertiefen und vor allem Flughöhen

loten zu können, als sie einer Echozeit von einer Sekunde entsprechen, habe ich dem Behmzeitmesser auch die Konstruktion gegeben, daß die mit Gradteilung versehene Glasscheibe durch den ihr einmal erteilten Anstoß sich mehrere Male herumdrehen kann. Die Echozeit wird bei diesem Instrument (Behmlot Type III) durch die Anzahl der ganzen Umdrehungen, die gezählt werden, und Ablesung der restlichen Winkelverdrehung an der projizierten Skala bestimmt. Der Tiefen- oder Höhenwert kann einer Eichtabelle direkt entnommen werden. Ein solches Gerät wird in der Hauptsache für Lotungen auf größeren Tiefen und Flughöhen in Frage kommen, bietet aber für kleine Tiefen den Vorteil größerer Skalenteile zufolge eines schnelleren Laufes.

Zur Ausführung von Echolotungen mit dem Behmzeitmesser ist es Bedingung, daß das Echo stärker ist als

achters, wechselt stark von Person zu Person und ist auch für eine und dieselbe Person zeitlichen Schwankungen unterworfen, je nach Stimmung, Ermüdung, Alkoholgenuß usw. Um nun trotzdem brauchbare Ergebnisse zu erhalten, wird bei Ohrlotungen so verfahren, daß vor einer solchen Messung, und unmittelbar nach der Messung der zu dieser Zeit vorhandene persönliche Fehler des Beobachters durch eine Zeitmessung mittels des Behmzeitmessers ermittelt und vom Resultat in Abzug gebracht wird. Man erhält so bei Tiefseelotungen Werte, die um etwa plus-minus 15 m von der Wassertiefe abweichen, soweit dieser Fehler in

Abb. 21.

Abb. 22.

die störenden Nebengeräusche, denn es ist ohne weiteres klar, daß man nur dann die richtige Lotung erhalten kann, wenn man sicher ist, daß das Zeitmeßgerät nicht durch störende Nebengeräusche ausgelöst oder abgebremst werden kann. Wenn auch an sich bei Benutzung einer genügend starken Schallquelle jede Wassertiefe, auch die ozeanischen oder Flughöhe, bei direkter Anzeigung durch dieses Instrument angezeigt werden kann, so ist jedoch solchem Vorgehen praktisch sehr bald eine Grenze gesetzt in dem dazu notwendigen Energieaufwand, selbst wenn die erforderliche Energie wie bei der Knallerzeugung verhältnismäßig leicht in Patronen unterzubringen ist.

Um hier einen Schritt vorwärts zu tun, ist von mir eine Methode angegeben worden, die hier Abhilfe schafft, und zwar die »Behmohrlot-Methode«. Diese Methode besteht darin, den Behmzeitmesser oder das registrierende Behmlot wie bei jeder Echolotung durch das ausgesandte Schallsignal auf akustischem Wege zeitgenau in Gang zu setzen und beim Hören des Echos mit dem Ohre durch Betätigung eines Handkontaktes abzubremsen, oder beim registrierenden Behmlot durch Herbeiführung eines künstlichen Echoausschlages die Messung zu beenden. Der so gewonnene Zeitwert ist natürlich um den Wert zu groß, um welchen der Beobachter nach Hören des Echos auf das Instrument zu spät eingewirkt hat. Dieser Fehler, die persönliche Gleichung des Beob-

Frage kommt. Man kann zu noch besseren Ergebnissen gelangen, wenn man den mittleren persönlichen Fehler bestimmt, und nicht von einer einzigen Echolotung in Abzug bringt, sondern von dem Mittelwert mehrerer kurz aufeinanderfolgender Echos.

Zu solchen Ohrlotungen nach meiner Methode kann in solchen Fällen, wo es auf die höchste Genauigkeit nicht ankommt, eine einfache Stoppuhr dienen. So sind beispielsweise die Tiefseelotungen, die Amundsen am Pol ausführte mit dem Behmlot einfach unter Benutzung einer einfachen Stoppuhr ausgeführt worden, der einzige Weg, auf dem solche Tiefseelotungen bei einer Polarexpedition mittels Flugzeuges, wobei das Gramm-Gewichtsersparnis eine Rolle spielt, möglich waren. Da jede Gewichtsbelastung durch schwere Apparate vermieden werden mußte, verbot sich die Mitnahme eines Drahtlotes schon von selbst.

Um derartige Tiefseelotungen auszuführen, genügen nach meiner Methode sehr geringe Energiemengen. So genügt beispielsweise auf einer Wassertiefe von 5000 m eine Behmlotpatrone von 5 bis 8 g Ladung, wenn einigermaßen günstige akustische Verhältnisse im Wasser herrschen.

Es ist hier vielleicht am Platze, etwas über diese Verhältnisse zu sagen, da die horizontale Reichweite der unter Wasser abgegebenen Signale sehr stark durch akustische Trübungen des Wassers sowie durch Temperaturschichtungen oder Dichteschichtungen usw. beeinflußt wird, die den Schallstrahl von seinem Wege ableiten und so die Reichweite herabsetzen Für Echolotungen liegen die Verhältnisse wesentlich günstiger deshalb, weil derartige Schichtungen von dem Schallstrahl fast senkrecht durchsetzt werden. Dies ist besonders wichtig bei Luftlotungen,

Abb. 23.

da hier derartige Schichtungen leichter und häufiger auftreten als im Wasser.

Als eigentlich überflüssig möchte ich doch noch darauf hinweisen, daß die Schallgeschwindigkeit vollkommen unabhängig ist vom Barometerstand, da anders Luftlotungen nach meiner Echolotmethode überhaupt unmöglich wären.

Abb. 24.

Es steht daher auch im »Behmohrlot« für Luftschiffe und Flugzeuge eine bequeme Methode zur Verfügung, die mit relativ geringen Schallintensitäten als Schallsignal ihr Auslangen findet, da das Ohr das Echo auch dann noch als solches zu erkennen vermag, besonders wenn man sich in diesem Falle als Schallsignal eines Tones bedient, wenn die Echointensität weit unter die Intensität der Eigengeräusche des Schiffes oder Flugzeuges herabgesunken ist.

Nachdem in vorstehendem die Methoden und Zeitmeßgeräte des Behmlotes, soweit sie noch unveröffentlicht sind, eingehend, im übrigen aber, weil an den angegebenen Orten schon eingehend beschrieben, nur oberflächlich besprochen sind, erscheint es wünschenswert, doch auch einiges über die von mir angewandte Schallerzeugung zur Ausführung von Echolotungen zu sagen.

Es erscheint für den ersten Blick zweckmäßig zu sein, sich für Echolotungen eines Tones als Schallsignal zu bedienen, und in der Tat habe ich mich bei meinen ersten Untersuchungen auch eines Tones als Schallquelle bedient, wie auch schon meine erste Patentanmeldung aus dem Jahre 1912 sich eines Tones als Schallquelle bediente, da es

auf der Intensitätsmessung des Echos eines Tones beruhte. Auch bei meinen weiteren Patenten, die auf der Echozeitmessung beruhen, war eine solche Schallquelle vorgesehen. Kommt es jedoch bei der Erlotung kleiner Wassertiefen auf höchste Zeitgenauigkeit an, dann erweist sich die Benutzung eines Knalles zu diesem Zweck geeigneter, da ein Ton zur Ausbildung seiner vollen Intensität, selbst wenn man einen hohen Ton benutzt, immerhin einer gewissen Zeit bedarf. Soll nun durch das Echo des ausgesandten Schallsignals ein Zeitmeßgerät außer Tätigkeit gesetzt werden, so bedarf dies eines zeitlich sehr exakt einsetzenden und gleichzeitig kräftigen Echos. Dies ist bei einem Knall eher der Fall als bei einem Ton, selbst dann, wenn man Abstimmung und Resonanz zu Hilfe nimmt, da letztere eine auf einem additiven Prinzip beruhend Zeit zur Ausbildung braucht, die aber beispielsweise bei einer Erlotung von Flughöhen unterhalb eines Meters nur in sehr beschränktem Maße zur Verfügung steht. Es bietet an sich durchaus nicht die geringsten Schwierigkeiten, derartige Echolotungen auch mit Hilfe eines Tones auszuführen, wenn man der Genauigkeit Konzessionen machen will (bei großen Wassertiefen oder Flughöhen), an Exaktheit wird jedoch der

Abb. 25.

Knall als Lotsignal einem Ton stets überlegen bleiben, weil er im übrigen noch den großen Vorteil bietet, außerordentlich leicht im Wasser wie auch in Luft erzeugbar zu sein, ohne dabei an schwere ortsfeste Energiequellen und schwere Senderapparate gebunden zu sein, die sich auf Luftschiffen und Flugzeugen von selbst verbieten und auf Schiffen nur durch ein Docken desselben anzubringen sind, was ebenfalls mit Umständlichkeiten verknüpft ist. Dieses waren für mich bestimmende Gründe, dem Knall als Schallsignal bei Echolotungen den Vorzug zu geben. Anders dagegen liegen die Verhältnisse bei meiner Ohrlotmethode. Hier läßt sich mit Vorteil als Schallsignal auch ein Ton verwenden, sowohl im Wasser wie auch in Luft.

Mein ältestes Echolot arbeitete mit einem Gewehr als Schallquelle, das unter Wasser abgefeuert wurde. Dieses Verfahren war jedoch umständlich und hat sich nicht bewährt, da Laufsprengungen infolge der vorgelagerten Wassersäule auftraten. Diese Art der Schallabgabe wurde bald durch Benutzung von Knallpatronen ersetzt, die durch ein Seeventil, das in der Bordwand unter Wasser angeordnet war, herausgesteckt und abgeschossen wurden.

Nachdem es jedoch gelungen war, den Echoempfang durch innen auf die Bordwand gesetzte Mikrophone zu erreichen und so hier eine Durchbrechung der Schiffswand unter Wasser zu vermeiden, ging ich dazu über, dies auch beim Geber zu tun. Dies gelang durch Schaffung einer kleinen Lotpatrone, die aus einem elektrischen Zünder besteht, dessen Hülse gleichzeitig als Gewehrlauf dient, aus dem eine Knallkapsel, die neben einem Zeitzünder und einem Knallsatz eine Treibladung besitzt, wie eine Granate herausgeschossen wird. Abb. 23 zeigt eine derartige Patrone neben einem Geldstück zum Größenvergleich. Die Ladung derselben beträgt 1,2 g und ist zu Lotungen im Wasser bis zu 200 m Tiefe geeignet.

In Abb. 24 ist der zur Abfeuerung derartiger Patronen bestimmte Geber wiedergegeben. Abb. 25 zeigt denselben auf ZR III angebracht, wo er zur Abfeuerung der Luftlot-

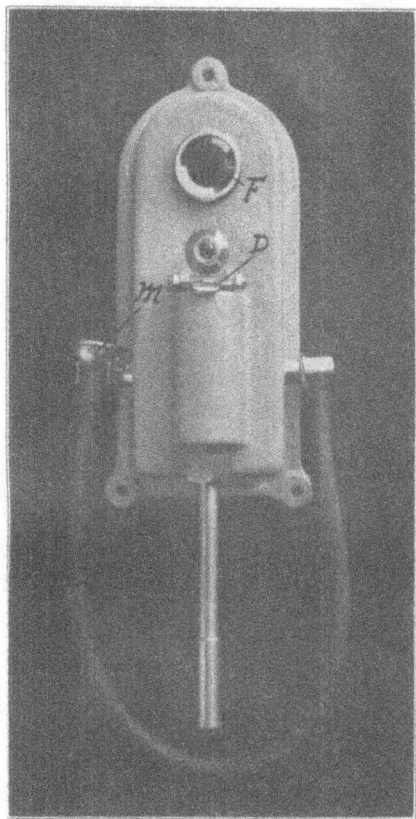

Abb. 26.

patronen diente. Er wird normalerweise auf dem Schiff an der Reeling oder der Brücke angeordnet (Abb. 12). Der beim Abfeuern stattfindende Vorgang ist nun folgender:

Durch Druck auf den entsprechenden Knopf des Behmzeitmessers wird der elektrische Zünder unter Strom gesetzt und erzeugt eine Stichflamme, durch welche eine in der Knallkapselhülse (zwecks Erzielung größerer Oberflächen und schnellerer Verbrennung) festeingeleimte Treibladung aus Schwarzpulver gleichzeitig mit dem dem Knallsatz vorgelagerten Zeitzünder entzündet wird. Dadurch wird die Knallkapsel aus dem laufartigen Teil der Hülse des elektrischen Zünders, die bei Abschuß im Geber verbleibt, aus diesem herausgeschossen und fliegt mit großer Eigengeschwindigkeit mit brennendem Zeitzünder ins Wasser. Durch die aus dem hinteren Ende der Hülse entweichenden Gase wird dem Wasser der Eintritt in die Knallkapsel verwehrt. Ein Auslöschen derselben kann nicht eintreten, da der Zeitzünder mit eigenem Sauerstoff auch unter Wasser zu brennen vermag. Nachdem die Knallkapsel nun z. B. 1 m tief in das Wasser eingedrungen ist, ist der Zeitzünder aufgebrannt und bringt den Knallsatz unter Wasser zur De-

tonation. Die Geschwindigkeit, mit der der Knallkörper aus der Hülse herausgeschossen wird, ist so groß, daß die Entfernung bis zum Wasser in sehr kurzer Zeit zurückgelegt wird, wodurch ein Abtreiben der Patrone selbst bei Sturm nicht stattfindet. Dies ist wichtig für die Benutzung solcher Patronen auf Luftschiffen und Flugzeugen, damit der Knallkörper in genügender Entfernung besonders von der Gashülle zur Explosion kommt.

Soll das umständliche Neuladen des oben beschriebenen Gebers vermieden werden, so kann man denselben durch eine zu diesem Zwecke von mir konstruierte Rohrpost ersetzen. Man vermag alsdann Laden, Abfeuern und Neuladen des Gebers vom Schiffsinnern unmittelbar von der Anbringungsstelle des Behmzeitmessers aus vorzunehmen. Zu diesem Zwecke ist neben demselben eine Patronenschleuse, wie in Abb. 26 dargestellt, angeordnet, in die nach Aufheben eines federnden Deckels D eine Behmlotpatrone eingeführt werden kann. Durch Hineinblasen in ein an der Schleuse befestigtes Mundstück M wird diese Patrone durch eine 10 mm

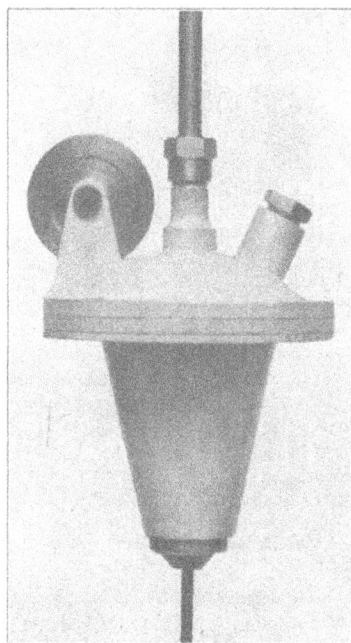

Abb. 27.

im Durchmesser messende Rohrleitung, die auch mehrfach gekrümmt sein darf, bis zu einem an der Reeling befestigten Geberkopf, dargestellt in Abb. 27, geblasen. Hier klemmt sich die Patrone ohne Zutun automatisch zentral fest, und zwar so, daß sie sich selbsttätig in den Zündstrom einschaltet. Dies wird erreicht durch drei bewegliche Backen eigenartiger Konstruktion, die in dem in Abb. 28 dargestellten Schnitt mit Kb bezeichnet sind. Durch die Rückstoßknacken Kg wird ermöglicht, daß die leeren Patronenhülsen P durch den Rückstoß beim Abschießen nicht in die Rohrleitung zurückgeschleudert werden. Durch eine besondere Kontaktanordnung ist es ermöglicht, an dem in Abb. 26 dargestellten Fenster F durch Aufleuchten einer roten Lampe stets erkennen zu können, ob der Geber geladen ist oder ob in ihm eine abgefeuerte Patrone steckt, um ein Neuladen desselben für diesen Fall vermeiden zu können. Das Auswerfen der leeren Hülsen erfolgt auf elektrischem Wege, kann aber auch durch einen Drahtzug vorgenommen werden. Ist dabei versehentlich eine zweite Patrone mit in den Geber gelangt, so vermag dennoch nur die eine abgefeuert zu werden, und selbst eine Mehrzahl von Patronen wird bei Benutzung der Auswerfvorrichtung aus dem Geber entfernt.

Wenn ich die Schallerzeugung hier etwas umfangreich behandelt habe, so geschah dies deshalb, weil die dazu notwendigen Einrichtungen, die von mir für das Wasser ausgebildet worden sind, auch für Luftschiffe und vor allen Dingen auch für Flugzeuge anwendbar sind, wobei besonders die Rohrposteinrichtung zur Beförderung der kräftigen Lotpatronen für Einzellotungen in großer Höhe im Flugzeug ein sehr bequemes Mittel bietet, um den Geber auch an, vom Flugzeuginnern sonst nichterreichbaren Stellen bedienen zu können.

Schon zu Beginn meiner Arbeiten am Echolot war von mir daran gedacht. dieses Gerät nicht nur zu Echolotungen im Wasser sondern auch vom Freiballon und Luftschiff aus zu benutzen, jedoch war ich damals noch der Ansicht, daß der Luftfahrt im Barometer ein allen Zwecken entsprechendes Höhenmeßgerät zur Verfügung stände, was zur dama-

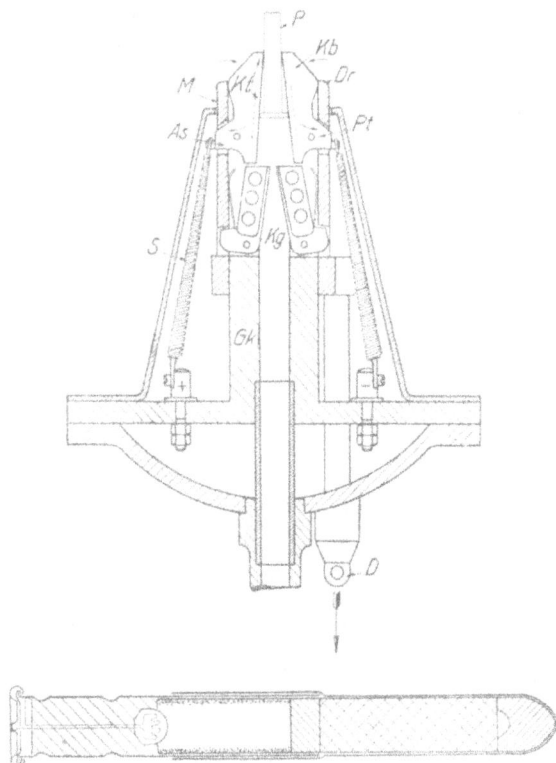

Abb. 28.

ligen Zeit, wo es einen umfangreichen Verkehr mit Flugzeugen noch nicht gab, nicht so ganz unbegründet war. Meine Vorarbeiten zum Luftlot hatten aber im Jahre 1921 schon wesentliche Gestalt angenommen[1]). Die praktischen Versuche habe ich jedoch erst veranlaßt durch das von der Königl. Niederländischen Gesellschaft für Luftfahrt, Amsterdam, veranstaltete Preisausschreiben für die Schaffung eines sicheren Höhenmessers im Nebel begonnen, das durch mein Echolot angeregt war, und mich erfolgreich an ihm beteiligt. Nachdem alsdann auf den Probeflügen des ZR III von mir zum ersten Male erfolgreich Echolotungen von einem Luftfahrzeug aus angestellt waren und damit die Lösung des Luftlotproblem im Prinzip gegeben war, wobei sich zeigte, daß ich entgegen wie beim Wasserlot diesmal die Schwierigkeiten überschätzt hatte, die sich der Ausführung derartiger Lotungen entgegenstellten, ging ich daran, die Echolotmethode auch für Flugzeuge und vor allem auch für kleine Flughöhen anwendbar zu machen.

Hier zeigte sich sehr bald, daß auf Luftfahrzeugen nicht mit einer so starken körperlichen Abschirmung durch den Körper des Luftfahrzeuges zu rechnen war wie auf See-

[1]) Patentanmeldung vom 11. Juni 1921, Verfahren zur Bestimmung der Flughöhe von Luftfahrzeugen, vom Luftfahrzeug selbst aus, und Vorrichtungen zur Ausführung derselben.

schiffen. Anderseits gingen jedoch die Forderungen der Luftfahrt gerade dahin, allerkleinste Flughöhen zwecks Landung in Nacht und Nebel mit Sicherheit und Schnelligkeit bestimmen zu können. Es mußte also ein Ersatz für die fehlende Abschirmung gefunden werden. Ich konnte dabei auf meine schon angezogene Methode der Entfernungs-

Abb. 29.

Abb. 30.

messung mittels des Echos in Luft zurückgreifen, die darin besteht, eine gerichtete Schallwelle auszusenden, und auch bei Fehlen jeglicher Abschirmung das Echo in geeignetem Abstande hinter der Schallquelle zu empfangen. Mit Hilfe derselben gelang es, Echolotungen mittels des Behmzeitmessers bis auf wenige Meter Entfernung von der reflektierenden Fläche auszuführen.

Wenn damit auch ein guter Schritt vorwärts getan war, indem es dadurch mittels des Behmzeitmessers praktisch möglich war, nunmehr auch kleine Flughöhen neben den großen messen zu können, so waren damit doch keineswegs die Anforderungen der Luftfahrt vollständig erfüllt, und es galt noch, die Lücke der letzten Höhenmeter zu überbrücken und ein Gerät zu schaffen, das auch auf ganz kleinen Höhen alle ½ oder ganze Sekunde eine Echolotung auszuführen gestattet. Solches ist nun zwar durch eine mechanische Bedienung des Kurzzeitmessers an Stelle der Handbedienung durch einfache konstruktive Abänderungen möglich. Um jedoch Echolotungen bis auf den Abstand Null von der reflektierenden Fläche auszuführen, mußte ein

Abb. 31.

anderes Gerät geschaffen werden, bei dem nicht wie beim Behmzeitmesser eine vorzeitige Abbremsung der rotierenden Scheibe durch Einwirkung der direkten Schallwellen bei fehlender Abschirmung möglich war.

Ein solches Gerät zu schaffen gelang mir nun in dem Behmluftlot für Flugzeuge, das, wie schon erwähnt, aus

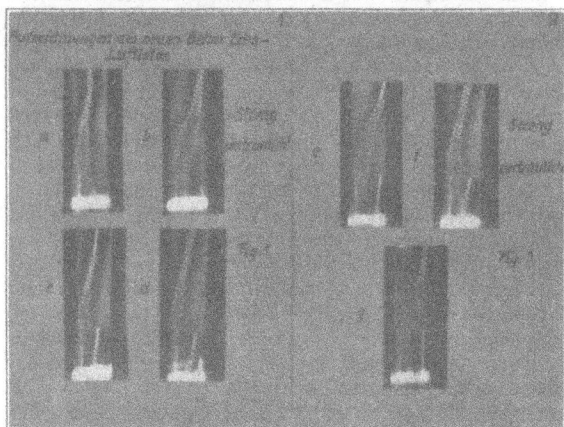

Abb. 32.

einer Kombination des photographisch registrierenden Behmlotes mit dem Behmzeitmesser entstanden ist. Das erste lediglich Versuchszwecken dienende Gerät ist in Abb. 29 in Außenansicht dargestellt, während Abb. 30 es bei abgenommener Schutzkappe zeigt.

In Abb. 31 ist das Gerät zum Versuch ins Flugzeug eingebaut dargestellt. An der Vorderseite des Instrumentes ist eine Höhenskala sichtbar, die bei diesem lediglich zu Versuchen bestimmten Gerät bis zu 60 m reichte. Auf dieser Teilung ist unterhalb der Nullinie nach Einschaltung eines an der rechten Seite des Gehäuses befindlichen Schalthebels S (Abb. 30) ein Lichtpunkt sichtbar, der im Augenblick der Aussendung des Lotsignales zeitgenau in Bewegung gesetzt wird und dabei parallel der Skala als Lichtlinie durch das im Auge entstehende Nachbild eine Zeitlang

sichtbar bleibt, um im Augenblick des eintreffenden Echos plötzlich senkrecht zu seiner bisherigen Richtung abgelenkt zu werden. In Abb. 32 sind eine Anzahl derartiger Ablesungsbilder wiedergegeben. Die Genauigkeit, mit der mit dem Luftlot Höhen und Entfernungen mittels des Echos meßbar sind, beträgt etwa 10 cm je nach gewählter Skalengröße. Nach erfolgter Echozeitmessung kehrt der Lichtpunkt dem Auge unsichtbar in seine Anfangsstellung zurück, um hier in Ruhe zu verharren, bis er bei Abgabe eines neuen Schallsignals gezwungen wird, eine neue Echolotung vorzunehmen, einerlei in welchem Rhythmus das Aussenden der Schallwellen erfolgt, da dieses Gerät vollkommen akustisch automatisch arbeitet. Die innere Einrichtung desselben ist im Prinzip folgende:

Auch hier dient, wie beim photographisch-registrierenden Behmlot erwähnt, eine schwingende kleine Kugellinse zur Erzeugung des Lichtpunktes, indem das von ihr entworfene kleine Bild einer Taschenlampenglühbirne, durch ein Objektiv vergrößert, auf einer in diesem Falle durchsichtigen oder auch undurchsichtigen Projektionsebene, die die in Höhenmetern geeichte Skala trägt, projiziert wird. Die schwingende Linse bildet auch hier einen Teil des schon beim ältesten Behmlot oben beschriebenen Behm-Sonometers und wird in der dort angegebenen Weise durch das Echo plötzlich rechtwinklig zum Verlaufe der Skala abgelenkt. Damit nun aber der projizierte Lichtpunkt mit größter Zeitgenauigkeit im richtigen Augenblick in Bewegung gesetzt und mit stets gleicher Geschwindigkeit über die Projektionsebene geführt wird, ist in den Strahlengang ein rotierender Spiegel eingeschaltet, der auf der Achse eines Behmzeitmessers sitzt. Im Stromkreise dieses Kurzzeitmessers ist nun das Abgangsmikrophon angeordnet oder ein diesem entsprechender Unterbrechungskontakt, der rein akustisch oder auch mechanisch durch den Schall des abgegebenen Lotsignals beeinflußt, das Kurzzeitmesserrad in diesem Augenblick in Drehung versetzt. Dadurch beginnt der Lichtpunkt seinen Weg entlang der Skala zurückzulegen, um beim Eintreffen des Echos durch Stromherabsetzung im Sonometermagneten plötzlich senkrecht zu seiner bisherigen Bewegungsrichtung abgelenkt zu werden. An Stelle der hier senkrechten und geraden Skala kann auch eine kreisförmig gebogene Kegelmantelskala Anwendung finden, die den Vorteil eines größeren Meßbereichs bietet. Auf die Darstellung des Stromverlaufs sowie der übrigen Hilfseinrichtungen dieses Gerätes kann an dieser Stelle nicht weiter eingegangen werden.

Selbstverständlich ist dieses Gerät nicht nur für vertikale Lotungen von Luftfahrzeugen aus, sondern auch für Entfernungsbestimmungen mittels des Echos in horizontaler Richtung anwendbar. Vor allem sei noch darauf hingewiesen, daß das neue Luftlot auch geeignet ist, zur Erlotung allerkleinster Tiefen im Wasser verwandt zu werden. Als ein Hauptvorzug dieses Instruments ist noch hervorzuheben, daß es nicht durch eine zu starke direkte Einwirkung des Schallsignals auf den Echoempfänger unter allen Umständen zu einer Fehllotung kommen muß, denn der Augenblick der Echoankunft ist auch dann noch deutlich und sicher zu erkennen, wenn der Sonometerfaden schon durch den direkten Schall vor Eintreffen des Echos in Schwingung versetzt ist, wenn nur die Erregung durch das Echo stärker ist oder die Vorkurve der optischen Niederschrift so weit abgeklungen ist, daß der Einsatz des Echos deutlich erkennbar wird. Es gibt zwei Wege, auf denen es möglich ist, die direkten Schallwellen vom Echoempfänger fernzuhalten, und zwar den der körperlichen Abschirmung und den der gerichteten Schallaussendung. Es leuchtet ohne weiteres ein, daß man besonders auf Flugzeugen, die eine geringe körperliche Abschirmung besitzen, einen erhöhten Effekt in der angegebenen Richtung wird erzielen können, wenn man eine gerichtete Schallwelle in Abschirmung gegen den Echoempfänger aussendet. Die große Exaktheit, mit der das neue Luftlot für alle und besonders für die ganz kleinen Entfernungen unterhalb eines Meters lotet, liegt nicht zuletzt begründet in der Benutzung eines gerichteten Knalles als Lotsignal. Im übrigen kann hier nicht näher auf die Aussendung und den Empfang des Lotsignales eingegangen werden und muß dies mit weiteren detaillierten Einzelheiten der Methode und des Gerätes einer späteren Veröffentlichung vorbehalten bleiben.

Ähnlich wie im Wasser habe ich auch beim Luftlot vorgezogen, den Weg der Echozeitmessung und nicht den der Echointensitätsmessung zur Höhenbestimmung zu beschreiten, zumal da die Echointensität bei Luftlotungen ganz wesentlich von der Bodenbeschaffenheit abhängt. In dieser Tatsache besitzt man nun ein Mittel, um im Nebel aus der Intensität des Echos bei einer Luftlotung gewisse Schlüsse auf die Beschaffenheit der reflektierenden Fläche machen zu können. Dies ist möglich, weil das Luftlot Echozeit und Echointensität gleichzeitig zu messen gestattet. Zu diesem Zweck sind, parallel zur Höhenskala, Intensitätsskalen angeordnet (Abb. 33), die den verschiedenen Bodenbeschaffen-

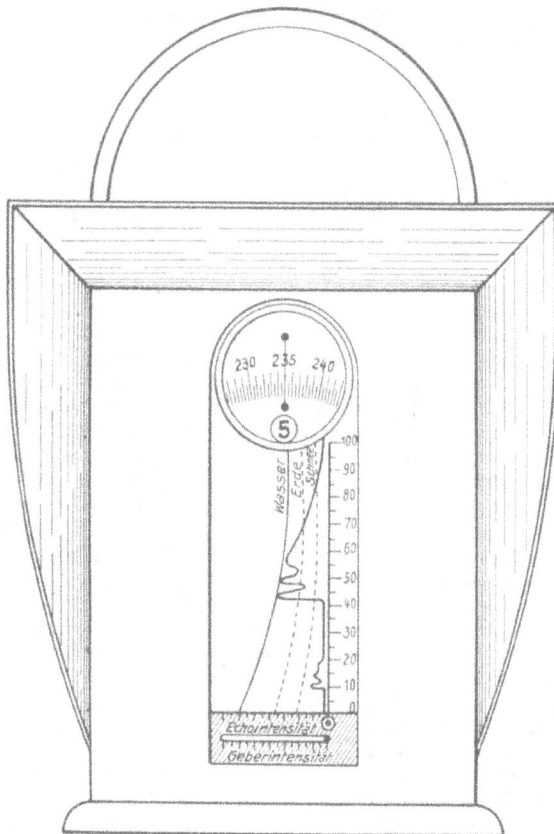

Abb. 33.

heiten für die zugehörigen Flughöhen entsprechen, da beispielsweise in 30 m Flughöhe die Intensität des Echos von einer Wasserfläche, einer Schneefläche, einer bewachsenen Erdoberfläche, einem Acker, einer Wiese, einem Wald usw. jeweils eine andere sein wird. Dabei ist das stärkste Echo von einer Wasserfläche zu erwarten, während Schneeflächen und pflanzenbewachsener Boden ein schwächeres Echo erwarten lassen. Bedingung für einen solchen Rückschluß ist dabei, daß die Schallstärke des ausgesandten Signals stets die gleiche ist. Um dies dauernd kontrollieren zu können, ist senkrecht zur Höhenskala (Abb. 33) eine besondere Sonometerskala angeordnet, die dauernd die Schallstärke des Senders abzulesen gestattet. Die vertikale Anordnung der Skala bei dem Versuchsgerät ist absichtlich gewählt, um mit abnehmender Flughöhe auch abnehmende Ausschläge zu erhalten, um so den physiologischen Eindruck zu erwecken, daß der als Lichtzeiger dienende senkrechte Ausschlag sich in gleichem Maße wie das Flugzeug der unterhalb des Nullstriches durch Schraffierung und Färbung angedeuteten

Erde nähert. Abb. 33 zeigt noch, in welcher Weise das Luftlot für Flugzeuge, für die großen Flughöhen mit einer zweiten Skala versehen werden kann.

Es ist noch ein weiterer Punkt nachzutragen, in dem das neue Luftlotgerät dem Kurzzeitmesser-Behmlot überlegen ist. Lotet man nämlich die Entfernung von einer an sich ebenen Fläche, sagen wir in einem Abstand von 3 m, und befindet sich auf dieser Fläche ein Gegenstand von beispielsweise 60 cm Höhe bei einer ebenen Oberfläche von beispielsweise ¼ m², so erhält man nicht einen, sondern zwei Echoausschläge, indem das zuerst zurückkommende Echo von dem auf der Fläche stehenden Gegenstande, beispielsweise einer Kiste oder einem Baumstumpf, zurückgeworfen wird, dem alsdann im Abstande von 60 cm das stärkere Echo vom Erdboden folgt. Die Ablesung gestattet alsdann, festzustellen, daß die Entfernung vom Erdboden 3 m beträgt, daß aber auf dem Erdboden selbst ein reflektierender Gegenstand mit geringer Oberfläche in Höhe von 60 cm steht, was für den Flieger bei häufiger Wiederholung bedeuten würde, daß er sich beispielsweise über einem schlecht abgeholzten Gelände befindet oder über einem mit großen Steinen übersäten Acker und ihn so bei Unsichtigkeit des Bodens die Ungeeignetheit dieser Fläche für eine Notlandung erkennen lassen kann.

Auch zur Ausführung einer Notlandung in der Nähe der Küste kann die Benutzung eines außerbarometrischen Höhenmessers für Wasserflugzeuge wertvoll sein, wenn eine solche Landung in Nacht oder Nebel erfolgen muß. Man wird alsdann so verfahren, daß man an Hand des Barometers eine festgelegte Höhe einhält und dauernd Luftlotungen ausführt. Solange man sich über Wasser befindet, werden die Luftlotungen konstante Werte ergeben, die plötzlich eine Verringerung erfahren, wenn man die Küste überfliegt. Ist das Gelände eben, so wird man zwar keine Veränderung der geloteten Höhe erhalten, aber doch wahrscheinlich eine Änderung der Echointensität. Der Flieger beschreibt alsdann eine Kurve und landet der Richtung entgegen, in der er auf die Küste zugeflogen ist, um so mit Sicherheit auf dem Wasser und nicht auf dem Lande niederzugehen. Dieses Verfahren bietet um so größere Aussicht auf Erfolg, je größer die Niveaudifferenz zwischen Land und Wasser ist, und je unebener die Küste ist. Auch beim Landen auf Flugplätzen in der Nähe einer Großstadt wird man ein solches Verfahren mit Vorteil anwenden können, da Luftlotungen im Horizontalflug in niedriger Höhe die umgebenden Gebäude und auch Gartengelände mit Gartenbuden mit Sicherheit zu erkennen gestattet. In solchem Falle würde das Flugzeug weiterfliegen, bis die Luftlotungen ein hindernisfreies Gelände, den Flugplatz, anzeigen. Das Fahrzeug wird diesen alsdann überfliegen bis es durch Lotungen die jenseitige Grenze festgestellt hat, alsdann wenden, und entgegen der ursprünglichen Richtung auf dem Flugplatz landen.

Wichtig (für Länder wie z. B. Schweden, Norwegen usw.) ist die Art der Benutzung des Luftlotes zu Navigationszwecken beim Überfliegen von Inseln im Nebel oder beim Landen auf Binnenseen und im Schärengebiet. Man kann den genauen über eine Insel im Nebel geflogenen Kurs unter Umständen noch dadurch verbessern, daß man nicht nur wie soeben erwähnt die Zeit des Überfliegens dazu benutzt, sondern auch noch die aus dem Vergleich der Luftlotungen in Horizontalflug nach dem Barometer ermittelten Erhebungen der Insel mit zur Navigation heranzieht.

So kann man beispielsweise bei Überfliegen einer langgestreckten gleich breiten, von Osten nach Westen verlaufenden Insel, bei der sich aus der Zeit des Überfliegens nicht ermitteln läßt, welches Ende der Insel man bei südlichem Kurs geschnitten hat, doch erkennen, welches Ende der Insel man überflogen hat, wenn die Insel nicht absolut eben ist, sondern wenn auf ihr von Osten nach Westen ein abfallender Höhenzug verläuft.

Es ist selbstverständlich, daß in dem Luftlot natürlich nicht das Universalmittel in jedem Falle zu erblicken ist, doch wird es in einer großen Anzahl von Fällen die Landung unter solchen Verhältnissen sichermachen können, wo man bisher keine Hilfsmittel hatte, und die Landung auf gut Glück zu machen gezwungen war. Eine derartige Landungshilfe zu bieten, vermag natürlich wiederum nur ein Höhenmeßgerät, das den Abstand von einzelnen körperlichen Erhebungen zu messen gestattet.

Auch als Navigationsgerät vermag das Luftlot dem Piloten oft wesentlichen Nutzen zu bringen, wie das Wasserlot dem Seemann bei Fahrten in unsichtigem Wetter. Ein Beispiel kann dies zeigen:

Führt beispielsweise der Flug eines Wasserflugzeuges auf seinem normalen Kurs über eine Insel, so läßt sich auch dann der Augenblick des Überfliegens einer Küste sowie die Zeitdauer des Fluges über die Insel hin und der Augenblick des Verlassens der entgegengesetzten Küste durch Luftlotungen feststellen, wenn das Flugzeug dabei an Hand des barometrischen Höhenmessers dauernd in derselben Höhe fliegt. Die Luftlotungen werden zufolge der absoluten Ebenheit des Meeresspiegels dauernd unter sich gleiche Werte ergeben, bis zu dem Augenblick, wo die Küste der Insel überflogen wird. Hier wird ein plötzlicher Sprung in den Lotungen vorhanden sein, der um so größer ist, je höher sich die Insel über dem Meeresspiegel erhebt, je nachdem, ob das Gelände der Insel eben oder hügelig ist, werden solange Schwankungen in den Luftlotungen auftreten, bis der Pilot die Insel wiederum verläßt. Aber nicht nur die Tatsache des Überfliegens dieser in seiner Flugrichtung liegenden Insel vermag der Pilot mit dem Luftlot festzustellen, sondern er erhält auch noch einen Aufschluß über seinen Kurs selbst, wenn er aus der Zeit, die er zum Überfliegen der Insel braucht und der ihm bekannten Fluggeschwindigkeit (bei unsichtigem Wetter wird zumeist kein starker Wind wehen) die Länge der überflogenen Landstrecke ermittelt, die dieselbe auf der Karte in Richtung seines Kurses besitzt. Er wird so feststellen können, ob er nur eine Spitze der Insel oder diese in ihrer ganzen Ausdehnung überflogen hat, und so beispielsweise eine seitliche Versetzung von seinem Kurse erkennen und diese berichtigen können. Selbstverständlich kann bei Nebelflügen über Land das Überfliegen eines Gebirges in ähnlicher Weise erkannt werden, wenn naturgemäß hier Feststellungen mit einer derartigen Exaktheit, wie in dem vorhergehenden Beispiel, nur dann gemacht werden können, wenn es sich um plötzliche Niveauänderungen handelt, wie sie bei breiten Flußtälern oder plötzlich aus der Ebene aufsteigenden Gebirgszügen vorkommen.

Auch das umgekehrte Verfahren, wie es für das Wasserflugzeug beschrieben wurde, kann vom Landflugzeug angewandt werden, zur Orts- und Positionsbestimmungen, wenn man in gleicher Weise wie beim Überfliegen einer Insel beim Überfliegen großer Binnenseen (Bodensee — Müritzsee — Schwerinersee usw.) verfährt.

Das Echolot gibt daher, wie schon ausgeführt, nicht blindlings die Entfernung von der Erdoberfläche an, sondern besitzt gewissermaßen ein akustisches Auge, mit dem es auch einzelne Erhebungen, die ein Landungshindernis darstellen, festzustellen vermag.

Über die Flächengröße, die notwendig ist, um ein gutsichtbares Echo mit dem neuen Gerät zu erhalten, sowie über die Beschaffenheit solcher Flächen habe ich einige tastende Vorversuche angestellt. Dabei hat sich ergeben, daß es beispielsweise möglich ist, von einem einzigen Blatt Zeitungspapier im Ausmaße einer normalen Tageszeitung im Abstande von beispielsweise 2 m vom Geber ein kräftiges Echo zu erhalten. Benutzt man an Stelle der Zeitung einen entsprechend großen Pappdeckel, ein Reißbrett oder eine Blechtafel, so erhält man Echos, die in angeführter Reihenfolge bei gleichem Abstand stärker werden. Ein dünnes, ein quadratmetergroßes schwarzes Tuch (Satin) ergab dagegen zufolge seiner großen Porosität kein Echo, dieses war jedoch sofort in voller Intensität zu erhalten, sobald das Tuch naß gemacht wurde. Ein hausgemachtes dickes Leinentuch dagegen ergab auch in trockenem Zustand eine kräftige Reflexion. Interessant war auch der Versuch, von einer Schicht im Winter geschnittener Tannenzweige, die ½ m dick waren, ein Echo zu erhalten. Dieses war nicht

möglich, da der Schall um die einzelnen Nadeln trotz ihrer Dichte leicht herumgebeugt wird. Es ist selbstverständlich auch in diesem Falle ein Echo vorhanden, nur besitzt es eine so geringe Stärke, daß es bei der eingestellten Empfindlichkeit des Sonometers nicht sichtbar werden konnte. Es sei hier noch erwähnt, daß es mir mit Hilfe des registrierenden Echolotes gelungen ist, nicht nur Echos von aufgehängten Tüchern, sondern sogar von einem Fischnetz von 20 mm Maschenweite zu erhalten, sowie von einer im Abstand von 60 m von der Schallquelle aufgestellten Kugelmine. Hierauf ein Verfahren zum Auffinden von Minen während des Krieges zu gründen, gelang mir nicht, da die kugelige Fläche auf größere Entfernungen den Schall zu stark zerstreut.

Die ersten praktischen Versuche mit meinem Luftlot für Flugzeuge fanden am 20. Aug. 1925 in der deutschen Versuchsanstalt für Luftfahrt, Berlin-Adlershof, statt und wurden von den Herren Dr. Koppe und Dr. Genthe persönlich ausgeführt. Dabei ergab sich, daß im Gleitflug vom Flugzeuge aus Lotungen ausführbar sind[1]). Die Ablesung war die gleiche wie bei Entfernungsmessungen am Erdboden. Die abgelesenen Höhen stimmten mit den geschätzten überein, da keine Vorkehrungen zur genauen Höhenbestimmung bei diesen ersten Versuchen getroffen waren. Als Empfänger dienten bei diesen Versuchen außen am Flugzeug angeordnete Mikrophone (Abb. 34), während zur Knallerzeugung ein am Flugzeug angeordneter Revolver (Abb. 35) benutzt wurde. Zur stärkeren Knallerzeugung diente die schon erwähnte Rohrpost von der die Rohrleitung und der Geberkopf (Abb. 27) deutlich im Bilde (Abb. 34) erkenntlich sind.

Auch bezüglich der Anwendbarkeit meiner Ohrlotmethode auf einem Flugzeug ergaben die Versuche ein günstiges Resultat, indem es möglich war, bei einem Vorversuch das Echo auf etwa 50 m Flughöhe deutlich wahrzunehmen. Als Schallsender diente hier ein für meine Zwecke umgebautes Krupp-Typhon der Fried-Krupp Germaniawerft, A.-G., Kiel. Mittels des Typhons, das auch zur Signalisierung vom Flugzeuge, sowie zwischen dem Flugplatz und einem Flugzeuge oder umgekehrt bei unsichtigem Wetter sicherlich vorteilhafte Verwendung finden kann, wurde ein kurzer scharfbegrenzter, gerichteter Ton erzeugt und senkrecht nach unten geworfen. Wie erwartet, zeigte das Echo von einer betonierten Fläche des Flugplatzes eine größere Intensität, als der bewachsene Flugplatz selbst. Besonders intensiv und erkennbar war das Echo von Dächern. Es steht zu erwarten, daß die Behm-Ohrlotmethode in dieser Beziehung noch wertvolle Fortschritte zu machen gestattet, so daß man bei Nebel aus der Klangfarbe, der Intensität und der Art des gehörten Echos weitgehendste Schlüsse auf die Beschaffenheit des der Sicht entzogenen Geländes wird ziehen können.

Versuche, die sich in dieser Richtung schon früher anstellte, ergaben, daß beispielsweise das Echo eines Schusses von einem betakelten Segelschiff mit gere?ten Segeln fast wie

[1]) Inzwischen hat die in der Zeit vom 29. September bis 5. Oktober 1925 bei der Deutschen Versuchsanstalt für Luftfahrt, Berlin-Adlershof, fortgesetzte Erprobung des Behmluftlotes ergeben, daß mit demselben auch noch Lotungen ausführbar sind, bei einer Tourenzahl des Motors von 8 bis 900 Umdrehungen und daß bei vollaufendem Motor in kleinen Höhen noch befriedigende Ergebnisse erzielt wurden. Die Luftlotungen selbst fanden in Höhen zwischen Null und 60 m statt. Das eigentliche Kurvenbild hat nach dem Bericht der Deutschen Versuchsanstalt für Luftfahrt beim Versuchsflug das ganz markante Bild der Laboratoriumsversuche beibehalten. Die Schwingung der Vorkurve konnte bei diesen Versuchen als nahezu beseitigt bezeichnet werden und der Echoeinsatz war so scharf, daß die Vorkurve für das Auge vollkommen verschwand, und nur noch das Einsetzen der Echoschwingung beobachtet wurde. Das Herabwandern des Lichtzeigerausschlages mit dem Abnehmen der Flughöhe war gut erkennbar. Die vom Instrument abgelesenen Meßwerte deckten sich mit den persönlichen Höhenfeststellungen.

ein Pfeifen klingt, da jeder Mast, jede Rah und jedes Tau und die Wanten das Echo als Teilknalle zurückwerfen, die, zufolge der verschiedenen Entfernungen vom Ohre in kurz aufeinanderfolgenden Zeiten eintreffend, dem Echo einen pfeifenden Charakter geben. Ein weiterer Versuch, der von mir in der deutschen Versuchsanstalt für Luftfahrt, Berlin-Adlershof, an einem stillstehenden Güterzug mit dem Typhon gemacht wurde, wobei die Stirnfläche der Wagen als Reflexionsfläche diente, ergab ein ähnlich charakterisiertes Echo. Auch auf Schießständen kann man häufig Knallechos beobachten, die zufolge von Reflexion von hintereinanderstehenden Wänden oder Mauervorsprüngen ein Echo ergeben, das in ein knallartiges Rollen aufgelöst ist. Hierhin gehört weiter eine Beobachtung, die in der Versuchsanstalt

aufgestellt waren, die durch Abschießen einer Pistole nacheinander durch den Schall erregt wurden. Auch hier wurde der auf der Skala entlanglaufende, den Eindruck eines Lichtstriches hinterlassende Lichtpunkt stets an der gleichen Stelle der Skala senkrecht nach unten geführt und gezeigt, daß der Ausschlag sich verändert entsprechend dem Abstand der Mikrophone.

Anschließend an diesen Versuch wurde vorgeführt, wie man in einfacher Weise die Schallgeschwindigkeit in einem lufterfüllten etwa 20 mm im Durchmesser messenden Metallrohr messen kann. Ein solches Rohr, ebenfalls fast von Länge der Hörsaalbreite, war einseitig durch eine Membran verschlossen und trug unmittelbar hinter derselben einen seitlichen Rohrstutzen, an dem ein Mikro-

Abb. 34.

Abb. 35.

gemacht wurde, bei der es sich um mehrfache Echos zwischen den Wänden einer Anzahl von Gebäuden handelt, die einen freien Platz umschlossen. Das Echo war an jeder Stelle, an der man Aufstellung nahm, ein anderes und war es nicht schwierig, durch Orientierung mit dem Ohr einen einmal festgelegten Platz auch bei geschlossenen Augen wieder aufzufinden, lediglich durch die Charakteristik des Echos. Es steht zu hoffen, daß gerade in dieser Richtung dem Flieger seitens der Akustik im Nebel noch mancherlei Hilfe geleistet werden kann.

Anschließend an den Vortrag wurde eine Reihe von Vorlesungsversuchen gezeigt, die sich mit dem neuen Luftlot ausführen lassen. Hierbei wurde der Lichtpunkt auf eine horizontal angeordnete Skala geworfen, nachdem an Stelle der Taschenlampenglühbirne eine 20 A Bogenlampe getreten war. Als erster Versuch wurde gezeigt, in welcher Weise das Gerät arbeitet. Zu diesem Zweck wurde das Luftlot an die eingangs erwähnte Kontrollvorrichtung eines Behmzeitmessers angeschlossen, die zwei Kontakte in einem stets gleichen Zeitintervall unterbricht. Der so erzielte Ausschlag erfolgte stets an ein und derselben Stelle der Skala. Alsdann wurde gezeigt, wie man mit einem solchen Gerät die Schallgeschwindigkeit in Luft bestimmen kann, wozu im Abstand der Hörsaalbreite zwei Mikrophone

phon (Abgangsmikrophon) befestigt war. Das entgegengesetzte Rohrende war durch ein zweites Mikrophon, dem Echomikrophon entsprechend, verschlossen. Schlägt man nun gegen die Membran, so durcheilt eine Schallwelle das Rohr, trifft dabei zuerst auf das in ihrer unmittelbaren Nähe angeordnete Mikrophon und läßt den Lichtpunkt seine Bewegung beginnen. Sobald die Schallwelle das Rohr durchlaufen hat, wird das am Ende befindliche Mikrophon erregt und führt den Lichtpunkt zur Seite. Auch hier wurde jedesmal an gleicher Stelle der Ausschlag sichtbar und gezeigt, daß die Anzeigen vollkommen automatisch im Rhythmus der Schläge auf die Membran erfolgte. Alsdann wurde das Rohr mit Leuchtgas gefüllt und gezeigt, daß die Schallgeschwindigkeit im Leuchtgas fast doppelt so groß ist als in Luft. An Stelle von Leuchtgas kann auch Kohlensäure und vor allem Chloroformdampf Verwendung finden, der nur etwa die halbe Schallgeschwindigkeit als Luft (150 m/s) besitzt. Auch läßt sich durch Aussaugen des Rohres mit einer Luftpumpe zeigen, daß die Schallgeschwindigkeit vom Barometerstand unabhängig ist, sowie daß eine Schallübertragung überhaupt aufhört, sobald die Luft gänzlich entfernt ist. Auch kann man zu gleichem Zwecke das Rohr unter Druck setzen.

Der letzte Versuch zeigt alsdann, wie man mit

Hilfe des Gerätes auch in geschlossenen Räumen Echolotungen ausführen kann. Da der im Hörsaal zur Verfügung stehende Raum außerordentlich beschränkt war, so blieb nichts anderes übrig, als die Decke des Hörsaales als Reflexionsfläche zu benutzen. Um die Entfernung ändern zu können, wurde dabei eine Tafel von etwa 1½ m² Oberfläche an Schnüren allmählich von der Decke gegen den Schallgeber herabgelassen. Die Echolotungen begannen bei einer Entfernung zwischen Schallgeber und Decke von etwa 4 m, die alsdann sprungweise bis auf den Wert Null verringert wurde. Dabei wurde bei schnellster Folge jeweils eine Anzahl von Lotschüssen abgefeuert, auf die das Gerät vollkommen selbsttätig reagierte und stets an der gleichen Stelle der Skala die Echoentfernung abzulesen gestattete. Diese Lotungen erfolgten in Zeitabständen von ½ s, was

auch allen Anforderungen der praktischen Luftfahrt genügt.

Damit am Schlusse meiner Ausführungen angelangt, möchte ich es nicht unterlassen, auch an dieser Stelle öffentlich auf die große Förderung hinzuweisen, die meine Arbeiten zur Schaffung eines außerbarometrischen Höhemessers für Flugzeuge seitens des Reichsverkehrsministerium und der Deutschen Versuchsanstalt für Luftfahrt, Berlin-Adlershof, in einer vorbildlichen, bei Behörden ungewöhnlichen und selten gefundenen Weise nach jeder Richtung hin und mit allen diesen Stellen zur Verfügung stehenden Mitteln erfahren haben. Auch ist der Anteil, den die genannten Stellen an dem Fortgang meiner Arbeiten nahmen, nicht ohne Einfluß auf die schnelle Entwicklung des Behmluftlotes gewesen.

III. Technische Gegenwartsfragen im deutschen Flugzeugbau.

Vorgetragen von H. Herrmann.

Die Maßnahmen der Entente haben es in den Jahren 1919 bis 1921 erreicht, daß das alte Stammpersonal der Flugzeugindustrie bis auf ganz verschwindende Reste in alle Windrichtungen zerstreut wurde. Die nach dem letzten Bauverbot entstandenen Baufirmen Deutschlands haben sich zum größten Teil neu gebildet und viele alte Erfahrungen nochmals sammeln müssen. Heute sind wir wieder endlich so weit, daß der Bau von guten Schul-, Sport- und Verkehrsflugzeugen nicht mehr die Sache von einer Spezialfirma ist, sondern daß auf jedem Gebiete erfreulicherweise allerschärfste Konkurrenz herrscht. Da der Ankauf von Flugzeugen nicht immer durch Interessengemeinschaft und Konzernbildung, sondern auch durch technische Überlegenheit veranlaßt wird, müssen sich heute die Konstrukteure mehr denn je anstrengen, den Rivalen an Leistung zu überflügeln. Dieser harte Kampf auf lange Sicht veranlaßt alle Konkurrenten, ihre Waffen, in diesem Falle das technische Rüstzeug zur Schaffung guter Entwürfe, zu verbessern. Der Stand dieser Wissenschaften rein vom Standpunkt des Benützers aus wird im folgenden beleuchtet.

Heute führt man die aerodynamische Berechnung von Flugzeugen meist nach dem Königschen Diagramm durch, in dem Widerstand und Schraubenschub abhängig von der Geschwindigkeit aufgetragen werden. Daraus ergeben sich Abflug-, Lande-, Höchst- und Steiggeschwindigkeit des betreffenden Musters.

Die Genauigkeit ist dabei an Zugschrauben-Flugzeugen mit schlankem Rumpf viel größer als mit dickem. Die Höchstgeschwindigkeit an Sport- und Schulflugzeugen ergibt sich dabei zu 2 bis 3 vH richtig. Bei Flugzeugen mit dickem Rumpf ist sie infolge unserer geringen Kenntnis der Vorgänge im Schraubenstrahl geringer. Die Genauigkeit der Berechnung der Steiggeschwindigkeit ist aus dem gleichen Grund noch nicht voll befriedigend. Gewiß haben wir Formeln mit Erfahrungswerten zur Berechnung der Steigfähigkeit normaler Flugzeuge. Sobald man für eine gegebene Aufgabe das beste Flugzeug ermitteln will oder annormale Flugzeuge berechnen muß, versagen sie sehr oft.

Sehr peinlich ist dabei die Tatsache, daß die Übertragung des im Windkanal gemessenen Profilwiderstandes auf große Flugzeuge noch gänzlich ungeklärt ist. Zur Entscheidung der Frage: ob freitragender Eindecker oder verspannter Doppeldecker, gehört die Kenntnis des Profilwiderstandes dicker und dünner Profile im ausgeführten Zustand.

Die genaueste Rechnung, die für Druck- und Zugschrauben, dicke und schlanke Rümpfe gleichmäßig anwendbar ist, wird so ausgeführt, daß man im Königschen Diagramm am Schraubenschub den Mehrwiderstand der im Schraubenstrahl liegenden Teile abzieht. Die Geschwindigkeitserhöhung läßt sich aus Schub, Durchmesser, Geschwindigkeit des Flugzeuges unter der Annahme von 90 vH Strahleinschnürung leicht berechnen und stimmt dann mit gemessenen Werten gut überein.

Wir haben in den vergangenen Jahren Flugzeuge mit dünnen Profilen und außenliegender Verspannung vielfach als veraltet angesehen. Dabei lag die Anschauung zugrunde, daß der Profilwiderstand unserer Flugzeuge vorwiegend aus geringfügiger Oberflächenreibung besteht. Diese Ansicht scheint sich bei dicken Profilen nicht zu bestätigen. Die Erfahrung weist immer mehr darauf hin, daß der Profilwiderstand am fertigen Flugzeug sich sehr ähnlich dem am Modell gemessenen verhält. Die genaue Messung des Profilwiderstandes am ausgeführten Flugzeug ist heute eine der wichtigsten Forschungsarbeiten für den deutschen Flugzeugbau. Betz und Ackeret haben dazu eine Methode angegeben, ZFM 1925, S. 42. Kehrt man zu der alten Auffassung zurück, daß Profilwiderstand im Windkanal und am Flugzeug annähernd gleich sind, so zeigt genaue Nachrechnung, daß der Tragflügelwiderstand eines sorgfältig verspannten Flugzeuges, bestehend aus der Summe des geringen Profilwiderstandes des dünnen Profils und dem schädlichen Widerstand der Verspannung dem großen Profilwiderstand des dicken Profiles, gleich ist. Voraussetzung dabei ist die Verwendung von Stromliniendrähten. Bei Gebrauch von Kabeln ist der Widerstand bedeutend größer. Wenn man in dieser Erkenntnis zurückblickt nach den Typen des Jahres 1918, so muß man sich sagen, daß, wenn wir damals in Deutschland Stromliniendrähte gehabt hätten, der große Unterschied zwischen Flugzeugen mit dickem Profil einerseits und dünnem Profil mit aufs geringste bemessenem schädlichen Widerstand außenliegender Verspannung anderseits, nicht vorhanden gewesen wäre.

Im Dampfschiffbau erzielt man heute nach mehr als hundertjähriger Praxis immer noch hydrodynamische Verbesserungen durch gründliche Untersuchungen des Widerstandes und Schraubenwirkungsgrades zugleich. Das gleiche ist wahrscheinlich am Flugzeug auch möglich. Wir müssen den »Gesamtwirkungsgrad« einer Luftschraubenanlage unterteilen in den Wirkungsgrad der freifliegenden Schraube, die Erhöhung desselben durch die Wirkung des Rumpfes (Meßnabenschub) und seine Verschlechterung durch die Widerstände im Strahl. Der Wirkungsgrad der freiliegenden Schraube ist von Schaffran, Eiffel, dem englischen Aeronautical Research Committee und dem amerikanischen National Advisory Comittee for Aeronautics gründlich und umfassend untersucht worden. Zu seiner Berechnung sind neuere brauchbare Theorien, insbesondere von Kármán, erschienen. Sobald die Schraube in ein Gebiet verminderter Zuströmgeschwindigkeit kommt, erhöht sich ihr Wirkungsgrad. Jeder schädlichen Widerstand hervorrufende Körper macht dieses durch Verkleinerung der Geschwindigkeit der umgebenden Strömung. Die Berechnung dieser Verminderung der Zuströmgeschwindigkeit ist heute noch ungeklärt. Vor, an und hinter einem Rumpf oder Tragfläche tritt sie auf. Die Fuhrmannsche Theorie der Ballonmodelle und die Prandtlsche Tragflügeltheorie liefern beide aus dem gleichen Grunde für die Verhältnisse hinter Widerständen keine ausreichenden Werte, weil sie auf der Voraussetzung des Widerstandes null beruhen. Die Verminderung der Zuströmgeschwindigkeit hinter Flugzeugteilen durch die Ablenkung der Stromlinien ist bei guter Formgebung unbedeutend gegenüber der Geschwindigkeitsverminderung durch den Profil- oder schädlichen Widerstand. Vor einem dicken Rumpf ist dagegen die Verminderung der Zuströmgeschwindigkeit aus den Fuhrmannschen Rechnungen bei sehr guter Formgebung erfaßbar. Planmäßige Messungen dieser verminderten Zuströmgeschwindigkeit fehlen uns gänzlich. Nur die Tatsache, daß die verminderte Zuströmgeschwindigkeit den Schub ohne entsprechende Vergrößerung des Drehmomentes erhöht, ist aus Messungen des amerikanischen N. A. C. A., des englischen A. R. C. und Eiffel bekannt. Göttingen hat ebenfalls die Erhöhung des Schubes hinter Tragflächen festgestellt. Die mit der Meßnabe ermittelten Werte und englische Flugversuche weisen auf das gleiche hin. Von diesem durch Zwischenwirkung erhöhten Schub ist nun der Mehrwiderstand aller im Schraubenstrahl liegenden Flugzeugteile abzuziehen. Die Erhöhung der Geschwindigkeit im Schraubenstrahl beträgt bei bestem Wirkungsgrad im Mittel 20 vH hinter der Schraube entsprechend 44 vH Widerstandserhöhung. Vor der Schraube 10 vH Geschwindigkeits- und 21 vH Widerstandserhöhung. Die Differenz des durch Verminderung der Zuströmgeschwindigkeit erhöhten Schraubenschubes, der dem Meßnabenschub gleich ist, und des Mehrwiderstandes im Schraubenstrahl ergibt den Gesamtwirkungsgrad.

Die Mittel zur Verbesserung des Gesamtwirkungsgrades sind folgende:

A. Nach Bestimmung der Lage von Flugzeug und Schraube:

1. Verminderung aller im Schraubenstrahl liegenden Widerstände.

2. Anpassung der Steigung der Schraube an die verminderte Zuströmgeschwindigkeit. Der für die freiliegende Schraube beste Steigungsverlauf hat über den ganzen Halbmesser gleichbleibende Zuströmgeschwindigkeit als Voraussetzung. Ist diese z. B. im inneren Teil der Schraube geringer, so arbeitet sie dort mit höherer Steigung als vorgesehen und erzeugt außer schlechterem Wirkungsgrad größere Strahlgeschwindigkeit. Die letztere bläst den Rumpf schärfer als nötig an und erhöht seinen Widerstand. Paßt man die Steigung der vorhandenen Strömung nach Art der Schiffschrauben in erster Näherung an, so erhält man einen Steigungsverlauf von innen nach außen zunehmend, ähnlich dem der amerikanischen Reedschraube (Abb. 1). Die Erhöhung des Gesamtwirkungsgrades durch Anpassung der Steigung wird im Schiffbau im Mittel zu 6 vH angegeben.

Der Unterschied der Reedschraube mit der Normalschraube wird gleichfalls auf 6 vH beziffert. Man kann sich den Vorgang auch so vorstellen, daß die Strömung infolge zu großen Einströmwinkels am inneren Teil der Schraube dauernd abreißt, den Schub dadurch vermindert und das Drehmoment erhöht. Welch große Bedeutung der Querschnitt der Schraube in der Nähe der Nabe zukommt, das ergeben die englischen Versuche, veröffentlicht als R. und M. 829. Dort fällt der Wirkungsgrad von Metallschrauben, die zur Verstellbarkeit des Blattes in der Nähe der Nabe kreisrunden Querschnitt haben, in jedem Falle gegenüber gleich großen Holzschrauben erheblich. Der größte Unterschied beträgt sogar 10,5 vH. Derartige Metallschrauben hat man in allen Ländern versucht, ohne daß sie zur endgültigen Einführung gelangt sind. Auch in Deutschland bemühen sich noch zwei Firmen, sie durchzusetzen.

B. Bei freier Wahl der Anordnung von Schraube und Flugzeug legt man die Schraube in das Gebiet am meisten verminderter Zuströmgeschwindigkeit, um dadurch ihren Wirkungsgrad zu erhöhen, und richtet mit dem Schraubenstrahl möglichst wenig Schaden an. Die größte Verminderung der Zuströmgeschwindigkeit liegt hinter dem jeweiligen Widerstand. Die geringste Widerstandsvermehrung richtet die Schraube auf alle vor ihr liegenden Flugzeugteile aus. Beides führt zu Druckschraubenantrieb.

Die Verminderung der Zuströmgeschwindigkeit erhöht in Sonderfällen den Wirkungsgrad der Schraube über 100 vH. Die Erhöhung der schädlichen Widerstände vermindert aber den Gesamtwirkungsgrad immer unter den der freifliegenden Schraube. Die Erreichung eines Gesamtwirkungsgrades gleich dem der freifliegenden Schraube ist das Ideal.

Da für die Flugleistungen nicht die Gleitzahl allein, sondern das Produkt der Gleitzahl mit dem Schrauben-

wirkungsgrad maßgebend ist, wird oft eine Verschlechterung der Gleitzahl zugunsten bedeutend besseren Wirkungsgrades von Vorteil. Wenn eine Gewichtsvermehrung durch andere Maßnahmen geschickt vermieden wird, können Verlängerungswellen zur Anlage von Druckschrauben bei dezentralen Flugzeugen große Vorteile bringen. Die kritischen Biegungs- und Torsionsschwingungszahlen lassen sich mit den bekannten Verfahren der Mechanik einwandfrei berechnen. Durch genügend großen Durchmesser kann die kritische Biegungsschwingungszahl meist über den normalen Drehzahlbereich gebracht werden. Die kritische Torsionsdrehzahl hängt ab von dem Verdrehwinkel der Welle bei gegebenem Drehmoment und dem Verhältnis der Massenträgheitsmomente vor und hinter ihr. Je weicher die Welle, um so niedriger die kritische Drehschwingungszahl. Durch Variierung der Wellenabmessungen und der Trägheitsmomente vor und hinter ihr kann man die kritischen Torsionsdrehzahlen unter die Leerlaufdrehzahl oder über die Höchstdrehzahl bringen. Das im Flugzeug unvermeidbare Kardangelenk und die Lagerung der Welle lassen sich

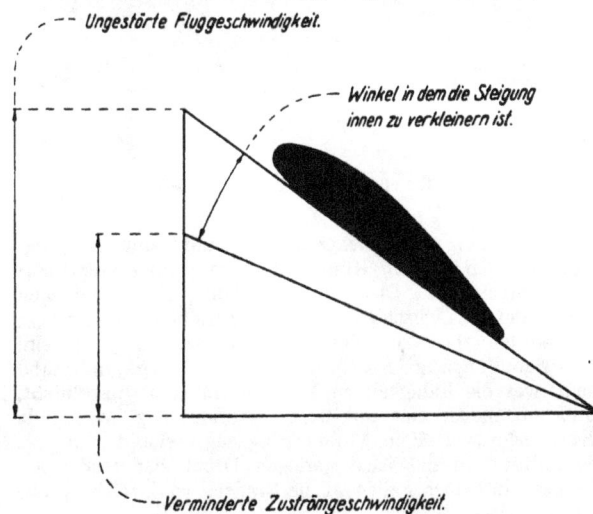

Abb. 1. Anpassung der Schraube an die umgebenden Flugzeugteile durch Änderung der Steigung.

genügend betriebssicher durchbilden. Sehr zu beachten ist die Herabsetzung der tritischen Drehzahlen der Kurbelwelle durch das Hinzukommen einer neuen Welle.

Was uns heute fehlt, sind Windkanalversuche an genügend großen Modellen zur Klärung des Zusammenwirkens von Rumpf und Schraube. Dazu gehören Schraubendurchmesser von mindestens 1 m. Diese Versuche werden dann ziemlich genau auf die Ausführung übertragbar sein. Heute müssen wir leider feststellen, daß England im Begriffe ist, auf diesem Gebiete einen gründlichen Vorsprung zu erlangen durch eine ganze Reihe von Strömungsuntersuchungen mit ausreichend großen Modellen, Schrauben und Windgeschwindigkeiten.

Einige Anhaltspunkte bestehen in der Übertragung des im Windkanal gemessenen größten Auftriebes. Bei dünnen Doppeldeckerprofilen kann man sagen, daß an der Druckseite ebene Profile ein c_a von 1,05 bis 1,10 ergeben, während es bei unten eingewölbten Profilen auf 1,40 steigt. Dabei sind die Werte der Windkanalmessung bald überlegen, bald unterlegen. Es ist gleichgültig, ob diese Wölbung durch eine herabzuziehende Klappe oder durch das Profil geschaffen wird. Bei Eindeckern kommt bei ebener Druckseite noch ein gewaltiger Einfluß des Flügelgrundrisses hinzu. Dort ist die Querstabilität mit abgerundeten Flügelenden bei großen Auftriebsbeiwerten besser als mit scharfen Ecken. Gleichzeitig ist dann bei gleichem Profil der Höchstauftrieb besser. Diese Erfahrung haben wir mit den älteren Udet-Sportflugzeugen mit scharfen Ecken außen am Flügel und den neueren gut abgerundeten gemacht. Die Ergebnisse des Otto-Lilienthal-Preises belegen ebenfalls diese Anschauung. Englische Versuche[1]) an einer Junkers F 13 zeigen ein Abnehmen des größten Auftriebsbeiwertes gegenüber der Windkanalmessung auf c_a 1,10. Diese Tatsache bestätigt wiederum die Auffassung, daß der Grundriß vom Flügel die Ursache ist, da die Junkersmaschine außen scharfe Ecken hat. Das in Deutschland sorgfältig geheim gehaltene Profil ist in dem englischen Bericht mit genauen Maßen angegeben und dem, bei den verschiedenen Udet-Flugzeugen benützten, die durch andere Flügelgrundriß höhere Werte haben, ziemlich ähnlich. Bei Spaltflügeln haben englische Messungen eine Verbesserung mit dem Kennwert ergeben. An der in Deutschland gebauten Udet-Spaltflügellimousine stehen Messungen noch aus.

Abb. 2. Udet-Kleinlimousine U 8 b mit 100 PS Siemens.

Ein anderer wesentlicher Gesichtspunkt sind die Flugeigenschaften, die ein Konstrukteur in jedes seiner Flugzeuge hineinbaut. Diese sind bei dem gleichen geistigen Vater und ganz verschiedenen Flugzeugen fast immer gleich. Sie sollten aber dem Verwendungszweck angepaßt sein. Das Schulflugzeug für den Anfänger muß träge und stabil sein, was die Fähigkeit zu Kunstflügen nicht ausschließt, und am Steuer eine mit dem Ruderanschlag wachsende Kraft erfordern. Beim Verkehrsflugzeug verlangt man gute Stabilität und möglichst geringen Druck der Ruder am Steuer. In beiden Fällen ist die Grenze, wo durch zu große

Abb. 3. Udet-Schuldoppeldecker »Flamingo« mit 80 PS Siemens.

Ruderwirksamkeit Überempfindlichkeit oder zu geringer Ruderdruck entsteht, sehr schwer zu finden. Wenn noch einmal ein Wettbewerb ähnlich dem Otto-Lilienthal-Preis zustande kommt, sollte man den Druck am Knüppel, Fußsteuer und Handrad in den verschiedenen Typen messen und veröffentlichen mit einem Zusatz, welche Muster gut und welche schlecht zu fliegen sind. Die meisten Firmen arbeiten mit den gleichen Abmessungen von Flosse zu Ruder sowie Querruder zu Flügel. Damit machen sie die zur Steuerung erforderlichen Kräfte und Flugeigenschaften gleich. Es wird nötig sein, daß man diese Abmessungen entsprechend dem Zwecke des jeweiligen Musters ändert. Im Hinblick auf die Flugeigenschaften wählt man bei Eindeckern ein günstiges Seitenverhältnis. Die Verbesserung der Flugleistungen infolge Verminderung des induzierten Widerstandes ist nicht der Grund. Bei Doppeldeckern kann man mit bedeutend größerem induzierten Widerstand ar-

beiten, da hier das Flügelmoment durch die geringere Flügeltiefe bedeutend kleiner wird und durch Staffelung noch weiter verkleinert werden kann. **Der Eindecker mit schlechtem Seitenverhältnis, der gute dynamische Stabilität besitzt, muß noch gebaut werden.**

Es ist eine bekannte Tatsache, daß eine 10 vH große Gewichtserleichterung wertvoller ist als eine Verminderung des Widerstandes um 10 vH. Unsere Bestrebungen zur Gewichtsverminderung müssen unterteilt werden in das Suchen nach dem besten statischen Aufbau, bei dem die Kräfte in den einzelnen Baugliedern möglichst gering sind, und dem Streben nach sparsamsten Querschnittsformen. Das Flügelbiegungsmoment eines freitragenden Eindeckers läßt sich durch eine Strebe auf ein Fünftel bis ein Achtel reduzieren. Wir wissen, daß bei sorgfältig bemessener äußerer Verspannung bei dünnem Profil keine Widerstandsvermehrung gegenüber dicken entsteht. Sobald man aber von der Einfachheit des freitragenden Flügels abgeht und außenliegende Verspannung anwendet, bekommt man durch die Beschläge sofort eine Reihe kleiner Gewichte, die sich summieren und den Vorteil der Verspannung stark reduzieren. Trotzdem wird der freitragende Flügel meist schwerer werden. Wir wollen uns zwei Flugzeugtragwerke vorstellen, die beide die gleiche Größe und die gleiche Bruchlast zu halten haben, das eine als freitragender Eindecker, das andere als verspannter Doppeldecker. Statische und dynamische Quer-, Längs- und Seitenstabilität sowie Gesamtwiderstand seien annähernd gleich. Diesen Fall haben wir zufällig in 2 Udet-Typen, nämlich U 8b »Limousine« (Abb. 2) und U 12 »Flamingo« (Abb. 3). U 12 hat 33,4 kg/m² Flächenbelastung bei 24 m² Flächengröße und im Falle A 8 faches Lastvielfaches entsprechend 267 kg/m² Bruchlast. U 8b hat 41,2 kg/m² Flächenbelastung bei 25 m² Flächengröße und 6,5 faches Lastvielfache im A-Fall entsprechend 268 kg/m². Die Festigkeit der beiden Tragwerke und ihr Widerstand ohne Induzierten sind praktisch gleich. Der Momentenausgleich ergibt beim Doppeldecker mit 2,6 m² Höhenleitwerk größere statische Stabilität als mit 4 m² bei dem Hochdecker. Ihre Flügelgewichte betragen 6,15 kg/m² für den Eindecker und 5,4 kg/m² für den Doppeldecker. Baustoffe, Materialbeanspruchung, -Ausnutzung und möglichste Steigerung der Verbundwirkung sind bei beiden gleich. Das Gewicht der Beschläge und des Stieles am Doppeldecker sind noch verbesserungsfähig. An dem freitragenden Eindecker ist nichts mehr zu verbessern. Ein Ganzmetallflügel gleichgültig welcher Bauart, ist bei gleicher Festigkeit infolge des Gewichtes der Bespannung nicht leichter. Trotzdem ist der Eindeckerflügel 14 vH schwerer. Dieses Gewichtsverhältnis bleibt auch bestehen, wenn beide Tragwerke Duralholme, -Rippen und -Bekleidung hätten, ebenso von Rohrgerippe mit Wellblechverkleidung oder Holzholme mit Sperrholzplankung oder irgendeine andere Bauweise beim Eindecker und Doppeldecker gleichmäßig zur Anwendung kommt. Das größte Biegungsmoment am Eindecker beträgt im A-Fall ohne Verbundwirkung 4833 mkg, beim Doppeldecker 151 mkg ohne Knicklast. Deren Einfluß entspricht eine Erhöhung des Biegungsmomentes auf 216 mkg. Diese grundsätzlichen Verhältnisse sollte man sich stets bei der heutigen Reklame für freitragende Flügel vor Augen halten. Für den Eindecker spricht stets die größere Billigkeit und momentan in Deutschland sein Prestige, das bei seinem Verkauf lange Zeit wertvoll war. Heute sieht allerdings kein Käufer mehr darauf. Freitragende Sportflugzeuge ins Ausland zu verkaufen, ist unmöglich, da dort zu wenig Vertrauen vorhanden und die existierenden Doppeldecker leichter und besser sind. Ich glaube, daß die Zahl der als freitragende Eindecker gebauten Neukonstruktionen in Deutschland bald mit Recht sehr stark fallen wird. Allerdings wird der freitragende Eindecker nie ganz verschwinden, denn es wird immer Sonderfälle geben, bei denen er Vorteile bringt. Freitragende Doppeldecker erscheinen sinnlos, da man mit einer Einfeldverspannung aus Stromliniendrähten trotz dünnerem Profil

---

[1]) R. u. M. 945.

zum Widerstandsausgleich sehr viel Gewicht sparen kann, denn alle Beschläge und Aussteifungen sind ja durch den unvermeidlichen äußeren Stiel da.

Bei gegebenem statischen Aufbau suchen wir durch beste Querschnittsformen das äußerste herauszuholen. Die Grenze des Gewichtes mit zwei Holmen scheint ziemlich genau gegeben. Daher wird an den verschiedensten Stellen nach neuen und besseren Flügelquerschnitten gesucht, ohne

Abb. 4. Udet-U 8a Klein-Limousine mit Spaltflügel mit 100 PS Siemens.

daß sich bereits eine neue und bessere Lösung durchgesetzt hat. Einen wesentlichen Vorteil kann man erzielen, wenn es möglich ist, mit Hilfe des Spaltflügels, ohne zu große Mehrgewichte, die Flächengröße zu halbieren. Um diese Bauart zu studieren, hat die Firma Udet-Flugzeugbau G. m. b. H. München einen Versuchsflügel mit zwei Schlitzen gebaut.

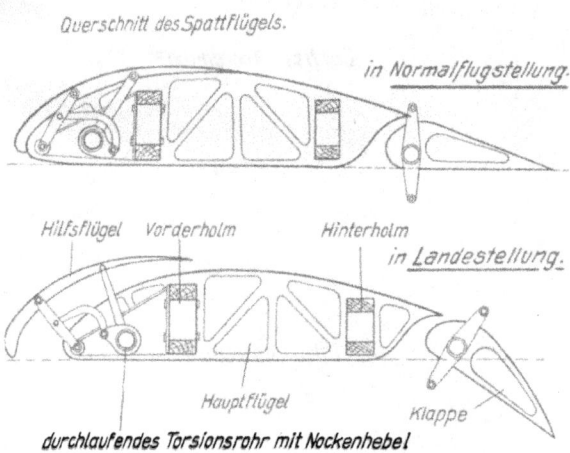

Abb. 5. Schnitt durch den Spaltflügel.

Das Flugzeug entspricht der Udet-Kleinverkehrs-Limousine U 8b bis auf die Tragfläche (Abb. 4). Diese ist in Holz nach den normalen Richtlinien konstruiert und besitzt einen Hilfsflügel, der in der Landestellung nach vorne geschwenkt, und eine Klappe, die beim Landen nach unten gedreht wird. Der Hilfsflügel hängt an zwei Lenkern (Abb. 5). Der vordere wird durch einen gebogenen Hebel vor und zurück geschwenkt. Dieser ist durch Nocken auf den durchlaufenden, mittels Schneckenantrieb gedrehten Torsionsrohr betätigt (Abb. 6). Die ganze Anordnung ist nun so gewählt, daß das Rohr in der Lande- und Normalflugstellung in bezug auf Verdrehung entlastet ist.

Es ist dadurch unmöglich, daß infolge elastischen Nachgebens irgendwelcher Teile der Hilfsflügel aus seiner vorgeschriebenen Lage gelangt. Anordnen von zehn über die Spannweite verteilten Hebelsätzen gestattet zu jeder Zeit das Brechen oder Versagen eines Hebels. Abb. 6 zeigt den Schneckenantrieb zur Betätigung des Torsionsrohres. Es

ist selbsthemmend und erspart dadurch jegliche Sicherheits- und Sperrvorrichtungen.

Die gleiche, mittels Kettenrad vom Führersitz aus angetriebene Welle betätigt auch die hintere Klappe. Abb. 7 zeigt die Anordnung. Die Seile der Klappen werden von den verschiedenen Kreuzen aus in der beim Querruder üblichen Form an den Hebel hinter dem Vorderholm geleitet. Die vom Steuerknüppel aus dem Führersitz kommenden Seile werden an eine genutete Verschiebewelle

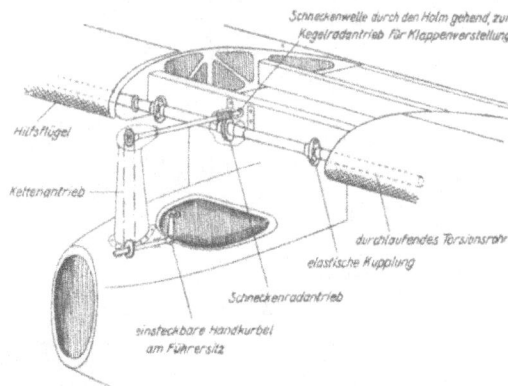

Abb. 6. Schneckenantrieb vom vorderen Torsionsrohr.

geführt. Diese wird durch einen Kegelradantrieb, in dem sie dem Querruderausschlag entsprechend hin und hergehen kann, gedreht. Dabei gehen die Spannschlösser der Drehrichtung entsprechend auseinander oder zusammen und ziehen dann die Klappen mit Hilfe der Hebel in Lande- oder Normalflugstellung.

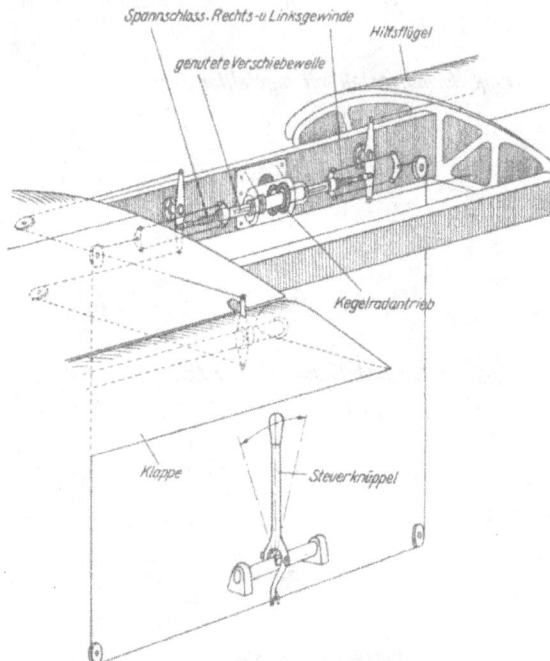

Abb. 7. Klappensteuerung.

Auch hier wird durch die Selbsthemmung des Gewindes die Anordnung von Sperrklinken erspart. Die Ausbildung des Schneckengetriebes und der Klappenbetätigung ist als geschlossene, in Silumingußteilen untergebrachte Aggregate durchgeführt.

Die Maschine machte anfänglich sehr viele Schwierigkeiten dadurch, daß die Führer sich an den Schlitz nicht gewöhnen konnten. Nach ca. 5 bis 6 Flügen gelang es, wobei zwei Notlandungen mit offenem Spalt sehr geholfen haben, dadurch, daß alle der Überzeugung waren, daß ein Normalflugzeug dabei restlosen Bruch gemacht hätte. Seit

Altes Problem.

Neues Problem.

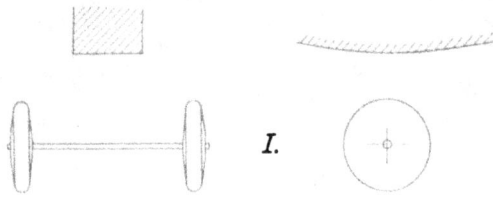

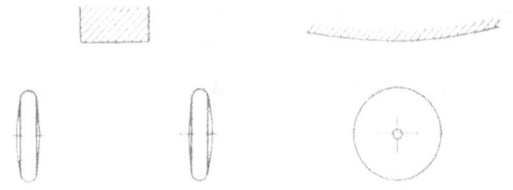

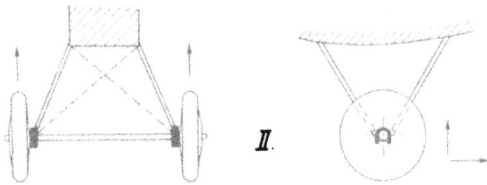

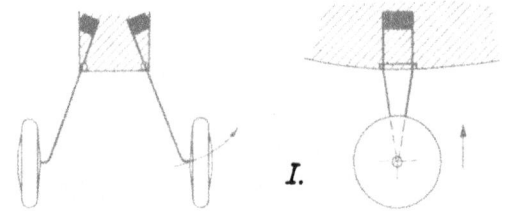

I.

Normalgestell aus dem Kriege.

Dornier - Anordnung

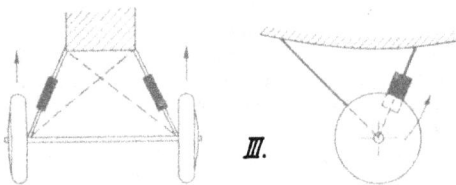

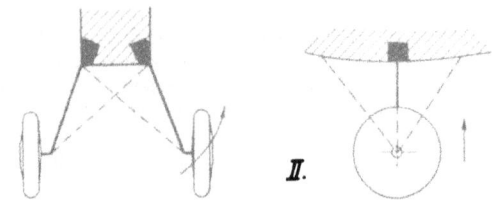

Engl. Normalgestell mit ungeteilter Achse.

Curtiss - Anordnung.

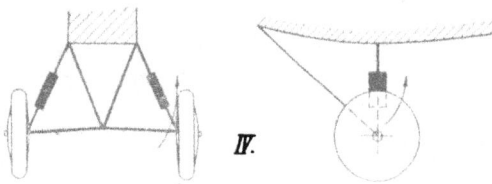

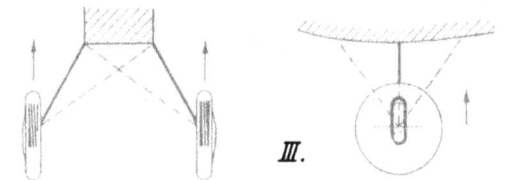

Engl. Normalgestell mit geteilter Achse.

Udet - Anordnung.

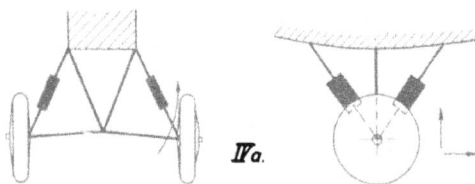

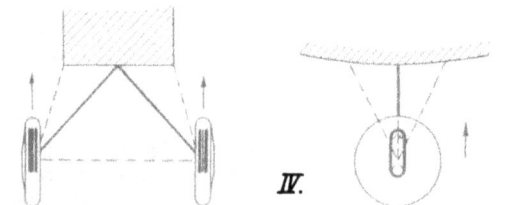

Junkers Fahrgestell.

Curtiss - Anordnung unter breitem Rumpf.

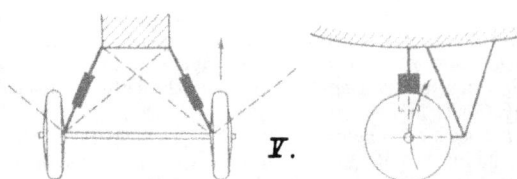

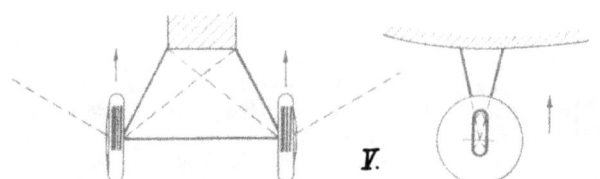

Fahrgestell mit Tragseilen.

Bréguet - Anordnung mit Tragseilen.

Abb 8. Systematische Zusammenstellung oft vorkommender Fahrgestellbauarten.

dieser Zeit ist das Vertrauen vorhanden, und die Maschine wird wie jedes andere Flugzeug geflogen. Der Auslauf beträgt heute bei 50 kg Flächenbelastung etwa 70 m — eine Zahl, die von dem Udet-Doppeldecker Flamingo kaum unterboten werden kann.

Bei Verkehrsflugzeugen ist das Rumpfgewicht ausschlaggebend. Wir berechnen es heute beim Vorentwurf so, daß wir die Oberfläche des Rumpfes bestimmen und dann durch Multiplikation mit dem Gewicht pro Flächeneinheit sein Gewicht. Man kann mit ausreichender Genauigkeit das Rumpfgewicht (natürlich ohne jede Inneneinrichtung) proportional der Oberfläche setzen. Das gilt nicht nur für Blechwannen-, Wellblech- oder Sperrholzrümpfe, sondern auch für Holzdrahtboote und stoffbespannte Stahlrohrrümpfe. Wenn irgendeine Möglichkeit zur Gewichtserleich-

Abb. 9. Kleines innengefedertes Rad. Die senkrechten Rohre dienen zur Führung der inneren Nabe. Diese und die äußere Nabe aus Siluminguß. Laufrad ohne Speichen aus Blech genietet.

terung des Rumpfes auftaucht, so arbeiten wir diese für einen Normalrumpf, der schon in allen bekannten Bauarten durchgearbeitet ist und zeichnerisch festlegt, durch, und berechnen Querschnitte und Gewicht. Dann ergibt sich sehr schnell, ob ein Vorteil entsteht. Am leichtesten sind Duralrümpfe mit Stoffbespannung, dann folgen stoffbespannte Wellblechrümpfe, danach Wellblech- und zum Schluß Blechwannen- und Sperrholzrümpfe. Sehr schwer sind Holzdrahtboote, insbesondere mit ovalem Querschnitt.

Früher geschah die Berechnung des Fahrgestells durch Pauschallastvielfache für die von vorn, unten und seitlich angreifenden Kräfte. Auch für die Kraftrichtungen galten Pauschalwerte. Heute verbietet die Notwendigkeit allergeringsten Gewichtes die Anwendung solcher Methoden. Außerdem haben sich feste Richtlinien verschiedener Art ausgebildet. So verlegt man z. B. an Flugzeugen, deren Führer unerfahren ist, insbesondere an Schul- und Sportflugzeugen die Achse so, daß die Resultierende von Landungsstößen durch den Schwerpunkt geht. An nur von erfahrenen Führern geflogenen Verkehrsflugzeugen verlegt

man die Achse weit vor den Schwerpunkt, um Überschläge bei der Landung zu erschweren. Zu seiner Berechnung nehmen wir eine Schwanzlandung und eine solche mit so hohem Schwanz an, daß die Grenze sofortigen Überschlags gerade erreicht ist. Die aus der möglichen Sinkgeschwindig-

Abb. 10. Großes innengefedertes Rad. Aufbau wie das kleine Abb. 9. Alles aus Schwarzblech geschweißt. Achsbiegungsmoment fällt weg. Anstatt 100 × 7 Chromnickelstahlachse 80 × 4 Duralrohr, das nur bei Schiebelandung auf Biegung beansprucht wird.

keit sich ergebende Resultierende wird dann in die beiden Komponenten größten und kleinsten Federweges zerlegt. Aus diesem wird dann an Hand des vorhandenen Federweges die für die statische Berechnung in Frage kommende Last festgestellt. Da der Federweg in Richtung der beiden Komponenten oft verschieden ist, bekommt die Resultierende für die statische Berechnung häufig einen anderen Winkel als die Stoßrichtung. Durch Erhöhung des Federweges kann man die wirksamen Kräfte stark vermindern.

Abb. 11. Fahrgestell mit großem innengefederten Rad.

Der Luftwiderstand des Fahrgestelles ist in den letzten fünf bis sechs Jahren wenig verbessert worden. Er ist aber sehr hoch und eine Verminderung von ihm bringt einen annehmbaren Vorteil. Daher sehen wir jetzt überall Versuche unter Vermeidung von Achse und im Luftstrom liegender Federung, das Rad mit möglichst wenig Widerstand und Gewicht direkt mit dem Rumpf zu verbinden. Entweder legt man die Federung in den Rumpf oder in die dazu vergrößerte Radnabe.

An Schwimmern und Flugbootsrümpfen haben wir in den Jahren nach dem Kriege wenig wissenschaftlich gearbeitet. Englische Arbeiten auf diesem Gebiete haben die notwendigen Anhaltspunkte gegeben. Nunmehr hat die Deutsche Versuchsanstalt für Luftfahrt Schleppversuche begonnen. Zuerst wurde die Übertragung vom Modell auf die Ausführung geprüft. Es hat sich dabei ein Unterschied von 15 bis 18 vH im Wasserwiderstand ergeben. Der Versuch fand so statt, daß die ausgeführten Schwimmer eines Udet-Wasserflugzeuges U 10a bei der Hamburgischen

Abb. 12. Schleppversuche an großen innengefederten Rädern zur Ermittlung des Fahrwiderstandes.

Schiffbauversuchsanstalt geschleppt wurden. Dazu dann ein Modell im Maßstab 1 : 4.

Die Vergrößerung der bestehenden Verkehrsflugzeuge kann dadurch geschehen, daß man Flugzeug und Motor geometrisch ähnlich vergrößert. Man bekommt dadurch immer stärkere Motoren und ist dem bekannten Lanchesterschen Satz über die Erhöhung der Gewichte unterworfen.

Abb. 13. Udet-Wasserflugzeug U 10a.

Die Unsicherheit gegen Notlandungen bleibt dadurch immer die gleiche. Aerodynamisch läßt sich grundsätzlich nicht viel verbessern.

Der andere Weg führt zur Dezentralisierung des Triebwerks, die zur Verminderung des Gewichts beiträgt. Dabei bekommt man Vor- und Nachteile. Je nach deren Art und Größe liegt die vielumstrittene Grenze der Flugzeuggröße, von der an man besser dezentralisiert, höher oder tiefer. Leichte Motoren sind von allergrößter Wichtigkeit. Die heute vorwiegend praktisch in Frage kommenden Motorgruppierungen sind folgende:
1. Zwei Motoren:
    a) Die Motoren liegen hintereinander (Tandemanordnung),

b) die Motoren liegen nebeneinander.
2. Drei Motoren neben inander. Die Schraubenkreise überschneiden sich in der Vorderansicht.
3. Vier Motoren:
    a) Vier nebeneinander,
    b) je zwei hintereinander zu beiden Seiten,
    c) je zwei übereinander zu beiden Seiten.

Die Untersuchungen von R o h r b a c h über die Notlandewahrscheinlichkeit dezentraler Flugzeuge haben heute grundsätzlich noch volle Gültigkeit. Nur sind die Laufzeiten der Triebwerksaggregate größer und damit die Sicherheiten höher geworden. Wir benützen aus dieser Arbeit am besten die Verhältnisse der Notlandewahrscheinlichkeit bei zunehmender Dezentralisierung zu der bei einem Motor. Es ergibt sich für:

Mit einem Motor flugfähige Zweimotoren-
flugzeuge 1/9
Mit einem Motor flugfähige Dreimotoren-
flugzeuge 1/3.46
Mit zwei Motoren flugfähigen Viermotoren-
flugzeugen 1/20
} der Notlandungen von Flugzeugen mit einem Motor.

Zweimotorische Wasserflugzeuge hat in Deutschland Dornier entwickelt. Dreimotorische hat Junkers gebaut. Ein Viermotorenflugzeug mit vier nebeneinander liegenden Triebwerksaggregaten hat 1919 bereits Rohrbach gebaut. Leider wurde die Maschine durch die Entente bald zerstört. Nunmehr hat die Firma Udet-Flugzeugbau G. m. b. H. ein derartiges Flugzeug für den Deutschen Aero Lloyd in Arbeit genommen. Die Fertigstellung ist im Laufe dieses Winters zu erwarten. Unter dem Zwange der Begriffsbestimmungen sind vier 100-PS-Siemensmotoren vorgesehen. Sie ergeben knapp 50 vH Kraftüberschuß, so daß mit zwei ausgefallenen Motoren noch geflogen werden kann, wenn diese nicht auf einer Seite liegen. Es wird möglich sein, mit zwei Motoren auf einer Seite abgestellt geradeaus zufliegen, aber nicht ohne Höhenverlust. Die zu den Flugzeuge passende Motorleistung beträgt wie an den gleich großen Maschinen von Dornier und Junkers etwa 700 PS. Damit kann natürlich mit zwei Motoren auf einer Seite stehend ohne Höhenverlust geradeaus geflogen werden. Es ist alles vorgesehen, um bei Lieferung ins Ausland, z. B. Rußland, oder Erleichterung der Begriffsbestimmungen sofort vier bedeutend stärkere Motoren einbauen zu können.

Von besonderem Interesse sind die Rechnungen und deren Schlußfolgerungen über das Verhalten solcher Flugzeuge bei Ausfall von Seitenmotoren. Wir unterteilen sie 1. in den Zustand der stationären Bewegung auf langem Streckenflug, 2. dem Kurvenflug mit verminderter Motorenzahl sowie Übergang zum Gleitflug und umgekehrt, und 3. den Vorgängen bei plötzlichem vom Führer unerwartetem Motorausfall.

1. Stationäre Bewegung auf langem Streckenflug. Zeichnet man sich das Drehmoment um die Hochachse durch den Ausfall von Seitenmotoren über den gesamten Geschwindigkeitsbereich auf, so bekommt man stets Kurven, die mit Abnehmen der Geschwindigkeit wachsen (Abb. 15 und 16). Der Grund ist darin zu suchen, daß der Schraubenschub mit wachsender Geschwindigkeit fällt. Trägt man nun in dieses Schaubild das vom Seitenruder bei verschiedenem Ausschlag oder Drehung des Flugzeuges um die Hochachse erzeugte Moment ein, so erhält man Kurven, die mit dem Quadrat der Geschwindigkeit wachsen. Das zeigt, daß jeder Geschwindigkeit ein bestimmter Seitenruder- und -Flossenausschlag zugeordnet ist. Dieser ist um so kleiner, je höher die Geschwindigkeit ist. Unterhalb einer bestimmten Geschwindigkeit ist ein Ausgleich unmöglich. Zahlenmäßig fällt diese Grenze bei den meisten Ausführungsarten in die Größenordnung von 85 km/h. Damit wird die Erhöhung der Landegeschwindigkeit dezentraler Großflugzeuge durch Verminderung der Flächengröße außer der Rücksicht auf das Gewicht noch durch die Steuerbarkeit gefordert.

Bei dem mit zwei Motoren noch flugfähigen Viermotoren-flugzeug wird der Führer bei Defekt eines Aggregates das entsprechende, auf der anderen Seite liegende gleichfalls zum Stillstand bringen und dann mit zwei Motoren und verminderter Geschwindigkeit ohne fliegerische Schwierigkeiten den Flug fortsetzen. Erst wenn der zweite Motor ausfällt, kommt die Schwierigkeit des Fliegens mit Seitenmoment in Frage.

Wenn das halbe Seitenleitwerk in Schraubenstrahl liegt, erhält es eine bei niedriger Geschwindigkeit erhöhte Wirksamkeit. Das zeigt, daß es bei dezentralen Flugzeugen

Abb. 14. Udet-Großflugzeug U 11 »Condor« mit vier 100 PS Siemens-motoren. Gondeln mit Verlängerungswellen zur Erzielung besten Wirkungsgrades untereinander austauschbar.

günstig ist, das Seitenleitwerk in Schraubenstrahl zu haben. Es ist aber selten möglich.

2. Das Durchfliegen von Kurven, der Übergang von Gleitflug zum Motorflug und umgekehrt, erfolgt am besten bei möglichst hoher Geschwindigkeit, da dann das Seitenmoment klein und die Ruderwirksamkeit groß ist. Wenn der Anstellwinkel der Kielflosse durch geeignete Vorrichtung zum Streckenflug verstellbar ist, muß er zum Gasweg-nehmen wieder auf Null gebracht werden oder durch einen entsprechenden Seitenruderausschlag kompensiert werden.

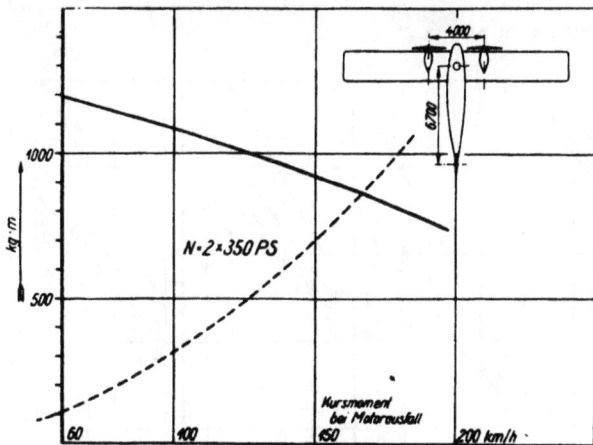

Abb. 15. Seitenmoment eines Zweimotorenflugzeuges bei Stillstand eines Seitenmotors. Einpunktierte Parabel entspricht dem Moment infolge eines Seitenruderausschlages oder Drehung des Flugzeuges um die Hochachse.

Daraus ergibt sich die Forderung solcher Seitenrudergröße, daß ein beliebig ausfallender Motor sofort beherrscht werden kann.

3. Von besonderer Wichtigkeit ist das Verhalten des Flugzeuges bei plötzlichem vom Führer unerwarteten Motorausfall. Da das Seitenmoment bei geringer Geschwindigkeit am größten und die Ruderwirksamkeit am kleinsten ist, ist ein Motordefekt bei bestem Steigen kurz nach dem Start am gefährlichsten. Das Flugzeug wird dann, je nach Bau-weise, einen verschieden großen Winkel um die Hoch-achse beschreiben. Die Größe dieses Winkels, der in der Zeiteinheit auftritt, kann als guter Vergleich verschiedener dezentraler Flugzeuge benutzt werden.

Es erscheint nun zweckmäßig, diesen Wendewinkel systematisch zu untersuchen unter der Annahme, daß die

Dämpfung um die Hochachse Null ist und die Seitenricht-kraft fehlt. Es ist klar, daß eine derartige planmäßige Rechnung, die nur wenige Änderungen unter gänzlicher Vernachlässigung einzelner Einflüsse berücksichtigt, wohl einen sehr guten Gesamtüberblick gibt, aber keinen spe-ziellen Vergleich existierender Baumuster, da in der Praxis die verwendeten Triebwerksaggragate, Flächen- und Lei-stungsbelastungen, induzierte Widerstände, Rumpflängen, Trägheitsmomente um die Hochachse sowie Dämpfung und Seitenrichtkraft sich von Fabrikat zu Fabrikat sprunghaft verändern. Trotzdem ist sie außerordentlich wertvoll zur Auswahl und Beurteilung eines einzelnen Types im allgemeinen.

Die einzige Unterlage aus der Literatur findet sich in dem englischen Advisory Bericht Nr. 747 von Hill. Danach haben die Engländer bei doppel-motorischen Flugzeugen, die im Verhältnis zu Motor-leistung groß sind, z. B. Handley Page, weniger Un-glücksfälle erlebt als auf solchen, die im Verhältnis zur Motorleistung klein sind, z. B. Vickers und Boul-ton und Paul. Der doppelmotorische große Hand-ley Page hat bestimmt bedeutend geringeren Wende-winkel, wie die anderen bedeutend kleineren Flug-zeuge, die genau 'so wie der große Handley 2 × 360 PS haben. Als Zeit zur Wendung von 90° um die Hochachse wird für das Vickersflugzeug eine Zeit von 3 Sekunden genannt.

Der Rechnung liegen folgende Annahmen zugrunde: Die Eindecker haben ein Seitenverhältnis von 1/7 und eine Rumpflänge gleich 70 vH der Spannweite. Die Doppel-decker haben um 80 vH kleinere Spannweite und Länge als die Eindecker. Die bestimmt vorhandene Dämpfung und Seitenrichtkraft ist gleich Null gesetzt.

Die Trägheitsmomente sind auf Grund der Messungen des Trägheitsmomentes um die Hochachse an dem Udet-

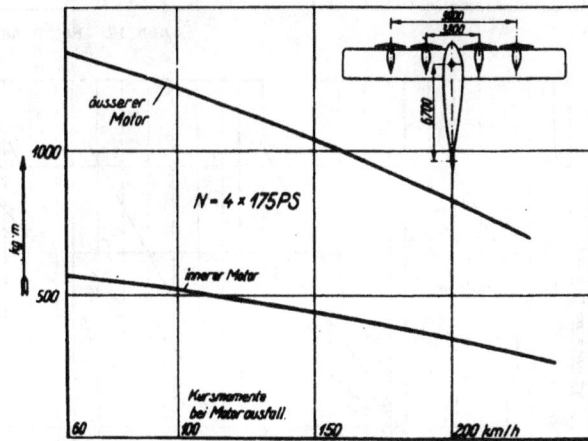

Abb. 16. Seitenmoment eines Viermotorenflugzeuges mit vier neben-einanderliegenden Schrauben bei Ausfall von Seitenmotoren.

Tiefdecker U 10 abgeschätzt. Das Triebwerksgewicht ist mit 1,6 kg/PS angenommen worden. Die Geschwindigkeit, bei der Motorausfall angenommen wurde, entspricht einem Auftriebsbeiwert von 1,0, also dem Flugzustande besten Steigens bei einem normalen Flugzeug ohne Spaltflügel. Dabei ist eine Gleitzahl von 1 : 8 gleichmäßig zugrunde gelegt. Außer verschiedenen Motorgruppierungen ist die Flächenbelastung noch auf 30, 40 und 50 kg/m² variiert worden. Das Ergebnis ist graphisch aufgetragen. Aus ihm und allgemeinen Erwägungen heraus sind die folgenden Leitsätze aufgestellt.

Leitsätze für dezentrale Flugzeuge.

1. Das Drehmoment eines ausgefallenen Motors muß über den ganzen Geschwindigkeitsbereich mit Seiten- oder Höhenruder allein momentan ausgleichbar sein.
2. Einstellbare Höhen- und Kielflossen sollen beim

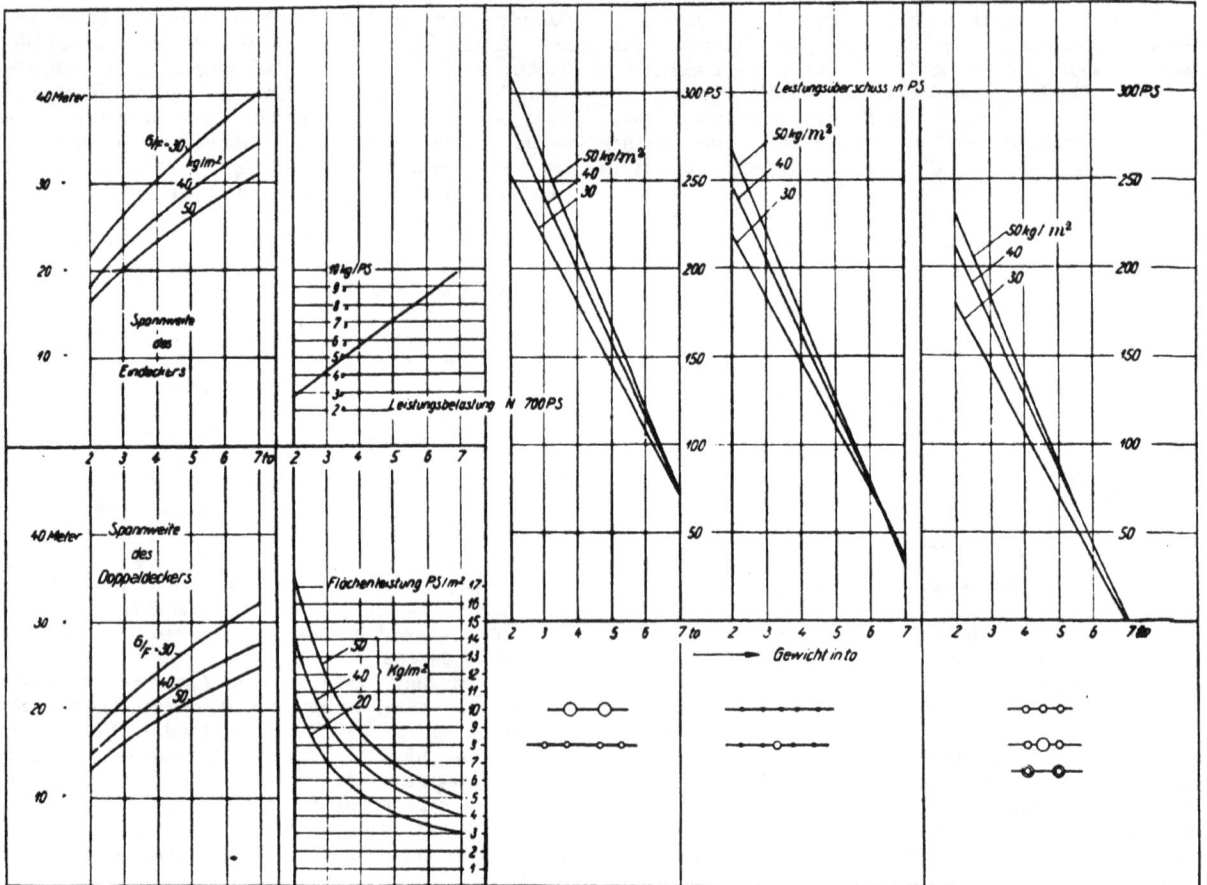

Abb. 17. Rechnungsannahmen zu Abb. 18.

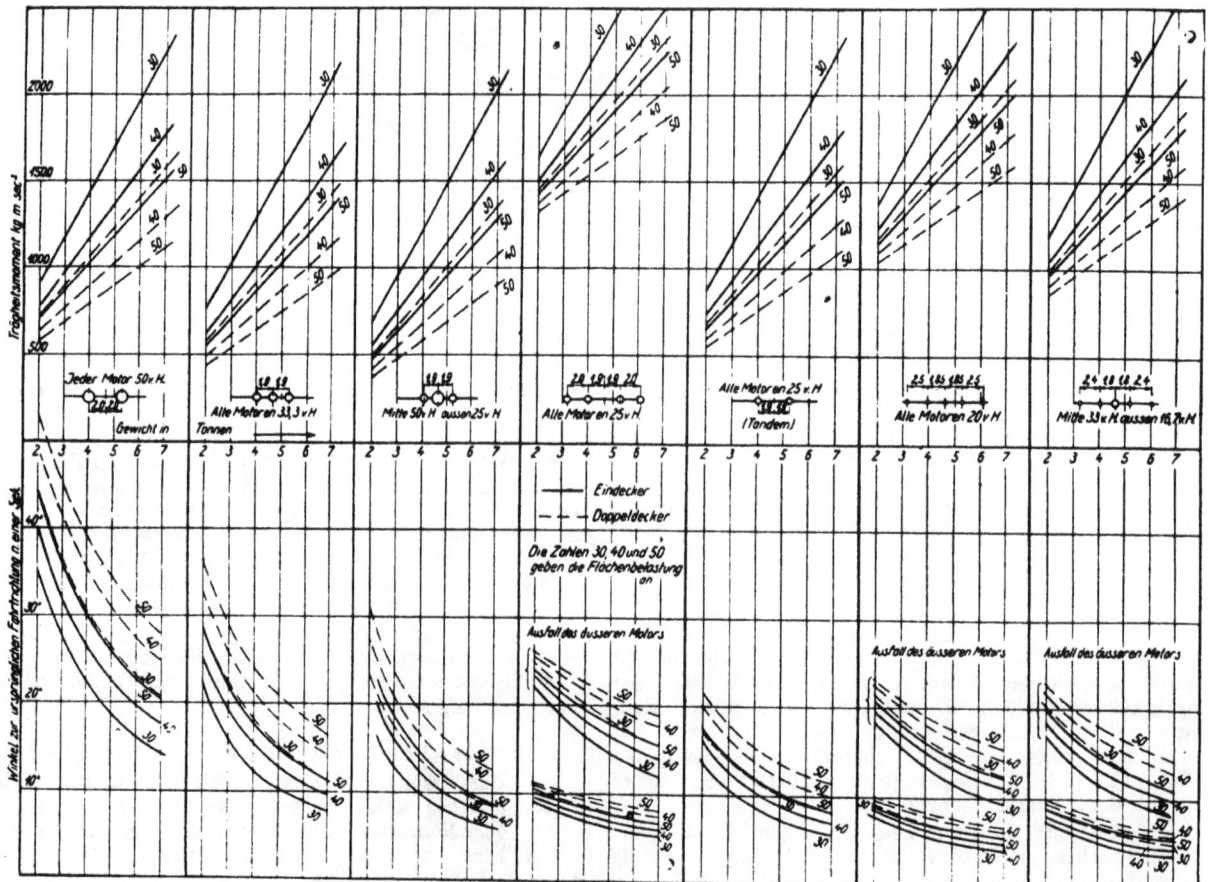

Abb. 18. Vergleich der Wendewinkel verschiedener dezentraler Flugzeuge.

Strecken- und Kurvenflug mit verminderter Motorenzahl den Führer entlasten, kommen aber für den Moment plötzlichen Aussetzens nicht in Frage.

3. Bei seitlichen Motoren darf die Abflug- und Vorwärtsgeschwindigkeit im besten Steigen nicht zu gering sein, da bei niedriger Geschwindigkeit die Seitenruderwirksamkeit klein und das Moment, wenn ein Motor stehen bleibt, sehr groß ist.

4. Als fliegerischen Vergleichsmaßstab dient zweckmäßigerweise der Wendewinkel, den das Flugzeug bei plötzlichem Motordefekt in der Zeiteinheit beschreibt, wenn der Führer nichts macht. Je kleiner dieser Winkel ist, um so sicherer und gefahrloser ist das Flugzeug, desto geringer sind die Unglücksfälle auf ihm.

5. Bei gleicher Motoranordnung wird dieser Winkel verkleinert:
   a) Sehr stark durch hohe Leistungsbelastung, je größer das Flugzeug im Verhältnis zur Motorleistung ist, um so weniger wird es durch Ausfall eines Motors herumgerissen.
   b) Durch hohes Trägheitsmoment um die Hochachse. Dieses wächst mit der Spannweite und Länge. Die beiden letzten Größen werden durch niedrige Flächenbelastung erhöht.
   c) Große Dämpfung und Seitenrichtkraft.

6. Da Eindecker mit gleichem Gesamtgewicht normalerweise größere Spannweite und Länge als Doppeldecker haben und damit auch größeres Trägheitsmoment um die Hochachse, sind dezentrale Eindecker Doppeldeckern fliegerisch überlegen.

7. In vielen Fällen ist es ratsam, das Seitenruder im Schraubenstrahl zu haben.

8. Wenn alles andere bis auf die Motorenanlage gleich, haben den größten Wendewinkel zweimotorige Flugzeuge. Der von drei-, vier- und fünfmotorigen Maschinen ist praktisch nur halb so groß. Die dort noch vorhandenen Unterschiede sind solcher Größenordnung, daß sie durch die Konstruktion vollkommen beherrscht und gleich gemacht werden können.

Wesentlich ist die Tatsache, daß es bei dezentralen Flugzeugen ausschließlich auf den Kraftüberschuß ankommt und daß man sie in fliegerischer Beziehung bei jeder Anordnung und genügend sorgfältiger Durchbildung gänzlich beherrschen kann. Tatsächlich haben wir jetzt an den verschiedensten Stellen dezentrale Flugzeuge, die mit ausgefallenen Motoren noch flugfähig bleiben. Es gibt zweimotorische Kriegsflugzeuge, die mit einem beliebig ausgefallenen Motor vollbelastet flugfähig bleiben. Verkehrsflugzeuge, die vollbeladen mit einem von zwei Motoren flugfähig bleiben, gibt es auch bei Tandemanordnung noch nicht. Die vorhandenen können es nur ohne volle Zuladung und laufendem hinteren Motor. Mit laufendem Vordermotor ist es auch leer infolge des schlechten Wirkungsgrades der Zugschraube unmöglich. Wir haben dreimotorische Verkehrsflugzeuge von Junkers und Handley Page, die mit zwei beliebigen Motoren flugfähig bleiben. Frankreich hat mit zwei Motoren flugfähige Viermotorenflugzeuge.

Hoffentlich haben wir auch in Deutschland bald das Glück, eine Reihe von Firmen beim Bau dezentraler Großflugzeuge zu sehen, denn nur Konkurrenz bringt uns vorwärts.

Aussprache:

Prof. Dr.-Ing. e. h. Dr. Prandtl: Die anregenden Ausführungen von Herrn Herrmann enthielten auch für uns Aerodynamiker manchen sehr wertvollen Wink. Einige von den Aufgaben, die er uns stellt, sind aber bereits in Angriff genommen worden oder in der Vorbereitung begriffen. Der Profilwiderstand von großen Tragflächen soll demnächst bei der DVL nach der Methode von Betz gemessen werden. (Wie Betz gezeigt hat, läßt sich der Profilwider-

stand aus dem Geschwindigkeitsverlust der Luft in den an die Hinterkante des Flügels anschließenden Wirbelgebiet ermitteln.) Windkanalmessungen an großen Schraubenmodellen von 1 m Durchmesser, die Herr Herrmann wünscht, sind von uns schon im Kriege projektiert gewesen. Die Schraubenprüfeinrichtung, die wir uns damals haben bauen lassen, ist dann aber wegen Zahnräderschwierigkeiten nicht in Betrieb gekommen, und in den letzten Jahren war die Anstalt einerseits von anderen Aufgaben in Anspruch genommen, andererseits litt sie meist an chronischem Geldmangel. Jetzt besteht aber begründete Aussicht, daß die Schraubenversuche mit großen Modellen bald in Gang kommen. Die Versuche mit Flugzeugmodellen mit elektrisch angetriebenen Propellern, die wir seit einiger Zeit machen, sollen natürlich auch fortgesetzt werden; wir erhoffen von ihnen noch manche wichtige Aufklärung über das Zusammenwirken des Propellers mit Rumpf, Tragfläche und Leitwerk.

Dr.-Ing. Thalau: Der Herr Vorredner hat, wie nicht anders zu erwarten war, in seinem Vortrage eine außerordentlich reichhaltige und lehrreiche Auslese und Untersuchung all der Probleme gezeigt, die für den neuzeitlichen Flugzeugbauer von brennendem Interesse sind. Aus allen berührten Gebieten möchte ich hier nur jenes herausgreifen, welches sich mit Festigkeitsfragen befaßt. Ich glaube den Herrn Vortragenden dahin verstanden zu haben, daß er neuerdings dem Bau von Doppeldeckern als der allgemein leichter werdenden Bauweise den Vorzug einräumen will. Dieser Auffassung müßte ich widersprechen; bei der Beurteilung dieser Frage kommt es ja, wie Herr Herrmann auch selbst betonte, an auf das Verhältnis von Gewicht zu Widerstand; dieses kann sicher bei einzelnen Doppeldecker-Konstruktionen nicht ungünstiger gehalten werden als bei ganz oder teilweise freitragenden Eindeckern, doch wird es immer in starkem Maße abhängig sein von dem besonderen Zweck des Flugzeuges; freitragende Eindecker spezieller Art können bei entsprechender Konstruktion sicher günstiger als parallel entworfene Doppeldecker ausgebildet werden.

An dieser Stelle möchte ich kurz eingehen auf meinen Ausdruck »bei entsprechender Konstruktion«. Ohne im einzelnen auf die verschiedenen Bauweisen eingehen oder sie gar kritisieren zu wollen, muß ich doch der Ansicht Ausdruck geben, daß neue Ideen im Bau von Tragflügeln seit dem Kriege sehr selten aufgetaucht sind oder praktisch durchgeführt wurden; ich denke dabei besonders an das Problem des Flügels mit nicht nur wirklich tragender Haut, sondern auch mit allein tragender Haut, wie es für den Bau von Großflugzeugen mit Lasten und Passagierräumen im Flügel aktuell wird; auch bei kleineren Flugzeugen mit entsprechend hoher Flächenbelastung wird sich ein genügend leichter Flügel herstellen lassen. Hauptforderungen für die Erreichung guter Ergebnisse bleiben einmal richtige Art der Aussteifung der Haut, und des weitern richtige Kräfteüberleitung aus dem Flügel in den Rumpf.

Wenn ich oft den Einwand höre, daß die notwendigen Versuche zu große Kosten verursachen, so kann ich bei aller Würdigung der schwierigen Lage der Flugzeugindustrie dem nur entgegenhalten, daß ohne Versuche noch nie etwas Gutes erreicht wurde; vor allem aber, daß sich in der Kostenfrage in irgendeiner Form ein Ausweg finden läßt; die DVL freut sich nicht nur über das Auftreten neuer brauchbarer Ideen im deutschen Flugzeugbau, sondern sie ist auch jederzeit bereit, ihre Übertragung in die Praxis durch Unterstützung notwendiger Versuche — sei es dadurch, daß sie ihre Anlagen hierzu zur Verfügung stellt, sei es durch teilweise Übernahme von Versuchskosten im Rahmen der ihr zur Verfügung stehenden Mittel — nach Kräften zu fördern.

Prof. Dr.-Ing. e. h., Dr. e. h. v. Parseval macht im Anschluß an die Ausführungen über Propeller-Wirkung auf die Vorteile der schwanzlosen Bauart der Flugzeuge (Typ »Charlotte«) aufmerksam, bei denen der als Druckschraube wirkende Propeller den Luftstrahl nicht auf andere Teile des Flugzeugs wirft, während die entstehende Saugwirkung viel weniger schädlich ist.

IV. Absturzsichere Flugzeuge.

Vorgetragen von G. Lachmann

Ich nehme gern die Gelegenheit wahr, an die Ausführungen des Herrn Herrmann anzuknüpfen, einmal, weil ich die Verbesserung der Flugsicherheit, insbesondere die Einschränkung der Absturzgefahr, für eine den Problemen der Wirtschaftlichkeit zu mindest gleichwertige technische Gegenwartsfrage halte und weil ich mit dem Herrn Vorredner seit einigen Jahren auf verwandtem Gebiet zusammen gearbeitet habe.

Wirtschaftlichkeit und Sicherheit sind eng verknüpfte Gesichtspunkte für den Luftverkehr, da sich ein steigendes Vertrauen in die Zuverlässigkeit des Flugzeuges in einem stärkeren Zuspruch des Publikums zum Verkehrsflugzeug ausdrücken wird. Wir hatten gerade im Laufe dieses Jahres eine erschreckende Zahl von Abstürzen zu verzeichnen — und zwar nicht nur von Sport-, sondern auch von größeren Verkehrsmaschinen — die nicht geeignet waren, das Vertrauen weiter Kreise in die Sicherheit des Fliegens zu steigern, trotz aller statistischen Belege, welche die relativ gleiche Sicherheit bzw. Unsicherheit von Eisenbahn und Luftverkehr dartun.

Gemeinhin wird die Schuld an einem Absturz in den üblichen Zeitungsberichten auf das »Versagen des Motors« zurückgeführt, und nicht mit Unrecht erwartet man von den mehrmotorigen Flugzeugen eine Verminderung dieser gefährlichen Zufälle. Darin liegt aber eine gewisse Resignation, das Eingeständnis einer dem Flugzeug a priori innewohnenden Gefährlichkeit beim Versagen der Kraftquelle.

Die Anwendung mehrerer Motoren umgeht diese Gefahr, beseitigt das Übel aber nicht aus Grund auf.

Es handelt sich daher bei meinem Referat um folgende Problemstellung:

Ist die Absturzgefahr dem Flugzeuge in seiner heutigen Form und konstruktiven Durchbildung unbedingt innewohnend oder läßt sie sich durch bestimmte Maßnahmen einschränken bzw. beseitigen. Besitzen wir derartige Mittel oder Vorrichtungen und wie müssen sie wirken? Dabei möchte ich besonders auf die Vorführungen von absturzsicheren Flugzeugen durch Fokker bzw. das englische Luftministerium eingehen, die im April dieses Jahres in Croydon stattfanden.

1. Der Absturz vom fliegerischen Standpunkt.

Im Gegensatz zu den meisten — um nicht zu sagen allen anderen — Bewegungsarten beginnt das Fliegen dann gefährlich zu werden, wenn die Geschwindigkeit abnimmt. Beschleunigungen, die z. B. im steilen Gleitflug oder im Sturzflug auftreten, sind im allgemeinen ungefährlicher als alle Verzögerungen des Fluges, z. B. beim Abfangen oder dem sogenannten »Überziehen«.

Wie verläuft nun der typische Flugzeugabsturz?

Nach meiner persönlichen noch sehr deutlichen Erinnerung an einen Absturz vor acht Jahren, ist der Vorgang etwa folgender:

Kurz nach dem Abheben des Flugzeuges beginnt der Motor stark nachzulassen oder plötzlich auszusetzen. Der Flugzeugführer sieht die Flugplatzgrenze unmittelbar vor und unter sich. Im besten Falle handelt es sich um ein schlechtes Landegelände, Schrebergärten oder dergleichen. Im schlimmsten Falle sind es Häuser, Schuppen usw. Instinktiv dreht er in den meisten Fällen trotz aller guten Lehren und Warnungen die berühmte, oder besser

gesagt, berüchtigte Angstkurve, um wieder in den Platz hineinzukommen. Richtiger ist es, das Flugzeug in einem solchen Falle unbedingt geradeaus zu halten, um es mit dem sicheren, aber meist nicht gefährlichen, Bruch vor Augen durchsacken oder über den Flügel in einen Garten rutschen zu lassen. In der Kurve spürt er, wie der Druck auf den Steuern abnimmt, die Maschine fängt an zu sacken und über den Flügel zu rutschen. Versucht er, die Maschine aus der Schräglage herauszuverwinden, so bemerkt er, daß die Maschine auf Querruderausschlag wenig oder gar nicht mehr kommt, und, anstatt aus der Kurve herauszugehen, sich stärker um den inneren Flügel zu drehen beginnt. Schließlich geht die Flugzeug über den Kopf, beginnt zu trudeln oder stürzt senkrecht ab. Die dem Führer zur Verfügung stehende Fallhöhe ist fast immer nicht ausreichend, um das Abfangen des Flugzeuges zu ermöglichen. Der Aufschlag auf den Boden besiegelt in den meisten Fällen die Katastrophe.

Abstürze aus größeren Höhen sind relativ selten. Ursachen solcher Stürze sind entweder Kopfloswerden des Führers oder Unerfahrenheit im Trudeln (Ausbildungssache), Unmöglichkeit, das Flugzeug aus dem Trudeln durch Steuerwirkung herauszubekommen (konstruktiver Fehler durch ungünstige Massenanordnung[1]) oder zu kleines Leitwerk) oder Bruch in der Luft (Materialfehler, Fehler des statischen Aufbaues oder der Berechnung, mangelnde Überwachung, höhere Gewalt). Alle diese Ursachen sind mit Ausnahme des letzten vermeidbar bzw. der heutigen Form des Flugzeuges nicht inhärent.

Ein wesentlicher Schritt vorwärts ist demnach dann erreicht, wenn es gelingt, die Steuerwirkung auch in stark verzögerten Flugzuständen voll aufrecht zu erhalten, um unfreiwillige Bewegungen des Flugzeuges in geringer Höhe zu vermeiden.

2. Aerodynamische Verhältnisse beim Flug mit großen Anstellwinkeln.

Auf die Gefahr hin, vielen von Ihnen in diesem Abschnitt teilweise Bekanntes zu wiederholen, halte ich es doch für zweckmäßig, die Strömungsvorgänge an einem Flügel im Gebiet der großen Anstellwinkel zusammenfassend darzustellen.

Es ist bekannt, daß der Auftrieb eines Flügels nur bis zu einem gewissen Maße annähernd linear mit der Vergrößerung seines Anblasewinkels wächst. Bei ungefähr 15 bis 18° erreicht die Auftriebskurve ihr Maximum (Abb. 1). Weite Zunahme des Anblasewinkels bewirkt eine Ablösung der Strömung vom Rücken des Profils. Der Auftrieb sinkt, die Neigung der Auftriebskurve $\frac{d\,ca}{d\,a}$ wird negativ. Man bezeichnet den Anstellwinkel, bei dem dieser Vorgang eintritt, als kritischen Anstellwinkel, den Vorgang selbst mit »Abreißen« (englisch: stalling point bzw. burbling). Das Abreißen beginnt in der Mitte des Flügels, wo der aerodynamische Anstellwinkel infolge der nicht genau elliptischen Auftriebsverteilung am größten ist und setzt sich von hier aus allmählich nach den Flügelenden hin fort. Es gibt ein begrenztes Anstellwinkelgebiet, wobei die

---

[1]) Typisch für die meisten Tiefdecker.

Strömung an den Flügelenden noch »gesund« ist, während sie in der Mitte bereits abgerissen ist.

Die nachfolgenden Bilder, die einer Reihe meiner früheren Versuche in der Versuchsanstalt zu Göttingen entnommen wurden, lassen diesen Vorgang sehr deutlich erkennen

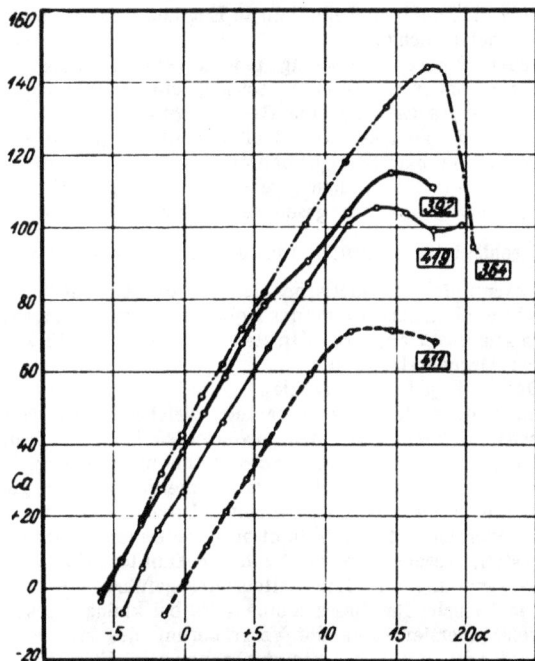

Abb. 1.

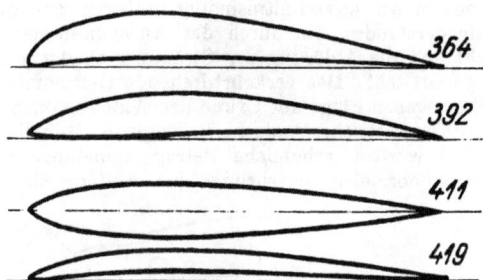

Abb. 2.

In engem Zusammenhang mit diesen Strömungsvorgängen am Flügel steht eine bestimmte Bewegungsform, die sogenannte »Autorotation« des Flügels, die wir sowohl künstlich im Windkanal erzeugen bzw. praktisch beim Trudeln beobachten können.

Abb. 3.

Wir denken uns einen Flügel derart angeordnet, daß er sich um eine der Anblaserichtung gleichgerichtete Achse a drehen kann (Abb. 4).

Ein Anstoß, der den Flügel in die punktierte Lage bringt, erzeugt links eine abwärts gerichtete und rechts eine aufwärts gerichtete Strömungskomponente. Der resultierende Strömungsvektor neigt sich dadurch auf der linken Flügelseite nach unten, d. h. es entsteht Anblasewinkelverkleinerung. Auf der anderen Seite entsteht entsprechend eine Vergrößerung des Anblasewinkels. Solange wir uns im unterkritischen Anstellwinkelbereich des Profils befinden, wirkt dadurch ein stabilisierendes, d. h. rückdrehendes Moment. Der Flügel kehrt in die alte Lage zurück. Wird der kritische Anstellwinkel überschritten, so wirkt ein dem Anstoß gleichsinniges Moment, welches die erwähnte Autorotation zur Folge hat.

Der Zusammenhang zwischen Anstellwinkel und Umfangsgeschwindigkeit der Autorotation geht sehr schön aus den in Abb. 5 dargestellten Versuchsergebnissen hervor, die in der Göttinger Versuchsanstalt gewonnen wurden und mir von letzterer liebenswürdigerweise zur Verfügung gestellt worden sind.

Abb. 6 zeigt die Lagerung des Modells, eines Doppeldeckers, um eine durch den Schwerpunkt gehende Drehachse.

Aus Abb. 5 wird ersichtlich, daß erst nach Überschreiten des kritischen Anstellwinkels eine Drehung einsetzt, deren

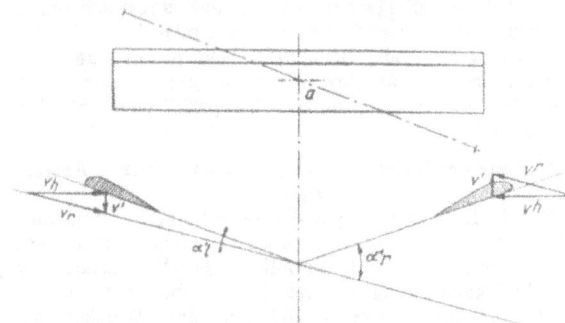

Abb. 4.

(Abb. 2 und 3). Das Profil, an dem die Strömung abgerissen ist, befindet sich in der Mitte des Flügels, das andere Profil in der gesunden Strömung am Flügelende. Der geometrische Anstellwinkel ist in beiden Fällen der gleiche.

Sehr bemerkenswert ist noch, daß die Wanderung des Druckmittelpunktes nach dem Eintritt des Abreißens stabil wird, d. h. bei weiterer Vergrößerung des Anstellwinkels tritt ein kopflastiges Moment auf.

Umfangsgeschwindigkeit sich mit zunehmendem Anstellwinkel steigert.

Den Zusammenhang zwischen Autorotation und Anstellwinkel erklärt die Tatsache, daß Trudeln und verwandte Flugbewegungen (Rolling) nur im überkritischen Anstellbereich des Flügels möglich sind. Trudeln bzw. Autorotation werden anderseits auch im überzogenen Flugzustand unmöglich, wenn es gelingt, ein der Autorotation entgegenwirkendes Querrudermoment auszuüben. (Eine andere Möglichkeit besteht nach der Theorie von Hopf darin, die Trägheitsmomente des Flugzeuges um die Holmachse auszugleichen. Dadurch verschwindet das sonst beim

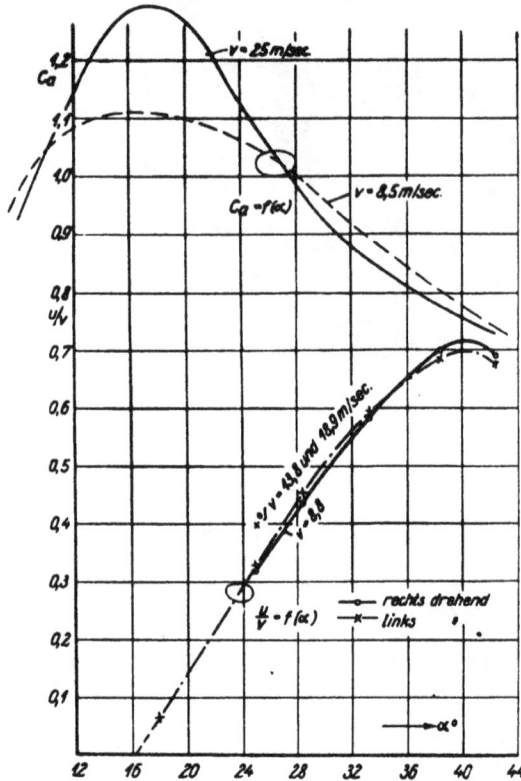

Abb. 5.

Trudeln auftretende schwanzlastige Kreiselmoment, welches dem bei großen Anstellwinkel auftretenden kopflastigen Moment das Gleichgewicht hält.)

Die Gleichgewichtsbedingungen für die überzogenen Flugzustände sind durch die grundlegenden Untersuchungen von Hopf in Deutschland und Bairstow in England theoretisch weitgehend aufgeklärt worden. Leider hat man es bisher in Deutschland daran fehlen lassen, diese für die Sicherheit des Flugzeuges so außerordentlich wichtigen Erscheinungen versuchsmäßig Hand in Hand mit der theoretischen Forschung zu studieren. In den angelsächsischen Ländern, insbesondere in England, hat man diesen Fragen eine sehr eingehende Bedeutung beigemessen, und das Problem »control at slow speed« ist seit längerer Zeit einer der wichtigsten Punkte der praktischen Flugforschung in England.

3. Wirkung der Ruder beim Flug im überkritischen Anstellbereich.

Für die Höhenruder ergab die theoretische Untersuchung in Übereinstimmung mit der praktischen Erfahrung folgendes:

Im überzogenen Flug beeinflußt das Höhenruder die Anstellwinkeländerung im richtigen Sinne, d. h. Ziehen wirkt auf Anstellwinkelvergrößerung und Drücken auf Anstellwinkelverkleinerung. Bei Anstellwinkelvergrößerung nimmt die Geschwindigkeit jedoch zu, und die Flugbahn neigt sich stärker. Es tritt also das Gegenteil der gewollten Wirkung ein.

Über das Seitenruder ist lediglich auszusagen, daß es an Wirksamkeit verliert, einmal durch die Verminderung des Staudrucks und dann durch die Zunahme der Momente um die Hochachse des Flugzeuges. Dazu tritt oft bei großen Anstellwinkeln noch eine Abschirmung des Seitenleitwerkes durch den Rumpf hinzu bzw. eine Beeinflussung durch die von den Flügeln und vom Rumpf abgelöste Grenzschicht.

Von ausschlaggebendem Einfluß für die Stabilität im überzogenen Flug sind die Querruder, deren Verhalten rein analytisch sich jedoch nicht erfassen läßt. Die bisherigen Untersuchungen theoretischer Natur sagen daher auch sehr wenig darüber aus. Ich stütze mich im folgenden bei der Erläuterung des Verhaltens der Querruder im überzogenen Flug auf eine Reihe von in England durchgeführten Windkanalversuchen.

Jeder Querruderausschlag bewirkt eine Drehung um zwei zueinander senkrechte Achsen, eine Rollbewegung um die Längsachse und eine Gierbewegung um die Hochachse des Flugzeuges. Das Rollmoment ist proportional der Zunahme bzw. der Abnahme des Auftriebs auf der Seite der gesenkten bzw. gehobenen Querruderklappe. Die Ruderwirkung der gesenkten Klappe erlischt daher, bzw. schlägt ins Gegenteil um, sobald $\frac{dc_a}{d\alpha}$ negativ wird, d. h. wenn der überkritische Bereich des Anblasewinkels erreicht wird. Daher nimmt das Rollmoment im überzogenen Fluge sehr stark ab, unter Umständen schlägt die Wirkung in den Gegendrehsinn um.

Das bei jedem Ausschlag gegenläufiger Querruder hervorgerufene Rollmoment erzeugt gleichzeitig ein Giermoment, das stets gegen den gewünschten Drehsinn dreht, d. h. ein im Zeigersinn wirkendes Rollmoment erzeugt bei den heutigen Bauarten der Klappe stets ein im Gegenzeigersinn drehendes Giermoment. Diese Tatsache ist bereits von den Brüdern Wright an ihren ersten Flugzeugen festgestellt worden und hat zu der bekannten Kuppelung der Verwindung mit dem Seitenruder geführt.

Die Ursache für dieses Moment ist bei kleinen Anstellwinkeln in erster Linie die Vergrößerung des induzierten Widerstandes auf der Seite des gehobenen Flügels. Bei größeren und überkritischen Anstellwinkeln beruht das Moment in der unverhältnismäßig größeren Zunahme des Profilwiderstandes, die durch das Anwachsen der Grenzschicht und die Ablösung der Strömung an der gesenkten Klappe entsteht. Das verkehrtdrehende Giermoment kann im überzogenen Fluge auf Grund der Windkanalmessungen, die durch praktische Versuche in England (Melville Jones) bestätigt wurden, erhebliche Beträge annehmen und die Wirkung normaler Seitenruder bei weitem überwiegen.

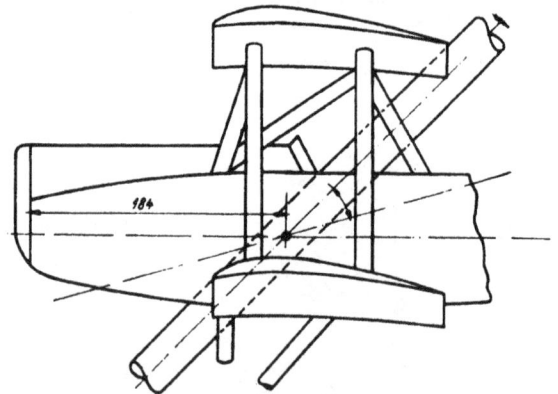

Einbau der Rotationsachse im Flugzeugmodell

Abb. 6.

Eine gewisse Abhilfe wurde bisher durch die Differentialsteuerung von De Havilland oder durch den Querruderausgleich nach Bristol (Frieze) geboten.

4. Mittel zur Erhaltung der Ruderwirkung im überzogenen Flug.

Wenn es gelingt, die Wirkung der Steuer, insbesondere die der Querruder, im überzogenen Fluge beizubehalten, verliert diese Flugart wesentlich an Gefährlichkeit, und der Grund für ungefähr 90 vH aller Flugzeugabstürze erfährt eine starke Einschränkung.

Wir haben im vorhergehenden Abschnitt die entscheidenden Schwierigkeiten zusammengefaßt, die sich der Steuerung im überzogenen Flug entgegensetzen.

Ein Problem richtig zu erkennen, bedeutet in der Technik fast immer auch, Wege zu seiner Beherrschung zu finden. Hierdurch unterscheiden sich die »Erfindungen« des Konstrukteurs von denen des technischen Dilettanten.

Das von Fokker an der F. VII erfolgreich durchgeführte Verfahren beruht lediglich in einer geschickten Ausnutzung der aerodynamischen Eigenschaften normaler Flügel bzw. Profile ohne zusätzliche Vorrichtungen. Das Profil ist derart ausgebildet, daß die Auftriebskurve im überkritischen Gebiet einen flachen Abfall zeigt. Dadurch wird die verhängnisvolle Wirkung des Überziehens und das Eintreten der Autorotation stark eingeschränkt. Wie derartige Profile geformt sein müssen, ist dem Aerodynamiker bekannt. (Siehe auch Abb. 1.)

Die Wirkung der Querruder bei großen Anstellwinkeln bzw. starken Neigungen der Flugzeugachse wird dadurch verbessert, daß der Anstellwinkel nach den Enden zu abnimmt. Die Flügelenden sind also im Vergleich zum Mittelteil des Flügels geschränkt; dazu kommt, daß infolge der trapezförmigen Gestalt des Flügelgrundrisses das Rollmoment der Querruder bei großen Anstellwinkeln in schwächerem Maße abfällt als bei rechteckigen Flügeln[1]). Durch ein genügend großes Höhenleitwerk wird die Wirksamkeit des Höhenruders auch bei geringen Geschwindigkeiten gesichert.

Der Kernpunkt des Problems, die Erhaltung der Quer- und Seitenstabilität, kann durch dieses Mittel allein jedoch nicht entscheidend beeinflußt werden. In der Tat führt man auf den Fokker-F VII-Maschinen lediglich ein Überziehen vor und vermeidet dabei jede Kurve. Eine wesentliche Verbesserung in dieser Richtung wird durch die Anwendung einer Vorrichtung erzielt, die den Spalteffekt für die Querruderwirkung zu Hilfe nimmt.

Eine Maschine dieser Bauart wurde bei den gleichen Vorführungen in Croydon von Bulman im Auftrag des R. A. R. vorgeführt und überraschte selbst die Skeptiker durch ihre erstaunlichen Leistungen, vor allem dadurch, daß Bulman in vollkommen überzogenem Fluge Kurven beschrieb, ohne in der bekannten Art über den Flügel zu gehen und abzutrudeln.

Ich möchte Ihnen im folgenden diese Einrichtung im Prinzip erläutern, ohne dabei den Anspruch zu erheben, daß sie den einzigen Weg darstellt. Immerhin hat sie bisher zu den besten Ergebnissen geführt und ihre Anbringung bietet keine konstruktiven Schwierigkeiten.

Das Wesen des Spalteffektes beruht darin, daß der unterkritische Anstellwinkelbereich ungefähr verdoppelt wird, wobei gleichzeitig der Profilwiderstand durch Verzögerung der Ablösung verringert wird. Es wird nun ein einfacher Hilfsflügel (gebogene Duraluminiumplatte) derart mit den Querrudern gekuppelt, daß bei einer Abwärtsbewegung des Querruders ein Vorderschlitz entsteht, während bei der gehobenen Klappe der Hilfsflügel nicht betätigt wird.

Die auf diese Weise an den Querrudern erzeugte Strömung ist in Abb. 7 schematisch dargestellt. Bei dem gesenkten Querruder ist mit Hilfe des Spalteffektes eine gesunde Strömung, d. h. zunehmender Auftrieb bei geringem Widerstand erzeugt, während auf der anderen Seite die Strömung abgerissen bleibt, bei kleinem Auftrieb und großem Widerstand. Auf diese Weise entsteht ein kräftiges Rollmoment und ein sehr geringes bzw. negatives Giermoment, d. h. ein Moment, welches im gleichen Sinne dreht, wie das Rollmoment.

Das Prinzip der Vorrichtung beruht also kurz gesagt darin, daß man das Abreißen selbst zur Steuerung heranzieht.

Ein ähnlicher Grundsatz wird bei den einfachen Spaltflügelklappen befolgt, bei welchem sich lediglich zwischen Klappe und Flügel ein düsenförmiger Schlitz befindet.

Derartige Klappen haben sich in Deutschland an den Heinkel-Flugzeugen sehr bewährt. Naturgemäß läßt sich die Wirkung der Spaltflügelklappen durch die erwähnte Verbindung mit dem Hilfsflügel noch wesentlich steigern.

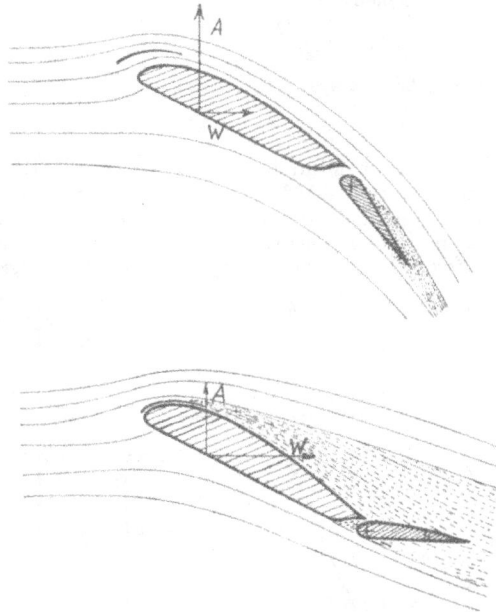

Abb. 7.

Die erwähnte Einrichtung ist in England Gegenstand einer großen Reihe von Windkanalversuchen gewesen, die im Auftrag des Aeronautical Research Committee in der N. P. L. ausgeführt wurden. Ich möchte Ihnen aus diesen Versuchsergebnissen einiges bekanntgeben[1]).

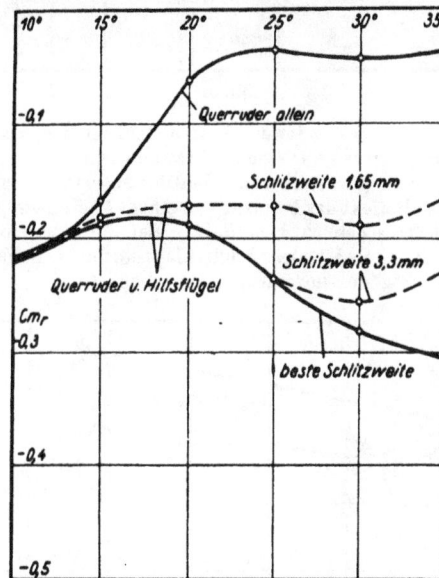

Abb. 8.

Die Versuche wurden durchweg an einem dünnen Profil (R. A. F. 15 bzw. Avro Profil) durchgeführt. Die Klappe besaß keinen Spalt, war jedoch bei manchen Versuchen nach Art der Bristol-Querruder ausgeglichen.
Die Abmessungen des Modells waren folgende:

Tiefe . . . . 16,3 cm
Spannweite . . . . . . 89,5 cm
Seitenverhältnis 5,55

---

[1]) Siehe hierzu N. A. C. Report Nr. 169, Jahrgang 1923. The effect of airfoil thickness and plan form on lateral control. By H. I. Hoot.

[1]) Rep. and Mem. Nr. 916 (1925). Slot control on an Avro with standard and balanced ailerons. By F. B. Bradfield.

Bei einer Geschwindigkeit von 18,2 m/s betrug der Kennwert demnach 3000.

Die englischen Beiwerte sind von mir nach deutschem Muster umgerechnet worden, und zwar wurde aufgetragen für das Rollmoment der Beiwert

$$C_{m_r} = \frac{M_r}{b^2 \cdot t \cdot q} = \frac{M_r}{F \cdot b \cdot q},$$

und für das Giermoment der Beiwert

$$C_{m_g} = \frac{M_g}{b^2 \cdot t \cdot q} = \frac{M_g}{F \cdot b \cdot q}.$$

Abb. 8 veranschaulicht das Rollmoment als Funktion des Anstellwinkels bei $+ 10^0$ Querruderausschlag. Es sind in diesem Diagramm die Kurven für Normalquerruderausführung und für die Schlitzklappensteuerung aufgetragen. Für letztere bedeutet die dick ausgezogene Linie den Verlauf

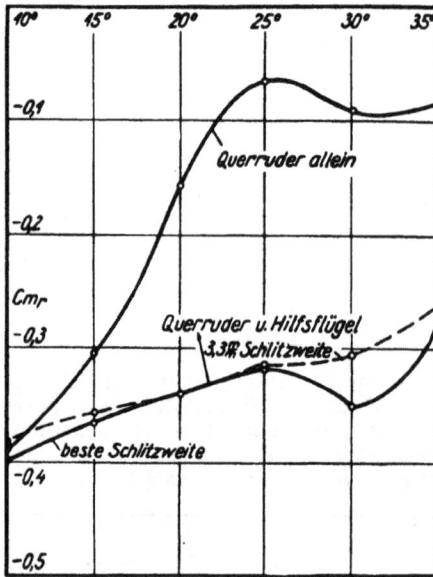

Abb. 9.

der Momente bei der jeweils besten Schlitzweite, während die anderen Kurven nur eine Schlitzweite von 1,65 mm bzw. 3,3 mm haben. Man ersieht sehr deutlich aus dem Diagramm, wie der Spalteffekt das Moment von einem Anstellwinkel von 10^0 ab sehr erheblich beeinflußt. Bei 35^0 Anstellwinkel erreicht der Beiwert des Schlitzklappenruders den $\sim$ 6-fachen Betrag des normalen Querruders.

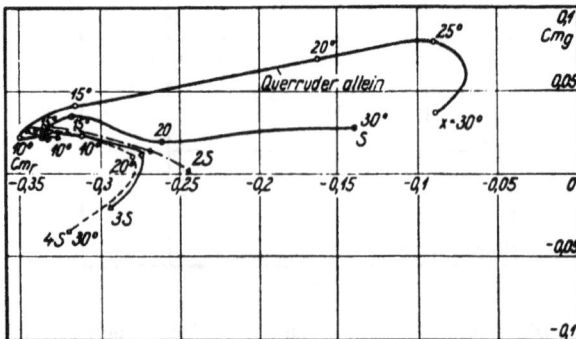

Abb. 10.

Abb. 9 gibt dieselben Verhältnisse bei $\pm 20^0$ Querruderausschlag an.

Abb. 10, die einer der letzten Untersuchungen entstammt, gibt das Giermoment als Funktion des Rollmoments für verschiedene Schlitzweiten s und Anstellwinkel an. Man erkennt aus diesem Diagramm sehr deutlich, wie das Giermoment mit zunehmender Schlitzweite deutlich abnimmt, ja, unter Umständen sogar negative Werte erreicht.

Es müßte also auf Grund dieses Versuchsergebnisses möglich sein, durch Querruderwirkung allein, ohne Gebrauch des Seitensteuers, eine Kurve mit richtiger Schräglage zu fliegen.

In der Tat wurde von Bulman dieses Manöver anläßlich der Vorführungen in Croydon vorgeführt.

Nachschrift bei der Drucklegung.

Es war geplant, die beschriebene Vorrichtung im Anschluß an die Tagung an einem Udet »Flamingo« vorzuführen; leider wurde diese Maschine nicht rechtzeitig fertiggestellt.

Es ist daher vielleicht von Interesse, die Erfahrungen wiederzugeben, die man in England bisher an einer Avro gemacht hat, und die in einem neuerdings erschienenen Bericht[1] des A. R. C, wie folgt, zusammengefaßt sind:

»Die Ergebnisse der Modellversuche scheinen durch die praktischen Erfahrungen vollkommen bestätigt zu werden. Die Avro kann im überzogenen Gleitflug, nachdem man die Füße vom Seitenruderhebel weggenommen hat, mit den Querrudern hin- und hergeworfen werden, ohne daß eine bemerkenswerte Neigung zum seitlichen Gieren eintritt. Wenn man im überzogenen Gleitflug z. B. linkes Seitenruder gibt, geht das Flugzeug in eine Linkskurve und senkt sofort den linken Flügel. Bei plötzlicher Anwendung von Rechtsverwindung richtet sich das Flugzeug wieder auf und kehrt bei Normalstellung der Querruder und des Seitenruders in einen stetigen, geraden überzogenen Gleitflug zurück. Wenn man nur sehr langsam Verwindung gibt, kann der Flügel nicht vollkommen gehoben werden, und das Flugzeug führt eine langsame flache Linkskurve von ungefähr 15 bis 20^0 Neigung aus. Gibt man im überzogenen Gleitflug volles Linksseitenruder und gleichzeitig rechts Gegenverwindung, so kippt das Flugzeug zunächst auf die rechte Seite, aber je mehr das Seitenruder in Wirksamkeit kommt, desto stärker pendelt es langsam auf die linke Seite und geht in die gleiche flache Spirale über wie vorher. Ein ausgesprochenes Trudeln kann nur dadurch eingeleitet werden, daß man volles Seitenruder und volle gleichsinnige Verwindung gibt. Man bekommt das Flugzeug aus dem Trudeln durch plötzliches Geben von Gegenverwindung heraus, auch wenn man das Seitenruder voll ausgeschlagen und den Knüppel am Bauch behält. Bei Mittelstellung von Seitenruder und Querrudern kehrt das Flugzeug im Augenblick in den geraden überzogenen Gleitflug zurück. Mit vollaufendem Motor ist das Seitenruder im übrigen verhältnismäßig wirksamer. und man braucht länger, um den gesenkten Flügel gegen die Seitenruderwirkung aufzurichten. Man kann jedoch nach einer Drehung von ungefähr 180^0 das Flugzeug auf den anderen Flügel werfen und nach dieser Richtung abrutschen (also z. B. Abrutschen über den rechten Flügel bei voll ausgetretenem linken Seitenruder).

Zweifelsohne hat diese Art der Quersteuerung in großem Maße die Sicherheit des überzogenen Fluges vergrößert. Es ist sehr gut vorstellbar, daß man diese Quersteuerung mit Vorteil an Kampfflugzeugen anwenden könnte, da die Steigerung der Wendigkeit bei der Ausführung eines Turns von kleinstem Radius unter Beibehalt der Querruderwirkung beim Überziehen mit laufendem Motor von sehr großer Bedeutung ist.

Sowohl bei den Modellversuchen als auch bei den Untersuchungen im großen wurde darauf geachtet, ob der Widerstand des Flugzeuges durch die etwas drastische Veränderung der Flügel in der Gegend der Querruder zugenommen hatte. Am Modell war die Zunahme des Widerstandskoeffizienten etwa 0,005 und am wirklichen Flugzeug war sie zu gering, um beobachtet werden zu können.«

---
[1] Rep. and Mem. Nr. 968, 1925. Full scale tests of a new slot- and aileron control. By H. L. Stevens, B. A.

V. Deutsche Arbeit am Luftrecht der Welt.

Vorgetragen von Otto Schreiber, Königsberg i. Pr.

Die Situation eines Juristen, der eine Hörerschaft von im wesentlichen technisch und wirtschaftlich Denkenden um ihr Interesse für seine Ausführungen bitten soll, ist im allgemeinen keine ganz einfache. Denn die innere Einstellung von Recht und Wirtschaft aufeinander — das Wort Wirtschaft hier in seinem weitesten und umfassendsten Sinne genommen — ist doch in ihrer Allgemeinheit noch nicht so, wie es gewünscht werden muß. Das liegt im Wesen der Dinge tief begründet. Der technische und wirtschaftliche Führer ist der Mann des Willens und der Ziele. Die Rechtswissenschaft aber ist die Wissenschaft von den sozialen Gebundenheiten. Sie erzieht geradezu ihre Adepten dazu, Hindernisse zu sehen und Bedenken zu haben. Wille und Zielstrebigkeit sind nicht diejenigen Eigenschaften, die ihr Studium vor allem fördert. So erscheint denn der Jurist im Wirtschaftsleben nicht selten als der Mann der Umstände, der Bedenken und Schwierigkeiten. Man gebraucht seine geheimnisvolle und langweilige Rabulistik, um längst Beschlossenes im letzten Augenblick in die sogenannte »rechtsgültige Form« zu pressen. Man gebraucht ihn ferner, nicht gern, aber doch häufig, wenn der Kampf der Interessen im Rechtsstreit aufeinander prallt. Dann erwartet jeder der Gegner von dem Juristen den Sieg seiner eigenen, doch zweifellos gerechten Sache. Wenn das Ergebnis den Hoffnungen nicht entspricht, wendet er sich oft erzürnt von dem weltfremden Juristen oder dem untüchtigen Berater ab. Vielleicht versucht er es dann das nächste Mal mit einem juristenrein gehaltenen Schiedsgericht. Über die Erfahrungen, die ein solcher Ausweg in breiterer Anwendung mit sich gebracht hat oder mit sich bringen würde, ist hier nicht zu sprechen. Wohl aber über die Grundlagen, von denen aus man ihn suchen konnte.

Diese liegen offenbar zum nicht geringen Teil auf dem Gebiete von Fehlgriffen in der gegenseitigen Behandlung. Der Jurist steht nicht selten dem Wesen wirtschaftlichen Wollens zu fern. Er sieht oft nur die Form, die ihm zur Verwirklichung eines wirtschaftlichen Zieles konkret geboten wird, und gegen die er aus diesem oder jenem Grunde Bedenken hat. Seine Wirksamkeit äußert sich dann darin, daß er diese Bedenken ausspricht und Mißmut erregt, während es doch seine eigentliche Aufgabe wäre, den Willen des Schöpfers in seinem Kerne zu erkennen und ihm Wege und Formen zu weisen, in denen er sich ungehindert zu betätigen vermag. Im Rechtsstreit aber geht es meist nicht um Möglichkeiten der Zukunft, sondern um bereits geformte Tatsachen. Wenn dann die in der Vergangenheit liegende Wahl falscher Formen den an sich gerechtfertigten Willen am Ziele aufhält, so kann der Jurist oft nicht mehr helfen. Denn nun hat er das Gesetz zu verwirklichen, das sich in weitem Umfange an die Tatsachen halten muß und nicht in der Lage ist, sie nach rückwärts zu entwirren oder zu revidieren, um dem Kerne des Wollens Geltung zu verschaffen. Wiederum aber ist Mißmut der Betroffenen das Ergebnis der juristischen Arbeit.

Man soll aus solchen Erkenntnissen und Zusammenhängen lernen. Der wirtschaftliche und technische Führer soll lernen, daß die ungeheure Verflochtenheit menschlicher Beziehungen über den ganzen Erdball hin ernste Berücksichtigung schon in der ersten Anlage seiner Pläne fordert. Er muß einsehen, daß Recht und Gesetz der brillanteste Ausdruck dieser Verflochtenheit sind, und daß deshalb schon in den Anfängen seiner Pläne der Rat des Juristen notwendig

wird. Eine Jurisprudenz, deren Vertreter zu Formuliermaschinen degradiert oder nur als Streithilfe gebraucht werden, kann der Wirtschaft nicht die Dienste leisten, zu denen sie berufen ist. Sie wird immer außen stehen, wird immer im Letzten und Feinsten, auf das es gerade ankommt, aus Unkenntnis der inneren Vorgänge notwendig fehlgreifen müssen. Nur wer die Dinge von innen miterlebt, wer sich vom Willen der Führer völlig durchdringen läßt, erkennt klar die Ziele, um die es geht. Nur er kann deshalb die Wege finden und weisen, auf denen ihre Verwirklichung im Rahmen der menschlichen Gesellschaft, d. h. im Rechtsleben, möglich ist. Das betrifft nicht nur die Betätigung des Juristen bei Gründungen, bei Verträgen oder bei der Ausarbeitung von Lieferungsbedingungen, sondern auch seine Beteiligung bei der Formulierung neuer Gesetze. Hier, wo die Unterlagen für neues Gemeinschaftsleben teils geformt, teils aber auch von Grund aus erst geschaffen werden, liegt vielleicht der Höhepunkt juristischer Wirksamkeit. Der gesamte Bestand an Rechtssätzen einer Kulturgemeinschaft ist ein außerordentlich feines und vielfach in sich verknüpftes Gedankengebilde. Jedes neue Gesetz muß sich ihm organisch einfügen. Dafür zu sorgen, ist Sache der bei der Abfassung mitwirkenden Juristen in erster Linie. Leider bietet die neuere deutsche Gesetzgebung groteske Beispiele dafür, was dabei herauskommt, wenn Gesetze ohne diese rechtswissenschaftliche Durcharbeitung erlassen werden. Daß Wirtschaft und Technik sich an der Gestaltung der Gesetze nicht ausreichend beteiligen, wird oft beklagt. Ein wie großes Interesse sie daran haben, daß es Juristen gibt, die aus ihrem Geiste zu reden und zu handeln wissen, wird gerade in Kreisen der Wirtschaft noch nicht immer ausreichend erkannt. — Auf der anderen Seite kann auch der Jurist nur auf der Grundlage dieser Einsichten die richtige Einstellung zu seinen Aufgaben in Wirtschaft und Technik finden. Nicht Führung ist seine Sache, sondern Einfühlung in den Führerwillen anderer. Er soll nicht Schwierigkeiten machen und Bedenken erheben, sondern er soll seine schöpferische Phantasie anstrengen und Vorschläge machen. Er darf nicht ruhen, bis er hierzu befähigt ist. Wer sich abdrängen läßt und sich mit der bescheidenen und undankbaren Rolle begnügt, die meist zunächst dem Juristen angeboten wird, schädigt beide Teile.

Es ist klar, daß eine beliebige Gemeinschaft, die gelernt hat, in dieser Weise Wirtschaft und Recht zusammenarbeiten zu lassen, die über eine Generation von Wirtschaftern und Ingenieuren sowie von Juristen verfügt, die sich so gegenseitig verstehen, einer anderen Gemeinschaft sehr überlegen ist, die dieser Vorteile noch entbehrt. Damit ist gesagt, weshalb ich gern von dieser Stelle aus um Ihr Interesse bitte und weshalb ich einen Anspruch zu haben glaube, daß Sie es mir gewähren.

Wie jede technische Errungenschaft größeren Ausmaßes, so hat auch die Luftfahrt in allen ihren Anwendungsgebieten soziale Wirkungen und stellt dadurch der Rechtswissenschaft neue Probleme. Soweit es sich heute prinzipiell übersehen läßt, gruppieren diese sich einerseits um das Luftfahrzeug und seine Interessenten als solche, andererseits um die Beziehung des fliegenden Objektes zu der überflogenen oder von ihm berührten Erdoberfläche und ihren Bewohnern. Zur ersteren Gruppe gehören z. B. die Machtvollkommenheiten des Luftfahrzeugführers über die übrige Besatzung und etwaige

Fluggäste; zu ihr gehört ferner die Gefahrengemeinschaft, in der sich der Reeder mit allen Reiseinteressenten, seien sie Fluggäste, Befrachter oder Assekuradeure, während der Luftreise verbindet. Auf diesem Gebiete drängen sich wichtige Parallelen zum Seerecht ohne weiteres auf und sind auch schon in großem Umfange erkannt worden. Eine Luftmannsordnung, ein eigenes Luftfrachtrecht, Einrichtungen, wie große Havarei und Dispache, könnten künftig der Ausdruck dieser Verhältnisse in Gesetzesform werden. Imposanter aber und dem juristischen Laien von vornherein einleuchtender sind die Probleme der anderen Gruppe. Hierher gehören Fragen, die schon heute vielfach interessierte Kreise, ja die weitere Öffentlichkeit lebhaft beschäftigt haben. Die Haftung des Luftverkehrsunternehmers gegenüber unbeteiligten Dritten, das Recht der Notlandung außerhalb von Flughäfen, das Verhältnis des Luftfahrzeugs zur Staatengrenze, die Souveränität des Staates an der Luftsäule über seinem Gebiet, das Durchflugrecht und ähnliche Dinge, sind charakteristische Einzelfragen aus dem juristischen Neulande, das hier zu bearbeiten ist. Die schon gegenwärtig so eifrig behandelten Fragen des Luftkriegsrechtes gehören ebenfalls hierher.

Nun werden aber alle diese Fragen in ihrem inneren Aufbau bestimmt durch zwei Tatsachen, die einander entgegengesetzt wirken und deren Versöhnung miteinander die Aufgabe der nächsten Jahrzehnte sein wird. Deren eine ist die Reichweite des Luftfahrzeugs als Transportmittel und die Geringfügigkeit der Staatengebiete im Verhältnis zu ihr. Sie bedingt, daß weltgleiches Luftrecht das selbstverständliche Ziel ist, das jedem Luftfahrer vor Augen stehen muß. Die andere Tatsache aber ist die nationale Gebundenheit der Rechtssysteme und ihre Radizierung auf Staatengebiete, die für die Luftfahrt zu klein sind. Eben die vorhin schon erwähnte organische Verbundenheit der Rechtstatsachen einer nationalen Rechtsgemeinschaft ineinander bietet hier auf dem Wege zum Ziel eines weltgleichen Luftrechts Hindernisse, deren Gewicht kaum überschätzt werden kann. Man kann da nicht mit dem Kopf durch die Wand, und es wird lange dauern, ehe die concordantia discordantium auf diesem Gebiete gefunden sein wird. Dazu kommt, daß durch geographische Lage und politische Bedingungen die Interessen der beteiligten nationalen Gemeinschaften voneinander stark abweichen. Interessenkämpfe großen Stiles werden ausgefochten sein müssen, Kompromisse schwerwiegenden Inhalts werden gefunden sein müssen, ehe der Weg auch nur so weit frei ist, wie die nationalen Rechtsverschiedenheiten es an sich gestatten würden. Wir stehen hier also am Beginn eines langen und voraussichtlich schweren Ringens um den Ausgleich. Der Ausgleich selbst wird kommen; er muß kommen, weil die Sache ihn erfordert. Wie weit man heute noch von ihm entfernt ist, zeigt z. B. eine Äußerung, die man kürzlich aus Kreisen der CINA hören konnte: diese sei nichts als eine Interessengemeinschaft der Großen, deren Kosten die Kleinen zu bezahlen hätten.

In den Jahren seit Kriegsschluß hat Deutschland auf dem Gebiete der Luftfahrt international anerkannte Führerpositionen errungen. Aber in dem Kampfe, von dem ich hier spreche, steht es noch abseits und fast unbeteiligt da. Kaum daß das Interesse für diese Dinge wach zu werden beginnt. Hierin liegt ohne Zweifel eine ernste Gefahr, denn es kann mit Gewißheit gesagt werden, daß der Inhalt des endlich zu findenden Ausgleichs für die Betroffenen zum Teil Schicksalsfrage sein wird. Gegenwärtig versucht man bekanntlich, an diesen Dingen ohne Deutschland zu arbeiten, und zwar vorwiegend unter französischer Führung. Daß auf diesem Wege das endgültige Ergebnis nicht gefunden werden kann, brauche ich nicht zu erläutern. Es bestehen genug Anzeichen dafür, daß diese Einsicht auf der Gegenseite schon durchgedrungen oder doch wenigstens stark im Vordringen ist. Es wird also der Augenblick kommen, in dem Deutschland in die internationalen Beratungen hierüber mit eintritt und seine Stimme mit in die Wagschale zu legen hat. Die luftgeographische Lage des Reiches nicht minder als das wirt-

schaftliche Gewicht Deutschlands für die Gesamtinteressen der Welt sichert dieser Stimme ihre sehr wesentliche Wirkung. Aber was soll uns das nützen, wen wir als Außenstehende in einen Ring von Eingeweihten treten? Dann würden die deutschen Vertreter weder die gemeinsamen Interessen aller, noch die besonderen Interessen Deutschlands so fördern können, wie das dem deutschen Gewicht an sich entspräche. Eine solche Lage darf nicht eintreten. Wir sind heute noch nicht berufen und haben keine Veranlassung, uns nach dieser Berufung zu drängen. Wir können in Ruhe abwarten in dem sicheren Bewußtsein, daß der Augenblick kommen wird, wo man uns nicht mehr entbehren kann. Aber in diesem Augenblick muß unsere geistige Rüstung so vollkommen sein, wie es möglich ist. Bis dahin muß bei uns jenes innige Verständnis zwischen Wirtschaftern, Ingenieuren und Juristen wenigstens in der Luftfahrt da sein, von dem ich vorhin sprach. Unsere eigene innere Gesetzgebung muß die Vollkommenheit zeigen, die einer solchen engen Zusammenarbeit entspricht. Wir müssen in den inneren Beziehungen des internationalen Luftrechts dann bereits vollkommen eingelebt sein und dürfen nicht erst beginnen, sie zu studieren, wenn wir sie beeinflussen wollen.

Dazu gehört intensive Arbeit aller Beteiligten, der Wille zu gegenseitiger Förderung und gegenseitiger Unterstützung. Man wende nicht ein, daß Deutschlands politische Ohnmacht doch die Mühe vergeblich machen wird. Dagegen ließe sich gerade vom Standpunkte der Luftfahrt aus vieles sagen, was nicht in den Rahmen dieser Erörterungen gehört. Aber das eine ist auch hier zu sagen: es ist eine alte und schon wiederholt gemachte Erfahrung, daß in Auseinandersetzungen, wie sie hier erwarten, geistige Kraft mindestens ebensoviel leistet wie politische Macht. Also ist es eine deutsche Aufgabe im eigentlichsten Sinne des Wortes, ist es insbesondere eine Aufgabe der deutschen Luftfahrt und ihrer Juristen, dafür zu sorgen, daß diese geistige Kraft im gegebenen Augenblick nach Möglichkeit zur Verfügung stehe.

Die Bedeutung dieser Aufgabe steigert sich wesentlich durch eine Entwicklungstatsache des Völkerlebens, die eine durch bittere Erfahrungen erzeugte Skepsis gerade in unserem Lande noch oft genug beiseite schieben will. Das ist die offenbar gegenwärtig im Wachsen begriffene Neigung, die Beziehungen der Völker zueinander aus rechtlichen Gesichtspunkten zu beurteilen. Der Gedanke, daß die Kulturstaaten der Erde als eine Rechtsgemeinschaft zu betrachten seien, ist ohne Zweifel auf dem Marsche. Er wurde im Kriege und nach dem Kriege in gewiß einseitiger Absicht, in richtiger Würdigung seines psychologischen und damit seines politischen Wertes lanciert. Heute beginnt er bereits seine Kraft gegen diejenigen zu wenden, die sich zunächst als seine Monopolisten gebärdeten. Niemand kann voraussagen, wie, auf die Länge der Zeit gesehen, diese Dinge sich weiter entwickeln werden. Aber daß gegenwärtig der Rechtsgedanke im Völkerleben bereits politisches Gewicht hat, läßt sich nicht wohl bestreiten, und daß er in der Zeitspanne politisch übersehbarer Zukunftsentwicklung voraussichtlich an Gewicht gewinnen wird, kann man sagen, ohne sich dabei der Gefahr eines schweren Irrtums auszusetzen. Wenn dem aber so ist, so zieht aus dieser Tatsache die deutsche Arbeit am Luftrecht der Welt neue Kraft und erweiterte Möglichkeiten praktischer Wirkung. Mit um so größerem Rechte glaube ich daher, auf dieser im wesentlichen technischen Fragen der Luftfahrt gewidmeten Tagung Ihre Aufmerksamkeit auf Dinge gelenkt zu haben, die Sie ernsthaft werden beachten müssen, wenn Sie sich selbst und dem deutschen Volke die Früchte Ihrer rastlosen Arbeit bewahren wollen.

Aussprache:

Justizrat Dr. W. Hahn: Eure Königliche Hoheit! Meine Damen und Herren! Herr Geheimrat Schreiber hat in spannender Weise vom rechtshistorischen und rechtsphilosophischen Standpunkt aus die Aufgabe der deutschen Arbeit am Luftrecht der Welt beleuchtet. Wir schulden ihm Dank dafür, daß er mit Energie die Begründung des Instituts für Luftrecht in Verbindung mit der Universität

Königsberg betrieben hat. Unsere Aufgabe wird es sein, dieses Institut zu fördern, und zwar nicht nur durch die Beschaffung von Geldmitteln und Hergabe von Literatur, sondern vor allem dadurch, daß ihm die Aufgaben gestellt werden, die es im Interesse der deutschen und internationalen Luftfahrt lösen soll. Es werden die Männer aus der Praxis dem Institut ihre Beschwerden und Anstände mitteilen müssen, damit das Institut dann Stellung dazu nimmt.

Die WGL hat einen Ausschuß für das Luftrecht gebildet, der als dauernde Einrichtung gedacht ist. Ihm dürfen nicht etwa nur Juristen angehören, dann wird er nichts leisten können, sondern in gleicher Weise Vertreter des Luftfahrzeugbaues, des Luftverkehrs und des Luftamtes. Ich darf dabei auf die Arbeiten hinweisen, die in den Jahren 1920 bis 1922 der Verband der Luftfahrzeug-Industriellen in intensiver gemeinschaftlicher Arbeit geleistet hat. Damals handelte es sich, nachdem das Londoner Ultimatum auf uns heruntergesaust war, darum, die Luftfahrt in Deutschland zu erhalten und die Luftfahrzeugindustrie lebensfähig zu bewahren. Auf Grund des Ultimatums, das mit der Besetzung der Ruhr drohte, war im Gegensatz zum Versailler Vertrag die Luftfahrzeugindustrie dem Gemeinwohl des Vaterlandes geopfert. Die Reichsregierung wollte damals nur die allgemeinen Entschädigungsgrundsätze auf die Luftfahrtindustrie anwenden, während das deutsche Volk und der Reichstag in allen Parteien die deutsche Luftfahrt als solche erhalten wissen wollte.

So kam es, daß damals die Reichsregierung in einem gewissen Gegensatz zu uns stand. Damals hat Bayern im Reichsrat der Luftfahrt wesentliche Dienste geleistet. So ist es gekommen, daß in den damaligen Gesetzen — was Herr Ministerialrat Brandenburg als Besonderheit für das Zustandekommen der Ausführungsbestimmungen für das Luftverkehrgesetz bezeichnete — allgemein der Erlaß der näheren Ausführungsbestimmungen der Reichsregierung, dem Reichstag und dem Reichsrat überlassen wurde. Damals hatte die Luftfahrt eben gerade in den beiden letzteren staatlichen Organen eine wesentliche Stütze. Daß damals Reichstag und Reichsrat eingeschaltet wurden, war ein Erfolg der Münchener Tagung der WGL. Seitdem ist es anders geworden. Ich darf wohl ohne Kritik zu üben sagen, daß im Luftamt jetzt der richtige Mann am richtigen Platze ist.

Wenn nun in dem Ausschuß der WGL für Luftrecht die Männer der Praxis aus Luftfahrzeugbau und Luftverkehr ihre Erfahrungen und Wünsche zum Ausdruck bringen, das Luftamt die politischen Grundsätze, den Einfluß und die Bedeutung der Frage für die internationale Lage bearbeitet und die Juristen des Luftrechts an allen diesen Aufgaben von vornherein mitarbeiten, dann wird eine ersprießliche Arbeit in dem Ausschusse der WGL für Luftrecht gewährleistet werden.

Es handelt sich hierbei zunächst um die Vorarbeiten, damit wir für alle Fälle gerüstet sind. Eine gemeinsame internationale Arbeit kann aber erst beginnen, wenn die Freiheit der deutschen Luftfahrt errungen ist und das Ausnahmerecht, unter welches die deutsche Luftfahrt gestellt ist, aufgehoben ist.

VI. Die Entwicklung der Luftfahrtversicherung.

Vorgetragen von Hermann Döring.

Mit der Luftfahrt hat auch ihre Versicherung in den letzten Jahren, besonders aber seit dem letzten Winter, eine besondere Entwicklung erfahren. Das alte Heeresflugzeug, das den Versicherern die meisten Schwierigkeiten machte, ist im Luftverkehr vergessen. Die ersten Flugzeuglimousinen sind ebenso wie das erste Verkehrsluftschiff weiter durchkonstruiert und technisch und verkehrsmäßig verbessert worden. Der Verkehrspilot ist sich bewußt geworden, daß es bei seinem Dienst nicht auf Sportleistungen, sondern auf gediegene Verkehrsergebnisse — Regelmäßigkeit, Sicherheit — ankommt. Das ganze Personal der Luftfahrt hat sich wirtschaftlich umgestaltet. Der gesunde, früher in der Luftfahrt mehr oder minder verpönte kaufmännische Geist, hat zusammen mit der soliden Technik es fertiggebracht, daß aus dem ursprünglichen Karussell des Luftverkehrs seriöse Unternehmen geworden sind, die man innerhalb des Weltverkehrs nicht mehr als Fremdkörper empfindet.

Entsprechend haben sich Luftfahrzeugbau, Flugsport und Fliegerschulen ausgestaltet. Unsere wirtschaftliche Not ist auch hier ein Führer zur Sicherheit geworden, weil wir sparen, und zwar vernünftig sparen müssen und daher unsere Arbeit und unser Material nicht leichtsinnig aufs Spiel setzen können.

Trotzdem, als ich bei der Ausarbeitung meines Vortrages meine früheren Arbeiten »Versicherung und Luftverkehr« vom Jahre 1920 und »Versicherungsprobleme im modernen Luftverkehr« vom Jahre 1921 durchsah, stellte ich fest, daß die eigentlichen Grundlagen der Luftfahrtversicherung inzwischen nur wenig geändert sind. Das Luftverkehrsgesetz vom 1. August 1922, das mit seiner Regelung der Haftungsfrage vom juristischen Standpunkte früheren Gesetzen gegenüber bahnbrechend war, hat die Entwicklung nur im geringen Maße beeinflußt, da es bereits durch die damals bestehenden Zulassungsbedingungen des Reichsverkehrsministeriums vorbereitet war. Wenn trotzdem das Gesicht der Luftfahrtversicherung ein anderes geworden ist, so liegt das eben daran, daß aus der vielen, allzuvielen Theorie und aus den unzulänglichen Ansätzen der früheren Zeit heute neue Praxis geworden ist, und daß diese neue Praxis eine Reihe neuer Fragen aufgeworfen hat.

Jetzt steht keine Versicherungsgesellschaft mehr der Luftfahrt ablehnend gegenüber. Man sieht vielmehr, wie die Versicherer der ganzen Welt sich ihren Forderungen anpassen oder anzupassen suchen. Dabei leitet den Versicherungsmarkt nicht zuletzt auch der sichere Instinkt, daß es sich bei der Luftfahrt um ein Gebiet handelt, das nach allen Grundsätzen der Wirtschaft binnen absehbarer Jahre eine ähnliche Bedeutung wie die Seefahrt erlangen muß. Diese Entwickelung auf dem Versicherungsmarkte ist nicht ohne Kampf abgegangen. Zunächst hat man in allen Ländern mit entwickelter Luftfahrt versucht, diese durch Zusammenschluß von Versicherungsgesellschaften in Pools — koste es, was es wolle — nach dem Wunsche des Versicherungsmarktes zu lenken und zu entwickeln. Aber die Luftfahrt lehnte ab und suchte einfach andere Wege um sich zu decken. So wurden die Pools genötigt, von ihrem Behördenstandpunkte etwas abzuweichen und mehr zum Kaufmann zu werden, der mit dem Versicherungsnehmer auf gemeinsam ausgearbeiteter Basis zusammenzukommen sucht.

Dieser Vorgang ist dadurch beschleunigt, daß eine Reihe von guten Versicherungsunternehmungen von vornherein der diktierenden und schematisierenden Poolpolitik fernstanden, wie zum Beispiel der Stuttgarter Versicherungs-Verein in Stuttgart, die Assecuranz-Union von 1865 und der Mutzenbecher-Konzern in Hamburg, sowie die »Zürich« in Berlin, die sich erst vor kurzem dem deutschen Pool unter gewissen Reservaten genähert hat, und viele andere.

Gegenwärtig bestehen Pools in Deutschland (Deutscher Luftpool von 1924), England (British Aviation Insurance Group), Italien (Consorzio Italiano di Assicurazioni Aeronautiche) und Skandinavien, Norwegen, Schweden, Dänemark und Finnland (mit dem Nordiske Pool for Luftfart Forsikring). Der deutsche Pool zählt zurzeit 40 Mitglieder. Mit der Geschäftsführung ist in diesem Jahre die »Allianz« in Berlin betraut. Dem englischen Pool gehören 6 Gesellschaften und 24 Lloyd's Syndikate an; geschäftsführende Gesellschaft für Kaskoversicherung ist die Union Insurance Society of Canton Ltd. mit ihrer Tochtergesellschaft, der British Aviation Company; für Unfall- und Haftpflicht die White Cross insurance Association Ltd., sämtlich in London. Als Geschäftsführerin des Consorzio Italiano fungiert die Unione Italiana di Riassicuracione in Rom. In diesem Pool sind 27 Gesellschaften zusammengeschlossen. Die Anzahl der Mitglieder des Nordischen Pools beträgt gegenwärtig 44. Hiervon sind 20 dänischer, 15 schwedischer, 5 norwegischer und 4 finnischer Nationalität. Mit seiner Geschäftsführung ist gegenwärtig die dänische Fraktion des Pools beauftragt.

Außerdem gibt es bereits Ansätze zu Luftpools in der Tschechoslowakei und in Österreich. In Gründung begriffen sind solche in Polen und Ungarn und neuerdings auch in den Vereinigten Staaten von Amerika.

Diese Pools streben zunächst eine zwangsläufige Verteilung der Risiken durch Mit- und Rückversicherungsverträge an. Sie wollen aber auch durch Konkurrenz-Abkommen eine Ausschaltung der Konkurrenz unter den Assekuradeuren und bilden hierdurch eine gewisse Gefahr für den Versicherungsnehmer. Hierzu kam und kommt noch in einem gewissen Maße das Streben nach Schematisierung (der Bearbeitung des gesamten Risikos nach einheitlichen Gesichtspunkten — gleichen Bedingungen, gleichen Prämien), wie sie zum Beispiel für die See — und Autokaskoversicherung im wesentlichen durchgeführt ist. Dieses Streben mußte bei der Luftfahrt zunächst schon hinsichtlich der Tarifierung Schiffbruch leiden, sodaß zuerst der englische und jetzt auch der deutsche Pool dazu übergingen, die Prämie von Fall zu Fall zu vereinbaren.

Die Konkurrenzausschaltung macht Fortschritte. Sie war zunächst nur zwischen den Poolmitgliedern der einzelnen Länder bis zu einem gewissen Grade gelungen. Die Pools untereinander aber konnten sich freie Konkurrenz machen. Man spricht davon, daß jetzt insbesondere zwischen dem deutschen, englischen, nordischen und italienischen Pool gegenseitige Verpflichtungen angestrebt werden dahin, ihre unmittelbaren Abschlüsse nur auf das eigene Land zu beschränken und das ausländische Risiko dem Pool des betreffenden Landes in erster Hand zu überlassen. Die Durchführung einer solchen Vereinbarung würde ein weiteres Hemmnis in der Entwicklung der Luftfahrt bedeuten. Sie wäre aber auch vom Standpunkt der Versicherer unverständlich und nicht in die Zukunft gesehen, da diese doch versuchen müßten, ihre Geschäfte über die eigenen Landesgrenzen auszudehnen und dadurch stärker zu machen.

Zwangsläufig haben derartige Poolbestrebungen die Folge, daß sich in den betreffenden Ländern selbst eine Reihe von Versicherungsgesellschaften, die es nicht nötig haben, sich von den Pools abhängig zu machen, fernhalten und dadurch gerade die besseren Risiken an sich ziehen. So bleibt dem Luftfahrer, der sowieso schon schwer um seine Existenz kämpft, doch immer die Möglichkeit, sich nötigenfalls poolfrei zu versichern, so daß er nicht von dem letzten Kampfmittel, der Selbstversicherung, Gebrauch machen muß.

Bei dieser Poolentwicklung ist nicht zu verkennen, daß eine gewisse Zentralisierung des Luftversicherungsgeschäftes in England stattgefunden hat. Der englische Luftpool ist der stärkste Rückversicherer nicht nur für den deutschen, sondern auch für den nordischen und italienischen Pool geworden. Insbesondere muß man sagen, daß der deutsche Pool in engster Verbindung mit dem englischen steht. Diese Verbindung geht soweit, daß ein Vertreter der englischen Union of Canton ständig in Berlin seinen Sitz hat, um bei den Abschlüssen und allen wichtigen Fragen, die das deutsche Luftkaskogeschäft betreffen, mitzuwirken. Diese enge Verschmelzung ist unverständlich, wenn man den großen Kreis der deutschen Versicherungsgesellschaften bedenkt, die dem Pool angehören. Sie sind zweifellos in der Lage, die deutschen Poolrisiken, die ohnehin nicht groß sind, allein zu übernehmen. Der jetzige Zustand bedeutet eine, vom deutschen Kaskopool allerdings bestrittene, aber doch vorhandene starke Abhängigkeit, die durch die Delegierung des englischen Vertreters nur noch unterstrichen wird.

Bemerkenswert ist, daß allen diesen Pools bisher eine international verwendbare Statistik nicht gelungen ist. Dies kommt daher, daß die Erfahrungen in den einzelnen Ländern alles andere als übereinstimmend gewesen sind, und daß nirgend die Form und Zuverlässigkeit der Entwicklung auch zwischen den einzelnen Unternehmungen eine so verschiedenartige ist, wie gerade in der Luftfahrt.

In Deutschland kommt dazu, daß die Jahre der Inflationszeit so gut wie kein statistisches Material geliefert haben, solange die Versicherung in Papiermark erfolgte. Wenn die Versicherer für diese Zeit von Verlusten sprechen, so kann dies nur papiermarkmäßig gedacht sein, da sie die verhältnismäßig wertvollere Papiermark bei Beginn der Versicherungsperiode erhielten und später dann wertlosere Papiermark, wenn auch naturgemäß wegen der zahlenmäßig gestiegenen Reparaturkosten in größerer Höhe für Schäden auszahlten, wobei die Höhe aber doch durch die Papiermark-Versicherungssumme begrenzt war. Nach Goldmark gerechnet, hätten die Assekuradeure bei diesem Verfahren nur gewinnen können.

Es bleibt daher auch jetzt noch das Beste, wenn jedes Bau- und Verkehrs-, Sport- und Schulunternehmen selbst für den eigenen Betrieb eine sorgfältige Statistik nach allen Richtungen führt, die den Versicherungsverhandlungen und der Bemessung der Prämien gegebenenfalls zugrunde gelegt werden kann.

Die Prämien der Luftfahrtversicherung sind immer noch erstaunlich hoch gegenüber den Versicherungszweigen des sonstigen Verkehrs geblieben. Damit wird die Wirtschaftlichkeit der Luftfahrt, sowohl des Verkehrs wie der Fabrikation, auch an dieser Stelle aufgehalten. Die Schuld hierfür liegt nur teilweise im Versicherungslager. Auch die Luftfahrt muß versuchen, ihre Risiken zu verbessern. Dies ist durch immer sorgfältigere Organisation, durch Ausbau der technischen Grundlagen, sorgfältige Auswahl der Typen und Zulassung wirtschaftlicher Bau- und Reparaturmethoden möglich. Daß die Luftfahrt an diesem Problem rastlos arbeitet, ist selbstverständlich, ist doch die Wirtschaftlichkeit ihrer Betriebe und damit ihre Existenz überhaupt davon abhängig. Andererseits hat die deutsche Luftfahrt hierbei eine besonders schwere Arbeit zu leisten durch die Hemmungen, die Friedensvertrag und Botschafterdiktate ihr immer wieder auferlegen.

Bei der Prämienfrage wird von Versicherungsnehmerseite andererseits viel zu oft verkannt, daß es bei einem Versicherungsabschluß nicht nur auf Prämien und Bedingungen, sondern auch — und zwar in erster Linie — auf die Güte der Versicherungsgesellschaft, d. h. die Unerschütterlichkeit ihrer materiellen Grundlagen und die im Versicherungsgeschäft notwendige Großzügigkeit in der Auslegung der Versicherungsbedingungen und der Regulierung von Schäden, ankommt. Leider ist besonders die notwendige materielle Grundlage bei vielen deutschen und ausländischen Versicherungsgesellschaften durch die Folgen des Krieges wankend geworden. Gerade die Prämien, die solche Versicherungsgesellschaften anbieten, sind teilweise erstaunlich, so daß sich auch der vernünftige Versicherungsnehmer manchmal fragen muß, wo diese Gesellschaften ihre Verluste decken. Sicher besteht die Gefahr, daß dies aus den Reserven der langfristigen Verträge, insbesondere der Lebensversicherungen, geschieht.

Die Luftfahrzeug-Kaskoversicherung, die einen Bestandteil der Transportversicherung bildet, bleibt die bei weitem interessanteste Versicherungsart. Sie ist bis heute den größten Kämpfen und fortgesetzten Änderungen unterworfen gewesen.

Der Begriff des »Kasko« stammt bekanntlich aus der Schiffsversicherung. Kasko bedeutet der Schiffskörper. Das Wort wurde dann angewendet auf das Auto und ist schließlich zum Luftfahrzeug gekommen. Die Kaskoversicherung umfaßt die Haftung für den Verlust und die Beschädigung des Luftfahrzeuges, mit anderen Worten für Bruch-, Feuer-, Transport- und Diebstahlschäden. Sie schließt ferner ein die Haftung für Aufwendungen, die der Versicherte im Schadenfalle zur Abwendung oder Minderung des Schadens macht — hierunter fallen auch die Transportkosten zur Reparaturwerkstatt — sowie die Kosten, die durch Ermittlung und Feststellung des Schadens entstehen.

Den richtigen Eindruck, welche Risiken durch die Kaskoversicherung gedeckt werden, erhält man jedoch erst dann, wenn man die Gefahren einer Prüfung unterzieht, die vom Versicherer ausgeschlossen werden. Diese negative Definition hatte zunächst bei fast allen Policen der Luftfahrzeug-Kaskoversicherung einen derartigen Umfang, daß der vorher wiedergegebenen positiven wenig Bedeutung blieb. Die ausgeschlossenen Gefahren machten insbesondere in den Policen des deutschen Pools mindestens den vierten Teil der gesamten Bedingungen aus. Diesen Raumumfang hat man neuerdings dadurch etwas eingeschränkt, daß man die Ausschlüsse bei Verlust und Beschädigung mit kleineren Lettern eng gedruckt hat. Immerhin gibt es auch Policen, bei denen die Ausschlußbestimmungen nur etwa 40 halbe Zeilen ausmachen und damit auf ein e t w a s verständigeres Maß herabgedrückt sind.

Die Kaskopolice kann nicht in jedem Falle Deckung gewähren. Dies liegt nicht nur im Sinne der Versicherer, sondern ebenso im Interesse einer ordnungsmäßigen Entwicklung der Luftfahrt selbst. Berechtigt erscheint der Ausschluß ohne weiteres:

1. Für Schäden, die der Versicherungsnehmer selbst, d. h. die versicherte Firma vorsätzlich oder grob fahrlässig herbeigeführt hat. Dagegen muß der Versicherungsnehmer Deckung erhalten für den Vorsatz oder die Fahrlässigkeit seiner Angestellten, sofern ersterer bei der Auswahl die Sorgfalt eines ordentlichen Kaufmanns beobachtet hat.

2. Für Schäden, die entstehen durch Diebstahl oder Abhandenkommen einzelner Zubehörteile oder Ersatzteile des Luftfahrzeuges, es sei denn, daß sie in oder an ihm unter Verschluß verwahrt oder mit ihm fest verbunden waren. Liegt ein entschädigungspflichtiger Unfall des Luftfahrzeuges vor, so muß auch für derartige Teile gehaftet werden.

3. Für Schäden bei unsachgemäßer Durchführung von Kunstflügen, sowie bei besonderen Leistungen für Kinoaufnahmen.

4. Für Schäden, welche bei Flügen während Nebels durch den Nebel entstehen, wenn der öffentliche Wetter-

dienst eine Nebelwarnung bekanntgegeben hat, und diese Warnung dem Luftfahrzeugführer oder der maßgebenden Flugleitung bekannt sein mußte.

5. Für Schäden, die durch Mitnahme von explosionsgefährlichen Gegenständen bzw. Flüssigkeiten entstehen, soweit letztere nicht in fest verschlossenen und im Luftfahrzeug ordnungsgemäß befestigten Behältern verwahrt sind.

6. Für Schäden und Kosten durch Krieg, Aufruhr, militärische Maßnahmen, Beschlagnahme, Verfügung von hoher Hand oder Repressalienmaßnahmen.

7. Für innere Maschinenschäden, Betriebsexplosion der Zylinder, Schäden in der Kühlervorrichtung durch Einfrieren und für Schäden, die nur durch Abnutzung im gewöhnlichen Gebrauch oder durch Alter, Wurmfraß oder Rost verursacht werden. Hierbei dürfen nur die unmittelbaren Schäden, nicht aber die mittelbaren ausgeschlossen werden.

Für die Versicherungsbedingungen ist überhaupt mehr Einfachheit und Kürze zu erstreben. Es muß der Eindruck vermieden werden, daß Hauptaufgabe beim Fliegen die Beachtung der Versicherungsvorschriften ist. Bezeichnend ist es, daß die größeren Luftfahrtunternehmungen sich nur dadurch gegenüber den umfangreichen Versicherungsbedingungen helfen konnten, daß sie dieselben für ihren Betrieb in die Form eines regelrechten kleinen Nachschlagewerkes mit Inhaltsverzeichnis kleideten. Aufgenommen sind auch heute noch in die Police eine große Anzahl technischer Selbstverständlichkeiten, die in ihrer Aufziehung als Versicherungsbedingungen unnötige Unsicherheit bei Flugleitung und Personal hervorrufen, und die auch durch ihre Aufnahme in die Police vielfach eine ganz andere Bedeutung erhalten.

Die Prämienhöhe in der Kaskoversicherung beginnt für die Jahresversicherung der Verkehrsgesellschaft etwa mit 9 vH, wenn Prämienrückgaben für Stilliegen vorgesehen sind, ohne daß während der Stilliegezeit das Risiko ruht. Nach oben gibt es keine Grenze, wenn das Risiko als ein besonders schweres angesehen wird. Für die Bemessung gilt nach wie vor die alte Unterscheidung zwischen Ganzmetall-Flugzeugen, sog. Kompositen (Halbmetall) und reinen Holzflugzeugen. Als Kompositen gelten dabei die Maschinen aus Stahlrohrkonstruktion, z. B. der deutsche Fokkertyp. Ganzmetall und Kompositen werden im allgemeinen nur unwesentlich verschieden, Holzflugzeuge dagegen bei der Bemessung der Prämie ungleich ungünstiger behandelt. Aber auch innerhalb dieser Gruppen kann sich eine verschiedene Tarifierung ergeben, je nachdem ein Fahrzeugtyp erfahrungsgemäß auf Beanspruchung reagiert, und je nachdem er einfach zu reparieren ist.

Als günstigeres Risiko werden nach wie vor Wasserflugzeuge gegenüber den Landmaschinen angesehen. Für die mehrmotorigen Flugzeuge ergibt sich eine billigere Prämie, sofern die Gewähr besteht, daß die Maschine bei Aussetzen eines oder mehrerer Motore flug- und manövrierfähig bleibt.

Für die Versicherung einzelner Flüge, die besonders für den Luftfahrzeugbau von Interesse ist, gibt es keine bestimmten Sätze. Die Prämie richtet sich hier nach dem Charakter der Flüge. Man unterscheidet meist Rundflüge, d. h. Abnahme- und Vorführungsflüge von und zur Fabrik zurück und Ablieferungsflüge. Bei letzteren wird in Generalpolicen regelmäßig ein bestimmter Satz für je 50 oder 100 km berechnet. Besondere Behandlung erfahren die Flüge neuer Typen, die nicht bereits durch einen ersten Fabrikflug erfolgreich erprobt sind. Ihre Versicherung war ursprünglich ganz ausgeschlossen. Jetzt ist sie gegen einen Zuschlag ohne weiteres möglich.

Die Fliegerschulen gelten als risikoreich. Dabei verdienen jedoch nur die sog. Alleinflüge eine besondere Behandlung. Jahresprämien, auf die Anzahl der Flugzeuge abgestellt, sind hier verhältnismäßig selten. Meist wird die Prämie nach der Anzahl der Schüler festgelegt. Die Policen suchen das Risiko je Schüler teilweise zu beschränken, indem sie nur einen Totalverlust eines Luftfahrzeuges bzw. eine dem gleichkommende Summe für Teilschäden je Schüler ersetzen wollen.

Die Tarifierung würde einfacher sein, wenn nicht die bereits oben geschilderten Schwierigkeiten in besonderem Maße für die Aufstellung einer brauchbaren Kaskostatistik gelten würden. Interessant ist die große Verschiedenheit der statistischen Zahlen, die gerade für das Kaskorisiko veröffentlicht werden.

Der deutsche Pool scheint besonders schlechte Erfahrungen gemacht zu haben. Der Generalsekretär des Internationalen Transport-Versicherungs-Verbandes zu Berlin gibt hierüber folgende Zahlen bekannt: Auf insgesamt 164 versicherte Flugzeuge sollen in dem der Untersuchung zugrunde liegenden Zeitraum — es ist nicht gesagt, welcher Zeitraum gemeint ist — 65 Schäden entfallen, also der Zahl der versicherten Gegenstände nach rund 40 vH. Hiervon sollen Totalverluste 4, d. h. 6,153 vH und Teilschäden zu Lasten des Versicherers 53, also 81,54 vH, Teilschäden innerhalb der Franchise, also nicht zu Lasten des Versicherers, 8, also 12,307 vH gewesen sein. Nach dem Baustoff der Flugzeuge sollen sich die Schäden verteilen auf Metallkonstruktion 61 und auf Holzkonstruktion 4, während 137 Metallflugzeuge und 27 Holzflugzeuge versichert waren. Dies würde, in Prozenten gerechnet, an Schäden für Metallflugzeuge absolut 93,847 vH und relativ 44,525 vH, bei den Holzflugzeugen absolut 6,153 vH und relativ 14,815 vH ausmachen. Hier fällt besonders der relative Prozentsatz auf, der auf die Metallkonstruktion entfällt, und der mehr als das dreifache an Schäden ausmacht wie bei den Holzflugzeugen. Wenn man auch in Versicherungskreisen der Holzkonstruktion zweifellos mit zu großem Mißtrauen gegenübersteht, so kann diese Zusammenstellung doch für die Beurteilung des Risikos von Holz und Metall nur von unzulänglichem Material ausgehen und daher nicht abstrahiert werden. Das Verhältnis der Schadenleistungen zur Bruttoprämie soll bei dieser Statistik 160 vH ausmachen. Das würde bedeuten, daß die Versicherungsgesellschaften 60 vH mehr für Schäden ausgezahlt haben, als Prämien eingenommen sind.

Auf Grund solcher Zahlen neigt man dazu, das Kaskorisiko zu überschätzen. Demgegenüber kann man aber anführen, daß die Assekuradeure des Deutschen Aero Lloyd und der Deutsch-Russischen Luftverkehrsgesellschaft für die ersten Goldmark-Versicherungsjahre 1923 und 1924 mit einem Überschuß der Prämien über die Schäden abgeschlossen haben. Die Schäden beliefen sich auf 84 vH der Prämie.

Im Interesse der einwandfreien Feststellung von Schäden sieht die Police des deutschen Kaskopools immer noch vor, daß Reparaturen nicht begonnen werden dürfen, wenn die voraussichtlichen Kosten der Reparatur den Betrag von 5 vH des Versicherungswertes (Flugzeugwertes) übersteigen. Hier soll der Versicherungsnehmer die beschädigten Teile des Luftfahrzeuges solange in ihrer ursprünglichen Form belassen, bis der Versicherer ausdrücklich die Freigabe erklärt. Nur die Notwendigkeit, das Fahrzeug in Sicherheit zu bringen oder die Entstehung weiteren Schadens zu verhüten — also im Interesse der Versicherungsgesellschaft liegende Umstände — kann von dieser Vorschrift entbinden. Unberücksichtigt aber bleibt die Notwendigkeit, das Flugzeug schnell wieder in Dienst zu stellen oder seine Reise beenden zu lassen oder eine unnötige Schaustellung von Brüchen in der Öffentlichkeit zu vermeiden. Die Verhältnisse in der Luftfahrt verlangen, daß der Versicherte mit dem Abtransport und der Reparatur sofort beginnen kann, wenn dringende sachliche oder Zweckmäßigkeitsgründe dies tunlich erscheinen lassen. In allen solchen Fällen muß die Herstellung von Lichtbildern von dem Schaden in seiner ursprünglichen Form genügen.

Die Höhe des von der Versicherungsgesellschaft im Schadenfalle zu leistenden Ersatzes ist im Versicherungsschein möglichst einwandfrei festzulegen. Bei Totalschäden ist es die Versicherungssumme. Für Teilschäden muß die

Reparaturrechnung bei Wiederherstellung im fremden Betriebe, sonst der nachgewiesene Verbrauch von Material
und Lohnstunden mit angemessenen Zuschlägen für Verschnitt und allgemeine Unkosten maßgebend sein. Es
empfiehlt sich für beide Parteien, bereits bei dem Abschluß
des Versicherungsvertrages die Höhe der Zuschläge festzulegen. Nirgends schwanken bekanntlich die General-
unkosten so wie im Luftfahrzeugbau. Spannungen zwischen
200 und 500 vH sind nicht ungewöhnlich. Doch wird man
bei der Reparatur im eigenen Betriebe mit 200 vH Regiezuschlag und 20 bis 25 vH Verschnitt auskommen müssen.
Zweifellos zu niedrig ist der Regiezuschlag mit 150 vH, den
die neuesten Bedingungen des deutschen Kaskopools vorsehen. Auch die Versicherungssumme soll ja den tatsäch-
lichen Wert des Luftfahrzeuges, der auf einem wesentlich
höheren Regiezuschlag aufgebaut ist, darstellen. Völlig
unverständlich war der Regiezuschlag von 50 vH in den
früheren Bedingungen des Kaskopools, die bis vor kurzem
Geltung hatten.

Es ist üblich, von den für Schäden auszukehrenden
Beträgen gewisse Abzüge seitens der Versicherer zu machen.
Zweckmäßig ist, die sog. (teilweise) »Selbstversicherung«
in Höhe von 10 vH der Versicherungssumme, für welchen
Prozentsatz dann auch eine Prämie nicht gezahlt wird.
Durch eine derartige Selbstversicherung wird der Versicherungsnehmer am Verlaufe der Versicherung stärker
interessiert. Daneben findet sich die »Franchise« in Höhe
von 1 bis 2 vH des Versicherungswertes, die aus dem gleichen Grunde der Interessierung und zwecks Ausschlusses
von Bagatellschäden aufgenommen wird.

Der »Abzug neu für alt« verschwindet allmählich aus
den größeren Versicherungsabschlüssen. Er ist im gegenwärtigen Stadium bei der Versicherung von Luftfahrzeugen
wegen deren besonderer Pflege und regelmäßigen Über-
holung auch unberechtigt. Die Verhältnisse beim Auto-
mobil können hier nicht herangezogen werden. Die früheren
Vorschriften über den »Abzug neu für alt«, wie sie auch jetzt
noch in den neuen Bedingungen des Kasko-Pools enthalten
sind, führten dazu, daß in jedem Jahre der Höchstabschrei-
bungssatz erreicht wurde, was sicherlich nicht der tatsäch-
lichen Beanspruchung der Maschinen entspricht.

Von der ausschließlichen Selbstversicherung durch Ausgleich zwischen verschiedenen Unternehmungen ist bisher
in der Kaskoversicherung von Luftfahrzeugen wenig Gebrauch gemacht worden. Für sie gibt es vornehmlich zwei
Arten.

Die eine erfolgt unter Zuhilfenahme einer dritten Stelle,
einer Art Versicherungsgesellschaft auf Gegenseitigkeit.
An sie hat man z. B. in den Anfängen des Luftverkehrs gedacht. Vor einiger Zeit ist ein neuer derartiger Plan durch
die The Great Briton Mutual Marine Insurance Association
Ltd. in London ausgearbeitet, ohne daß aber bisher Ver-
sicherungen nach diesem System gedeckt sein dürften.

Der Gedanke der Gründung einer Versicherungsgesellschaft auf Gegenseitigkeit erfordert eine große Menge von
Versicherungsobjekten. Diese ist zwar inzwischen wesentlich größer geworden. In Deutschland dürften allein im
Luftverkehr etwa 200 Verkehrsflugzeuge eingesetzt sein.
Auch dürfte bei internationaler Aufziehung der Gesellschaft
an sich eine Ausgleichsmöglichkeit gegeben sein. Die
Schwierigkeit liegt aber darin, daß in den einzelnen nationalen Gesellschaften die Bruchquoten sehr verschieden
sind. Darum ist auch eine Einigung auf dieser Grundlage
bisher nicht versucht worden.

Eine zweite Möglichkeit besteht im Ausgleich innerhalb
eines oder mehrerer Luftverkehrskonzerne ohne Einschaltung einer Versicherungsgesellschaft. Wenn innerhalb eines
Konzerns verschiedene Gesellschaften mit getrennter Ab-
rechnung bestehen, so bietet auch diese Art eine gewisse
Schwierigkeit wegen der Verschiedenheit der Risiken in
den einzelnen Luftverkehrsgebieten. Die Zuschüsse lassen
sich nicht in gleicher Höhe festsetzen. Die Deutsche Luft-
Reederei hatte bereits früher Vorarbeiten für eine solche Aus-
gleichsversicherung geleistet, ohne sie in die Praxis umzu-

setzen. In der Theorie ist dieses System in dem Exposé
der Europa-Union durchgeführt, das zunächst eine feste
Prämie der Union-Gesellschaften und darüber hinaus eine
unbegrenzte Nachschußpflicht vorsieht.

Noch zwei Abarten der Kaskoversicherung sollen erwähnt werden. Die eine besteht in der Versicherung des
sog. Interesses. Hierunter versteht man das Interesse, das
der Fabrik bzw. die Fabrik an der glücklichen
Durchführung eines Fluges hat. Bei einer Luftverkehrsgesellschaft z. B. sind für die Organisation eines Sonder-
fluges häufig große Summen aufzuwenden, die sich durch
Propagandawirkung oder Erteilung von Konzessionen nur
bei gutem Ausgang nutzbar machen; oder es kann von dem
Auftraggeber für den Fall der Durchführung eine Prämie
gesetzt sein. Andererseits knüpft eine Fabrik an den Über-
führungs- oder Vorführungsflug eines neuen Typs in einem
fremden Lande die Erwartung, daß durch größere Aufträge
die Kosten der Typenentwicklung wieder ausgeglichen
werden. Die Bewertung dieser Erwartungen ist »das Interesse«. Den Versicherungswert des Interesses kann einwandfrei nur der Versicherungsnehmer selbst festlegen, dessen
Angabe über die Höhe des Betrages als »feste unanfecht-
bare Taxe ohne weiteren Nachweis« gelten muß. Der Versicherer seinerseits kann sich gegen zu hohe Bewertungen
durch Höchstsummen schützen. Diese Höchstsummen werden meist in einem Prozentsatz der Kaskosumme bestehen.

Von dieser Abart ist bisher in der Luftfahrtversicherung
wenig oder gar nicht Gebrauch gemacht worden.

Die zweite Spezialpolice ist die zur Deckung von
Transportkosten. Der Ersatz der Transportkosten ist
regelmäßig Bestandteil des Kaskorisikos. Versuche, erstere
durch eine Spezialpolice zu versichern, haben bisher zu
keinem nennenswerten Ergebnis geführt. Immerhin kann
eine solche Versicherung bei Flügen in entfernt liegende
Länder Bedeutung haben, wenn eine Kaskoversicherung
fehlt oder die Transportkosten ausnahmsweise durch diese
nicht gedeckt sind.

Die Haftpflichtversicherung hat sich
deshalb ihre besondere Bedeutung erhalten, weil sie durch
das Luftverkehrsgesetz für die Luftfahrtunternehmen vorgeschrieben ist. Ihr für die Luftfahrt wichtigster Bestandteil ist die Haftpflicht aus dem Betriebe von Luftfahrzeugen.

Die Haftpflichtversicherung in diesem Sinne umfaßt die
Haftpflicht aus der Haltung, dem Betriebe und dem Verkehr mit Luftfahrzeugen. Eingeschlossen ist regelmäßig
die persönliche Haftpflicht der Luftfahrzeugführer. Die
Policen schließen die von dem Luftfahrzeug beförderten
Personen und Sachen von dieser Deckung aus. Der Fahr-
zeughalter bleibt also ungedeckt gegenüber Passagieren,
gegenüber dem Luftfahrzeugführer und sonstigem Bord-
personal, sowie hinsichtlich der beförderten Güter.

Da er dieses Risiko nicht selbst tragen konnte, hat er
andere Wege suchen müssen. Ein solcher ist für Passagiere
und Güter bei den Luftverkehrsunternehmungen in den
Beförderungsbedingungen und bei Baufirmen in der Unter-
zeichnung von Reserven gefunden, die die Haftung des
Luftfahrtunternehmens ausschließen. Über die Gültigkeit eines solchen Haftungsausschlusses bestand zunächst
zwischen den Juristen Streit. Das einzige Urteil, das sich
m. W. bisher ausführlicher mit der Frage befaßt hat, nämlich das Urteil des Landgerichtes I zu Berlin vom 3. Mai
1923 hat sie in bejahendem Sinne entschieden. Man hat
dagegen angeführt, daß ein solcher Ausschluß gegen die
guten Sitten verstoßen und daher nichtig sein könnte.
Diese Ansicht war nicht haltbar. Ein Vergleich mit den
Speditionsunternehmungen, gegen die derartige Entscheidungen vorliegen, ist nicht möglich, da das Publikum wohl
auf die Benutzung von Speditionen, nicht aber auf die
Benutzung von Luftfahrzeugen unbedingt angewiesen ist.

Die Haftung für Passagiere kann in die Haftpflicht-
policen leicht eingeschlossen werden, wenn die ersteren den
Revers bzw. die Beförderungsbedingungen durch Unter-
schrift auf dem Flugscheine oder in sonstiger Weise anerkannt haben. Dies hat zum mindesten den Vorteil, daß das

98

Luftfahrtunternehmen in der Prozeßführung durch die Erfahrungen der Versicherungsgesellschaft unterstützt wird.

Die Haftpflichtversicherung gegenüber dem fliegenden Personal ist nach herrschender Auffassung durch die soziale Versicherung, und zwar durch die Mitgliedschaft des Unternehmens bei der Berufsgenossenschaft abgelöst. Trotzdem ist es mit Recht im allgemeinen üblich, in den Anstellungsbedingungen darüber hinaus private Unfall- oder Lebensversicherungen zuzusagen, die aber, wie gesagt, nicht Bedingung für den Fortfall der Unternehmerhaftpflicht sind.

Bei dem internationalen Charakter der Luftfahrt darf die Haftpflichtversicherung sich nicht auf ein bestimmtes Land beschränken, sondern muß auch über die Grenzen hinaus zweckmäßig für den ganzen betreffenden Erdteil gelten. Dies bedeutet zweifellos für die Versicherungsgesellschaften eine gewisse Schwierigkeit bei der Prämienfestsetzung, da die gesetzlichen Bestimmungen über die Haftpflicht gegenwärtig noch fast in allen Ländern verschieden sind und daher das Risiko schwankt. Die Schaffung eines internationalen Luftfahrthaftpflichtrechtes wäre hier angenehm, aber nicht notwendig, da man sich über die Schwierigkeiten bereits hinweggesetzt hat.

Eine reine Zweckmäßigkeitsfrage für die Prämie ist die, ob die Haftpflichtversicherung an das Luftfahrzeug oder an den Führer sich anschließen soll. Den vom Gesetzgeber gewünschten Erfolg kann man zweifellos auf beide Arten erzielen. Bei Flugzeugbauunternehmungen kann nur die Zahl der Führer, bei Verkehrsunternehmungen ebenso unter Umständen auch die Zahl der Luftfahrzeuge das richtige Bild für die Prämienermittlung geben.

Das Luftverkehrsgesetz sieht für seine besondere Luftfahrthaftpflicht Höchstsummen bis zu RM. 75 000 vor. Im allgemeinen schließen die Haftpflichtversicherungen lediglich diese Höchstsummen ein. Da aber darüber hinaus eine Haftpflicht auch nach anderen gesetzlichen Bestimmungen im Falle eines Verschuldens eintreten kann, empfiehlt es sich, die Versicherungssummen in den Policen höher festzulegen. Dies ist gegen einen geringen Zuschlag möglich.

Das statistische Ergebnis der Haftpflichtversicherung ging bei dem Deutschen Aero Lloyd und der Deutsch-Russischen Luftverkehrsgesellschaft für die Versicherungsjahre 1923 und 1924 dahin, daß etwa 20 vH der Prämie an Schadenleistungen ausgekehrt wurden.

Die Unfallversicherung des fliegenden Personals scheint, nachdem die öffentliche Unfallversicherung ohne Beschränkung auf eine bestimmte Gehaltshöhe auch für Betriebsbeamte, also auch für die Luftfahrzeugführer durchgeführt ist, an Bedeutung zu verlieren und der Lebensversicherung Platz machen zu wollen.

Die Fliegerunfallversicherung hat lediglich Unfälle und zwar solche zum Gegenstande, die der Versicherte in seinem Berufe als Flieger erleidet. Dieser Schutz erscheint der modernen sozialen Fürsorge für das fliegende Personal nicht mehr ausreichend. Erwünscht ist auch ein Schutz der Angehörigen für Tod durch Krankheit, letzten Endes auch eine Sicherstellung des Versicherten selbst durch Auszahlung einer Summe bei Erreichung eines bestimmten Alters. Dieser Wunsch wird dadurch verstärkt, daß die öffentliche Kranken- und Invalidenversicherung den Luftfahrzeugführer bei seinen hohen Bezügen ohne den nötigen Schutz lassen.

Man hat hierfür zunächst den Weg der »abgekürzten Lebensversicherung« eingeschlagen, die von einem bestimmten Zeitabschnitt zum anderen verlängert werden muß und lediglich die Auszahlung der Versicherungssumme im Todesfalle, nicht aber nach Ablauf eines bestimmten Zeitraumes vorsieht. Jedoch scheint die Entwicklung dahin zu gehen, für gleiche Prämien — lieber unter Ermäßigung der Versicherungssumme — feste Lebensversicherungen unter Einschluß der Berufs- und Fluggefahr zu tätigen, die die Auszahlung der Versicherungssumme auch nach Erreichung eines bestimmten Alters vorsehen.

Man unterscheidet bei der Unfallversicherung nach wie vor Jahres-, Tages- und Einzelflugversicherungen.

Was das günstigste ist, hängt von der Art des Flugbetriebes ab. Bei Tages- und Einzelflugversicherungen wird die Deckung durch Ausfüllung von Couponpolicen oder durch Eintragung in Fahrtenbücher erreicht. Manche Unternehmungen haben Polizen für sämtliche drei Arten von Unfallversicherung laufen und wenden jeweils die für den Betreffenden günstigste Art an.

Für die Unfallversicherung von Passagieren besteht auch jetzt noch wenig Nachfrage. Sie ist zu teuer. Grundsätzlich ist ihr Abschluß den Passagieren überlassen. Nur in Ausnahmefällen haben die Versicherungsnehmer, so z. B. die Deutsch-Russische Luftverkehrsgesellschaft, auf Wunsch bestimmter Auftraggeber ihre Passagiere zwangsläufig versichert.

Vielleicht hat dem Abschluß von Passagier-Unfallpolicen auch Abbruch getan, daß jetzt wieder mehr Lebensversicherungen in Deutschland getätigt werden, die, der modernen Entwicklung folgend, teilweise die berufsmäßige, zum mindesten die nicht berufsmäßige Fluggefahr ohne weiteres einschließen.

Die häufigere Benutzung der regelmäßigen Luftverkehrslinien bringt es auch mit sich, daß manche Passagiere nach einer generellen Einbeziehung des Flugrisikos in ihre sonstige Jahresunfallpolize streben. Diese Entwicklung wäre erwünscht. Doch wird man von dieser Einbeziehung erst dann mehr Gebrauch machen, wenn die Zuschlagprämien sich entsprechend ermäßigen. Zur Zeit beträgt allein der Zuschlag noch das neun- bis zwölffache der schon an sich teueren Einzelflugversicherungen.

Die Unfallstatistik des Deutschen Aero Lloyd und der Deutsch-Russischen Luftverkehrsgesellschaft für die Versicherungsjahre 1923 und 1924 ergibt, daß die Unfallschäden etwa 60 vH der gezahlten Prämie ausmachen.

Auf dem Gebiete der Lebensversicherung ist von besonderem Interesse die kombinierte Lebensversicherung mit Beitragsbefreiung und Invaliditätsrente im Falle eintretender Arbeitsunfähigkeit durch Unfall, für die regelmäßig ein gewisser Zuschlag zu leisten ist. Dies bedeutet, daß ein Versicherungsnehmer, der mit RM. 50 000 bis zum 60. Lebensjahre versichert ist, wenn er im 40. Lebensjahre 100proz. Invalide wird, sofort von der weiteren Beitragszahlung befreit wird und eine Jahresrente von RM. 5000 erhält. Mit dem Tode des Versicherungsnehmers bzw. bei Erreichen des 60. Lebensjahres würde die jährliche Rente erlöschen und dafür die volle Versicherungssumme von RM. 50 000 zur Auszahlung gelangen. Bei nur teilweiser Invalidität erfolgt Beitragsbefreiung und Rentenzahlung prozentual.

Auch die Prämien für Lebensversicherungen sind bei den einzelnen Gesellschaften sehr verschieden. Dies zeigen schon die Sondertarife für den Reichsverband der Deutschen Industrie bzw. den von diesem gegründeten Industrie-Pensionsverein. Der Industrie-Pensionsverein hat drei Vertragsgesellschaften. Bei einem Eintrittsalter von 30 Jahren und einem Endalter von 50 Jahren sind für M. 10 000 Versicherungssumme pro Jahr zu zahlen bei der ersten M. 371, bei der zweiten M. 345,50 und bei der dritten M. 338. Daneben gibt es öffentliche Versicherungsanstalten, bei denen die gleiche Versicherungsleistung mit M. 319 Prämie erreicht wird.

Bei Einzelversicherungen der gemischten Lebensversicherung schwanken die Prämien bei gleichem Eintritts- und Endalter und gleicher Versicherungssumme sogar zwischen M. 453 und M. 345.

Die Auswahl der Versicherungsgesellschaften bei der Lebensversicherung ist besonders wichtig, da sie auf lange Sicht abgeschlossen wird und daher die Versicherer besonders vertrauenswürdig und finanziell stark sein müssen.

Die Transportversicherung umfaßt neben der Kaskoversicherung die, ihrer Bedeutung entsprechend, bereits oben gesondert behandelt ist, die Versicherung von Sachtransporten aller Art.

Verhältnismäßig neu ist hier die General-Transportpolice für Luftfahrzeugbaufirmen, durch die sämtliche Bezüge und Versendungen der betreffenden Firma gedeckt sind, gleich, ob diese für eigene oder fremde Rechnung erfolgen, und ob es sich um Rohmaterialien und Zubehörteile für den Luftfahrzeugbau, um Motoren oder Halb- und Fertigfabrikate handelt. Die Versicherung gilt weiter für Lagerungen in den eigenen Betrieben, bei Spediteuren, Fabrikanten und sonstigen Stellen, bei denen Rohmaterialien, Halb- und Fertigfabrikate der versicherten Firma lagern. Dagegen erstreckt sie sich nicht auf Gebäude und Inventar. Bei dieser Generalpolice hat man im Interesse ihrer Einführung danach gestrebt, möglichst allumfassend zu sein. Dementsprechend ist der Ausschluß von Gefahren beschränkt.

Die Prämie richtet sich der Einfachheit wegen nach dem Umsatz bzw. nach dem Gesamtverkaufswert der im Laufe eines Jahres fertiggestellten Luftfahrzeuge. Dabei hat die versicherte Baufirma einen Mindestjahresumsatz zu garantieren.

Diese General-Transportpolice ist ähnlichen Einrichtungen der Maschinenfabriken und Webereien entlehnt. Besonders bei letzteren war starkes Bedürfnis für eine solche Versicherung vorhanden. Bei den Luftfahrzeugbaufirmen muß es sich erst noch zeigen, ob eine derartige Police tatsächlich von Nutzen ist. Die Transportgefahr ist im allgemeinen gerade bei den hier zur Versendung kommenden Gegenständen nicht so groß, besonders wenn man das Transportrisiko der verkauften Flugzeuge, wie dies vielfach der Fall ist, in der Police ausschließt.

Bei der Versicherung von Transporten per Flugzeug ist zwischen Waren- und Valorentransporten zu unterscheiden.

Die Versicherung des Gütertransportes per Flugzeug befindet sich noch in den Anfängen. Will man, daß diese Versicherungsart stärker benutzt wird, so muß man sie zweckmäßig in die allgemeinen Transportpolicen eingliedern, die dann also nicht nur mehr Transporte mittels Bahn, Schiff, per Fuhre usw. umfassen würden, sondern auch Transporte per Flugzeug. Eine Gefahr für die Assekuradeure besteht hierbei nicht, da man wohl widerspruchslos sagen kann, daß der Gütertransport mittels Flugzeuges gegenüber anderen Beförderungsmitteln eher sicherer ist.

Die ausschließlich auf den Gütertransport per Flugzeug abgestellte Versicherung wird nur wenig in Anspruch genommen. Sie beginnt regelmäßig mit der Auflieferung bei der Luftverkehrsgesellschaft und endet mit der Auslieferung durch diese. Dem Verkehrsbedürfnis würde besser Rechnung getragen, wenn sie von Haus zu Haus, d. h. einschließlich An- und Abtransport gelten würde, auch soweit die Güter sich hierbei nicht im Gewahrsam der Reederei, sondern z. B. des Spediteurs befinden.

Die Luftreedereien schließen, wie bereits oben erwähnt, ihre Haftpflicht für beförderte Güter in ihren Beförderungsbedingungen entweder ganz aus oder beschränken sie auf einen bestimmten Reichsmarkbetrag pro Kilo. Da im letzteren Falle eine Regreßmöglichkeit gegenüber dem Beförderungsunternehmen besteht, muß der Regreß bei Generalpolicen, die durch das Beförderungsunternehmen oder durch Agenturen vorgehalten werden, regelmäßig ausgeschlossen sein, so daß die Gefahrtragung für den Assekuradeur in dieser Beziehung eine endgültige ist.

Versicherungsverträge von Luftreedereien, die sämtliche von ihnen beförderten Güter zwangsläufig unter Versicherung stellen, gibt es in Deutschland meines Wissens nicht.

Die Versicherung von Wertpost (Valoren) per Flugzeug macht keine besonderen Schwierigkeiten. Die Assecuradeure verlangen hier lediglich besondere Sicherungen für die Aufbewahrung im Flugzeug, sowie für die Übernahme und Ablieferung.

Für Postsendungen haften die Luftreedereien nach den gleichen Bedingungen, nach denen die Post selbst haftet. Bei der Art der Risikobegrenzung in den Postbestimmungen besteht ein Bedürfnis zur Versicherung nur hinsichtlich der Valoren, wenn nicht der betreffende Staat geradezu eine Versicherung allgemein vorschreibt, wie dies z. B. in einem Balkanstaate geschehen ist.

Zum Schluß sei noch eine besondere Versicherungsart erwähnt, die der Versicherung gegen Kriegsrisiko angelehnt ist. Man könnte sie Nachkriegsversicherung nennen.

Auf ihre Notwendigkeit wurde im September 1923 durch die bekannte Beschlagnahme eines Verkehrsflugzeuges des Deutschen Aero Lloyd und die Festhaltung seiner Besatzung hingewiesen. Dieses Flugzeug wurde auf dem Wege von Amsterdam nach London auf belgischem Gebiete zur Notlandung gezwungen, nachdem außerhalb der Dreimeilenzone der Motor ausgesetzt hatte. Man versuchte zunächst in Belgien Parallelen zu der Beschlagnahme von Flugzeugen der Franco-Roumaine in Bayern zu ziehen. Diese Parallele paßte aber nicht, da es sich bei der französischen Gesellschaft um keine Notstandshandlung, sondern um die bewußte Übertretung eines Überflugverbotes handelte.

Dieses Nachkriegsrisiko war in Deutschland erst unterzubringen, nachdem sich die Engländer, und zwar Lloyds in London, desselben angenommen hatten.

Auch Lloyds verlangten bezeichnenderweise eine verhältnismäßig sehr hohe Prämie, obwohl der Deutsche Aero Lloyd ausdrücklich in der Police erklärte, daß er die Bestimmungen des Friedensvertrages und der Botschafternoten bei seinen Flügen einhalten würde und danach in einem Kulturstaate nach Recht und Gesetz ein Risiko eigentlich nicht übrigbleiben konnte.

Nicht unerwähnt soll bleiben, daß bei der Notlandung eines deutschen Flugzeuges auf belgischem Gebiete in diesem Jahre die belgischen Behörden Flugzeug und Besatzung auf Verwendung der belgischen Luftverkehrsgesellschaft unbehelligt gelassen haben.

Friedensvertrag und Botschafternoten haben weiter eine Reihe von Haftungsausschlüssen in den Luftfahrtversicherungsverträgen mit sich gebracht. Sie befassen sich insbesondere mit der Unsicherheit, in der die ganze deutsche Luftfahrt durch die immer wechselnde Stellungnahme der Entente sich befindet. Damit bleiben die größten Gefahren, die die deutsche Luftfahrt auf sich nimmt, auf ihren eigenen Schultern. Es ist aber zu hoffen, daß die Luftfahrt widerstandsfähig genug sein wird, um diesen Gefahren trotz aller Hemmnisse auch ohne Versicherungsschutz aus ihrer eigenen drängenden Kraft heraus zu trotzen.

VII. Kinematographische Strömungsaufnahmen von rotierenden und nicht rotierenden Zylindern.

Vorgetragen von O. Tietjens, Göttingen.

(Mit 4 Tafeln.)

Da die mir zur Verfügung stehende Zeit nur sehr kurz ist, muß ich die Erläuterungen und Erklärungen zu den Bildern, die ich Ihnen vorführen möchte, auf das notwendigste beschränken. Die Untersuchungen wurden angestellt von dem neugegründeten Kaiser-Wilhelm-Institut für Strömungsforschung in Göttingen.

Über die Versuchseinrichtung sei an dieser Stelle nur folgendes gesagt:

In einem mit Wasser gefüllten Kanal von etwa 3 m Länge, 30 cm Breite und 30 cm Tiefe wurde ein an einem Schleppwagen starr befestigter Zylinder von 4 cm Durchmesser in senkrechter Lage durch Wasser geschleppt, und zwar mit einer Geschwindigkeit von etwa 5 cm/s. Die untere Grundfläche des Zylinders war mit einer Scheibe versehen und reichte bis fast auf den Boden des Kanals, die obere Grundfläche schloß gerade mit der Wasseroberfläche ab. Ferner war eine Vorrichtung angebracht, die es ermöglichte, dem Zylinder neben einer fortschreitenden Bewegung noch eine drehende Bewegung um seine Achse zu erteilen, und zwar so, daß während eines Versuches — also sowohl während der Beschleunigung wie im stationären Zustand — das Verhältnis der Fortschreitungsgeschwindigkeit zur Umfangsgeschwindigkeit konstant blieb. Bezeichnet man die Geschwindigkeit der Zylinderachse relativ zum Wasser mit v und die Umfangsgeschwindigkeit des Zylinders mit u, so war es also möglich, u/v während des Strömungsvorganges konstant zu halten. So bedeutet z. B. der Fall $u/v = 2$, daß die Umfangsgeschwindigkeit des Zylinders doppelt so groß war, wie die Geschwindigkeit der Zylinderachse relativ zum Wasser. Der Spezialfall $u/v = 0$ bezeichnet also den Fall des nicht rotierenden Zylinders.

An demselben Schleppwagen, der den Zylinder trug, war der kinematographische Aufnahmeapparat mit Antriebsmotor befestigt, und zwar mit dem Objektiv nahezu senkrecht über der mit der Wasserfläche abschneidenden oberen Grundfläche des Zylinders. Die Aufnahmeapparatur war also relativ zur Zylinderachse in Ruhe, nahm also eine Strömungserscheinung auf, wie sie ein relativ zur Zylinderachse in Ruhe befindlicher Beobachter wahrnehmen würde, d. h. der Strömungsvorgang stellte sich so dar, als ob die Zylinderachse ruht und das Wasser an dem Zylinder vorbeiströmt.

Die einzelnen Teile der Wasseroberfläche wurden in bekannter Weise durch Bestreuung mit einem Pulver — in diesem Falle mit feinem Aluminiumpulver — kenntlich gemacht. Die Schleppstrecke betrug etwa 100 cm, die Fortschreitungsgeschwindigkeit des Zylinders ungefähr 5 cm/s, so daß die Dauer des ganzen Strömungsvorganges etwa 20 Sekunden betrug.

Als erster Film kommt der Fall $u/v = 0$, d. h. die Bewegung des nicht rotierenden Zylinders im Wasser zur Vorführung[1]. Man erkennt deutlich, wie nach einer nur kurze Zeit dauernden Potentialströmung sich am rückwärtigen Teile des Zylinders zwei sehr regelmäßige Wirbel ausbilden, die sich dauernd vergrößern, bis sie schließlich — da dieser Strömungszustand labilen Charakter hat — einer unregelmäßigen, etwas pendelnden Bewegung Platz macht.

Für den nächsten Film habe ich den Fall $u/v = 4$ ausgewählt, d. h. also den Fall, daß die Umfangsgeschwindigkeit viermal so groß ist wie die Geschwindigkeit der Zylinderachse. Deutlich sieht man die Drehung des Zylinders und erkennt, wie — ganz im Gegensatz zum vorigen Film — nur auf einer Seite die Wirbelbildung erfolgt. Nachdem dieser sogenannte Anfahrwirbel allmählich größer geworden ist und sich vom Zylinder entfernt hat, beobachtet man, daß das verbleibende Wirbel- oder Totwassergebiet nicht die Richtung der vor dem Zylinder befindlichen Wassergeschwindigkeit hat, sondern mit ihr einen beträchtlichen Winkel bildet. In dieser Tatsache ist die als Magnus-Effekt bekannte Erscheinung begründet.

Man erhält zwar durch die Filmwiedergabe einen lebendigen Eindruck des gesamten Strömungsvorganges, das einzelne Filmbildchen jedoch — da es ein Momentbild von etwa $1/32$ Sekunde ist — sagt nichts besonderes aus; es zeigt eben nur den Zustand der Bestreuung im jeweiligen Augenblick.

Um aus den einzelnen Filmbildchen den Strömungsvorgang besser analysieren zu können, ging man dazu über, die Belichtungszeit der einzelnen Filmbilder so sehr zu verlängern, daß die einzelnen sich bewegenden Aluminiumteilchen nicht als Punkte, sondern der längeren Belichtungszeit wegen als kleine Striche erscheinen. Diese kleinen Bahnkurven der einzelnen Aluminiumteilchen, die sich bei genügend dichter Bestreuung zu geschlossenen Linien zusammenfügen (z. T. sich sogar überschneiden), geben, da man den Bewegungszustand für die kurze Zeit der Belichtung als stationär ansehen kann, ein gutes Stromlinienbild. Je nach der Größe der Wassergeschwindigkeit relativ zum Zylinder hat man die Belichtungszeit zu wählen, um genügend lange (und doch nicht zu lange) Strichelchen als Bilder der sich bewegenden Aluminiumteilchen zu erhalten. Im vorliegenden Falle ging man von einer Belichtungszeit von $1/32$ Sekunde auf $1/2$ Sekunde über. Wollte man den gewünschten Effekt einer längeren Belichtung des einzelnen Filmbildes dadurch zu erreichen suchen, daß man einfach langsamer kurbelt, so stellt sich eine unangenehme Begleiterscheinung ein. Im gleichen Maße nämlich, in welchem man die Belichtungszeit eines Filmbildes vergrößert, wird auch die für den Transport des Filmbandes benötigte Zeit verlängert, so daß also bei einer Belichtungszeit von $1/2$ Sekunde ebenfalls $1/2$ Sekunde für den Transport verlorengeht. Um diesen Übelstand der relativ langen Zeit zwischen zwei aufeinanderfolgenden Bildern zu beseitigen, d. h. also um die Interpolationsmöglichkeit zwischen zwei aufeinanderfolgenden Stromlinienbildern zu verbessern, wurde nach einem Vorschlag und nach Angabe von Herrn Prof. Prandtl ein weiteres Malteserkreuz in die kinematographische Aufnahmeapparatur eingebaut. Dadurch wurde erreicht, daß nach einer Belichtung eines Filmbildchens von etwa $1/2$ Sekunde der Transport des Filmbandes in etwa $1/16$ Sekunde erfolgte. Die auf diese Weise erhaltenen Filmbilder, die man

---

[1] Da der Film hier nicht wiedergegeben werden kann, vergleiche man die später erklärten Tafeln 1 u. 3.

llugtechnik (Beiheft 13).   **Kinematographische Strömungsaufnahmen usw. Von O. Tietjens, Göttingen.**   **Tafel 1.**

1—8   9—16   17—24   25—32

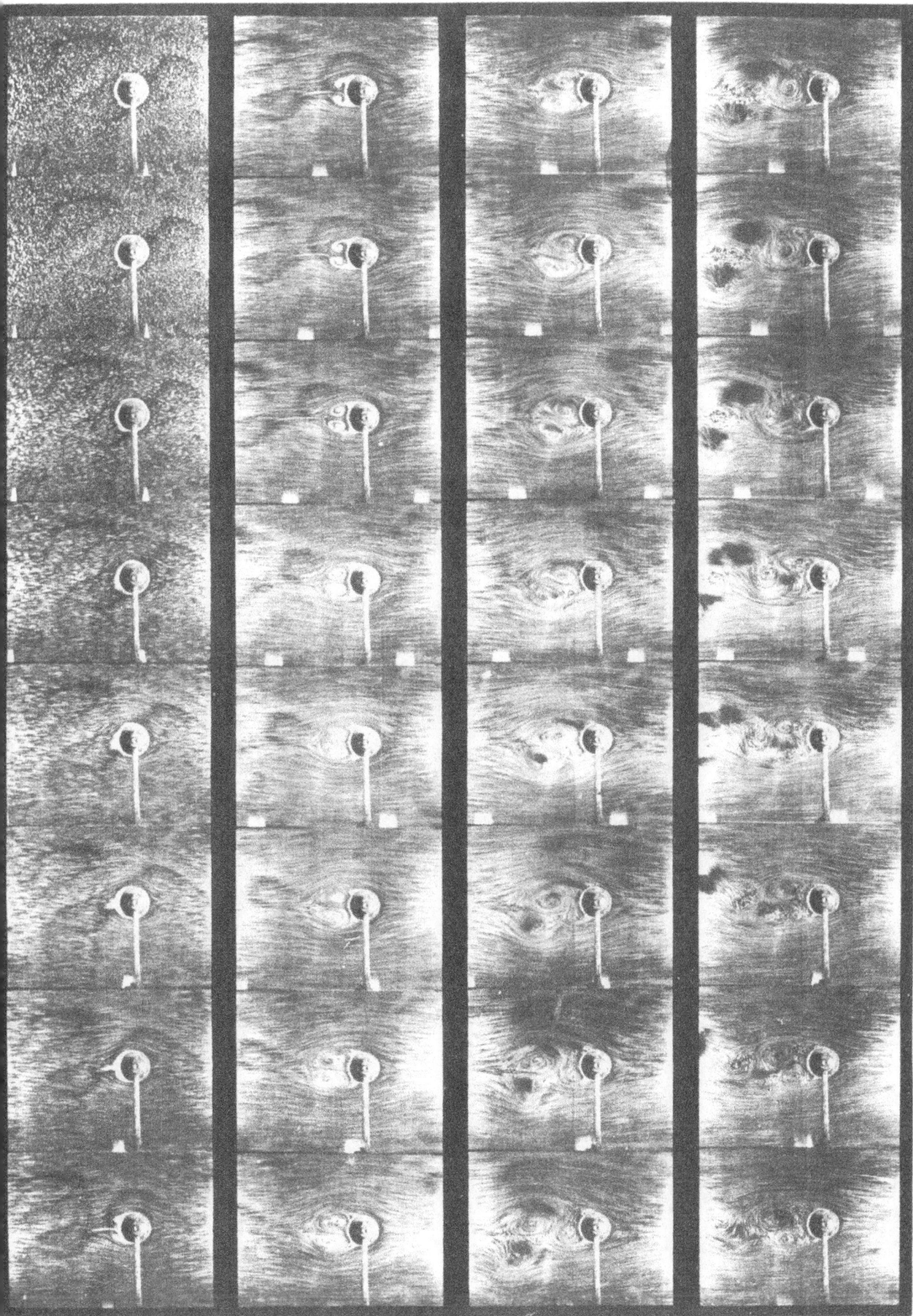

Strömung um einen nicht rotierenden Zylinder $u/c = 0$. Strömungsrichtung von rechts nach links.

agtechnik (Beiheft 13).   Kinematographische Strömungsaufnahmen usw. Von O. Tietjens, Göttingen.   Tafel 2.

1—8   9—16   17—24   25—32

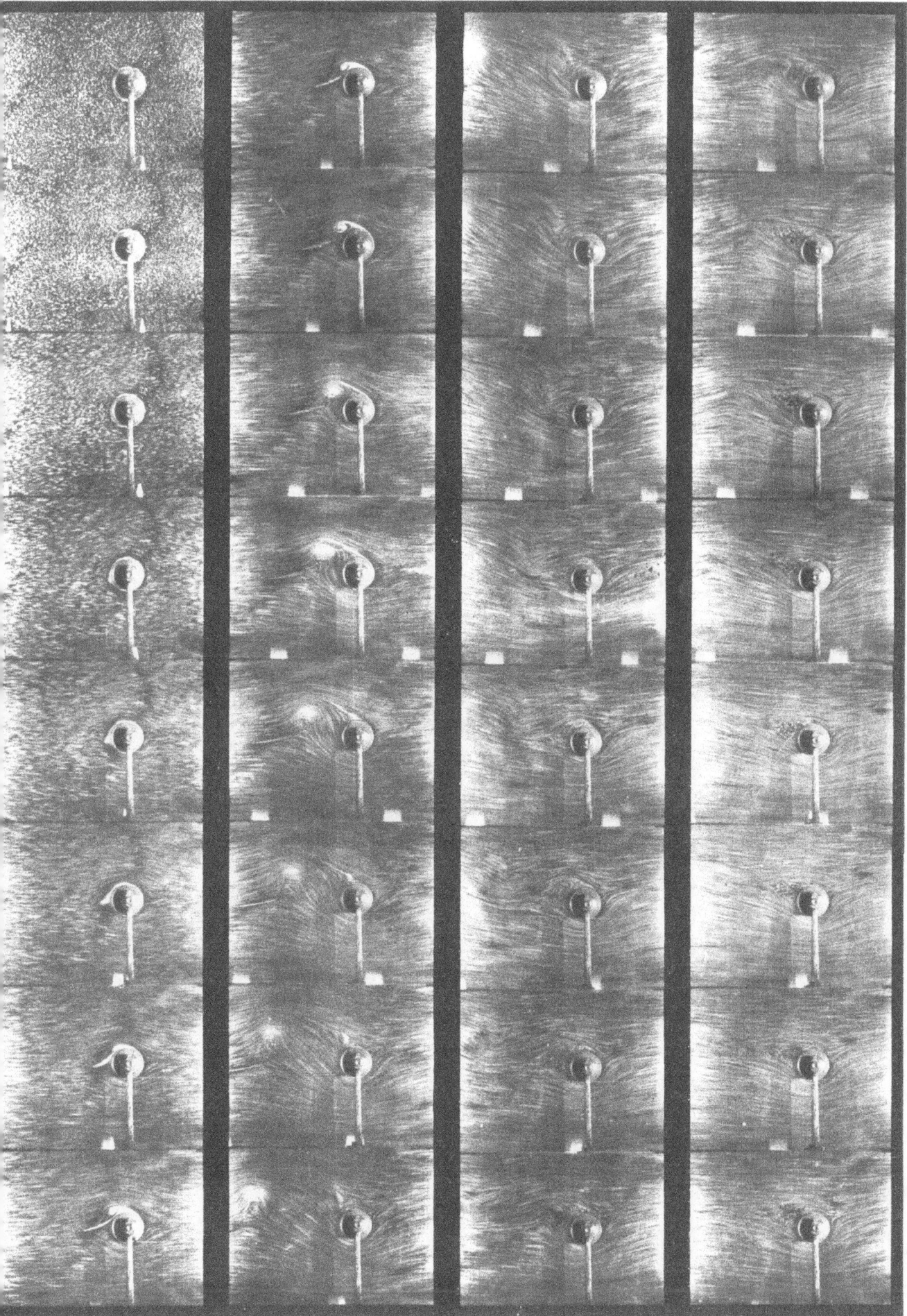

Strömung um einen rotierenden Zylinder $u/v = 2$. Strömungsrichtung von rechts nach links; Rotation im Uhrzeigersinn.

vielleicht »Zeitfilmbilder« nennen könnte, sind in den Tafeln 1—4 sowie in Abb. 1 u. 2 wiedergegeben.

Tafel 1 zeigt die einzelnen Phasen des Strömungsvorganges für den Fall des nicht rotierenden Zylinders. Die Belichtungszeit eines einzelnen Bildes beträgt — wie gesagt — ½ Sekunde, die Zeit des Transportes, d. h. die Zeit vom Ende der Belichtung eines Bildes bis zum Beginn der Belichtung des nächsten Bildes etwa $^1/_{16}$ Sekunde. Die Richtung der Strömung ist von rechts nach links. Man erkennt auf Tafel 1, Abb. 1 die mit der Wasseroberfläche abschneidende obere Grundfläche des Zylinders. Die einzelnen hellen Punkte sind die Aluminiumteilchen, mit denen die Wasseroberfläche bestreut wurde. Der vom Zylinder ausgehende Stab hat keine wesentliche Bedeutung, sondern ist nur nötig, um den Zylinder zu halten. Die nächsten Bilder derselben Tafel zeigen den Beginn der Bewegung, und zwar eine fast reine Potentialströmung. Auf den Bildern 3—8 erkennt man deutlich ein Ansammeln von Grenzschichtmaterial an zwei symmetrischen Stellen des rückwärtigen Teiles vom Zylinder, aus dem bald zwei überaus gleichartig gebildete Wirbel entstehen, die, größer und größer werdend, schließlich ihre Gleichmäßigkeit verlieren, in kleinere Wirbel zerfallen und zuletzt einem etwas pendelnden unregelmäßigen Wirbelgebiet Platz machen. Die außerordentlich gleichmäßige und symmetrische Ausbildung des Wirbelpaares zu Beginn des Strömungsvorganges ist bei den gezeigten Bildern keineswegs gerade zufällig gut getroffen, sondern jedesmal zu beobachten. Abb. 1 zeigt in einer stärkeren Vergrößerung eines Filmbildes einer anderen Aufnahme das Wirbelpaar hinter dem Zylinder.

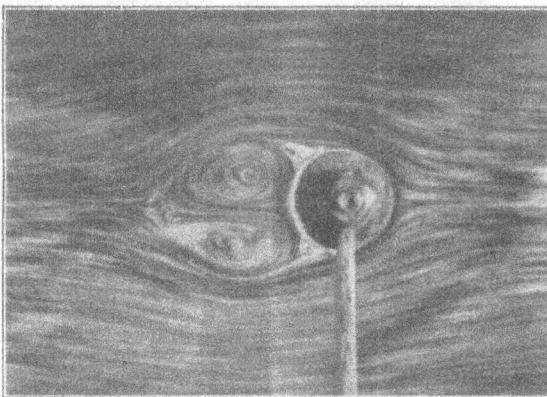

Abb. 1. Strömung um einen nicht rotierenden Zylinder.

Im nächsten Film sehen Sie die Bewegung um den rotierenden Zylinder, und zwar ist hier die Umfangsgeschwindigkeit des Zylinders gleich der doppelten Geschwindigkeit des Wassers relativ zur Zylinderachse. Die Rotation erfolgt im Uhrzeigersinn. Die Bilder 1—5 der Tafel 2, die den Beginn der Bewegung darstellen, sind kaum von den entsprechenden Bildern des nicht rotierenden Zylinders verschieden; man erkennt auch hier die Potentialströmung. Dann aber macht sich in immer stärkerem Maße die Rotation des Zylinders geltend. Bild 6 u. 7 zeigt deutlich, wie — ganz im Gegensatz zum nicht rotierenden Zylinder — nur auf einer Seite die Ansammlung von Grenzschichtmaterial stattfindet, und zwar nur auf der Seite, wo die Umfangsgeschwindigkeit der Wassergeschwindigkeit entgegengesetzt gerichtet ist. Im nächsten Bild 8 erkennt man die einseitige Ausbildung des Anfahrwirbels und auf den Bildern 9—16 die allmähliche Vergrößerung und Loslösung des Wirbels vom Zylinder. Ferner zeigen die Bilder, wie gleichzeitig der vordere Staupunkt nach oben rückt.

Ausgeprägter als bei dem eben vorgeführten Fall $u/v = 2$ tritt der Einfluß der Rotation auf das Stromlinienbild bei dem folgenden Film in Erscheinung, bei dem die Umfangsgeschwindigkeit des Zylinders viermal so groß ist, wie die Relativbewegung des Wassers zur Zylinderachse (Tafel 4).

Auch hier stellt man zu Anfang des Bewegungsvorganges Potentialströmung fest, dann aber beeinflußt der sich ablösende Anfahrwinkel das ganze Stromlinienbild so sehr, daß der vordere und der hintere Staupunkt schließlich fast zusammenfallen. Abb. 2 zeigt in einer stärkeren Vergrößerung diesen Zustand.

Abb. 2. Strömung um einen rotierenden Zylinder $u/v = 4$.

Als letzter Film gelangt der Fall $u/v = 6$ zur Wiedergabe, vgl. Tafel 4. Abgesehen davon, daß hier die größere Rotation des Zylinders noch stärker die Strömung des Wassers um den Zylinder beeinflußt, erkennt man in den letzten Bildern 17—24, daß die beiden Staupunkte sich nicht nur vereinigt haben, sondern sich sogar vom Zylinder zu entfernen scheinen.

Sollten diese in der oben beschriebenen Weise hergestellten Zeitfilmbilder auch in erster Linie dazu dienen, durch das Studium der einzelnen kurz nacheinander aufgenommenen Stromlinienbilder Einblick in die Strömungsvorgänge um den Zylinder zu erhalten, so ist es doch gut möglich, einen lebendigen Eindruck des zeitlichen Ablaufes der gesamten Strömungserscheinung zu erhalten, wenn man den Film durch einen gewöhnlichen Filmwiedergabeapparat gehen läßt. Eine dabei auftretende Schwierigkeit galt es jedoch zu überwinden. Wollte man — wie es eigentlich notwendig wäre — die Wiedergabe dieser Zeitfilmbilder in demselben Tempo erfolgen lassen wie bei der Aufnahme, d. h. also 2 Bilder in der Sekunde, so ergibt sich ein so starkes Flackern, daß eine Betrachtung der Bilder unmöglich ist. Dreht man hingegen den Film in einem solchen Tempo, daß das noch verbleibende Flimmern auf der Leinwand nicht wesentlich stört, so müßte man wenigstens 16 Bilder in der Sekunde aufeinander folgen lassen. Dadurch würde aber der zeitliche Ablauf des Strömungsvorganges in $^1/_8$ der wirklichen Zeit (d. h. der Aufnahmezeit) erfolgen, mit anderen Worten sich mit der achtfachen Schnelligkeit abspielen. Da nun der gesamte Vorgang nur 20 Sekunden dauerte (die Schleppstrecke betrug 100 cm, die Geschwindigkeit des Zylinders 5 cm/s), so würde eine solche Wiedergabe in etwa 2 Sekunden beendet sein.

Diese Schwierigkeit wurde — wenigstens bis zu einem gewissen Grade — dadurch überwunden, daß von dem Negativfilm ein besonderer Positivfilm hergestellt wurde. Einerseits muß man, um das Flimmern auf der Leinwand möglichst zu vermindern, eine Bildfolge von wenigstens 16 Bildern in der Sekunde haben; andererseits darf die Zeit, in der 2 Bilder des Negativfilmes wiedergegeben werden 1 Sekunde nicht unterschreiten, da diese Zeit zur Aufnahme benötigt worden war. Stellt man nun von dem Negativfilm einen Positivfilm derart her, daß ein Bildchen des Negativfilms achtmal hintereinander auf dem Positivfilm kopiert wird, das nächste Bild des Negativfilms wieder achtmal nacheinander kopiert und so fort, so erhält man einen Film, der bei einem Wiedergabetempo von 16 Bildern in der Sekunde in dieser Zeit 2 Bilder des Negativfilms auf die Leinwand projiziert, d. h. also den zeitlichen Ablauf des Strömungsvorganges richtig wiedergibt. Der so hergestellte Film läßt allerdings die Bewegung der Strömung etwas ruckweise erscheinen (in Art der Trickfilme).

Der große Vorzug dieses Zeitfilms gegenüber dem gewöhnlichen Film besteht also darin, daß ein beliebiges Stadium des Strömungsvorganges festgehalten werden kann einfach dadurch, daß man den Zeitfilm im Wiedergabeapparat stehen läßt; das dabei auf der Leinwand erscheinende Stromlinienbild gibt dann einen guten Einblick in den gerade herrschenden Strömungszustand, während das Einzelbild eines gewöhnlichen Filmes die Aluminiumteilchen nur als Punkte wiedergibt und daher nichts weiter erkennen läßt als den augenblicklichen Zustand der Bestreuung.

Aussprache:

Dipl.-Ing. Lohmann: Meine Herren, ich rede nur vier Minuten und bringe Ihnen ein Schlagwort, einen Vorschlag und eine Ankündigung:

1. Zunächst das Schlagwort, hierzu erinnere ich Sie an das große Strömungsbild aus der Verkehrs-Ausstellung. Ahlborns Erklärung zu diesem Blitzlichtbilde der Strömung um ein Doppeldecker-Profil (aufgenommen von einer ruhenden Kamera) gipfelt knapp und klar in dem Schlagwort: »Die absoluten Stromlinien um ein Profil zeigen einwandfrei den Rotor-Effekt eines Tragflügels.« Ich bin überzeugt, daß dieses Schlagwort dazu beitragen wird, Ihnen den Tragflügel-Effekt des von Herrn Tietjens so schön kinematographierten Rotors plausibel zu machen.

2. Ganz besonders interessierte mich die von Herrn Dr. Tietjens vorgeführte allererste Anfangsbewegung des drehenden Rotors. Ich möchte mir erlauben hier vorzuschlagen, diesen Bewegungsbeginn doch einmal mit mikroskopischer Feinheit darzustellen und dabei die individuellen Bärlappsporen zu verwenden, denn je kleiner die photographierten Teilchen sind, um so deutlicher bilden sich ihre kleinen Wege als Striche ab.

3. Ahlborns Strömungsbilder sind in ihrer Struktur feiner als das Raster der Autotypie. (Daher ist auch dieser Text ohne Abbildungen.) Anderseits habe ich vor vierzehn Tagen auf der Wasserkuppe gelegentlich eines Lichtbildvortrages über Ergebnisse des Ahlborn-Kanales der Kgl. Preuß. Flugzeugmeisterei Adlershof ein Interesse an Strömungsbildern festgestellt, welches mir Freude gemacht hat. Ich hob dort hervor, wie energisch Ahlborn 1917 auf die Bedeutung der absoluten Stromlinien hingewiesen hat, und zeigte die absoluten Stromlinien um Eindecker, Doppeldecker, Leitwerk und Propeller. Die hierdurch vermittelte Anschauung muß zum Gemeingut der Ingenieure werden. Ich wurde von Herrn Prof. Schlink gebeten, den Vortrag zu wiederholen. Jedoch einmal genügt nicht: der Vortrag muß 200mal gehalten werden. Hierzu werden augenblicklich zwölf Serien Diapositive hergestellt; ferner schreibe ich den Wasserkuppen-Text auch im Stil der Wasserkuppe nieder, also gelegentlich etwas rauh und niemals ganz trocken. Dann sind in einem Jahre Ahlborns absolute Stromlinien so populär wie Kukirol.

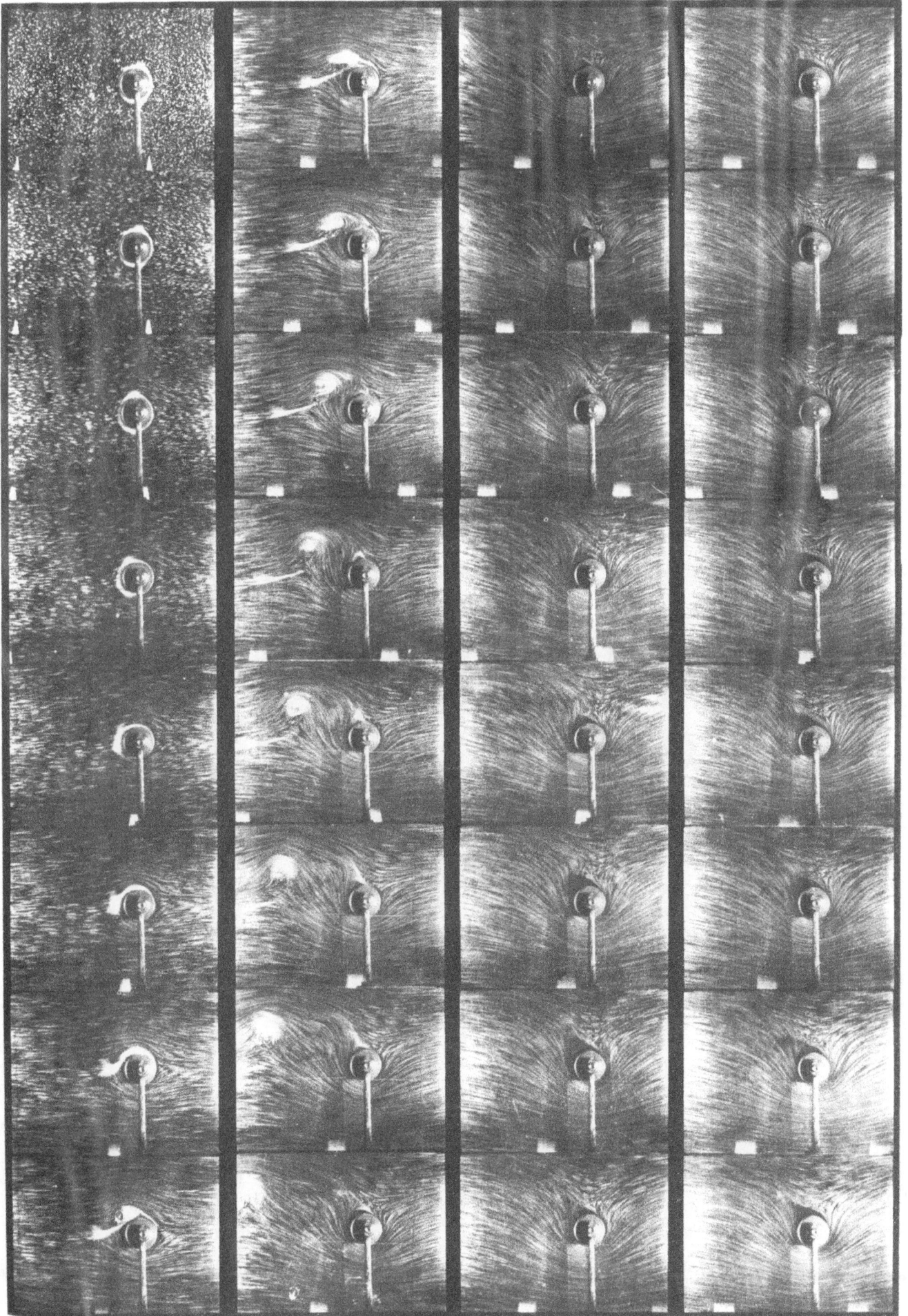

Strömung um einen rotierenden Zylinder $u:v = 4$. Strömungsrichtung von rechts nach links; Rotation im Uhrzeigersinn

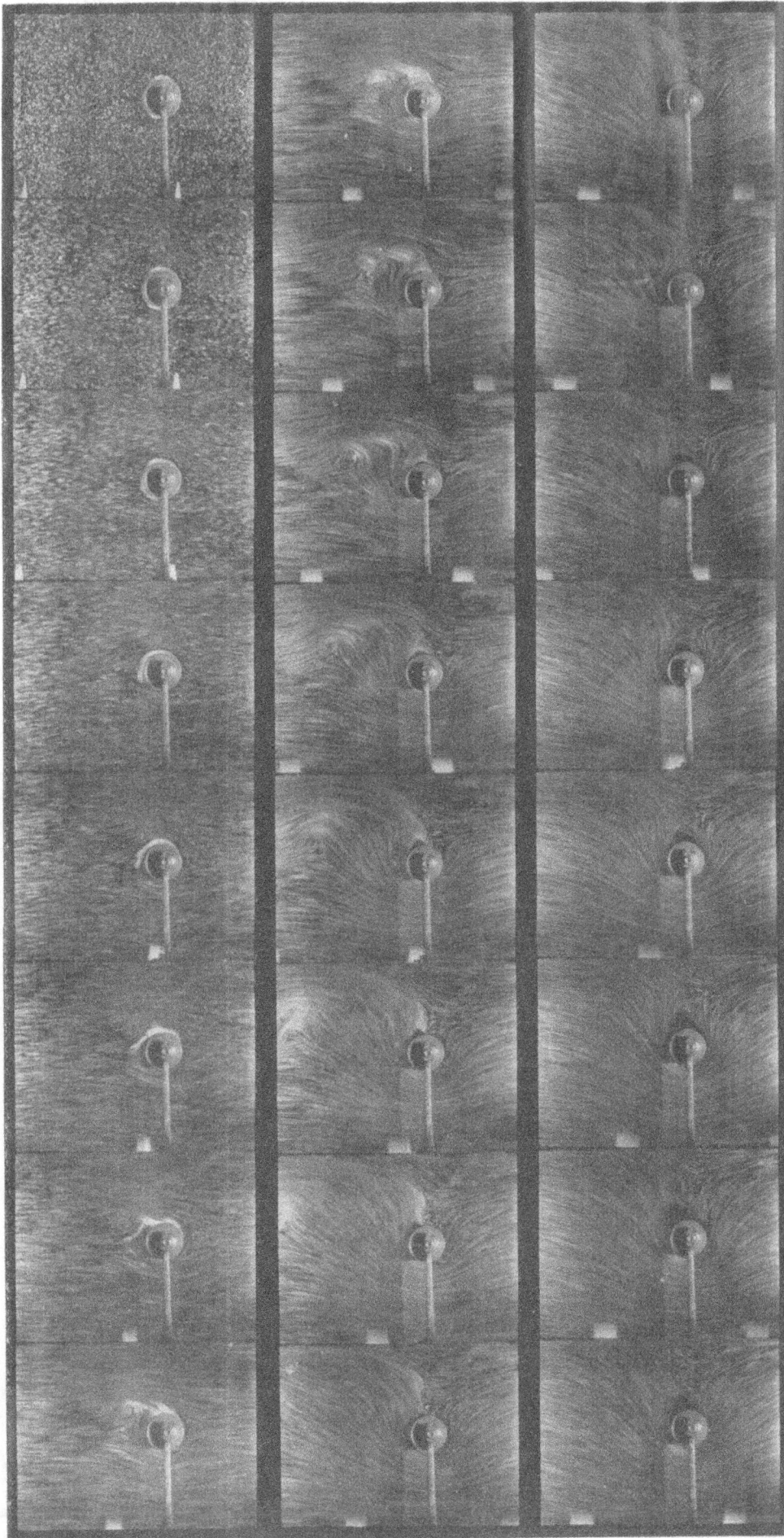

Strömung um einen rotierenden Zylinder $u/v = 6$. Strömungsrichtung von rechts
nach links; Rotation im Uhrzeigersinn.

VIII. Schwingungserscheinungen des Segelflugzeugs Rheinland.

Vorgetragen von F. N. Scheubel.

(Mit 2 Tafeln.)

Meine Damen und Herren!

Ich will Ihnen im folgenden einen kurzen Überblick über einige Untersuchungen geben, die im Aerodynamischen Institut der Technischen Hochschule in Aachen angestellt wurden, um eine eigenartige Schwingungserscheinung eines Segelflugzeugs zu erklären. Am Rhönwettbewerb 1923 nahm Aachen unter anderen mit einem neuen Eindecker, der Rheinland, teil. Das Bild zeigt Ihnen die Maschine (Abb. 1).

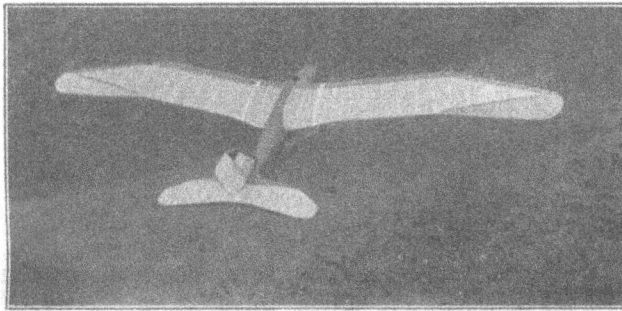

Abb. 1.

Es ist ein freitragender Eindecker, Seitenverhältnis ∼1:11, mit mövenartigem Flügelumriß. Das Höhenleitwerk mit ähnlichem Umriß wie der Flügel besteht nur aus einem Ruder ohne Dämpfungsfläche. Auffallend ist der sehr kurze Rumpf, der auf dem nächsten Bild besser zu sehen ist (Abb. 2). Die Maschine sollte in ihrem normalen Flugbereich in der Gegend des Anstellwinkels kleinster Sinkgeschwindigkeit statisch indifferent sein.

In der Luft zeigte die Rheinland unter verschiedenen Führern eine eigenartige Längsschwingung. In einem bestimmten, eng begrenzten Anstellwinkelbereich fing das Höhenruder an hin- und herzupendeln. Gleichzeitig begann das ganze Flugzeug, mit wachsenden Ausschlägen um die Querachse zu schwingen. Wenn der Führer zog oder drückte, beruhigte sich die Maschine wieder. Die Schwingungen waren so stark, daß sich das Steuerungsgestänge mehrere Male in kurzer Zeit losrüttelte.

Zur Klärung der Erscheinungen wurde zunächst die dynamische Stabilität nachgerechnet. — Es ist ja bekannt, daß ein statisch stabiles Flugzeug, das sich also bei einer Verdrehung aus der Gleichgewichtslage selbst ein rückführendes Moment erzeugt, trotz dieser »statischen« Stabilität unter gewissen Bedingungen Schwingungen mit wachsenden Ausschlägen ausführen kann, also »dynamisch« instabil ist. — Eine Nachrechnung im Falle der Rheinland ergab selbst unter den ungünstigsten Annahmen Stabilität. Also mußte entweder die Rechnung eine Vernachlässigung enthalten, deren Einfluß in seiner Größenordnung unterschätzt worden war, oder die Schwingungen mußten eine andere Ursache haben.

Auffallend bei den Schwingungen waren die starken Ruderausschläge. Da lag es nahe an eine Art gekoppelte Schwingung des Systems Flugzeug-Höhenruder zu denken, zumal um diese Zeit auch aus Holland Nachrichten über

instabile gekoppelte Schwingungen von Flügeln mit Verwindungsklappen kamen. Im Flugzeug ist ja das Höhenruder nicht, wie man bei der üblichen Nachrechnung der dynamischen Stabilität annimmt, starr an den Rumpf gebunden, sondern seinem Zweck entsprechend drehbar angelenkt. Nun ist es selbstverständlich, daß bei einer beschleunigten Bewegung des Flugzeugs, z. B. bei einer Drehung um die Querachse, auf das Ruder Trägheitskräfte wirken, die seine Stellung zum Flugzeug zu verändern suchen. Dieser Änderung entgegen wirken die Luftkräfte am Ruder und der Führer durch Eingriffe in die Steuerung. Die Ruderkraft, die der Führer ausübt, kann man sich durch eine elastische Kraft ersetzt denken. Das ist sicher nicht ganz korrekt, es gibt aber eine gute Annäherung und eine brauchbare Rechnungsgrundlage.

Man erhält dann folgendes System: An ein Flugzeug mit dem Gewicht G_1, dem Trägheitsmoment T_1 und bekannten aerodynamischen Eigenschaften ist ein Höhenruder mit dem Gewicht G_2, dem Trägheitsmoment T_2, bekannter Schwerpunktlage und bekannten aerodynamischen Eigenschaften durch eine elastische Direktionskraft M_E gebunden (Abb. 3). Das ganze System bewegt sich mit der Geschwindigkeit v durch die Luft. Man kann dann fragen: Unter welchen Bedingungen ist dieses System stabil?

Zur Vereinfachung der Rechnung, und um eine Kontrolle durch Versuche zu ermöglichen, kann man zunächst auch von der Schwingung des Schwerpunkts absehen und nur die Drehschwingung um den Schwerpunkt betrach-

Abb. 2.

ten. Diese Vernachlässigung dürfte als erste Näherung recht gut sein, zumal die Schwerpunktschwingung viel langsamer und schwächer ist als die Drehschwingung, also auch viel kleinere Massenkräfte am Höhenruder hervorruft. Nach Einführung dieser Vernachlässigung erhält man zwei Differentialgleichungen für die beiden Winkel α des Flugzeugs und β des Ruders gegen das Flugzeug, ähnlich wie bei der

Behandlung des Doppelpendels. Durch Beschränkung auf kleine Schwingungen werden die Gleichungen linear. Sie lassen sich noch weiter vereinfachen, wenn man berücksichtigt, daß Masse und besonders Trägheitsmoment des Ruders klein sind gegen Masse bzw. Trägheitsmoment des ganzen Flugzeugs. Das bedeutet, daß man die Rückwirkung der Bewegung der Rudermasse auf die Bewegung des Flugzeugs vernachlässigen kann (ähnlich wie man z. B. bei der Planeten-

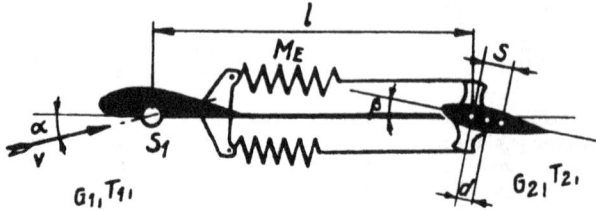

Abb. 3.

bewegung den Einfluß der Bewegung der Planetenmasse auf die Bewegung der Sonne vernachlässigt). Die Gleichungen lauten dann:

$$T_1 \cdot \frac{d^2 \alpha}{d t^2} = M_1; \quad T_2 \frac{d^2 (\alpha + \beta)}{d t^2} = M_2.$$

M_1 ist nur aus Luftkraftmomenten zusammengesetzt, M_2 hat außer den Luftkraftgliedern ein Glied, das das elastische Moment ist, und ein Glied, das das Moment der Ruder-Trägheitskraft ist (Rudermasse × Führungsbeschleunigung des Ruderschwerpunkts × Schwerpunktsabstand von der Drehachse).

Die Gleichungen lassen sich durch Exponentialfunktionen lösen. Man erhält für die Zeitfaktoren, die Dämpfungskonstanten und Frequenzen, eine Gleichung 4. Grades. Bedingung für Stabilität ist, daß diese Gleichung keine positive, reelle Wurzel hat. Hierfür maßgebend sind die Routhschen Kriterien, im Falle einer Gleichung 4. Grades

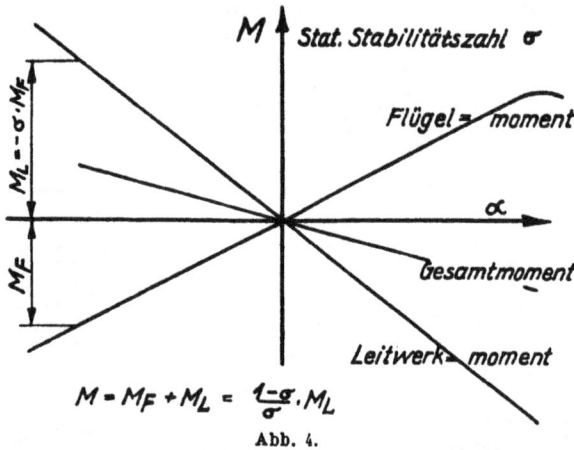

Abb. 4.

5 an der Zahl. Von diesen 5 Stabilitätsbedingungen sind 2 unwesentlich, da sie immer erfüllt sind. Die anderen 3 Bedingungen geben Beziehungen zwischen Druckpunktlage und Schwerpunktlage des Ruders, Größe der elastischen Bindung, und den aerodynamischen Eigenschaften des Flugzeugs. Ehe ich sie diskutiere, will ich zunächst einen Stabilitätsfaktor für die statische Stabilität einführen (Abb. 4).

Der Momentenausgleich eines Flugzeugs wird dadurch erreicht, daß man einem an sich instabilen Flügelmoment ein stabilisierendes Leitwerkmoment entgegenwirken läßt. Wenn man das Leitwerkmoment in Teilen des Flügelmoments ausdrückt, $M_L = -\sigma \cdot M_F$, erhält man in dieser Verhältniszahl σ eine Stabilitätszahl. $\sigma = 1$ bedeutet Verschwinden des Gesamtmoments, also statische Indifferenz, $\sigma > 1$ statische Stabilität, $\sigma < 1$ statische Instabilität.

Ich kehre zu unserem Falle zurück. Die Stabilitätsbedingungen sind folgende:

Die 1. Bedingung gibt eine Beziehung zwischen Druckpunktlage, Schwerpunktlage und Trägheitsradius des Ruders:

$$1 + \frac{s \cdot d}{k_2^2 + s^2} > 0.$$

Das Bild (Abb. 5) zeigt Ihnen Druckpunktlage abhängig von Schwerpunktlage. Als Maßstab für beide Größen

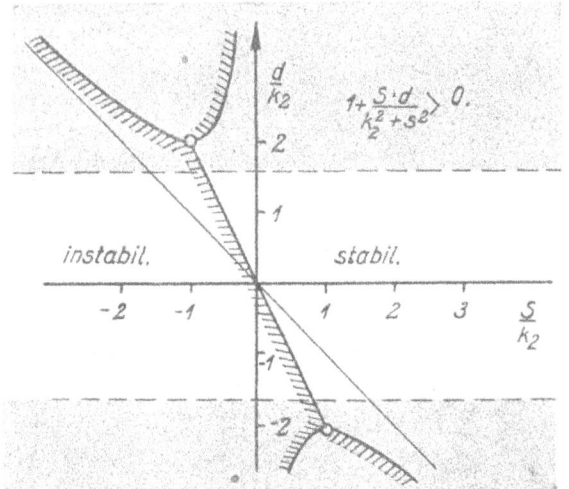

Abb. 5.

ist ihr Verhältnis zum Trägheitsradius des Ruders gewählt. Die Stabilitätsgrenze ist eine gerade Linie, $s = -\frac{d}{2}$, an die sich zwei hyperbelähnliche Kurven anschließen. Jedoch liegen diese beiden Zweige in einem praktisch nicht

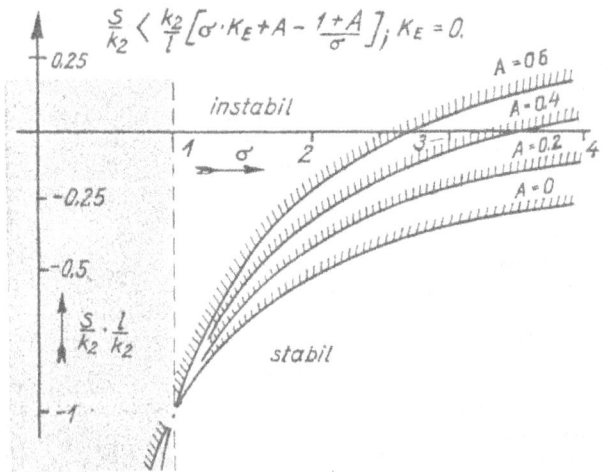

Abb. 6.

in Frage kommenden Bereich, dem blauen Gebiet des Bildes. Die rotgeränderte Seite der Stabilitätsgrenze ist die Seite der Instabilität.

Die 2. und 3. Bedingung geben zusammengefaßt eine Bedingung für die Schwerpunktlage des Ruders, abhängig von aerodynamischen Eigenschaften des Flugzeugs und von der Größe der elastischen Bindung, und, durch Rückwärtseinsetzen der so gefundenen Schwerpunktlage, die Grenzen, innerhalb deren der Druckpunkt liegen muß. Das Bild (Abb. 6) zeigt Ihnen die Schwerpunktlage abhängig

Schwingungserscheinungen des Segelflugzeugs Rheinland. Von F. X. Scheubel.

Stabile Schwingungen bei starker statischer Stabilität, $\sigma \sim 2,5$.

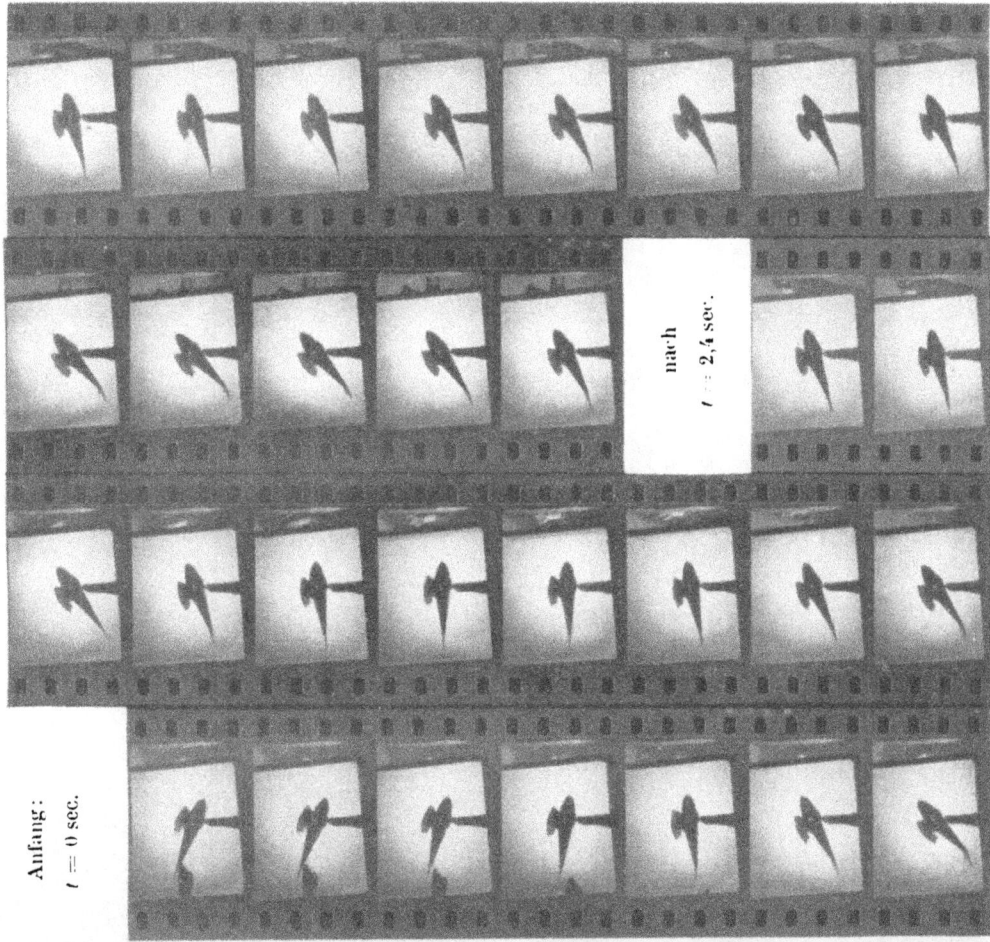

Anfang:
$t = 0$ sec.

nach
$t = 2,4$ sec.

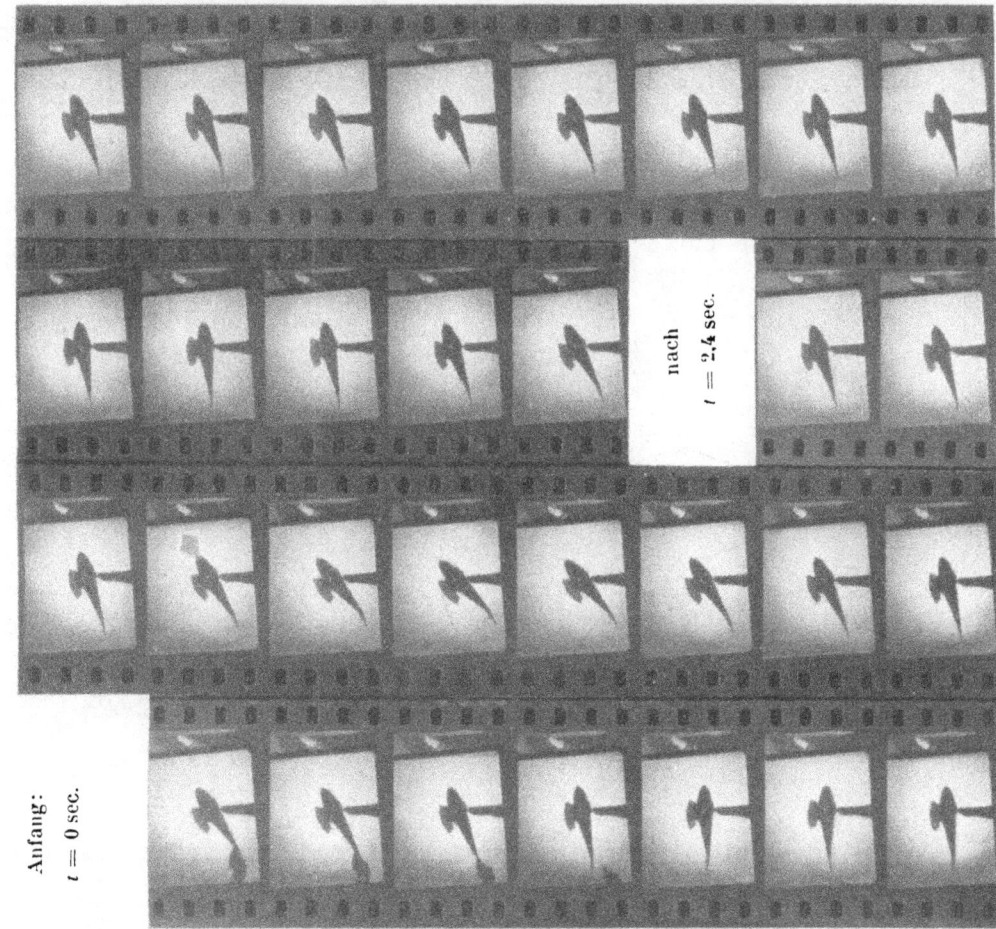

Anfang:
$t = 0$ sec.

nach
$t = 2,4$ sec.

Windgeschwindigkeit: $v = 25$ m/sec; Zeitmaßstab 20 Bilder/sec.

Schwingungserscheinungen des Segelflugzeugs Rheinland.　Von F. N. Scheubel.

Instabile Schwingung bei statischer Indifferenz, $\sigma = 1$.

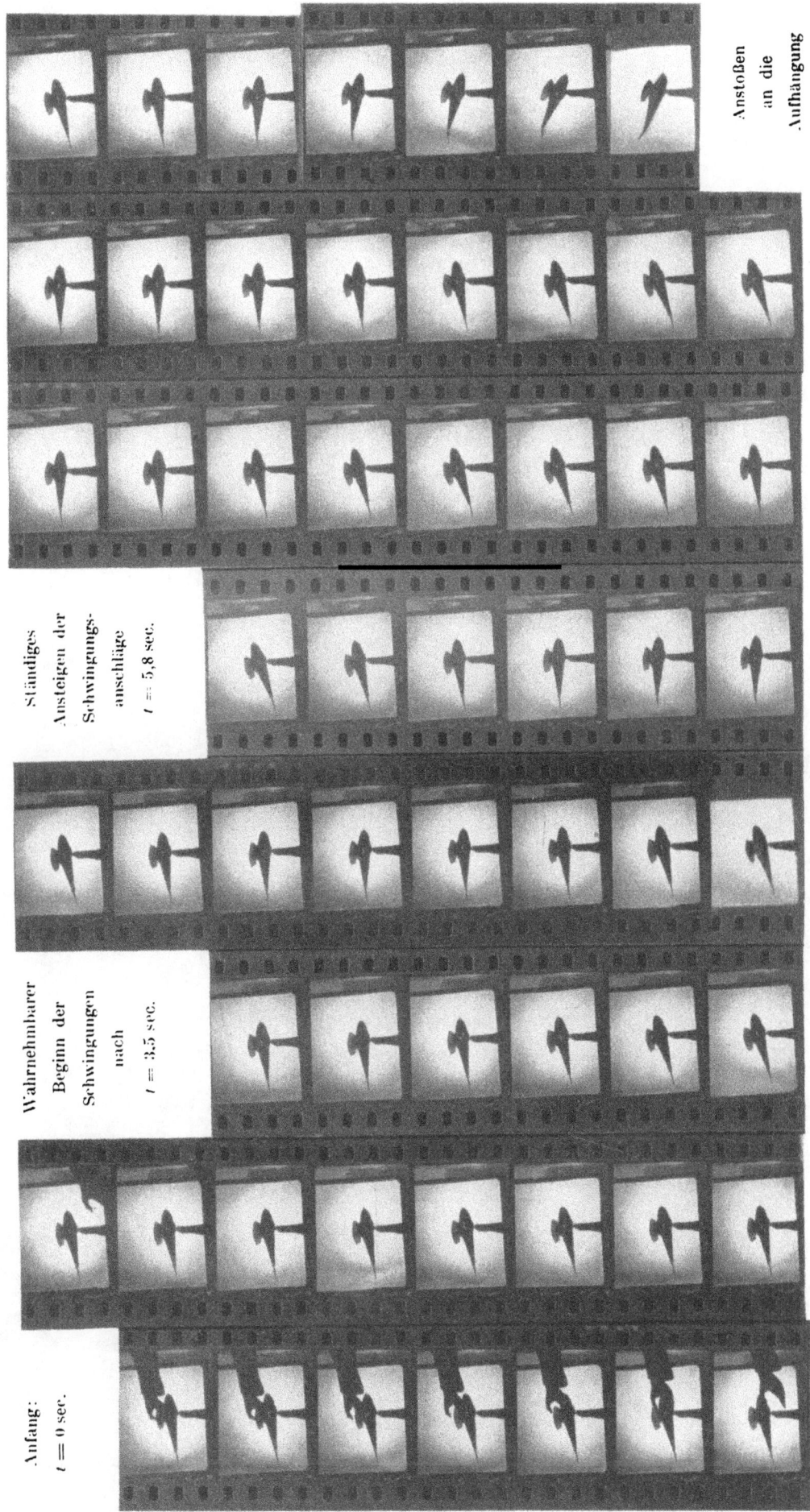

Anfang:
$t = 0$ sec.

Wahrnehmbarer
Beginn der
Schwingungen
nach
$t = 3,5$ sec.

Ständiges
Ansteigen der
Schwingungs-
anschläge
$t = 5,8$ sec.

Anstoßen
an die
Aufhängung

Windgeschwindigkeit: $v = 25$ m/sec; Zeitmaßstab: 20 Bilder/sec.

von der Stabilitätszahl σ für verschiedene Abwindzahlen A [1] und für den Fall verschwinden starker elastischer Bindung. Die rotgeränderte Seite ist wieder die Seite der Instabilität. Das Gebiet links von $\sigma = 1$ ist bedeutungslos, da das Flugzeug dort statisch instabil ist.

Das nächste Bild (Abb. 7) zeigt Ihnen den Einfluß einer verschieden starken elastischen Bindung, bzw. den Einfluß der Fluggeschwindigkeit. Wesentlich ist, daß in dem Faktor

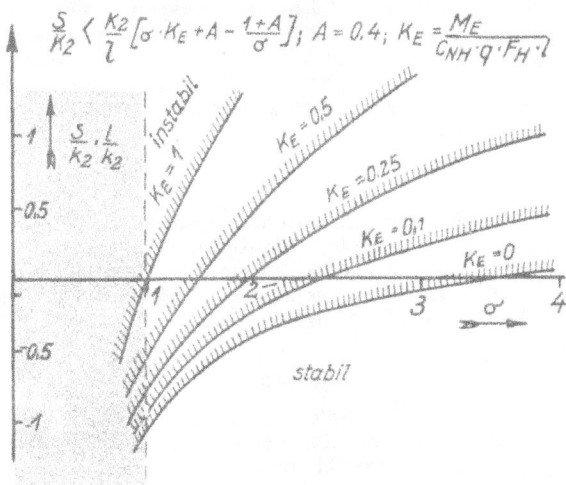

Abb. 7.

$K_E = \dfrac{M_E}{c'_{NH} \cdot q \cdot F_H \cdot l}$ der Staudruck q im Nenner steht. Das bedeutet, daß eine Geschwindigkeitszunahme einer Abnahme der Stärke der elastischen Bindung gleichwertig ist. Mit Zunahme des Faktors E rückt die Stabilitätsgrenze von dem Gebiet negativer Schwerpunktslage (Schwerpunkt vor der Drehachse) zu dem Gebiet positiver Schwer-

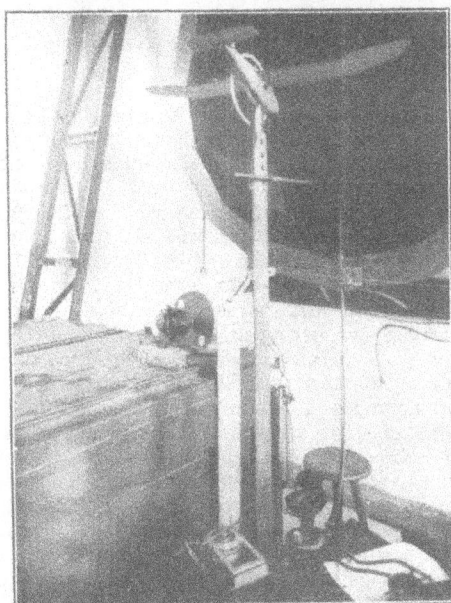

Abb. 8.

punktslage (Schwerpunkt hinter der Drehachse). Diese Bedingung für den Schwerpunkt ist die wichtigste des

Problems. Aus ihr kann man rückwärts durch Einsetzen in die drei ursprünglichen Bedingungen die Grenzen für die Druckpunktlage bestimmen. Darauf näher einzugehen, würde zu weit führen.

Soweit gingen die Rechnungen. Um wenigstens qualitativ zu prüfen, ob nicht irgendwelche Einflüsse unberücksichtigt geblieben sind, wurden Modellversuche im Aachener Windkanal begonnen. — Auf die Frage, ob Modellversuche in diesem Fall berechtigt sind, kann ich nicht näher eingehen. — Ein Flugzeugmodell mit federndem Höhenruder wurde an einer Strebe im Windkanal drehbar aufgehängt und angeblasen. Das Bild (Abb. 8) zeigt Ihnen die Aufhängung. Die Drähte usw. dienten zur Momentmessung. Das nächste Bild (Abb. 10) zeigt Ihnen die Inneneinrichtung des Modells, die Lagerung und die Zugfedern für das Höhenruder. Das Höhenruder ist auf Spitzen gelagert, das Modell auf Kugellagern. Der Rudereinstellwinkel konnte von außen verändert werden. Das nächste Bild (Abb. 9) zeigt Ihnen das Modell von oben gesehen, mit der Höhenruderlagerung und dem Einstellhebel. Das Höhenruder ist nicht das Originalruder, sondern eins mit verschobener Drehachse und einfacherem Umriß. Nahe der Hinterkante ist eine der Bleieinlagen zu sehen.

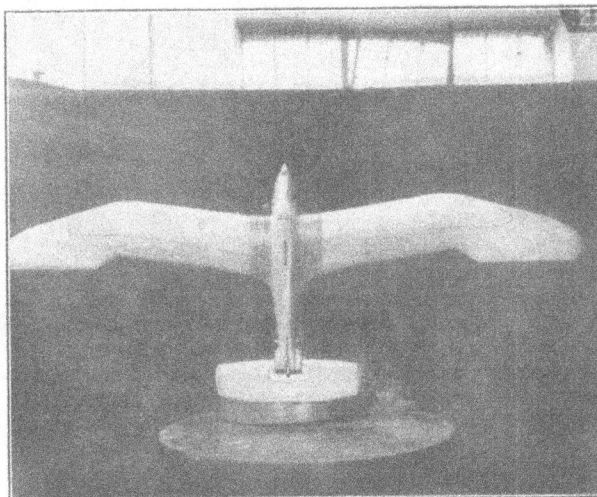

Abb. 9.

durch die die gewünschte Schwerpunktslage erreicht wurde. Dieses Modell wurde mit 12 verschiedenen Rudern (verschiedene Schwerpunkts- und Druckpunktslagen) bei verschiedenem Anstellwinkel angeblasen und die Schwingungserscheinungen als Schattenbild gefilmt. Die Versuche mußten leider wegen des Kanalumbaues schon im Anfangsstadium abgebrochen werden. Ausgewertet wurde nichts, da es sich um Vorversuche handelte, bei denen von Hand, ohne einen Zeitmaßstab mitzufilmen, gedreht wurde. Ich will Ihnen jetzt einige Aufnahmen zeigen.

1. Filmvorführung.

Was ich Ihnen hier gezeigt habe, ist einer der einfachsten Fälle von Schwingungserscheinungen, wie sie sich gerade in den letzten Jahren immer häufiger gezeigt haben. Wie die Stabilitätsverhältnisse bei einem Flugzeug mit normalem Höhenleitwerk mit Dämpfungsfläche werden, kann ich Ihnen nicht sagen, da mir ausreichende Messungen an Höhenleitwerken mit Dämpfungsfläche nicht bekannt sind. Man kann in gleicher Weise, wie ich es gezeigt habe, die Stabilitätsbedingungen aufstellen. Sie werden dort wesentlich komplizierter. Was zu ihrer Diskussion fehlt, ist Kenntnis der Luftkräfte am Leitwerk. Ich glaube aber, daß bei einem solchen normalen Höhenleitwerk die Verhältnisse bedeutend günstiger liegen, als bei einem nur aus einem Ruder bestehenden Leitwerk.

[1] Diese Abwindzahl gibt an, um wieviel eine Winkeländerung des Winkels zwischen Luftgeschwindigkeit und Flugzeuglängsachse durch den Abwind am Leitwerk vermindert wird.

Dagegen macht sich bei einem Leitwerk mit Dämpfungsfläche öfters eine andere Schwingungserscheinung bemerkbar, die noch unangenehmer ist. Es ist dies das Leitwerk-
flattern — tail fluttering nennen es die Amerikaner und Engländer. Das Bild (Abb. 11) zeigt Ihnen die Art der Schwingung
im groben. Wie sie im einzelnen aussieht, weiß man nicht.
Ich möchte es für eine kombinierte Biegungs- und Drehschwingung der Dämpfungsfläche zusammen mit einem
Pendeln des Ruders halten. Dieses Flattern hat sich bis
jetzt bei allen möglichen Arten Maschinen gezeigt. Der

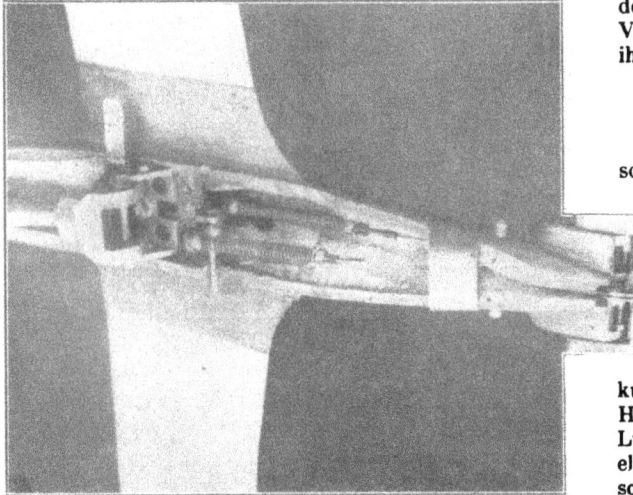

Abb. 10.

letzte böse Fall, der mir bekannt ist, war der Bruch eines
englischen Renndoppeldeckers, des Gloster II, bei dem,
als der Führer die Maschine in die Meßstrecke zur Geschwindigkeitsmessung drückte, plötzlich das Leitwerk sehr stark
flatterte. Der Führer hatte viel Geistesgegenwart und noch
mehr Glück, landete sofort trotz der hohen Geschwindigkeit
von über 320 km/h und kam so mit einem leichten Schädel-
bruch davon. Ein leichtes Flattern zeigen viele Maschinen,

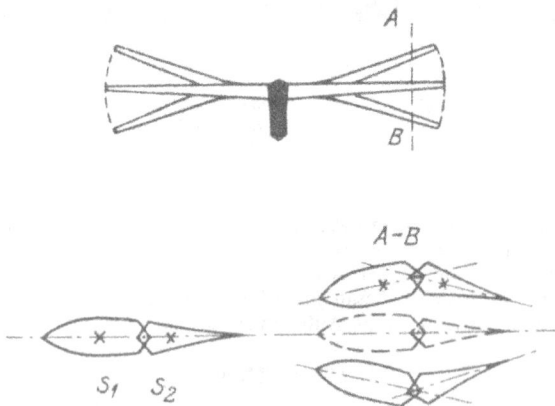

Abb. 11.

anscheinend ohne dabei Schaden zu nehmen. So soll z. B.
auch die Junkers-Verkehrsmaschine, Type F 13, oft ein
schwaches Flattern zeigen.

Über die Ursachen dieses Flatterns gehen die Ansichten
weit auseinander. Im Ausland, besonders in Amerika,
nimmt man viel an, es sei eine Art Resonanzschwingung,
die durch die Wirbel, die sich am Flügel ablösen, angeregt
und unterhalten wird. Es mag sein, daß diese Wirbelab-
lösung mit dazu beiträgt. Ich glaube aber, der Hauptgrund
ist eine Instabilität der gekoppelten Schwingung der Dämpfungsfläche und des Ruders, ähnlich wie bei der Rheinland

die gekoppelte Schwingung Flugzeug—Ruder instabil war.
Eine verwandte Erscheinung, die sicher den Weg zur
Klärung dieser Frage weisen wird, die Biegungs-Schwingun-
gen eines Flügels mit Verwindungsklappen, wurden sehr
eingehend in Amsterdam beim Rijks-Studiedienst voor
de Luchtvaart von Herrn von Baumhauer studiert. Ich
kann leider nicht näher auf dieses sehr interessante Problem
eingehen. Ich möchte statt dessen auf den holländischen
Bericht (R. St. D. v. d. Luchtvaart, Rapport A 48), ver-
weisen. Ich kann Ihnen aber einen Film, der in Amsterdam gelegentlich der Versuche aufgenommen wurde, zeigen,
den mir Herr von Baumhauer liebenswürdigerweise zur
Verfügung gestellt hat. Auch an dieser Stelle möchte ich
ihm dafür danken.

2. Film.

Zum Schluß bitte ich um Entschuldigung, daß ich eine
so unvollständige Sache hier vorgetragen habe. Es ist aber
nicht möglich, in der kurzen Zeit ein so umfang-
reiches Gebiet zu besprechen. Außerdem sind die
Probleme noch sehr wenig geklärt.

Aussprache:

Dr. phil. H. Blenk: Im Anschluß an den interessanten Vortrag des Herrn Scheubel will ich hier ganz
kurz auf Untersuchungen hinweisen, die ich gemeinsam mit
Herrn Dr. Liebers bei der Deutschen Versuchsanstalt für
Luftfahrt durchgeführt habe. Es handelt sich bei uns um
elastische Schwingungen des Tragflügels für sich. Auch
solche Schwingungen sind an einem Segelflugzeug im Jahre
1923 beobachtet worden und haben zum Bruch geführt.
In letzter Zeit sind solche Schwingungen auch an freitragenden Eindeckern aufgetreten. Für die theoretischen
Betrachtungen nehmen wir an, daß der Flügel am Rumpf-
ende fest eingespannt ist und sich um die Einspannstelle
starr dreht. Außerdem macht der Flügel Torsionsschwin-
gungen um eine elastische Achse, die so definiert ist, daß
der Flügel nicht tordiert, sondern nur durchgebogen wird,
wenn alle Kräfte in der elastischen Achse angreifen. In dem
Ansatz gehen wir über frühere Arbeiten hinaus, indem wir
das Biegungs- und Torsionsmoment nicht nur abhängig
von der Verbiegung bzw. Torsion ansetzen, sondern außerdem noch von der Geschwindigkeit der Verbiegung bzw. der
Torsion. Zu diesen elastischen Momenten treten noch die
Momente der Luftkräfte hinzu, die wir auf Grund statischer
Messungen ansetzen. Dazu ist man ohne Zweifel berechtigt,
wenn der Weg des Tragflügels während einer Schwingung
groß gegen die Flügeltiefe ist. Die Verdrehung bzw. Torsion des Flügels bringt dann noch zusätzliche Momente
infolge Änderung des wirksamen Anstellwinkels. Die
Untersuchung der gekoppelten Torsions- und Biegungsschwingungen führt in bekannter Weise auf eine Differential-
gleichung 4. Ordnung. Die Stabilitätsbedingungen zeigen,
daß im normalen Anstellwinkelbereich nur gedämpfte
Schwingungen bzw. aperiodische Verdrehungen auftreten
können. Führen diese Verdrehungen aber aus dem normalen
Anstellwinkelbereich heraus, so daß die Strömung am Flügelende abreißt, dann können wieder gedämpfte Schwingungen
auftreten, die den Flügel in die Anfangslage zurückführen.
Auf diese Weise entstehen Quasi-Schwingungen um eine
verwundene Lage des Flügels, die in dem vorzuführenden
Film deutlich in Erscheinung treten.

Zur Bestätigung der Theorie wurden Versuche mit einem
kleinen Gummiflügel, der nach einem Vorschlage von Herrn
Prof. Hoff gebaut war, im Windkanal angestellt. Auf
Grund der elastischen Eigenschaften dieses Flügels konnten
wir nach unseren Formeln die Geschwindigkeit, bei der die
Schwingungen anfingen, mit ziemlicher Genauigkeit vorausberechnen. Wir hoffen, daß das auch für große Flügel
möglich ist. Dann wäre nämlich das Ziel dieser Untersuchungen erreicht, für jeden gegebenen Flügel auf Grund
von Belastungsversuchen die Geschwindigkeit, bei der

Schwingungen auftreten können, voraus zu berechnen. (Es folgt die Vorführung von Zeitlupenaufnahmen des kleinen Gummiflügels, der im Windkanal reine Torsions- und gekoppelte Torsions- und Biegungsschwingungen ausführt.)

Prof. v. Parseval: »Schwingungserscheinungen« usw. Der Redner hat von zwei verschiedenen Schwingungsarten gesprochen, von Resonanz-Schwingungen und von erzwungenen Schwingungen. Gegen Resonanz-Schwingungen kann man die Teile nicht leicht widerstandsfähig machen; man muß sie also vermeiden. Erzwungene Schwingungen kann man nicht vermeiden; die Teile müssen also widerstandsfähig genug gemacht werden. Es wäre von Interesse, wenn aus dem Vortrag praktische Folgerungen für die Festigkeitsberechnung gezogen würden.

Ing. Herrmann: Wir haben am Udet-Tiefdecker U 6 einmal, als während des passiven Widerstandes bei der Ruhrbesetzung kein Dural zu haben war, Querruder aus Schwarzblech angefertigt. Diese ergaben sehr bald Flügeltorsionsschwingungen. Wenn der Führer zog, hörten sie auf, es blieben aber bis zur Landung Biegungsschwingungen von ganz erheblichem Ausschlag an den Flügelenden. Nach dem Einbau von Duralquerrudern hörte die Erscheinung auf. An freitragenden Eindeckern mit einer gewissen Elastizität am Flügelende gleichen wir das Gewichtsmoment vom Querruder durch Gegengewichte aus. Die betreffenden Querruder haben keine Ausgleichklappen.

IX. Hydrodynamische Methoden der Turbinentheorie.

Vorgetragen von Bruno E c k , Aachen.

Wenn man vom Standpunkte des Flugzeugkonstrukteurs einen Blick wirft auf das verwandte Gebiet des Turbinenbaues, so gewahrt man den Eindruck, daß der erfolgreiche Einfluß, den die Tragflügeltheorie auf die Ausbildung der Flugzeugkonstruktionen ausgeübt hat, im Turbinenbau bei weitem geringer ist. Bei gerechter Beurteilung muß man jedoch die Tatsache berücksichtigen, daß das, was der Tragflügeltheorie den eigentlichen Wert verleiht, nämlich zu einer praktisch brauchbaren Aussage über Widerstand, Gleitwinkel und Wirkungsgrad zu gelangen und leicht ausführbare Maßnahmen vorschlagen zu können, die diese Größen nachhaltig beeinflussen, in der Turbinentheorie nicht möglich ist, da die quantitative Zusammensetzung der Verluste eine ganz andere ist, von den ungleich schwierigeren mathematischen Aufgaben gar nicht zu sprechen. Während in der Tragflügeltheorie die Annahme eines reibungsfreien Mediums genügt, um in 1. Näherung, Auftrieb und Widerstand zu ermitteln, kann es sich bei einer Übertragung der Tragflügeltheorie auf Turbinen in der Hauptsache nur um die Berechnung des Auftriebes bzw. der Druckerhöhung oder -erniedrigung handeln. Die auftretenden Verluste, wie Reibungswiderstand, Formwiderstand, Stoßverluste usw. sind durch die innere Reibung bedingt und nur sehr schwer rechnerisch zu erfassen. Es erscheint deshalb erklärlich, daß im Turbinenbau die Versuchstechnik eine sehr bedeutende Rolle spielt, indem wohl keine Firma eine Neukonstruktion ohne vorherige Versuche auszuführen wagt.

Trotzdem darf der Wert einer exakten Theorie im Sinne der reibungsfreien Flüssigkeit nicht verkannt werden, da z. B. bei Neukonstruktionen und Versuchen außer dem Wirkungsgrad die ideale hydraulische Leistung von wesentlichem Interesse ist.

Solange langsam laufende Turbinen vorwiegten, etwa bis zum Kriege, konnte man verhältnismäßig große Schaufelzahlen verwenden, die als Annäherung die Annahme von unendlich vielen Schaufeln rechtfertigten. Hieraus ergaben sich die bekannten Beziehungen der Stromfadentheorie, insbesondere die Berechnung der Druckdifferenz nach der Gleichung

$$H = \frac{1}{g} \, [u_2 \, c_{u2} - u_1 \, c_{u1}].$$

Ein reges Interesse nach einer genaueren Berechnung entstand erst, als man mit der Schnelläufigkeit der Turbinen — hauptsächlich durch den Einfluß von Kaplan — sprunghaft höher ging und bei den hohen Wassergeschwindigkeiten zur Verringerung der Oberflächenreibung nur wenige Schaufeln anbringen konnte. Die Annahme von unendlich vielen Schaufeln versagte hier vollkommen und führte zu solchen Abweichungen, daß hier die Stromfadentheorie und ihre Grundsätze prinzipiell verlassen werden mußten, um den in Anlehnung an die Tragflügeltheorie aufgestellten Berechnungen zu weichen.

So hat die theoretische Behandlung der Wasserkraftmaschinen schon eine wesentliche Bereicherung erfahren durch die Einführung des Begriffes Zirkulation. Es genügt z. B. zur Beurteilung der dynamischen Wirkung von Turbinen vollkommen, alle kräfteübertragenden festen und bewegten Schaufeln durch Einzelwirbel zu ersetzen. Der Unterschied gegenüber dem Tragflügel ist hier allerdings ein prinzipieller. Während letzterer senkrecht zur Fortbewegungsrichtung

eine Auftriebskraft erzeugt, die keine Arbeit leistet, haben die Turbinen- und Pumpenschaufeln die Aufgabe, Energie auf das Medium zu übertragen oder demselben zu entnehmen. Die aerodynamische Auftriebskraft muß hier also Arbeit leisten.

Die zwei Hauptmöglichkeiten, um eine Energieübertragung durch Einzelwirbel auszuführen, sind in Abb. 1 dargestellt.

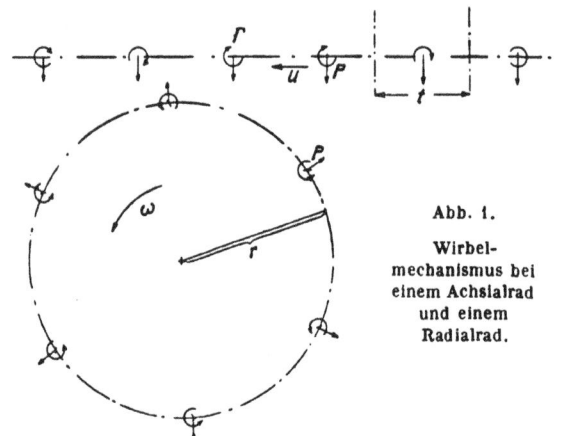

Abb. 1.

Wirbelmechanismus bei einem Achsialrad und einem Radialrad.

Einmal kann man ein Wirbelgitter in Richtung der Gitterachse bewegen und senkrecht anblasen, oder aber dieses Gitter auf einen Kreis aufwickeln, durch eine Quelle anblasen und um den Mittelpunkt drehen. In beiden Fällen erzeugt diese Bewegung eine Druckerhöhung und bei senkrechtem Anblasen auch eine Förderung auf ein höheres Niveau. Die auf den Einzelwirbel wirkende Kraft ist bekanntlich $P = \varrho \cdot \varGamma \cdot U$, wo U die Geschwindigkeit und $\varGamma$ die Zirkulation ist. Diese Kraft verteilt sich auf die Teilung t und bewirkt eine Druckerhöhung $p = \dfrac{P}{t} = \dfrac{\varrho \cdot \varGamma \cdot U}{t} = \gamma \cdot H; \; H = \dfrac{1}{g} \dfrac{\varGamma \cdot U}{t}$. Bei der Kreisbewegung ist $U = r \cdot \omega$ und $t = \dfrac{2 \, r \, \pi}{z}$, so daß wir erhalten $H = \dfrac{\omega \cdot \varGamma}{2 \, \pi \, g}$. Werden die Wirbel nicht senkrecht angeblasen, so ist keine Förderung vorhanden, und für die Aufrechterhaltung dieses Druckunterschiedes ist natürlich keine Arbeit erforderlich.

Die hier behandelten Fälle charakterisieren die beiden Typen eines Achsialrades und eines Radialrades, da sich die Strömungen durch Achsialräder bekanntlich auf Gitterströmungen zurückführen lassen. Bei Aufteilung der Turbinen in diese beiden Grenztypen hat man außerdem den Vorteil, zwei dimensionale Probleme vor sich zu haben.

In derselben Weise, wie man die rotierenden Schaufeln durch Einzelwirbel ersetzt, kann man auch die feststehenden Leitschaufeln durch solche ersetzen. Diese haben die Aufgabe, die durch das Laufrad erzeugte Geschwindigkeitshöhe in statischen Druck umzusetzen oder umgekehrt, je nachdem man von Pumpen oder Turbinen spricht. Damit dieser Vorgang möglichst verlustfrei stattfindet, dürfen im Abfluß von Turbinen und Pumpen keine sog. Umfangskomponenten enthalten sein. Es läßt sich nun leicht zeigen, daß diese Forderung erfüllt ist, wenn die Summe der Zirkulationen des Leitrades gleich der Summe der Zirkulationen des Laufrades ist. Bei Beachtung des Vorzeichens muß die Gesamtsumme verschwinden. Betrachtet man nach diesen Gesichtspunkten z. B. eine Kaplanturbine (Abb. 2), so kann man sich die Wirbelfäden der Leit- und

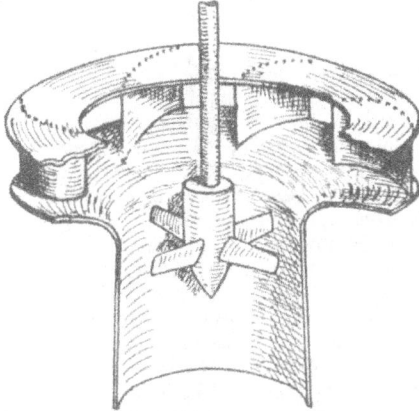

Abb. 2. Schematische Darstellung eines Achsialrades.

Laufschaufeln außerhalb der Turbine verbunden denken (Abb. 3) und erhält so einen geschlossenen Wirbelstrom. Für Franzisturbinen und Kreiselräder lassen sich ähnliche Bilder angeben.

Abb. 3. Schematische Darstellung der Wirbelfäden in einer Achsialturbine.

Da das Geschwindigkeitsfeld eines Wirbels und das Feld eines elektrischen Leiters mathematisch identisch sind, lassen sich auf Grund der vorherigen Betrachtungen interessante Parallelen ziehen zwischen Wasserkraftmaschinen und elektrischen Maschinen.

Der vorhin abgeleitete Zusammenhang zwischen der Druckdifferenz und der Zirkulation ist inhaltlich natürlich identisch mit der alten Hauptgleichung der Stromfadentheorie, wenn man die Umfangskomponenten c_u in solcher Entfernung vom Schaufelrade mißt, daß die Ungleichförmigkeiten durch die endliche Schaufelzahl sich ausgeglichen haben.

Der Vorteil der oben abgeleiteten neuen Hauptgleichung liegt unter anderem auch darin, daß, wenn etwa die Druckhöhe H experimentell bestimmt ist, die Zirkulation Γ bekannt ist und zur Rekonstruktion des Strömungsbildes ohne weiteres benutzt werden kann. Anderseits ist für die theoretische Behandlung die Aufgabe auf die Ermittlung der Zirkulation zurückgeführt. Der physikalische Gedanke, der zur Ermittlung derselben führt, ist wie in der Tragflügeltheorie die Bedingung des glatten Abflusses an den Schaufelenden. Die Rechnung wird allerdings wesentlich erschwert durch die Tatsache, daß die Relativströmung zu den Schaufeln einen konstanten Wirbel ω (Drehgeschwindigkeit) hat, so daß keine direkte Anwendung von konformer Abbildung möglich ist.

Nun ist für unendliche Schaufelzahl die Lösung eine triviale und durch die bekannte Gleichung

$$H = \frac{1}{g}\left[u_2\, c_{u2} - u_1\, c_{u1}\right]$$

gegeben, so daß sich alle Theorien im wesentlichen auf die Frage konzentrieren: Welches ist der Einfluß der endlichen Schaufelzahl?

Insbesondere ergeben sich die beiden Unterteilungen:
1. Wie ändert sich die $Q - H$-Linie?
2. Welche Idealleistung erreicht ein Rad mit endlich vielen Schaufeln.

Die Abhängigkeit des Druckes H von der Fördermenge Q ist bei unendlicher Schaufelzahl eine gerade Linie, die durch die beiden ausgezeichneten Punkte $Q = 0$ und $H = 0$ festgelegt ist (s. Abb. 4).

Wie ändert sich nun diese Gerade, wenn bei Beibehaltung derselben Schaufelwinkel usw. nur einige Schaufeln vorhanden sind?

Für Radialräder[1]) läßt sich nun exakt nachweisen, daß die Kennlinien linear verlaufen. Betrachten wir eine Radialturbine, so kann man die Strömung zusammensetzen aus einer Durchflußströmung, die von einer Quelle im Mittelpunkt herrührt, und der sog. Drehströmung. Letztere läßt sich relativ zur einzelnen Schaufel wieder unterteilen in eine reine Potentialströmung, eine Zirkulationsströmung und eine reine Drehströmung, die einen konstanten Wirbel ω hat.

Rechnet man nun vom Drehpunkt aus eine komplexe Zahl

$$z = r \cdot e^{i\,\varphi},$$

so läßt sich das Strömungspotential der Quellenströmung in der Form schreiben:

$$X_1 = \frac{Q}{2\,\pi}\lg f(z),$$

wo $f(z)$ eine von der Schaufelzahl abhängige periodische Funktion ist, die für kleine und große z mit z identisch ist, da dort die Quellenströmung ungestört sein muß.

Der Relativwirbel bedingt die Drehgeschwindigkeit $U = r \cdot \omega$ und hat die Stromfunktion

$$\psi = \frac{1}{2}\, r^2\, \omega.$$

Die Potentialströmung der reinen Drehbewegung läßt sich in der Form ansetzen:

$$X_2 = U \cdot g(z)$$

wo $g(z)$ die Periode der Schaufelzahl hat und U die Umfangsgeschwindigkeit ist.

Ebenso kann man die Zirkulationsströmung ansetzen:

$$X_3 = \frac{i\,\Gamma}{2\,\pi}\lg h(z).$$

$h(z)$ ist für große z mit z identisch und hat für $z = 0$ den Wert 1.

Das gesamte Potential lautet also:

$$X = \frac{Q}{2\,\pi}\lg f(z) + U \cdot g(z) + \frac{i\,\Gamma}{2\,\pi}\lg h(z).$$

Die hier unbekannte Zirkulation Γ bestimmt sich aus der Forderung, daß die Geschwindigkeit an den Schaufelenden endlich ist, indem man so einen glatten Abfluß erhält. Wir müssen also $\dfrac{dX}{dz}$ in diesem Punkte endlich machen. Erinnert man sich nun, daß funktionentheoretisch sich alle Strömungen gegen Profile ableiten aus den entsprechenden Kreisströmungen in einer ζ Ebene, so kann man schreiben $$\frac{dX}{dz} = \frac{dX}{d\zeta} \cdot \frac{d\zeta}{dz}.$$

$\dfrac{dX}{d\zeta}$ ist aber an der K r e i s p e r i p h e r i e überall endlich, so daß wir obige Forderung erfüllen können durch: $\dfrac{dX}{d\zeta} = 0$

$$\frac{dX}{d\zeta} = \frac{Q}{2\,\pi}\frac{f'(z)}{f(z)} + U\frac{dg(z)}{d\zeta} + \frac{i\,\Gamma}{2\,\pi}\frac{h'(z)}{h(z)} = 0,$$

setzt man in dieser Gleichung für ζ den der Hinterkante des Profiles entsprechenden Punkt ein, so sind die auf-

---

[1]) Für Achsialräder gilt Ähnliches.

tretenden Differentialquotienten bestimmte Zahlen. Mit sinngemäßen Einsetzungen ergibt sich:

$$\frac{Q}{2\pi}\cdot C_1 - U\cdot r\cdot C_2 + \frac{\Gamma}{2\pi} = 0,$$

hieraus

$$\frac{\Gamma}{2\pi} = U\cdot r\cdot C_2 - \frac{Q}{2\pi}C_1.$$

Für die dynamische Betrachtung einer Radialturbine genügt es, wie oben angedeutet, sich die Schaufeln durch Einzelwirbel von der Zirkulation Γ ersetzt zu denken (Abb. 1).

Man erhält, wie oben abgeleitet, eine Druckerhöhung:

$$H = z\frac{\Gamma\cdot\omega}{2\pi g}.$$

Setzt man das vorhin berechnete Γ hier ein, so entsteht

$$H = \frac{U^2}{g}A_1 - \frac{Q}{2\pi}\omega\cdot A_2,$$

wo A_1 und A_2 Konstanten sind. **M a n   e r h ä l t   a l s o   e i n e   l i n e a r e   A b h ä n g i g k e i t   d e r   D r u c k -   h ö h e   v o n   d e r   F ö r d e r m e n g e** [1]).

Die Behandlung der zweiten Frage wird durch folgende grundlegende Erwägungen in ein bestimmtes Fahrwasser gelenkt. Zeichnet man sich für unendliche Schaufelzahl Kennlinien und Geschwindigkeitsdreieck auf (Abb. 4), so erhält man

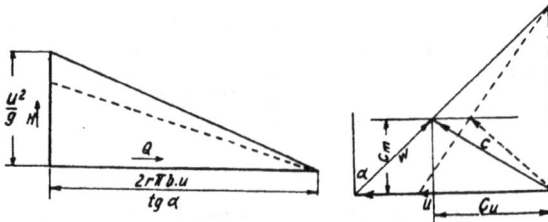

Abb. 4. Kennlinien und Geschwindigkeitsdreieck bei endlich vielen und unendlich vielen Schaufeln.

die beiden charakteristischen Punkte $Q = 0$ und $H = 0$. Man erkennt leicht, daß $H_{Q=0} = \frac{u^2}{g}$ und $Q_{H=0} = \frac{2r\pi b\cdot u}{\mathrm{tg}\,a}$ ist, wo b die Austrittsbreite ist. Durch eine Grenzwertbetrachtung läßt sich beweisen, daß sich bei endlich vielen Schaufeln mit demselben Austrittswinkel dasselbe Q für $H = 0$ ergibt wie bei unendlich vielen. Deshalb werden die $Q-H$-Linien durch denselben Punkt der Q-Achse gehen. Weiterhin ist es klar, daß durch größeren Schaufelabstand die Leistung vermindert wird, so daß die Kennlinie den gestrichelten Verlauf haben muß. Die Minderleistung kann durch das Verhältnis $\frac{H}{H_\infty}$ angegeben werden, wo H_∞ die Druckhöhe für unendliche Schaufelzahl ist. Ich habe vorgeschlagen, dieses Verhältnis, das nach obigem bei einer Maschine für alle Betriebsverhältnisse konstant ist, **d e n   G ü t e g r a d** $\varepsilon = \frac{H}{H_\infty}$ zu nennen.

D i e   K o n s t a n z   v o n ε **b e d e u t e t   f ü r   d i e   t h e o -   r e t i s c h e   B e r e c h n u n g   e i n e   a u ß e r o r d e n t -   l i c h e   E r l e i c h t e r u n g**, das es jetzt nur notwendig ist, die reine Drehströmung ohne Durchfluß zu behandeln.

Für gradlinige Schaufeln[2]) habe ich in diesem Sinne ε näherungsweise ermittelt. Als Ausgangspunkt konnte die Tatsache benutzt werden, daß sich außer unendlich vielen Schaufeln auch der entgegengesetzte Extremfall einer einzelnen Schaufel exakt berechnen läßt mit Hilfe von kon-

---

[1]) Erstmalig abgeleitet wurde dieser Satz, allerdings nicht in dieser allgemeinen Form in: Eck, Beitrag zur Turbinentheorie, Werft-Reederei-Hafen, 1925, Heft 8.

[2]) Beitrag zur Turbinentheorie, Werft-Reederei-Hafen, 1925, Heft 8.

---

former Abbildung. Rotiert eine gerade Platte mit den aus Abb. 5 ersichtlichen Bezeichnungen mit der Umfangsgeschwindigkeit u, so entsteht eine Druckerhöhung:

$$H = \frac{u^2}{g}\frac{a}{r}\left[\cos a + \sin a\;\mathrm{tg}\,\frac{\delta}{2} - \frac{3}{2}\frac{a}{r}\right] = \frac{u^2}{g}\cdot\varepsilon,$$

also

$$\varepsilon = \frac{a}{r}\left[\cos a + \sin a\cdot\mathrm{tg}\,\frac{\delta}{2} - \frac{3}{2}\frac{a}{r}\right].$$

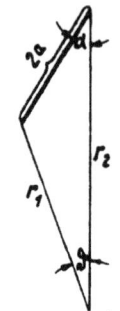

Abb. 5. Einschaufelturbine.

Sind nun mehrere Schaufeln vorhanden, so wird sich die Störung, die eine Schaufel durch die übrigen erfährt, näherungsweise dadurch berechnen lassen, daß man letztere durch Einzelwirbel ersetzt (Abb. 6) und die induzierten Geschwindigkeiten dieser Wirbel in der Nähe der betrachteten Schaufeln mit in Rechnung setzt. Diese Störungsgeschwindigkeiten liegen nun im wesentlichen in der Umfangsrichtung und haben in einem ausgerechneten Beispiele von 8 Schaufeln den aus Abb. 7 ersichtlichen Verlauf. Durch Supperposition dieses Störungsfeldes mit der Strömung der ungestörten Platte läßt sich aus der Abflußbedingung

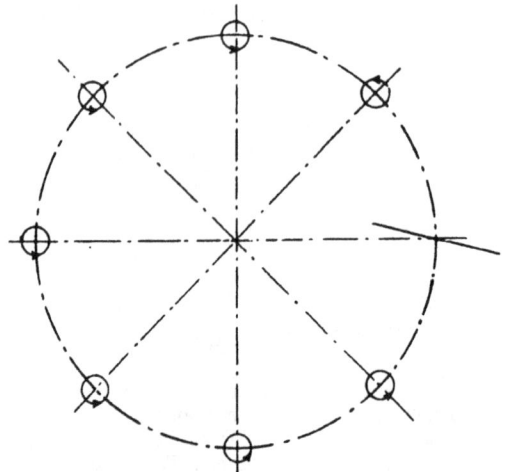

Abb. 6. Einzelschaufel, die durch Einzelwirbel beeinflußt wird.

die Zirkulation berechnen. Bei z Schaufeln ist die Druckerhöhung nach der oben aufgestellten Gleichung

$$H = z\frac{\Gamma\cdot\omega}{2\pi g}.$$

Hiernach wurde der Gütegrad berechnet:

$$\varepsilon = z\frac{\dfrac{a}{r}\left[\cos a + \sin a\;\mathrm{tg}\,\dfrac{\delta}{2} - \dfrac{3}{2}\dfrac{a}{r}\right]}{1 + \dfrac{a}{2r}(z-1)\left[1 - \dfrac{a}{r}\cos a + \dfrac{a}{r}\sin a\cdot\mathrm{tg}\,\dfrac{\delta}{2}\right]}.$$

In Abb. 8 ist z. B. für $\frac{a}{r} = 0{,}05$ der Gütegrad in Abhängigkeit von der Schaufelzahl aufgetragen für verschiedene Anstellwinkel a. Man erkennt die bedeutende Abnahme der Leistung, die bei den hier in Frage kommenden Schaufelzahlen $z = 25 \div 40$ annähernd 20 vH beträgt.

Es ist zu berücksichtigen, daß die der Berechnung zugrunde liegenden Voraussetzungen bei engen Schaufelteilungen zu Abweichungen führen müssen. Sehr gut erfüllt sind diese Bedingungen bei Ventilatoren, so daß dort gute Übereinstimmung mit den Rechnungsergebnissen zu erwarten sein dürfte.

Achsialräder.

Die Möglichkeit, Achsialräder nach hydrodynamischen Methoden zu erfassen, hat im allgemeinen viel mehr Aus-

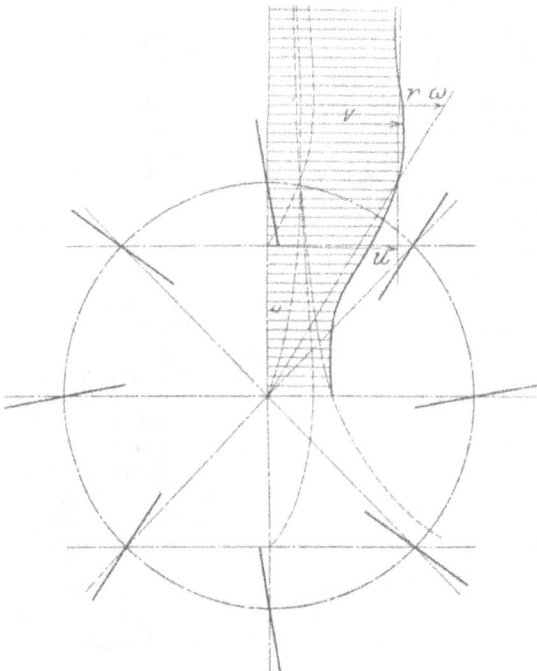

Abb. 7. Geschwindigkeitsverteilung in der Nähe einer Schaufel,
hervorgerufen durch die übrigen Schaufeln.

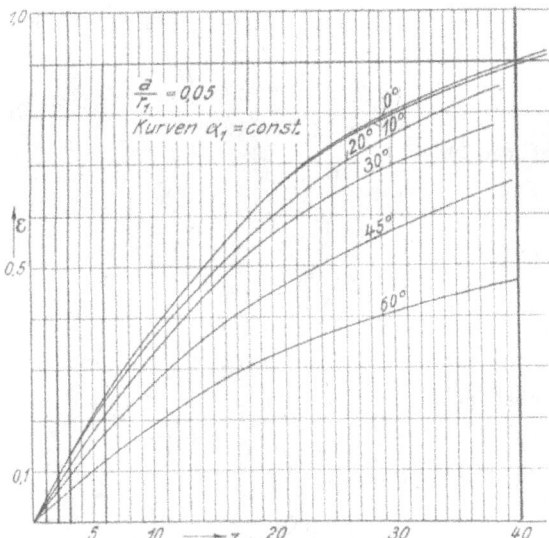

Abb. 8. Abnahme der Idealleistung bei endlich vielen Schaufeln.

in weitgehendem Maße vorgearbeitet worden ist. Der Unterschied der Achsialturbinen gegenüber diesen Schrauben besteht ja auch nur in dem begrenzten Strom bei ersteren. Dies äußert sich natürlich erheblich in der Kraftübertragung. Während bei der freifahrenden Schraube die Leistungsabgabe teilweise in einer Erhöhung der Durchflußgeschwindigkeit, d. h. einer Strahlkontraktion besteht, teilweise in der Erteilung einer Umfangsgeschwindigkeit, kann bei einem Achsialrad eine Energieübertragung nur in einer Dralländerung bestehen, so daß bei letzteren der ganzen Drallübertragung ein Hauptaugenmerk zuzuwenden ist.

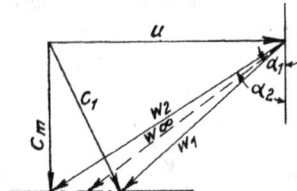

Abb. 9. Geschwindigkeitsdreieck
bei einem Achsialrad.

Betrachtet man zunächst die Verhältnsie bei unendlich vielen Schaufeln, so lassen sich aus dem Geschwindigkeitsdreieck (Abbild. 9) die Flügel-Ein-und Austrittswinkel leicht bestimmen. Fordert man, daß das Wasser ohne Umfangskomponente aus dem Laufrad austritt, so ist $c_{u2} = 0$ und die Schaufelwinkel α_1 und α_2 ergeben sich aus den Gleichungen:

$$\operatorname{tg} \alpha_1 = \frac{U - c_u}{c_m}$$

$$\operatorname{tg} \alpha_2 = \frac{U}{c_m} = \frac{r \cdot \omega}{c_m}.$$

Die Austrittskante muß also nach einer einfachen Schraubenlinie geformt werden, während für den Eintrittswinkel α_2 die Verteilung von c_u über den Radius bekannt sein muß.

Wie muß nun c_u im günstigsten Falle verteilt sein? Diese Frage läßt sich durch eine Betrachtung der Energieverhältnisse leicht beantworten. Nach dem Hauptsatz ist für einen Punkt der Kreisfläche die Druckabgabe

$$H = \frac{u}{g} c_u.$$

Sollen keine störenden Nebenströmungen auftreten, so muß offenbar jedes Teilchen unabhängig von der Lage in der Laufradkreisfläche dieselbe Druckabnahme erfahren. $H =$ const liefert:

$$\frac{u}{g} \cdot c_u = \frac{r \cdot \omega}{g} \cdot \frac{C}{r} = \frac{\omega \cdot C}{g} = \text{Const;} \quad \text{d. h. } c_u = \frac{C}{r}$$

die Drallkomponente muß also umgekehrt prop. dem Radius verteilt sein. Dieses ist aber die Strömung eines Wirbelfadens von der Zirkulation $\Gamma = 2\pi C$. (Beim Propeller erhält man statt der günstigsten c_u-Verteilung eine günstigste Schubverteilung[1]). Mit diesen Einsetzungen kann die Hauptgleichung geschrieben werden:

$$H = \frac{r \cdot \omega}{g} \frac{\Gamma}{2\pi r} = \frac{\omega \cdot \Gamma}{2\pi g},$$

d. h. dieselbe Gleichung, die wir auch bei Radialturbinen erhalten hatten. Hieraus läßt sich bei gegebenem H die Zirkulation $\Gamma = \dfrac{2\pi g H}{\omega}$ ausrechnen, die durch den Leitapparat dem Wasser erteilt werden muß. Die Tatsache, daß von vornherein eine günstigste c_u-Verteilung gegeben ist, ist für die konstruktive Ausbildung von erheblicher Bedeutung. Hiernach sind nämlich die Leitschaufeln d u r c h V e r w i n d u n g so auszubilden, daß z. B. das Wasserteilchen, das im Laufrad am Radius r arbeitet, oben ein $c_u = \dfrac{\Gamma}{2\pi r}$ erhält. Durch Aufteilung der Turbinen in Teilturbinen können so leicht die einzelnen Verwindungswinkel gefunden werden.

Die meist nur mit wenigen Flügeln ausgerüsteten Achsialturbienen ergeben bei den großen Schaufelabständen

sicht. Einmal sind hier die Schaufelteilungen so groß, daß man einen einzelnen Flügel nach der Tragflügeltheorie behandeln kann, anderseits spielt der Einfluß der Zentrifugalkräfte, der fast ganz vernachlässigt werden kann, keine Rolle, d. h. die Relativströmung kann mit großer Annäherung als wirbelfrei gelten. Hinzu kommt, daß durch die gut ausgebauten Propeller- und Schiffsschraubentheorie[1])

---

[1]) F ö t t i n g e r , Neue Grundlagen über die theoretische und experimentelle Behandlung des Propellerproblems, Jahrb. d. Schiffsbautechn. Ges., Bd. 19, 1918, S. 385.

A. B e t z , Schraubenpropeller mit geringstem Energieverlust, mit einem Zusatz von Prandtl, Nachr. d. Ges. d. Wiss. zu Göttingen, Math. Physik, 1919, S. 193.

A. B e t z , Eine Erweiterung der Schraubenstrahltheorie, ZFM, Bd. 11, 1200, S. 105.

B i e n e n und v. K a r m a n , Zur Theorie der Luftschrauben. Z. d. V. D. I., Bd. 68, 1924, S. 1237.

---

[1]) Th. B i e n e n , Die günstigste Schubverteilung für die Luftschraube bei Berücksichtigung des Profilwiderstandes. ZFM 1925, Heft 10 und 11.

erhebliche Abweichungen von der Leistung bei unendlich vielen Flügeln. Zur Berücksichtigung dieser Abweichungen hat sich ein Verfahren von Bauersfeld[1]) bewährt, das die einzelnen Flügel nach der Tragflügeltheorie behandelt. Mit großer Näherung werden sich in einem Achsialrad die einzelnen Wasserteilchen in Zylindern bewegen. Schneidet man nun einen solchen Zylinder auf und wickelt ihn auf eine Ebene ab, so erhält man eine Gitterströmung nach Abb. 10. Derartige Strömungen sind nun durch konforme

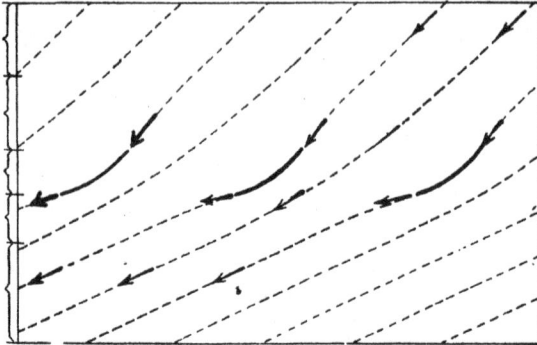

Abb. 10. Strömung durch ein Gitter.

Abbildungen der Rechnung sehr leicht zugänglich. Bauersfeld benutzt die von Kutta stammende Lösung eines Gitters, das senkrecht zur Achse stehende Schaufeln hat und ermittelt hieraus die Abnahme des Auftriebes einer einzelnen Schaufel gegenüber der ungestörten. Eine bessere Annäherung an die in Wirklichkeit schrägstehenden Schaufeln dürfte die Lösung von König sein, der ein Gitter mit schräg angestellten Schaufeln behandelt. Wie jedoch neuere Untersuchungen zeigen, genügt für eine Achsialturbine vollkommen die Annäherung, die ich für Radialräder angegeben habe, nämlich die Beeinflussung einer einzelnen Schaufel so zu berechnen, daß man die störenden Gitterschaufeln durch Einzelwirbel ersetzt. Es ergeben sich hier viel bessere Lösungen wie bei Radialrädern und für die in Frage vorkommenden Schaufelteilungen gute Übereinstimmung mit der Königschen Gitterlösung.

Kennzahlen.

Um ein Maß für die Schnelläufigkeit einer Wasserkraftmaschine zu erhalten, hat man den Begriff der spezifischen Drehzahl eingeführt. Hierunter versteht man die Drehzahl einer in allen Teilen geometrisch verkleinerten Turbine, die bei einer Förderhöhe $H = 1$ m ein PS leistet. Man muß natürlich voraussetzen, daß der hydraulische Wirkungsgrad bei stoßfreiem Arbeiten für geometrisch ähnliche Pumpen derselbe ist. Ist die Wassermenge in der sec Q m³, H das Gefälle in m und n die Tourenzahl der Turbine, so erhält man für die spezifische Drehzahl:

$$n_s = 3{,}65 \frac{n \sqrt{Q}}{H^{3/4}}.$$

Es ergeben sich hier bei den vorhandenen Ausführungen Zahlen $10 \div 1000$/min.

Als Vergleichsmaß für die Schnelläufigkeit läßt sich gegen diesen Begriff einwenden, daß er nicht dimensionsfrei ist[2]). Anderseits vermißt man über diesen Gegenstand

[1]) B a u e r s f e l d , Die Grundlagen zur Berechnung schnellaufender Kreiselräder, Z. d. V. D. I., 1923, S. 461.

[2]) In der richtigen Erkenntnis, für n_s dimensionslose Zahlen einzuführen, schlägt Thoma (Z. d. V. D. I., 1925, S. 330) vor, n_s durch Einführung des Schwerfeldes 1 statt $g = 9{,}81$ dimensionslos zu machen und eine spez. Winkelgeschwindigkeit $\omega_s = \omega \dfrac{\sqrt{N}}{H^{5/4} \cdot g^{3/4} \cdot \gamma^{1/2}}$ zu definieren. Auch hier kommt der physikalische Kern nicht richtig zum Vorschein, abgesehen davon, daß die Bildung von $\tfrac{5}{4}$ Potenzen usw. eine umständliche Rechenerschwerung ist.

eine klare Darlegung, weshalb es sich hier um eine physikalische Zahl handelt, die einer Maschine eigentümlich ist.

Die Berechtigung, die spezifische Drehzahl als Kennzahl einzuführen, beruht auf der im großen und ganzen zutreffenden Voraussetzung, daß der Wirkungsgrad von Wasserkraftmaschinen sowohl bei verändertem Gefälle wie bei veränderter Maschinengröße konstant bleibt, wenn es sich um Maschinen gleicher geometrischer Bauart handelt, die denselben Betriebsbedingungen unterworfen sind. So läßt sich zum Beispiel, wie Camerer[2]) gezeigt hat, nachweisen, daß die Spaltverluste und Radreibungsverluste sich als Funktion der spezifischen Drehzahl ergeben.

Im Propeller- und Schiffsschraubenbau haben sich hier ganz andere Größen herausgebildet. Man spricht hier vom Belastungsgrad und Fortschrittsgrad (Slip) als Größen, die bei Vergleichen den Charakter von Modellregeln haben. Z. B. ist der Wirkungsgrad von Propellern und Schrauben direkt eine Funktion von diesen beiden Größen. Der physikalische Kern erscheint hier bedeutend anschaulicher wie bei dem rechnerisch übrigens ziemlich lästigen Begriff der spezifischen Drehzahl. Da die Wirkung von Propellern und Turbinen physikalisch ziemlich identisch ist, läßt sich vermuten, daß beide Anschauungen nahe verwandt sein müssen.

Bei näherer Untersuchung zeigt sich auch, daß der physikalische Inhalt der Schnelläufigkeit durch den Belastungsgrad bestimmt ist. Beim Propeller versteht man hierunter das Verhältnis

$$\sigma = \frac{\text{Schub}}{\text{Staudruck auf Flügelkreisfläche}}.$$

Berechnet man zum Beispiel für Achsialturbinen diese Zahl, so ist

$$\sigma = \frac{\gamma \cdot H}{\frac{\gamma}{g} \cdot \frac{1}{2} c_m^2} = 2 g \frac{H}{c_m^2},$$

setzt man für

$$c_m = \frac{Q}{\frac{\pi}{4} D^2},$$

ferner für

$$D = \frac{u}{n} \cdot \frac{60}{\pi}$$

und

$$\frac{u^2}{g} \cdot v = H,$$

so erhält man

$$\sigma = \frac{\pi^2 g^3 \cdot H^3 \cdot 60^4}{v^2 \cdot 8 Q^2 n^4 \cdot \pi^4} = \frac{H^3}{Q^2 n^4} \cdot \frac{C}{v^2}.$$

Nun ist nach obigem

$$n_s = 3{,}65 \frac{\sqrt{Q}}{H^{3/4}} \cdot n,$$

also

$$\frac{H^3}{Q^2 \cdot n^4} = \frac{3{,}65^4}{n_s^4},$$

d. h.

$$\sigma = \frac{C \cdot 3{,}65^4}{v^2 \cdot n_s^4} = \frac{27{,}41 \cdot 10^9}{v^2} \frac{1}{n_s^4},$$

σ ist also bis auf die Größe v umgekehrt prop. der 4. Potenz der spez. Drehzahl. Um bei Radialrädern zu dem Begriff des Belastungsgrades zu kommen, muß man dieselbe vergleichen mit Achsialrädern von demselben Außendurchmesser, die bei derselben Druckhöhe die gleiche Fördermenge verarbeiten. So erhält man (Abb. 11) aus

$$Q = Q' \rightarrow c_m \pi D \cdot b = c_m' \frac{\pi}{4} D^2$$

$$c_m' = 4 \frac{b}{D} \cdot c_m,$$

[2]) C a m e r e r , Die spezifische Drehzahl bei Schleuder-(Zentrifugal-)Pumpen. Zeitschrift für das gesamte Turbinenwesen, 1915, S. 217.

mithin

$$\sigma = \frac{\gamma \cdot H}{\frac{\gamma}{g} \cdot \frac{1}{2} c_m'^2} = \frac{1}{8} \frac{D^2 \cdot H}{b^2 c_m^2}$$

setzt man wieder ein

$$c_m \cdot b \cdot \pi D = Q$$

und

$$D = \frac{u}{n}; \quad \frac{u^2}{g} \cdot \nu = H,$$

so entsteht:

$$\sigma = \frac{27{,}41 \cdot 10^9}{\nu^2} \cdot \frac{1}{n_s^4},$$

d. h. dasselbe Resultat wie oben, mithin eine dimensionslose Zahl, die ebenfalls ein Maß für die Schnelläufigkeit

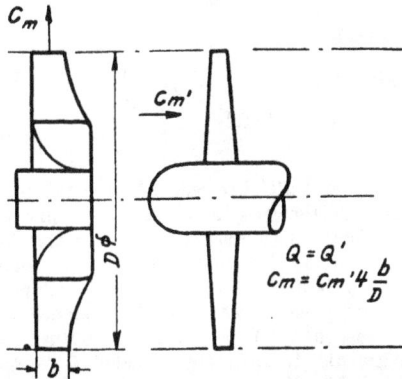

Abb. 11. Radialrad und Achsialrad.

ist und sich aus eindeutigen physikalischen Eigenschaften herleitet. Drückt man n_s und σ durch die Geschw. und die Durchmesser aus, so erhält man:

Achsialräder Radialräder

$$n_s = \frac{705}{\nu^{3/4}} \sqrt{\frac{c_m}{u} \frac{b}{D}} = \frac{1}{2} \frac{705}{\nu^{3/4}} \sqrt{\frac{c_m}{u}}$$

Achsialräder Radialräder

$$\sigma = \frac{1}{8} \nu \left(\frac{u}{c_m} \frac{D}{b} \right)^2 = 2 \nu \left(\frac{u}{c_m} \right)^2.$$

Der Beiwert ν drückt im allgemeinen den Einfluß der Turbinenbauart aus und ist sehr von den Schaufelwinkeln abhängig.

Man sieht, daß die Begriffe Schnelläufigkeit und Belastungsgrad von einander abhängig sind.

Nun kann man bei konstantem n_s bzw. σ, d. h. $\frac{u}{c_m} \cdot \frac{D}{b} = $ const. noch das Verhältnis der Ein- und Austrittsquerschnitte ändern, d. h. zur Charakterisierung einer Turbine ist außer n_s bzw. σ noch eine Zahl $\lambda = \frac{c_m}{u}$ notwendig, was bei dem Propeller dem Fortschrittsgrad entspräche.

Es wäre zu wünschen, daß im Interesse des gegenseitigen Austausches von Erfahrungen und der besseren Zusammenarbeit von Turbinenbauern einerseits und Propeller- und Schiffsschraubenbauern anderseits eine grundlegende Einigung über die zu verwendenden Kennzahlen stattfände.

Aussprache:

Vorsitzender Prof. Prandtl: Zu dem was Herr Dr. Eck über die spezifische Drehzahl gesagt hat, möchte ich um Aufklärung bitten. Sie sagten, diese wäre der vierten Potenz des Belastungsgrads ψ umgekehrt proportional; den angeschriebenen Beziehungen entnehme ich aber, daß sie $= $ Zahl $\cdot \frac{1}{\nu \psi^4}$ ist, wo $\nu = \frac{g H}{u^2}$ ist; ν ist offenbar auch sowohl mit der Turbinenbauart, wie mit der jeweiligen Umfangsgeschwindigkeit, die man beliebig einstellen kann, veränderlich, so daß die vorerwähnte Proportionalität nicht rein herauskommt!

Dr. Eck: Ich möchte zunächst die Herleitung der Zahl ν etwas allgemeiner fassen, wie es oben geschehen ist. Es wurde schon angedeutet, daß zur Charakterisierung einer Turbine zwei Zahlen notwendig sind. Daß dieses so sein muß, läßt sich auch aus folgender Betrachtung einsehen. Die Betriebsgrößen, die bei einer Turbine wesentlich sind, sind die Förderhöhe, die Fördermenge und die Tourenzahl. Aus den diesen Größen entsprechenden Geschwindigkeiten

$$c = \sqrt{2 g H}; \quad c_m = \frac{Q}{\frac{\pi}{4} D^2} \quad \text{und} \quad u = \frac{\pi n}{60} D$$

lassen sich drei dimensionslose Zahlen bilden:

$$\sigma = \frac{c^2}{c_m^2} = 2 g \frac{H}{c_m^2}; \quad \nu = \frac{H}{\frac{u^2}{g}}; \quad \lambda = \frac{c_m}{u}$$

(ν erinnert an den in der Propellertheorie verwendeten Schubbeiwert).

Von diesen drei Größen sind nun, wie man unmittelbar sieht, nur zwei voneinander unabhängig, da ja

$$\lambda = \sqrt{2} \cdot \sqrt{\frac{\nu}{\sigma}} \text{ ist.}$$

Es ist nun eine reine Zweckmäßigkeitsfrage, welche zwei Zahlen man von σ, ν und λ wählt. Betrachtet man z. B. σ und ν und ersetzt

$$c_m = \frac{Q}{\frac{\pi}{4} D^2} \quad \text{und} \quad u = \frac{\pi n}{60} D,$$

so erhält man:

$$\sigma = \frac{1}{8} g \frac{\pi^2 H \cdot D^4}{Q^2}; \quad \nu = \frac{g}{\pi^2} \frac{60^2 \cdot H}{n^2 D}.$$

Nun darf eine Ähnlichkeitszahl, die den Zustand der Turbine charakterisieren soll, nur die den Zustand bestimmenden Größen enthalten, in diesem Falle also nur H, Q und n. Man hat deshalb aus σ und ν eine solche Zahl zu bilden, die D nicht enthält. Man erkennt leicht, daß $\sigma \cdot \nu^2$ diese Eigenschaft hat:

$$\sigma \cdot \nu^2 = \frac{1}{8} \cdot g \cdot \frac{\pi^2 \cdot H}{Q^2} \cdot \frac{g^2 \cdot H^2 \cdot 60^4}{\pi^4 \cdot n^4} =$$

$$= \frac{1}{8} \cdot g^3 \cdot \frac{60^4}{\pi^2} \cdot 3{,}65^4 \cdot \frac{H^3}{3{,}65^4 \cdot n^4 \cdot Q^2}$$

$$\sigma \cdot \nu^2 = \frac{27{,}41 \cdot 10^9}{n_s^4},$$

d. h. die Beziehung, die oben abgeleitet wurde. Wie Herr Prof. Prandtl richtig bemerkte, gilt also die Abhängigkeit des Belastungsgrades von der 4. Potenz der spezifischen Drehzahl nur für konstantes ν. Beim Vergleich mit letzterer ist dieses natürlich zu beachten, und es scheint mir zweckmäßig zu sein, für die Zahl $\sigma \cdot \nu^2$ eine neue Größe einzuführen, die an die Stelle der spezifischen Drehzahl treten kann. Es ist weder vom physikalischen noch vom praktischen Gesichtspunkte aus zweckmäßig, mit Dimensionen behaftete Kennzahlen mitzuschleppen. Man bedenke nur, daß z. B. bei Vergleich mit englischen und amerikanischen Versuchsergebnissen, die im Zollsystem ausgedrückt sind, sehr lästige und m. E. unnötige Umrechnungen erforderlich sind.

X. Der Otto Lilienthal-Wettbewerb.

Vorgetragen von Georg Madelung.

47. Bericht der Deutschen Versuchsanstalt für Luftfahrt.

I. Die Lage.

Mit dem Wiederaufleben der Deutschen Luftfahrt waren auch die Wettbewerbe wieder erstanden. Ihr eigentlicher Zweck war, die Luftfahrt volkstümlich zu machen und die Schaulust der Luftbegeisterten zu befriedigen. In den meisten Fällen handelte es sich um Schauflüge, die zwar nicht viel kosteten, dafür aber auch der Entwicklung in der Luftfahrt nichts nützten. Daneben fand eine Reihe von Überlandflug-Wettbewerben statt. Der Deutsche Rundflug war davon der bedeutendste. Wettbewerbe dieser Art haben fraglos zur Auslese brauchbarer Flugzeuge ihr Teil beigetragen. Anderseits stellten sie eine ungemein große Verausgabung von Kräften und Mitteln dar. Nicht nur sind eine Reihe von Flugzeugen zertrümmert und Menschen zu Schaden gekommen, sondern sie haben sogar denjenigen Bewerbern, die von Unfällen verschont blieben, mehr gekostet, als gerechtfertigt werden kann. Gerade von dem nach außen hin so eindrucksvollen Deutschen Rundflug kann man das sagen. Die recht erheblichen Preise veranlaßten manches Unternehmen, seine Kräfte zu sehr zu erschöpfen. Die Enttäuschung und Ermattung folgte dann schnell.

Unter diesen ungünstigen Umständen nahm eine Woche nach Beendigung des Deutschen Rundflugs der Otto Lilienthal-Wettbewerb seinen Anfang. Im Gegensatz zu den anderen Bewerbern war er rein technisch, d. h. er schied die Zufälligkeiten des Betriebs aus und maß die reinen Leistungen frei von störenden Einflüssen. Als technischer Wettbewerb war er der erste seit dem vom Jahre 1912/13 um den Kaiserpreis für den besten Deutschen Flugmotor, der auch bei der DVL in Adlershof ausgefochten worden war.

Auch in anderer Beziehung waren die Umstände ungünstig. Wochenlang war das Wetter für die Jahreszeit unerhört schlecht, mit Sturm und tiefhängender Wolkendecke, die die Meßflüge stark behinderte. Trotzdem konnte der Wettbewerb glatt durchgeführt werden. Unfälle wurden vermieden, niemand wurde verletzt. Zwei Flugzeuge wurden leicht beschädigt; das eine nahm nach zwei Tagen wieder an dem Fluge teil, und auch das andere bedurfte nur geringer Ausbesserungen. Da außerdem der ganze Wettbewerb an einer Stelle stattfand, sind keinem Bewerber Kosten entstanden, die mit denen des Deutschen Rundflugs vergleichbar wären. Und dazu kommt ein positives Ergebnis in Gestalt von gemessenen Zahlenwerten.

II. Technische Leistungsprüfungen.

Ich möchte daraus einen wichtigen Schluß ziehen: Technische Leistungsprüfungen sind völlig gleichwertig mit Überlandflug-Wettbewerben. Neben der Auslese nach Betriebsbrauchbarkeit steht die nach technisch meßbarer Leistungsfähigkeit, und beide sind gleich wichtig. Man mag im Zweifel sein, ob man der Luftfahrt jedes Jahr den Aderlaß eines Überlandflug-Wettbewerbs zumuten darf. Eine technische Leistungsprüfung dagegen sollte jedes Jahr stattfinden, um durch vergleichende Messung die Leistungsfähigkeit der Flugzeuge zu fördern. Und jedem großen Überlandflug sollte eine technische Leistungsprüfung als Ausscheidungs-Wettbewerb vorausgehen. Wohlgemerkt: Vorausgehen, nicht folgen. Wäre die Reihenfolge umgekehrt gewesen, dann wären verschiedene Flugzeuge zurückgeblieben, deren Teilnahme am Rundflug ein Spott war, und denen es nur durch das wundervolle Wetter und die Tapferkeit ihrer Führer gelang, durchzukommen.

III. Die Messungen.

Im folgenden sollen die Meßverfahren beschrieben und beurteilt werden. Was gemessen werden sollte, unterlag nicht der Entscheidung der Prüfstelle, sondern war durch die Ausschreibung vorgeschrieben.

Zu messen war:

1. der Flächeninhalt der Flügel,
2. die Motorleistung,
3. das Fluggewicht, vor dem Start und nach der Landung,
4. die Zuladung,
5. der Brennstoffverbrauch und der Heizwert,
6. das Wetter,
7. die Flughöhe bzw die Luftwichte,
8. der Steigwinkel,
9. die Wagrechtgeschwindigkeit,
10. die Mindestgeschwindigkeit,
11. die Start- u. Landestrecke.

1. Außer dem Flächeninhalt der Flügel (der in den Wertungsformeln für die kleinste Geschwindigkeit und für die Höhe erscheint) hatten die Bewerber die wichtigsten Abmessungen durch Ausfüllen eines Fragebogens anzugeben. Zur Nachprüfung der Angaben erwiesen sich aber Übersichtszeichnungen als nötig. Sind solche vorhanden und verfügbar, so sind nur mehr Stichproben nötig. Andernfalls müssen die Zeichnungen von der Prüfstelle neu angefertigt werden.

Dies und das Aufmessen ist Leerlaufarbeit, denn Zeichnungen hat der Bewerber doch in jedem Falle. Es empfiehlt sich, die Lieferung derjenigen Zeichnungen, die die Prüfstelle braucht, in der Ausschreibung vorzuschreiben. Auch das Verwendungsrecht, z. B. zu Veröffentlichungen, muß darin festgelegt sein.

In dem Flächeninhalt der Flügel war der vom Rumpf überdeckte Teil eingerechnet.

2. Die Motorleistung erscheint in der Wertungsformel für die größte Geschwindigkeit und die Höhe. Sie wurde vor Beginn und nach Beendigung dieser Flüge gemessen. Aus den beiden Ergebnissen wurde das arithmetische Mittel gezogen.

Gemessen wurde durch Abbremsen mit geeichter Schraube. Die ganze Messung ist reichlich umständlich und erfordert, um zuverlässig zu sein, zahlreiche Vorsichtsmaßnahmen.

Geeicht wurde auf dem elektrischen Prüfstand, durch Messung der Leistungsaufnahme der Schraube in Abhängigkeit von Luftwichte und Drehzahl. Die Vermutung, daß die Eichung durch dicht hinter der Schraube liegende Motor- und Rumpfteile gefälscht werde, erwies sich als nicht zutreffend. Eine Beeinflussung war nicht feststellbar. Im übrigen wäre der Fehler rechtlich belanglos gewesen, denn die Ausschreibung beschrieb die Leistung so wie sie tatsächlich gemessen wurde. Aus diesem Grunde trägt es zur rechtlichen Eindeutigkeit einer Ausschreibung bei, wenn das Meßverfahren darin festgelegt wird.

Nachträgliche Änderungen an der Schraube wurden verhindert durch Zeichnen der Kanten mit einem Lack, der ein Reagens geheimgehaltener Zusammensetzung enthielt.

Wichtig war, daß die Stelle, an der der Motor abgebremst wurde, windgeschützt war. War wegen zuwiderer Windrichtung keine windgeschützte Stelle verfügbar, so wurde zweimal abgebremst, das eine Mal in umgekehrter Richtung, und das arithmetische Mittel genommen. Bei Wind von vorn holen nämlich bekanntlich die meisten Schrauben auf. Da die Leistungsaufnahme mit der dritten Potenz der Drehzahl geht, erscheint dann die Leistung zu hoch. Dadurch wäre der Bewerber benachteiligt gewesen. Die Drehzahl wurde, um jeden Zweifel auszuschalten, nicht mit geeichtem Drehzahlmesser gemessen, sondern mit Stoppuhr und Zählwerk.

Eine besonders heikle Frage war die Verhütung von Täuschungsversuchen durch den Bewerber. Da die Motorleistung im Nenner der Wertungszahl erscheint, hat er den Wunsch, sie möglichst klein erscheinen zu lassen. Bei abgestuften Geldpreisen von solcher Höhe, wie sie hier ausgesetzt waren, bedarf es schon einiger Anständigkeit, um der Versuchung zu täuschen, zu widerstehen.

Es ist ein beliebter Trick, beim Abbremsen die Drossel nicht ganz zu öffnen. Wir verließen uns deshalb nicht auf die Bewerber, sondern bremsten selbst durch DVL-Prüfer. Die Gestänge des Vergasers wurden auf Verstellbarkeit überwacht. Wo wegen zu starker Motoren das Öffnen der Drossel durch einen Anschlag begrenzt war, wurde dieser versiegelt. Und trotzdem, die verborgenen Mittel, durch die man eine Leistung vorübergehend herabsetzen kann, sind zahllos. Überwachungs- und Polizeimaßnahmen sind da machtlos, solange nicht die Ausschreibung den Fehler vermeidet, gute Teilleistungen wie einen Aufwand zu bestrafen.

3. Das Fluggewicht erscheint in den Wertungsformeln für die größte und kleinste Geschwindigkeit, die Höhe und die Zuladung, also in drei Flughandlungen. Es wurde vor dem Start und nach der Landung gewogen. Gerechnet wurde in jedem Falle das arithmetische Mittel. Richtiger noch wäre es gewesen, nur eine Wägung zu berücksichtigen, und zwar die nach der Landung, besonders bei der Bewertung des Höhenfluges. Denn bei ihm kommt es auf das Gewicht in Gipfelhöhe an. Im Gleitflug wird kein nennenswerter Brennstoff mehr verbraucht. Um jeden Brennstoffverbrauch auf dem Wege von der Wage zum Start und von der Landung zur Wage zu vermeiden, wurde nicht mit eigener Kraft gerollt, sondern mit Auto geschleppt. Die Erfahrungen mit dem Schleppwagen waren ausgezeichnet. Leider ist er später verbrannt.

Die wichtigste Aufgabe der Unparteiischen war, Gewichtsschiebungen zwischen Wägungen und Flug zu verhindern. Gegen Gewichtsschiebungen im Fluge waren sie machtlos. Allerdings konnten die nur in einer Erleichterung bestehen, und die wäre bedeutungslos gewesen bei Beschränkung auf die Wägung nach der Landung. Amüsant war der Durst der Flieger vor der zweiten Wägung.

Auch beim Wägen muß das Flugzeug vor Wind geschützt werden, sonst sind die Wagen nicht zum Einspielen zu bringen. Die Wage der DVL ist deshalb in einer schließbaren Halle fest eingebaut. Sie ist selbstdruckend und vermeidet dadurch Ablesungsfehler.

Von allen Messungen am Boden nahm das Wägen die längste Zeit in Anspruch. Das war besonders lästig während der langen Schlechtwetterzeit, während der es oft nur für eine Stunde aufklarte. Bis alle Flugzeuge einer Klasse gewogen waren, hatte der Himmel sich wieder zugezogen. Viel Zeit hätte sich sparen lassen, wenn man sich auf einmalige Feststellung des Leergewichts hätte beschränken können. Die Zuladung kann schlimmstenfalls auch im Freien, z. B. am Start nachgewogen werden. Wie dann die Wertungsformeln sein müssen, wird später erläutert.

4. Die Zuladung erscheint nur in einer Wertungsformel, dagegen sollte sie bei allen Flügen gleich sein, zum mindesten beim Start. Sie wurde gesondert gewogen und die Richtigkeit durch Wägung des Leergewichts und Fluggewichts gegengeprüft.

Zu Schwierigkeiten kam es bei der Festsetzung der Zuladung. Ihre Höhe war an keine Bedingung geknüpft (Mindestflugleistungen z. B.) und nur durch die behördlichen Zulassungspapiere begrenzt, aber auch die lagen nicht bei allen Flugzeugen vor. So wurde die Festlegung der Gewichtsgrenze Gegenstand langwieriger Verhandlungen; in mehreren Fällen mußten umfangreiche Festigkeitsrechnungen gemacht werden, ehe entschieden werden konnte! Diese Weiterung kann dadurch vermieden werden, daß eine der Flugleistungen, die im Wettbewerb gemessen werden, nach unten begrenzt wird.

Abb. 1. Die Wage ist in einer schließbaren Halle fest eingebaut. Sie ist selbstdruckend.

Ein weiterer Wunsch: Wird Ballast mitgenommen, so sollte er in guten vernähten und versiegelten Säcken zu genau 20 kg enthalten sein, und in dem Flugzeug ein Platz zum sicheren Verstauen des Ballasts vorgesehen sein.

Es ist im Rahmen eines großen Wettbewerbs unzulässig, wenn der Ballast wie so oft in unhandlich schweren, prall gefüllten Sandsäcken aus morschem Material, ohne Ösen oder andere Befestigung mitgeführt wird und mit Bindedraht und Seil festgeschnürt werden muß. Eine schnelle Kontrolle ist dann unmöglich. Es empfiehlt sich, die Ausführung und Befestigung der Ballastsäcke zu normen und Vorrichtungen zu ihrer Befestigung im Flugzeug vorzuschreiben.

5. Der Brennstoffverbrauch wurde auf demselben Fluge gemessen wie die Höchstgeschwindigkeit. Die Brennstoffbehälter wurden bis zum Überlaufen gefüllt und dann, soweit es die Bauart erforderte, einige Liter abgelassen, um Überschwappen beim Rollen und Starten mit Sicherheit zu vermeiden. Nach dem Fluge wurde der verbrauchte Betrag ergänzt.

Bei den meisten Flugzeugen war dieses Verfahren recht zeitraubend, aus einem törichten Anlaß: Die Ablaßhähne waren so klein, daß der Brennstoff nur in dünnem Strahl ablief!

Gemessen wurde mit Meßgläsern. Das Raumgewicht der Brennstoffe war bekannt. Das Gesamtgewicht des Verbrauchs wurde außerdem durch Wägung des Fluggewichts vor und nach dem Fluge gegengeprüft.

Der Heizwert wurde mit Junkers Kalorimeter gemessen. Drei verschiedene Brennstoffe wurden den Bewerbern zur Verfügung gestellt: Handelsbenzin, Handelsbenzol und Mischung Benzin/Benzol 1:1. Wenn andere Mischungen verlangt wurden, wurde ihre Zusammensetzung, Heizwert und Raumgewicht besonders nachgeprüft.

In der Wertungsformel ist der Verbrauch auf die Zeit und die Leistung bezogen. Als Zeit wurde einheitlich die vom Start bis zur Landung eingesetzt. Das ist nicht streng richtig, denn während des Gleitflugs findet kein nennenswerter Verbrauch statt. Andererseits ist während des Steigens in geringerer Höhe die Leistung und damit der Verbrauch größer.

Als Leistung wurde die auf Prüfhöhe umgerechnete mittlere Bremsleistung gesetzt. Auch das ist unsicher, denn wer weiß, ob der Flieger nicht stark gedrosselt hat, um, unter Verzicht auf Geschwindigkeit, in möglichst langer Zeit möglichst wenig zu verbrauchen? Solche Schiebungen sind nur dann zu vermeiden, wenn die Wertungsformel es vermeidet, gegensätzliche Werte (wie Geschwindigkeit und Brennstoffverbrauch in der Zeiteinheit) in einem Fluge zu verquicken, bei voneinander unabhängiger Bewertung beider Ergebnisse. Diesen Widerspruch vermeidet dagegen eine Bewertung des Verbrauchs über einer Strecke, vielleicht verbunden mit einer Begrenzung der Zeit nach oben.

6. Wetter. Vor jedem Beginn der Flüge, mit Ausnahme der Start- und Landemeßflüge, wurde das Wetterflugzeug der DVL hochgesandt, um mittels Meteorograph, Bauart Wigand-Koppe, die Temperaturverteilung aufzunehmen. Der Leiter der Physikalischen Abteilung, Dr. H. Koppe, ließ es sich nicht nehmen, die meisten dieser Wetterflüge selbst zu fliegen. Wenn er zu tief hängende Wolken antraf oder eine böige Schicht, die die Meßergebnisse beeinflußt hätte, meldete er den Befund durch Zeichen nach unten, so daß der Flug verschoben wurde.

Außerdem stand ihm die Funkempfangsstation der DVL zur Aufnahme von Wettermeldungen zu Gebote, und so war er über die Gründe für das schlechte Wetter stets auf dem laufenden. Es war zwar nicht möglich, bei dem an manchen Tagen stündlich wechselnden Wetter die Stunden klaren Himmels vorauszusagen. Die Meldungen trugen aber dazu bei, unnötige Überanstrengung der Prüfer und Bewerber zu vermeiden, indem bei aussichtsloser Wetterlage keine ganz frühen Flüge angesetzt zu werden brauchten.

Die Windstärke am Boden wurde dauernd gemessen mit einem großen Schalenkreuz-Windmesser, Bauart Morell, mit großer, weithin sichtbarer Skala, der auf einem 18 m hohen Turm auf dem Hofe der DVL steht.

7. Die Flughöhe wurde in üblicher Weise mit Luftdruckschreiber gemessen, deren Messungsergebnisse unter Benut-

Abb. 2. Das Wetterflugzeug der DVL, ausgerüstet mit Meteorograph, Bauart Wigand-Koppe.

zung der zu 6. erwähnten Temperaturverteilung auf Luftwichte und Höhe in der Normalatmosphäre umgerechnet werden (Blasius TB III, S. 194).

Keiner der Höhenschriebe wurde mehr mit Feder und Tinte auf vorgedrucktes Papier geschrieben. Dieses Verfahren ist wegen der großen Strichstärke und wegen Klecksens, Eintrocknens und Auswerfens der Tinte bei holprigem Start ganz aufgegeben worden. Sämtliche Schriebe sind mit Nadel auf berußtem Papier geschrieben. Sie werden nach dem Fluge mit Schellack fixiert und mit Klementine durchscheinend pausfähig gemacht.

Ein Nachteil dieses Verfahrens ist, daß man das Ergebnis nicht sofort ablesen kann. Das Liniennetz für Zeit (Kreise) und Druck (Standlinien) muß erst eingeritzt werden, und die Werte durch Abgreifen mit Stechzirkel und Vergleich mit der für jeden Schreiber etwas verschiedenen Eichkurve für Zeit und Druck in Zahlen abgelesen werden. Der Nachteil der Umständlichkeit wird aber weit überwogen durch den Vorteil der großen Genauigkeit. Das Verfahren wird seit 1921 bei der DVL ständig verwandt.

Höhenschreiber Ott 1317. Steigflug Nr. 2, D 661, Muster U 12.
Führer: Kern. 16. 7. 25.

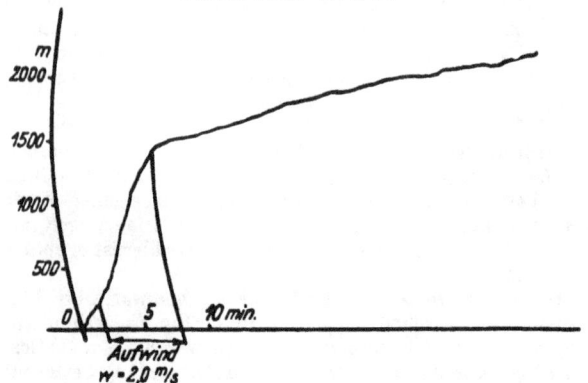

Abb. 3. Ein Höhenschrieb (Negativ). Kerns Gewitterflug.

Außer dem normalen Höhenschreiber war in die Flugzeuge ein Dreifachschreiber (Bauart Dr. Koppe) eingebaut, der außer dem Luftdruck auch den Staudruck und die Längsneigung schreibt. Man konnte feststellen, daß die Führer

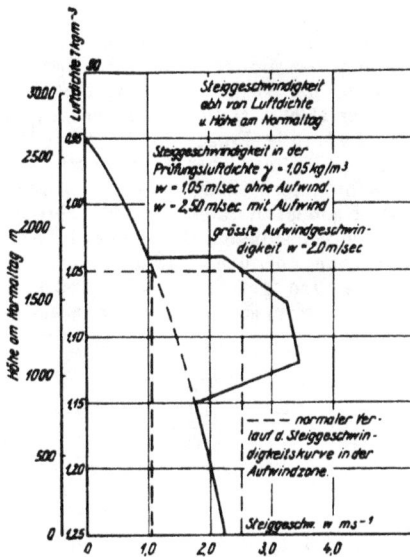

Abb. 4. Auswertung von Kerns Gewitterflug. In der Aufwindzone war die Steiggeschwindigkeit um 2 m/s vergrößert.

recht verschieden gut flogen. Einige, die im Kunstflug Gutes leisten, waren unfähig, ihre Instrumente richtig zu benutzen, z. B. längere Zeit denselben Staudruck zu halten.

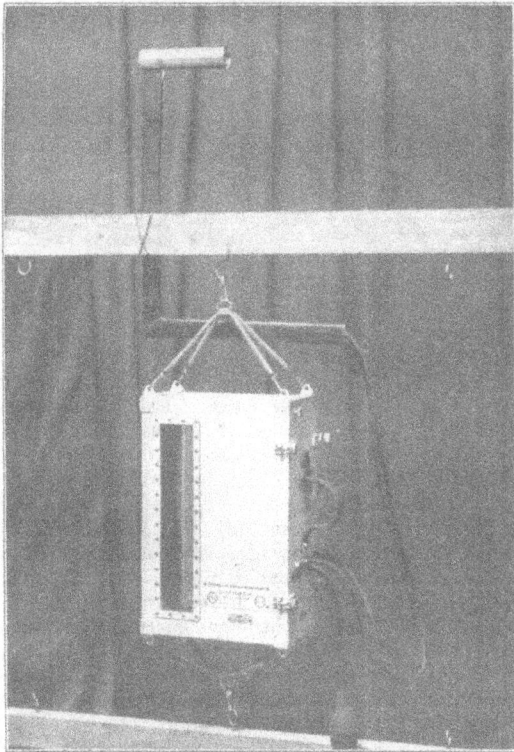

Abb. 5. Ein Dreifachschreiber (Bauart Dr. Koppe) wurde in sämtliche Flugzeuge eingebaut. Das Bild zeigt gleichzeitig die dazu gehörige Düse.

Besonders bemerkenswert war ein Höhenflug von Kern (Udet U 12). Er setzte sich unter eine Gewitterwolke und nutzte den Aufwind aus, der, nach dem Höhenschrieb zu schließen, bis zu 2,0 m/s betrug.

Als Versuchsgipfelhöhe wurde die tatsächlich erreichte Höhe (auf die Normalatmosphäre umgerechnet) eingesetzt, auch wenn eine Extrapolation eine tatsächlich größere Gipfelhöhe bei weiterer Fortsetzung des Fluges als möglich gezeigt hätte.

8. Zur Bestimmung des Steigwinkels wurde die Steiggeschwindigkeit von Minute zu Minute aus dem Schrieb abgegriffen, dazu der Staudruck aus dem Dreifachschreiber. Ist stetig geflogen worden, so geht das einwandfrei, bei unsauberem Fliegen aber muß man vorsichtig ausgleichen.

Der Staudruckschreiber war geeicht durch die Messung der größten und kleinsten Geschwindigkeit, zwischen denen die Bahngeschwindigkeit im Steigen liegt.

Dreifachschreiber
Bauart Dr. Koppe.

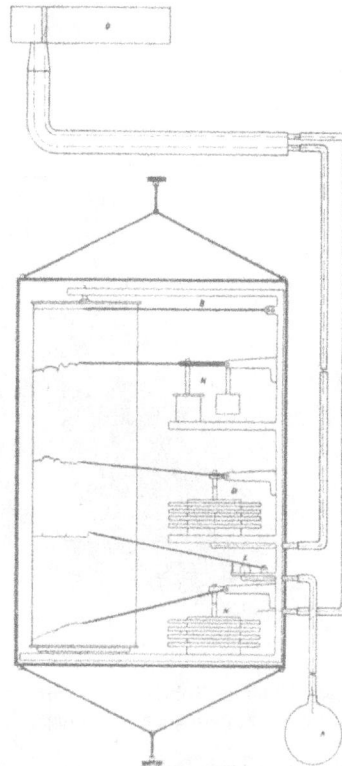

Abb. 6. Schema des Dreifachschreibers (Bauart Dr. Koppe).

9. Zur Messung der Höchstgeschwindigkeit wurde ein Dreieck von etwa 20 km Umfang 4 bis 6 mal umflogen. In den Eckpunkten standen Beobachter mit Visieren, die die Zeitpunkte des Durchflugs durch das Ende einer Dreieckseite und den Anfang der darauffolgenden maßen.

Die Uhren waren vor dem Abmarsch zur Meßstelle gleichgestellt und wurden nach der Heimkehr verglichen. Außerdem wurde vom DVL-Turm aus den Meßstellen optische Zeitzeichen und andere Nachrichten übermittelt. Der Beobachter auf dem Turm schrieb außerdem, als eine Gegenkontrolle, die Durchgangszeiten hinter jeder Ecke auf.

Die Flugzeiten jeder Dreieckseite wurden für sich gemessen, und gesondert davon die zum Umrunden der Ecke, die aber nicht gewertet wurden. In dieser Weise wurde die Geschwindigkeit für drei Richtungen bestimmt. Hieraus wurden Windgeschwindigkeit, Windrichtung und Eigengeschwindigkeit des Flugzeugs zeichnerisch ermittelt.

Das Verfahren liefert mit ganz geringer Streuung einwandfreie Ergebnisse.

Auch hier mußte scharf darüber gewacht werden, daß das Ergebnis nicht gefälscht wurde, etwa durch Steigen während der nicht gewerteten Ecken und Drücken vor oder während der folgenden Dreieckseite. Die Flüge wurden durch Dreifachschreiber (Bauart Dr. Koppe) überwacht. Höhenänderungen von mehr als 20 m auf der Strecke und in der Ecke waren verboten. Aus dem Schrieb konnte man sich ein Bild über die Kunst des Führers machen. Vorbildlich flog Carganico.

Es war sehr störend, daß laut Ausschreibung die Flughöhe 500 bis 1500 m betragen mußte. Je größer die Höhe, um so schwieriger ist es, die Strecke sauber abzufliegen. Auch für den Erdbeobachter wird es schwierig, die hochfliegenden Flugzeuge einwandfrei auszumachen, besonders wenn sie zeitweise durch tief hängende Wolkenfetzen verdeckt werden.

Es ist bedauerlich, daß wir in Deutschland das Rennen in geringer Höhe nicht pflegen. Es ist natürlich etwas

Flugzeuge, auf die Zeichen des Turms und auf die Uhr zu achten war und die Messungen niedergeschrieben werden mußten. Bei der DVL sind neue Lichtbild-Verfahren in der Entwicklung, bei denen die Platte eine von menschlichen Irrtümern unabhängige Urkunde bildet. Besonders auch durch Lichtbild vom Begleitflugzeug aus hoffen wir, zu vorteilhaften Prüfverfahren zu kommen.

10. Die eben erwähnten Schwierigkeiten häuften sich bei der Messung der kleinsten Geschwindigkeit. Auch sie sollte in 500 bis 1500 m Höhe stattfinden. Umfliegen eines Dreiecks kam nicht in Frage; die Bahn mußte möglichst gerade sein. Einhalten einer bestimmten Bahn konnte man aber nicht vorschreiben, denn im überzogenen Flug hat der Führer genügend damit zu tun, Richtung und Staudruck zu halten. Aus diesem Grunde beschränkte man sich auf zwei Flüge quer über den Flugplatz gegen den Wind. Den schönsten Flug und gleichzeitig die zweitbeste Absolutleistung führte v. Köppen aus. Der bemerkenswerteste war

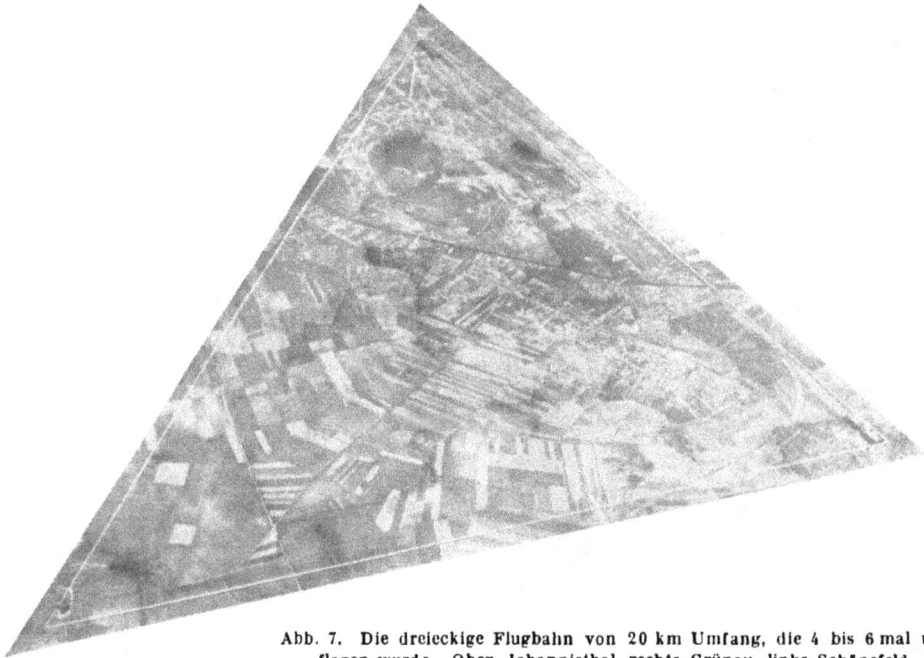

Abb. 7. Die dreieckige Flugbahn von 20 km Umfang, die 4 bis 6 mal umflogen wurde. Oben Johannisthal, rechts Grünau, links Schönefeld.

gefährlicher als in 500 m Höhe, aber nicht annähernd so gefährlich wie niedrig geflogene Loopings, Trudeln und ähnliche Mätzchen.

Ich habe das sogar beim Pulitzer Rennen 1922 und 1924 gesehen, trotzdem es sich dabei um ausgesprochene Rennflugzeuge größter Flächenbelastung handelte, und bei verschiedenen anderen Rennen, vom Kleinflugzeug bis zum schweren Zweimotoren-Bombenflugzeug. Die Flugzeuge umrundeten die drei Eckmarken, von denen eine auf dem Flugplatz bei den Hallen und den Zuschauern war, in etwa 50 m Höhe, die langsameren Flugzeuge gingen sogar noch weiter herunter, bis sie mit der Flügelspitze fast die Hallendächer streiften. Das ist nicht nur ein wundervolles Schauspiel, besonders wenn die großen Bombenflugzeuge senkrecht auf der Flügelspitze standen; es trägt auch bei zur Auslese guter Flugzeuge und hervorragender Flieger, denn Wendigkeit und genaues Fliegen sind zum Erfolg nötig, wenn die Wendezeit mitgerechnet wird. Will man gleichzeitig die reine Eigengeschwindigkeit auf gerader Bahn messen, dann kann man im Inneren des Dreiecks, genügend weit von den Ecken entfernt, drei Meßstellen errichten und ebenso verfahren wie wir es taten.

Ein Nachteil haftet dem von uns benutzten Verfahren an: Der große Aufwand an Beobachtern. Jeder Eckpunkt sowie der Turm sind mit drei Mann besetzt. Schwächere Besetzung reichte nicht aus, weil gleichzeitig auf mehrere

der von Kern, der den Auftriebsbeiwert auf $c_a = 1,52$ brachte.

Der Wind wurde in üblicher Weise mit Pilotballon und Ballontheodolit gemessen. Die Bahn des Flugzeugs wurde durch Vorwärtsanschnitt gemessen, mit drei Ballontheodoliten, die in den Ecken eines Dreieckes von rd. 1000 m Seitenlänge standen. Die Theodoliten waren von den Askaniawerken, Berlin-Friedenau, entgegenkommenderweise zur Verfügung gestellt worden. Sie sind selbstschreibend, d. h. sie drucken auf einem Papierstreifen den Höhen- und Seitenwinkel jedes Meßpunktes fortlaufend auf. Die zugehörigen Zeiten sollte ein Chronograph schreiben.

Die drei Meßstellen sind telephonisch untereinander verbunden, so daß die Chronographen auf $^1/_{10}''$ miteinander hätten übereinstimmen sollen. Der menschliche Beobachtungsfehler beschränkt sich in dieser Weise auf das richtige Visieren des Flugzeugs in Fadenkreuz.

Die Größe des Fehlers ließ sich, bei je drei Beobachtungen, aus der Größe des fehlerzeigenden Dreiecks schätzen. Sie war zufriedenstellend. Die Fehler waren in der Hauptsache konstant und beeinflußten das Ergebnis, die Geschwindigkeit, erst in zweiter Näherung. Der mittlere Fehler beträgt etwa 2 vH.

Weniger befriedigend ist dieses Verfahren vom wirtschaftlichen Standpunkt. Es ist teuer. Das Aufbauen der Meßstellen ist das wenigste. Wenn die Punkte im Gelände

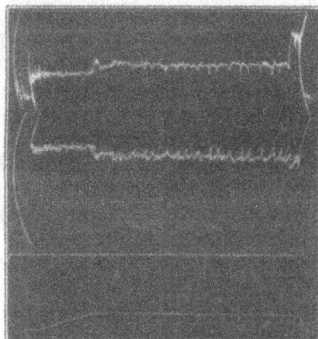

Abb. 8. Ein Schrieb des Dreifachschreibers (Bauart Dr. Koppe).
Carganicos vorbildlicher Flug.

festgelegt sind, das Telephonkabel liegt und die Apparatur
vorbereitet ist, ist eine Meßstelle zwei Minuten nach Eintreffen der Mannschaft meßklar. Der Anmarsch nimmt sogar

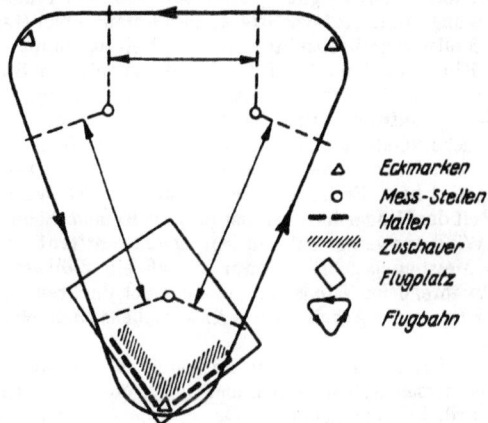

Abb. 9. Vorschlag für ein Rennen in geringer Höhe.

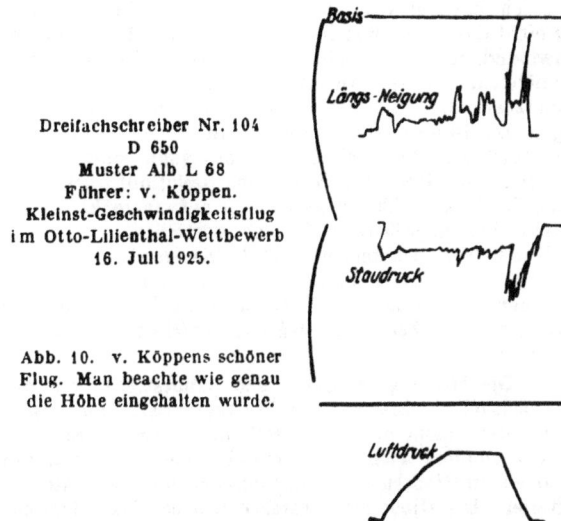

Dreifachschreiber Nr. 104
D 650
Muster Alb L 68
Führer: v. Köppen.
Kleinst-Geschwindigkeitsflug
im Otto-Lilienthal-Wettbewerb
16. Juli 1925.

Abb. 10. v. Köppens schöner
Flug. Man beachte wie genau
die Höhe eingehalten wurde.

weniger Zeit als bei den langen Dreiecken wie zu 9. in
Anspruch. Der Aufwand an Beobachtern ist wieder groß.
Jede Meßstelle ist mit drei Mann besetzt.

Besonders störend aber ist der große Umfang der Aus-
wertungsarbeit. Infolge von Schwierigkeiten mit den Chrono-

Abb. 11. Eine Meßstelle. Links Telephon und Chronographen-
sender, rechts Ballon Theodolith.

graphen nehmen sie je Flug 30 Arbeitsstunden in Anspruch,
andernfalls hätten 5 bis 6 Arbeitsstunden genügt. Bei der
Häufung von Flügen war daher das Ergebnis aller erst mehrere Tage nach Abschluß der Flüge greifbar.

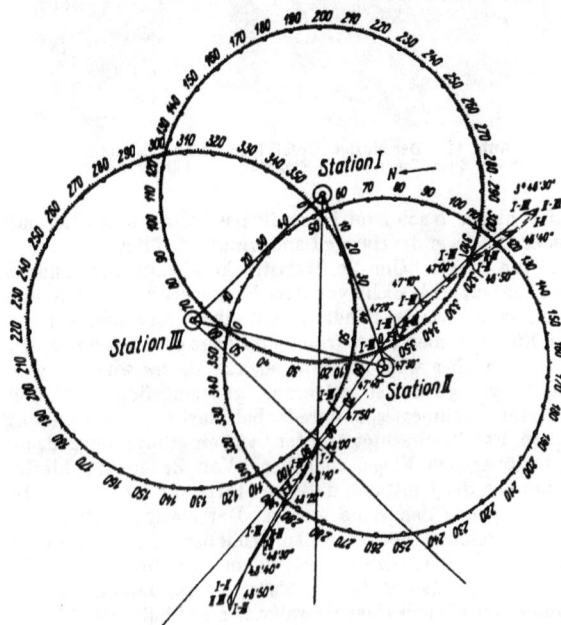

Abb. 12. Auswertung der Messungen.

Noch schwerer wiegt aber der Vorwurf, daß die Messung gar nicht das liefert, was doch ihr letzter Zweck ist: Die Geschwindigkeit im Augenblick des letzten Durchsackens, unmittelbar vor dem Aufsetzen der Räder. Dies ist kein Dauerzustand. Das Flugzeug ist dabei bereits stark überzogen. Das ist aber harmlos, weil die Räder bereits auf wenige Handbreit am Boden sind. Die aerodynamischen Eigenschaften sind durch die Bodennähe beeinflußt, besonders beim Tiefdecker. Alles das läßt sich auf einem kilometerlangen Fluge in größerer Höhe nicht darstellen.

Wir haben noch kein wirklich befriedigendes Verfahren zur Messung dieses transitorischen Moments. Der Frage wird aber dauernd größte Aufmerksamkeit geschenkt, und wir hoffen, in einiger Zeit die Landegeschwindigkeit sicher messen zu können.

11. Die Messung der Start- und Landestrecke war das eindrucksvollste Ereignis des Wettbewerbs. Zum ersten Male wurde nicht nur die Anroll- und Ausrollstrecke gemessen, sondern auch die Anschwebe- und Ansteigstrecke bis zu einem Hindernis bzw. die Sink- und Anschwebestrecke dahinter. Die Hindernisse waren 8 m hoch, das entspricht etwa der Höhe eines normalen Chausseebaumes. Hochspannungsleitungen, Fabriken, Mietshäuser, Wälder usw. sind höher, und deshalb wären Hindernisse von 20 m Höhe sehr erwünscht gewesen. Das ging aber aus meßtechnischen Gründen nicht. Sie wären zu schwer aufstellbar und zu unbeweglich gewesen. Und Beweglichkeit war nötig. An einem Morgen drehte der Wind um 90°, und die Hindernisse mußten dreimal umgestellt werden.

Wir waren uns der Gefährlichkeit dieses Versuches bewußt. Um die Landestrecke abzukürzen, wird das Flugzeug über dem Hindernis überzogen und muß danach bis zum Aufsetzen auf dem Boden steuerbar bleiben. Die Flugzeugführer lernten das bald. Sie gingen vor dem Hindernis tief herunter und übersprangen es, um dahinter durchzusacken. In einem Falle gelang das Abfangen nicht. Das Flugzeug sackte bis auf den Boden durch, knickte eine Fahrgestellstrebe und überschlug sich. Ernste Folgen hatte der

Abb. 13. Der einzige Unfall beim Hindernislanden. Nach zwei Tagen flogen Flugzeug und Führer wieder.

Unfall nicht. Nach zwei Tagen flogen Führer und Flugzeug wieder. Das war der einzige Landeunfall. Gefährlicher waren wohl die Starts. Um die Startstrecke abzukürzen, blieben die Flugzeuge bis dicht vor dem Hindernis am Boden und rissen dann über das Hindernis mit einem Kavalierstart, der dem Führer sieben Jahre früher drei Tage gekostet hätte. Die Sache sah aber wohl gefährlicher aus als sie wirklich war. Alle Flugzeuge hatten erfahrene, gut eingeflogene Führer und Staudruckmesser, und weder bei Start noch bei Landung ist ein Fall beobachtet worden, wo ein Flugzeug gedroht hätte, über den Flügel zu gehen. Von Bedeutung hierfür ist ja auch der Umstand, daß alle Starts und Landungen geradeaus gegen den Wind gingen. Der einzige Unfall beim Starten geschah noch vor dem Abheben. Sei es, daß der Führer den Schwanz zu hoch nahm und deshalb mit der Luftschraube den Boden berührte, sei es, daß der Motoreinbau den Stößen eines Gewaltstarts auf holprigem Boden nicht gewachsen war, der genaue Grund der Beschädigung

war nicht festzustellen. Auf jeden Fall war der einzige Startunfall einer beim Rollen und nicht im Fluge. Das Flugzeug war übrigens nur leicht beschädigt, der Führer auch in diesem Falle unversehrt.

Abb. 14. Ein Start über das Hindernis. Man sieht die Teleskopmasten, die Schnur und die roten und weißen Lappen.

Bei der Beurteilung der Gefahr ist die Natur des Hindernisses wichtig. Am gefährlichsten sind die Masten. Sie standen aber 50 m voneinander entfernt.

Das Hindernis selbst bestand aus einer Hanfschnur mit roten und weißen Fähnchen. Die Schnur wäre immer noch eine Gefahrenquelle gewesen, hat sie doch etwa 6 kg Zugfestigkeit. Deshalb wurden in Abständen von 5 m Sollbruchstellen eingeschaltet: Fäden von etwa 10 kg Zugfestigkeit. Sie wirkten befriedigend. In vielen Fällen streifte das Flugzeug die Schnur und zerriß sie prompt an der Sollbruchstelle. Auch durch den Propeller wurde sie durchgeschlagen, ohne daß der Führer etwas merkte. Das Flicken dauerte etwa eine Minute.

Die roten und weißen Lappen von etwa 4 dm² Größe hoben sich vom Himmel und der Erde gut ab. Wenn die Führer erkannten, daß sie das Hindernis nicht überfliegen konnten, so unterflogen sie es. Ein Flugzeug hat es z. B. beim Start keinmal überflogen. Auf jeden Fall waren die Hindernisse so harmlos, daß kein Flugzeugführer sich durch sie zu Verzweiflungsmanövern gezwungen sah.

Die Hindernisse haben sicher einen großen Wert für die Ausbildung fortgeschrittener Flugschüler.

Meßtechnisch sind sie nicht einwandfrei. Das Verfahren beantwortet die Frage nach der Startstrecke nur mit ja und nein, nicht mit soundsoviel kürzer oder länger. Von einigen Flugzeugen wissen wir die Startstrecke nicht, weil sie das Hindernis jedesmal unterflogen. Von anderen wissen wir nur, daß sie es jedesmal um Meter überflogen.

Überdies erfordert es sehr viel Hilfspersonal: Am Start einen Mann, der die Gesamtstrecke bis zum Hindernis beobachtet und das Zeitsignal gibt, sobald sich das Flugzeug in Bewegung setzt. Auf der Strecke mindestens einen Mann, der die Rollstrecke beobachtet und die Rollzeit stoppt.

Am Hindernis einen Mann, der die Gesamtzeit vom Startsignal bis zum Überfliegen des Hindernisses stoppt, das Überfliegen kontrolliert und die Windstrecke stoppt. Unter Windstrecke versteht man die Strecke, die der Bodenwind in etwa 2 m Höhe während des Rollens und Anschwebens zurückgelegt hat. Es ist die Strecke, um die sich während dieser Zeit das Hindernis scheinbar (d. h. von einem Beobachter im Wind aus gemessen) vom Startpunkt entfernt hat.

Die Messung geschieht dadurch, daß ein Zählwerk in ein fortwährend im Winde umlaufendes Schalenkreuz während der Dauer des Anrollens und Anschwebens eingeschaltet wird.

Die drei Leute haben mehr als genug zu tun, wenn sie alles das messen wollen. Wir haben sie verdoppelt. Gleichzeitig wurde nebenan gelandet. Das erforderte eine ähnliche Besetzung. Alle diese Schwierigkeiten überwindet ein neues photographisches Verfahren, über das nächstens berichtet werden wird.

12. **Allgemeines.** Ein Wettbewerb, wie es dieser war, erfordert sehr viel Vorarbeit. Die Wägeeinrichtung mußte beschafft werden, der Turm gebaut, die Signaleinrichtung, die Meßstationen mit ihren Verbindungskabeln, die Hindernisse, die Ballontheodoliten usw. bereitgestellt werden, und alles mußte erprobt werden.

Soweit es sich um die Bereitstellung von Unterkunft, Bordinstrumenten usw. handelte, die sich nach der Zahl der Bewerber richtet, muß man frühzeitig die Zahl der Bewerber wissen. Das war hier nicht möglich, denn Vorbedingung zur Teilnahme war Erledigung einiger Teilstrecken des Deutschen Rundfluges. Wir wußten bis zuletzt nicht, wer wirklich kommen würde. Und von denen, die schließlich kamen, erfuhr die DVL so spät an eine Erledigung der Prüfung auf Lufttüchtigkeit nicht zu denken war. Wir legen deshalb Wert darauf, daß bei künftigen Bewerben frühzeitige Nennungen und noch frühzeitigere unverbindliche Vornennungen vorgesehen werden.

Die Flugzeuge müssen zum Wettbewerb richtig vorbereitet sein. Leitungen für Staudruckmesser und Halter für die Düsen waren vorgeschrieben. In Zukunft wird man Befestigungen und Raum für Instrumente, Ballast und besonderes Meßgerät vorschreiben müssen.

Für die vorbereitenden Messungen (Abmessungen, Gewichte, Motorleistungen), für die Prüfung der schriftlichen und zeichnerischen Unterlagen, für den Einbau der Instrumente usw. ist es nötig, daß die Flugzeuge einige Tage, je nach Zahl und Umständen, der Prüfstelle hierzu zur Verfügung stehen.

13. **Unparteiische.** Wenn eine Wertungsformel so abgefaßt ist, daß bessere Ergebnisse vorgetäuscht werden können, dann ist eine dauernde Überwachung der Bewerber durch Unparteiische notwendig. Am besten ist es, wenn Unparteiische überhaupt vermieden werden können. Sind sie nicht vermeidbar, dann müssen sie besoldet und disziplinär faßbar sein. Auf unbesoldete, disziplinär nicht faßbare ist kein Verlaß.

IV. Die Flugzeuge.

Zu dem Wettbewerb erschienen 6 Kleinflugzeuge, 5 Schul- und Übungsflugzeuge, 1 Verkehrs(Zubringer)Flugzeug, 1 Sonderflugzeug, das man in keine dieser Gruppen einreihen darf. Drei Kleinflugzeuge und zwei Schulflugzeuge fielen aus, die anderen teilten sich in die Preise.

Otto Lilienthal-Wettbewerb 1925

Daimler L 20 22 000		5600	Mohammed 5400
Udet U 10 16 400	Bäumer B II 11 600	Albatro's L 68 5000	
Udet U 8 12 000	Udet U 12 13 000	8000	
Preis-Verteilung			

Abb. 15. Verteilung der Preise.

Die **erfolgreichen Kleinflugzeuge** waren sämtlich Eindecker mit tiefliegendem Flügel großer Spannweite. Sie waren naturgemäß nicht so schnell wie die größeren Flugzeuge, trotzdem kann man sie mit 115 km/h nicht als langsam bezeichnen. Ihre Steiggeschwindigkeit war ausreichend, ihr

Steigwinkel in der Prüfhöhe (rd. 800 m) ebenso gut wie der der besten (rd. 1:15). Die Gipfelhöhe (rd. 3300 m) reichte zwar nicht ganz an die der Schul- und Übungsflugzeuge, aber sie übertraf z. B. die des Verkehrsflugzeugs. Die Kürze ihrer

Abb. 16.

Abb. 17.

Abb. 16 und 17. Daimler L 20, Motor Daimler 885 cm³. Besondere Ausführung mit kleinem Flügel. Bemerkenswert ist die große, langsamlaufende Luftschraube, das einfache Fahrgestell ohne Achse, die Freiheit und gute Sicht des Führers. Gute Leistung im Höhenflug. Geringer Verbrauch.

Landung (150 m) übertraf die sämtlicher anderen, und die Kürze ihres Starts (230 m) wurde nur durch eines der großen Flugzeuge überboten. Die Tragfähigkeit (110 kg) war ausreichend, im Verhältnis zum Leergewicht (60 vH) gut

Abb. 18.

Abb. 18 und 19. Mohamed (Akademische Fliegergruppe Darmstadt), Motor Blackburn »Tomtit« mit hängenden Zylindern. Bemerkenswert ist die geringe Spurweite des Fahrgestells und der geringe Flügelabstand vom Boden. Trotzdem streifte der Flügel keinmal den Boden. Konnte leider nur außer Wettbewerb teilnehmen. Gute Geschwindigkeit. Kurzer Start.

Abb. 19.

und besser als die vieler anderen. Der Brennstoffverbrauch (5 kg/h) ist minimal.

Man darf diese Leistungen wirklich nicht einfach übersehen. Wenn das Kleinflugzeug seine Brauchbarkeit zum

Abb. 20.

Abb. 21.

Abb. 20 und 21. Messerschmitt M. 17, Motor ABC »Skorpion«. Sehr interessante Bauart. Großes Breitenverhältnis. Erfolgreich in mehreren Wettbewerben, fiel leider wegen Motorschwierigkeiten aus.

Schulen und Üben heute noch nicht erwiesen hat, so liegt es nicht an den Flugleistungen, sondern an anderen Mängeln, die sich beseitigen lassen. Durch Einsatz entsprechender Kräfte und Mittel für die Entwicklung von Triebwerk und Tragwerk wird es gelingen, diese dahin zu entwickeln, daß sie denselben Anforderungen an Sicherheit und Brauchbarkeit genügen, die an alle anderen Flugzeuge gestellt werden.

Abb. 22.

Abb. 23.

Abb. 22 und 23. Udet U 10, Motor Siemens Sh 10. Hohe Auftriebszahl im überzogenen Flug. Kurzer Start. Gute Leistung im Höhenflug.

Die Schul- und Übungsflugzeuge folgten mehr der üblichen Bauweise. Das eine Muster war zwar auch ein freitragender Tiefdecker, aber von geringerem Breitenverhältnis. Die beiden anderen Muster waren Doppeldecker mit äußerer Verspannung. Im übrigen bestand große Ähnlichkeit. Alle drei Muster hatten luftgekühlte Motoren (im ganzen Wettbewerb erschien nur ein wassergekühlter Motor, schied aber bald aus). Die Leistungsbelastung war, auf das Leergewicht bezogen, rund 6 kg/PS, auf das Fluggewicht bezogen rd. 10 kg/PS, mit Ausnahme des einen Doppeldeckers, der mit geringerer Zuladung flog. Die Zuladung betrug bis 70 vH vom Leergewicht, in dem erwähnten Falle aber nur 50 vH. Die Flächenbelastung betrug beim Eindecker rd. 40 kg/m², bei den Doppeldeckern rd. 32 kg/m².

Auch die Flugleistungen unterschieden sich nur wenig. Die Geschwindigkeiten lagen zwischen 140 und 155 km/h. Die größte war die des etwas geringer belasteten Doppeldeckers mit Klappenflügeln (L 68), der gleichzeitig auch die geringste Geschwindigkeit hatte (rd. 70 km/h, auf Bodendichte umgerechnet). Hierbei ist zu berücksichtigen, daß dies noch nicht die eigentliche Landegeschwindigkeit

Abb. 24.

Abb. 24 und 25. Udet U 12, Motor Siemens Sh 11. Gutes Zuladungsverhältnis.

Abb. 25.

Abb. 26. Albatros L 68, Motor Siemens Sh 11. Im Fluge verstellbare Klappen im Unterflügel, ebenso Höhenflosse. Stahlrohrrumpf, Leichtmetallflügelholme. Guter Steigwinkel, kurzer Start und Landung.

ist, sondern die eines stationären Fluges in Bodenferne. Bemerkenswert ist, daß es gelang, den Eindecker (U 10) mit dem Auftriebsbeiwert $c_a = 1,52$ stationär zu fliegen!

Derselbe Doppeldecker (L 68) hatte die beste Steiggeschwindigkeit (1,9 m/s in 1200 m Höhe), und dabei den besten Steigwinkel (1:13,5). In der Gipfelhöhe führte wieder der Eindecker (U 10) mit 4100 m. Auch in Start und Landung stand er trotz seiner höheren Flächenbelastung merkwürdigerweise nicht schlecht (240 m Start, 215 m Landung), schlug den einen Doppeldecker und wurde nur durch den geringer belasteten Doppeldecker mit Klappenflügeln übertroffen (186 m Start, 193 m Landung).

Den geringsten Brennstoffverbrauch (14 kg/h) hatte der Eindecker (U 10).

Das eine Verkehrsflugzeug, das zum Wettbewerb erschien (U 8) war insofern interessant, als es der einzige anwesende Vertreter einer Gattung war, die sich noch nicht

Abb. 27.

Abb. 28.

Abb. 27 und 28. Udet U 8, Motor Siemens Sh 12. Gute Geschwindigkeit, Flughöhe, Zuladungsverhältnis.

durchgesetzt hat: Das Zubringer-Flugzeug. Daß seine Leistungen qualitativ nicht schlecht sind, geht daraus hervor, daß es 36 vH der Preissumme seiner Klasse davontrug. Es hatte die beste Weitflugzahl im Wagrechtflug $\left(\frac{\eta}{\varepsilon} = 7,4\right)$, die beste Hochflugzahl im Gipfelflug $\left(\eta \frac{c_A^{1,5}}{c_W} = 7,04\right)$. Der Brennstoffverbrauch (23 kg/h) ist für ein Flugzeug von 400 kg Zuladung nicht schlecht, auch die Geschwindigkeit (146 km/h) reicht für den Zubringerverkehr aus. Die Gipfelhöhe (3200 m) reicht für die meisten Aufgaben des Verkehrs aus.

Es fällt auf, daß die Zuladung nicht größer war (62,5 vH). Sie wurde durch ein Schul- und Übungsflugzeug übertroffen (U 12, 70 vH). Besonders aber fällt das Versagen bei allen Zuständen geringer Geschwindigkeit auf. Die Steiggeschwindigkeit in der Prüfhöhe (1700 m) betrug nur 0,87 mm, der Steigwinkel dabei nur 1:36. Beim Landen stand das Flugzeug erst 360 m hinter dem Hindernis. Beim Starten ist es keinmal über das Hindernis gegangen!

Solche Zahlen könnten das Flugzeug diskreditieren und damit die ganze Gattung der Zubringerflugzeuge. Wir haben nach der Erklärung dafür gesucht und finden sie in dem Ergebnis des Wettbewerbs: »Kleinste Geschwindigkeit«. Das Flugzeug ist dabei mit einer (auf Bodendichte reduzierten) Geschwindigkeit von 100 km/h geflogen, mit dem Auftriebsbeiwert $c_a = 0,9$. Vergleicht man diese Zahl mit dem Wert $c_a = 1,52$, den ein anderer Eindecker (U 10) erreichte, so erkennt man, daß von dem Zubringerflugzeug bessere Leistungen erwartet werden dürfen. Diese Ansicht wird bestätigt durch Herrn Herrmann. Er berichtet, daß der Flugzeugführer damals durch Schwierigkeiten in der Quersteuerung behindert war, die aber inzwischen behoben sind.

Von allen anderen Flugzeugen hob sich das eine Sonderflugzeug (B II) ab. Es hatte absolut die größte Wagrechtgeschwindigkeit, 29 km/h mehr als das

Abb. 29.

Abb. 30.

Abb. 29 und 30. Bäumer B II, Motor Wright L 4. Ausgezeichnete Formgebung, trotz luftgekühltem Motors. Überlegene Leistungen.

nächstschnelle Flugzeug. Es hatte absolut die größte Gipfelhöhe, 660 m mehr als der nächste Bewerber. Es hatte die beste Steiggeschwindigkeit. Dabei waren seine Leistungsbelastung (8,7 kg/PS) und sein Verhältnis: Zuladung/Leergewicht (58 vH) durchaus normal. Nur die Flächenbelastung war höher (46 kg/m²), aber doch nicht niedriger als bei gewissen Verkehrsflugzeugen oder gar Kriegsflugzeugen.

Die Bedeutung der zahlenmäßig gemessenen Leistungen werden anschaulicher, wenn wir sie mit denen von großen Verkehrsflugzeugen vergleichen. Bei ähnlicher Vergrößerung auf doppelte bzw. dreifache Größe ergibt sich:

	B II	Doppelt	Dreifach	
Fluggewicht	570	2280	5130	kg
Zuladung	210	840	1890	kg
Motorleistung	65	260	585	PS
Drehzahl der Schraube .	1800	900	600	Uml/min
Durchm. der Schraube .	1,9	3,8	5,7	m
Breite des Rumpfes . .	0,76	1,52	2,28	m
Höhe des Rumpfes . .	0,85	1,70	2,55	m

Zahlentafel 1.

Wettbewerb um den Otto-Lilienthal-Preis.

			A			B					C			Wertungsformel
Klasse														
D. Nummer			608	609	611	639	640	660	651	650	670	661	681	
Baumuster			Daimler L 20	Daimler L 20	Mohammed Blackburn	Baumer B II Wright L 4	Udet U 10	Udet U 10	Albatros L 68	Albatros L 68	Udet U 8	Udet U 12	Udet U 12	
Motormuster			Daimler	Daimler	Fuchs	Baumer	Sh 10	Sh 10	Sh 11	Sh 11	Sh 12	Sh 11	Sh 11	
Führer			Schrenk	Gurtzer	Fuchs	Baumer	Kern	Hochmut-Kern	v. Richthofen	v. Köppen	Polte	Kern	Udet	
Festwerte														
G_L	Leergewicht	kg	214	219	174	360	380	368	470	466	642	469	459,5	
G_z	Zuladung	kg	111	106	106	210	210	232	232	236	400	325	325,5	
G_F	Fluggewicht	kg	325	325	280	570	590	600	702	702	1042	794	784,5	
F	Flügelfläche	m²	10,125	10,11	12,50	12,36	14,79	15,65	22,03	22,03	22,96	24,88	24,88	
N_o	Mittl. Bodenleistung	PS	22,1	23,8	17,8	65,35	60,35	65,05	85,50	79,0	91,4	79,15	79,9	
$\frac{G}{F}$	Flächenbelastung	kg/m²	32,1	32,1	22,3	46,0	40,0	38,3	31,8	91,8	43,6	32,0	31,5	
$\frac{G}{N_o}$	Leistungsbelastung	kg/PS	14,7	13,6	15,6	8,7	9,8	9,2	8,2	8,9	11,4	10	9,8	
$\frac{N_o}{F}$	Flächenleistung	PS/m²	2,21	2,36	1,42	5,28	4,08	4,16	3,88	3,58	3,98	3,18	3,21	
Größte Geschw.														$W_1 = \dfrac{1}{270}\cdot\dfrac{G}{N_z}\cdot V_{z\,max}$
G	Mittl. Fluggewicht	kg	322,7	321,7	277,15	564,85	582,15	588,6	691,15	687,4	1022,35	794,65	774	$N_z = N_o\,v_z$
N_z	Leistung in Prüfhöhe	PS	19,4	21,11	16,12	54,28	50,13	54,64	71,82	64,13	74,36	63,58	65,53	$v_z = \dfrac{1}{0,85}\left(\dfrac{\gamma_z}{1,25}-0,15\right)$
$V_{z\,max}$	Größte Geschwindigkeit	km/h	109,8	116,7	115,8	183,5	137,1	146	146,6	154,5	146	138	141	
W_1	Wertung		1,159	1,351	1,492	0,898	1,521	1,357	1,253	1,3145	0,9045	1,0725	1,0994	
Kleinste Geschw.														$W_2 = \dfrac{G}{P}\cdot\dfrac{1}{q_{z\,min}}$
G	Mittl. Fluggewicht	kg	323,95	323,65	279,9	569,5	587,5	593,55	697,75	696,45	1032,75	789,85	779,9	
$q_{z\,min}$	Mittl. Staudruck	kg/m³	27,6	23,7	15	51,30	26,11	27,94	25,28	24,05	49,73	29,60	28,44	
$V_{z\,min}$	Kleinste Geschwindigkeit	km/h	78,5	78	88,1	110	78,4	81,7	77,4	76,4	110	85,4	82,5	
W_2	Wertung		6,765	6,586	7,372	7,072	5,897	5,825	5,225	6,133	7,434	6,388	6,168	
Steigwinkel														$W_3 = \dfrac{W_{z\,max}}{V_z}$
G	Mittl. Fluggewicht	kg	321,35	322,8	276,35	565,75	565,25	591,0	690,7	697,35	1018,9	783,65	769,7	
$W_{z\,max}$	Größte Steiggeschwindigkeit	m/s	1,17	1,37	1,24	2,11	1,77	0,64	1,91	1,54	0,87	1,05	1,45	
V_z	Bahngeschwindigkeit	m/s	22,37	20,19	20,19	35,58	23,13	36,82	25,69	25,205	31,469	25,206	28,346	
W_3	Wertung		0,0523	0,0678	0,0614	0,0593	0,0765	0,0174	0,0743	0,0611	0,0276	0,0417	0,0512	
Höhe														$W_4 = 0,0591\,\dfrac{G}{N_o}\sqrt{\dfrac{1}{\gamma_o}\cdot\dfrac{G}{F}}$
G	Mittl. Fluggewicht	kg	321,35	322,8	276,35	565,75	565,25	591,0	690,7	697,35	1018,9	783,65	769,7	$N_o = N_o\cdot\gamma_o$
N_o	Leistung in der Höhe H	PS	14,38	16,6	12,2	34,4	35,1	47,4	51,7	57,0	60,4	52,1	50,3	$\gamma_o = \dfrac{1}{0,85}\left(\dfrac{\gamma_o}{1,25}-0,15\right)$
H	Größte Höhe	m	3320	2820	2950	4770	4110	2480	3830	2440	3210	3250	3550	
γ_o	Luftwichte in der Höhe H	kg/m³	0,879	0,928	0,915	0,747	0,805	0,962	0,831	0,967	0,890	0,886	0,857	
W_4	Wertung		7,934	6,736	6,586	7,606	6,664	4,614	4,844	4,071	7,043	5,303	5,429	

	Symbol	Einheit											
Start													
Laufstrecke	l_L	m	170	159	141	168	156	142,5	126	86	333	194	128,5
Flugstrecke	l_{Fl}	m	80	40	39	62	54	82,5	60	62	87	36	89,5
Windstrecke	l_w	m	—	59,5	47,5	48	28	62	—	37,5	40	47,6	44
Gesamtstrecke	l_1	m	250	258,5	227,5	278	238	287	186	185,5	460	277,6	262
Gesamtzeit	t_1	s	19	17	19	16	14	15,5	14	12,5	25	17	13,5
Wertung	W_5		0,032	0,0309	0,352	0,0288	0,0336	0,0279	0,0430	0,0421	unterflogen	unterflogen	0,0305
Landung													
Flugstrecke	l_{Fl}	m	58	64	65	234	65	79	101	60	95	170	76
Laufstrecke	l_L	m	108,5	85	101,5	148	141	136	78	80	190	190	144
Windstrecke	l_w	m	166,5	149	—	23,3	40	—	465	52	42	66	25
Gesamtstrecke	l_2	m	166,5	149	166,5	405,3	246	215	2255	192	327	426	245
Gesamtzeit	t_2	s	15	16	17,5	23,3	20	17	15,5	17,5	26,3	23,5	18
Wertung	W_6		0,0480	0,0537	0,0480	0,0197	0,0325	0,0372	0,0355	0,0417	0,0245	0,0188	0,0327
Brennstoff-Verbrauch													
Brennstoffverbrauch	b	kg/PS·h	0,262	0,278	0,315	0,318	0,285	0,304	0,300	0,386	0,314	0,322	0,297
Heizwert der Brennstoffe	H	WE/kg	9342	9342	9342	9661	9342	9041	9041	9041	9342	9501	9083
Wertung	W_7		0,258	0,243	0,215	0,206	0,238	0,230	0,233	0,181	0,215	0,206	0,234
Zuladung													
Höchstzulässiges Gesamtgew.	G	kg	325	325	280	570	590	600	702	702	1042	794	784,5
Zuladung	Z	kg	111	106	108	210	210	232	232	236,4	400	325	325
Wertung	W_8		0,341	0,326	0,380	0,368	0,356	0,387	0,330	0,3367	0,3839	0,4093	0,4142

Formeln:

$$W_5 = \frac{8}{l_1}$$
$8\,m = $ Hindernishöhe
$$l_1 = l_L + l_{Fl} + l_w$$

$$W_6 = \frac{8}{l_2}$$
$$l_2 = l_{Fl} + l_L + l_w$$

$$W_7 = \frac{632}{b \cdot H}$$

$$W_8 = \frac{Z}{G}$$

Das sind Größen, die uns geläufiger sind. Wir finden sie bei mittleren und großen Verkehrsflugzeugen. Welches dieser Flugzeuge erreicht aber 180 km/h Wagrechtgeschwindigkeit und 4700 m Gipfelhöhe? Welches hebt bei Windstille bereits nach 170 m Anlauf vom Boden ab, überfliegt ein 8 m hohes Hindernis nach 280 m und erreicht 20 m Höhe bereits in 440 m Entfernung vom Start.

Es ist wichtig, daß die Gründe für den auffallenden Unterschied zwischen den guten Leistungen dieses Flugzeugs und den so viel schlechteren der großen Verkehrsflugzeuge aufgeklärt werden.

Zu der Annahme, daß der kleine Wright-L 4-Motor in der Prüfhöhe und Gipfelhöhe einen kleineren Leistungsabfall hat, als angenommen wurde, und als die starken Motoren der großen Verkehrsflugzeuge, liegt kein Anlaß vor. Also muß es die bessere Formgebung und der bessere Schraubenwirkungsgrad gewesen sein.

Die Formgebung war vollendet schön. Man beachte, wie die drei Zylinder fast vollständig in der Stromlinienform des Rumpfes verschwinden. Das ist nicht bei jedem luftgekühlten Sternmotor möglich. Hier ist die gute Formgebung dadurch möglich geworden, daß beim Wright L 4 zwischen Luftschraube und Zylindern ein reichlicher Abstand besteht. Darin liegen die Zünder und andere Hilfsvorrichtungen. Ferner sind beim Entwurf des Zylinderkopfes in sehr geschickter Weise hohe Aufbauten darüber und Rohrleitungen daneben vermieden worden. Man vergleiche damit die ungeschickte Anordnung solcher luftgekühlter Motoren, die nur aus betriebstechnischen Gesichtspunkten entworfen sind! Leider wird die Wichtigkeit der Formgebung der Motoren immer noch nicht erkannt.

Ausgezeichnet ist der Übergang von dem dreiseitig abgerundeten Motorspant zu dem dreiseitigen Hauptspant, wo aus den unteren abgerundeten Kanten die Flügel, und aus der oberen der Windschutz des Führersitzes herauswächst, dann die Abrundung nach hinten und der Übergang zwischen Rumpf und Leitwerk. Sicher ist die hohe Wagrechtgeschwindigkeit und der sehr gute Wert

$$\frac{75\,N}{F} \cdot \frac{2g}{v^3\gamma} = \frac{c_{WH}}{\eta} = 0,045$$

darauf zurückzuführen.

Es fehlt aber noch die Erklärung für den kurzen Start. Warum erreichen die großen Verkehrsflugzeuge nicht ähnliche Zahlen? Zurzeit ist es doch die Startlänge, die eine höhere Zuladung verbietet, so wünschenswert sie aus wirtschaftlichen Gründen wäre; die Steigfähigkeit ist in der Regel mehr als genügend.

Was den Start dieser Flugzeuge so verlängert, ist ihre geringe Beschleunigung während des Anrollens und Anschwebens, bis die zum Steigen erforderliche Geschwindigkeit erreicht ist. Jedes Mittel, wodurch während dieser Spanne geringer Geschwindigkeit der Schraubenwirkungsgrad gehoben wird, kürzt den Start. Die Abwesenheit eines großen Stirnkühlers oder zahlreicher plumper Zylinderköpfe oder anderer Widerstände im Schraubenstrahl, die ausgezeichnete Formgebung aller dem Strahl ausgesetzten Teile trägt ihr Teil dazu bei. Wieviel, das wissen wir noch nicht.

Wichtiger aber ist, daß bereits der Schub an sich groß ist. Der Schub kann aber nur dann groß sein, wenn die Flächenleistung $\left(\dfrac{N}{\pi \frac{D^2}{4}}\right)$ der Schraube nicht zu groß ist.

Diese Voraussetzung kann aber, solange die Umfangsgeschwindigkeit nicht beliebig vergrößert werden darf, nur dann erfüllt werden, wenn die Schnelläufigkeit des Motors $(n\sqrt{N})$ nicht zu groß wird. Beim B II sind die Verhältnisse anscheinend günstig. Zu gering ist die Schnelläufigkeit anscheinend auch nicht, denn das würde die Höchstgeschwindigkeit beeinträchtigt haben. Daß das hier der Fall war, kann niemand behaupten. Allzu geringe Schnelläufigkeit würde auch störende Drehmomente ergeben haben. Auch das ist nicht beobachtet worden.

Übertragen wir diese Erfahrung auf die großen Flugzeuge: Um geometrische und mechanische Ähnlichkeit herzustellen, müßte bei dem Flugzeug doppelter Größe (260 PS) die Drehzahl die Hälfte sein (900 Uml./min), bei dem dreifacher Größe (585 PS) gar nur ein Drittel (600 Uml./min). Das ist weniger als wir gewohnt sind. Zu solch drastischem Schritt muß man sich aber entschließen, wenn man die hervorragenden Leistungen des kleinen B II auf große Flugzeuge übertragen will.

V. Die Leistungen.

Einen Überblick über die Festwerte der Flugzeuge und die von ihnen erzielten Leistungen und Wertungszahlen gibt die Zahlentafel 1 (S. 124 u. 125).

VI. Die Wertung.

Dieser Wettbewerb sollte, soweit wie möglich, unter allen den kleineren Flugzeugmustern ausgetragen werden, die im Sommer 1925 in der Deutschen Luftfahrt Verwendung fanden, also unter den kleinen Übungsflugzeugen der Flugvereine, den Schulflugzeugen der Fliegerschulen, den Kunstflugzeugen, die die vielen kleinen Schauflüge bestreiten, den Zubringerflugzeugen des Luftverkehrs. Jedes dieser Flugzeuge stellte eine Kompromißlösung dar, je nach seinem Verwendungszweck. An die einseitige Züchtung reiner Höchstleistungsflugzeuge, z. B. für reine Geschwindigkeit, war nicht zu denken, denn für solche Flugzeuge besteht in Deutschland kein Absatz.

Aus diesem Grunde wurde davon abgesehen, absolute Höchstleistungen zu bewerten, in denen ja doch die allgemein verwendbaren Flugzeuge von den einseitigen Höchstleistungsflugzeugen geschlagen worden wären. Statt dessen

---

Otto Lilienthal-Wettbewerb 1925

Wertungsformeln:

Größte Geschwindigkeit . $W_1 = \dfrac{1}{270} \cdot \dfrac{G}{N_z} \cdot V_{z\,max}$

Kleinste Geschwindigkeit $W_2 = \dfrac{G}{F} \cdot \dfrac{1}{q_{z\,min}}$

Steiggeschwindigkeit . . $W_3 = \dfrac{W_{z\,max}}{V_z}$

Versuchsgipfelhöhe . . . $W_4 = 0{,}0591 \cdot \dfrac{G}{N_g} \cdot \sqrt{\dfrac{1}{\gamma_g} \cdot \dfrac{G}{F}}$

Anlauf . . . . $W_5 = \dfrac{8}{l_1 + S \cdot W_1}$

Auslauf . . . . $W_6 = \dfrac{8}{l_2 + S \cdot W_2}$

Brennstoffverbrauch . . $W_7 = \dfrac{632}{b \cdot H}$

Zuladung . . . . $W_8 = \dfrac{Z}{G}$

Abb. 31. Wertungsformeln.

---

wurde der dankenswerte Versuch gemacht, die Güte der Lösung einiger Teilaufgaben zu bewerten, die beim Entwurf eines jeden Flugzeuges vorliegen. Hierzu wurden in der Hauptsache aerodynamische Aufgaben gewählt, z. B.:

Die Weitflugzahl im Wagrechtflug: $w_1 = \eta \, \dfrac{c_A}{c_W}$.

Die Auftriebszahl im überzogenen Flug: $w_2 = c_A$.

Die Hochflugzahl im Gipfelflug: $w_4 = \eta \, \dfrac{c_A{}^{1,5}}{c_W}$.

Das war zweifellos ein Fortschritt. Ganz befriedigend war er aber noch nicht, denn diese Zahlen, so begrifflich einfach sie sind, sind doch von dem Verwendungszweck des Flugzeuges nicht unabhängig und geben deshalb keinen einwandfreien Vergleichsmaßstab. Ja, sogar bei verschiedenen, aber durchaus gleichwertigen Bauarten fallen sie

verschieden aus, denn die gleichen konstruktiven Mittel, die die aerodynamischen Beizahlen verbessern, verschlechtern das Gewicht. Der Entwurf eines guten Flugzeuges stellt immer einen Ausgleich dar zwischen aerodynamischen und allgemeinen konstruktiven Gesichtspunkten. Es ist deshalb gefährlich, nach aerodynamischen Rücksichten allein zu züchten, ohne in jedem Falle gleichzeitig zu prüfen, ob dies nicht auf Kosten der allgemeinen Brauchbarkeit geschieht.

Um dies an einem Beispiel zu erläutern: Wenn man einen Doppeldecker mit äußerer Verspannung und einen freitragenden Eindecker miteinander vergleicht, die beide für denselben Verwendungszweck gebaut sind und durchaus den gleichen Gebrauchswert haben, dann wird man finden: der Doppeldecker ist im allgemeinen leichter, darf also aerodynamisch entsprechend schlechter sein. Er hat dabei im allgemeinen kleinere Flächenbelastung, darf also eine entsprechende schlechtere Hochflugzahl und Auftriebszahl haben. Aus diesem Grunde wird die Doppeldeckerbauart weiter gepflegt, obwohl sie aerodynamisch dem Eindecker nicht gleichwertig ist. Bei einseitiger Bewertung aerodynamischer Zahlen würde der Eindecker besser abschneiden, auch dann, wenn sein allgemeiner Gebrauchswert geringer ist.

Ein weiteres Beispiel: Bei ein und derselben Bauart, ja sogar bei demselben Flugzeug, wird die Weitflugzahl um so schlechter, je schneller das Flugzeug fliegt. Der Einbau eines stärkeren Motors, der die Folge eines veränderten Verwendungszwecks sein mag, verschlechtert also die Wertung, obwohl an dem Flugzeug im übrigen nichts geändert ist. Das ist natürlich kein befriedigender Zustand.

Neben den aerodynamischen Teilaufgaben wurde auch eine solche motortechnischer Art gewertet, nämlich der Wirkungsgrad (w_7), mit dem die chemische Energie des Brennstoffs in Arbeit an der Luftschraubenwelle umgewandelt wird; ferner eine bautechnische Teilaufgabe: der Gewichtsanteil (w_8) der Zuladung am höchstzulässigen Gesamtgewicht. Hierfür gilt dasselbe. Der Brennstoffverbrauch ist bei wassergekühlten Motoren besonders gut, das Zuladungsverhältnis bei langsamen Lastenschleppern.

Andere Wertungen betrafen Leistungen, die zwar vom reinen Höchstleistungsflugzeug besser erfüllt werden, die aber doch so neu und wichtig waren, daß sie trotzdem in den Rahmen dieses Wettbewerbs aufgenommen wurden. Dazu gehörte der Steigwinkel (w_5) und der Hinderniswinkel (w_6) vor, und (w_6) hinter einem Hindernis. Besonders die letzteren beiden Wertungen haben befruchtend gewirkt.

Der Wettbewerb fand in drei Klassen statt, mit wachsenden Anforderungen an die größeren Flugzeuge. So wurde die sehr schwierige Aufgabe des Vergleichs allzu verschiedenartiger Flugzeuge umgangen. Allerdings kam dadurch nicht zum Ausdruck, welches der am Wettbewerb teilnehmenden Flugzeuge nun das beste war. In einer Klasse nahm nur ein Flugzeugmuster am Wettbewerb teil. Ihm wäre der ganze dafür zur Verfügung stehende Preis auch dann zugefallen, wenn seine Leistungen noch so unbefriedigend gewesen wären.

Die größte Gefahr lag aber darin, daß keine Gesamtwertung gebildet wurde. Es war möglich, daß die Preise ausgefallenen Mustern zufielen, die etwa eine Teilaufgabe auf Kosten aller übrigen besonders gut erfüllten, und daß allgemein brauchbare Flugzeuge leer ausgingen. Diese Gefahr ist aber glücklicherweise nicht in Erscheinung getreten. Die Preise sind in recht vernünftiger Weise zur Verteilung gelangt.

Der Grundgedanke, der diesem Wettbewerb zugrunde lag, ist auf Grund der inzwischen gesammelten Erfahrung und Erkenntnis weiter ausgearbeitet worden. Die Ergebnisse werden in den Ausschreibungen für die Wettbewerbe von 1926 angewandt. Auch bei diesen Wettbewerben ist die Lage ähnlich. Für ein reines Rennen kann die Verantwortung nicht übernommen werden. Der Hauptgedanke, die Güte der Lösung der Aufgabe zu bewerten, wird beibehalten, nur werden nicht mehr Teilaufgaben betrachtet, sondern unter Abwägung aller Teilleistungen gegeneinander eine Gesamtwertung gebildet. Zwischenleistungen (z. B. die Motorleistung) und andere Werte, die den Gebrauchswert nicht beeinflussen (z. B. der Flächeninhalt der Flügel),

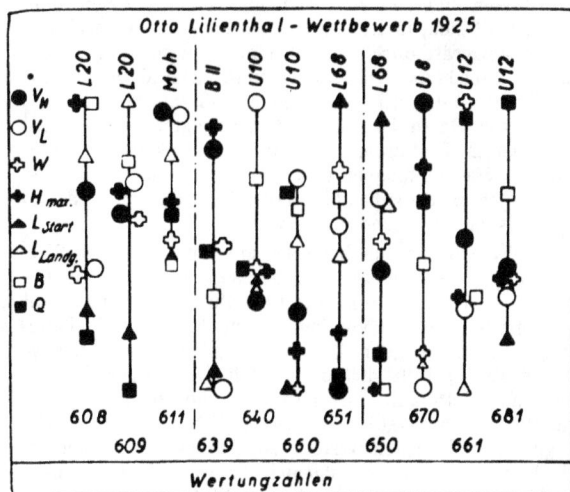

Abb. 32. Zusammenstellender Vergleich der Ergebnisse der Wertung.

werden zur Bewertung nicht mehr herangezogen. Die Gedankengänge sind in einer Erläuterung niedergelegt, die die DVL zu der Ausschreibung zum Deutschen Seeflug-Wettbewerb 1926 gegeben hat. Sie werden auch in der ZFM begründet werden.

Aussprache:

Dipl.-Ing. Hackmack: Zu den interessanten Ausführungen des Herrn Madelung möchte ich in 2 Punkten einiges sagen:

1. zu den Meßmethoden,
2. zu den Flugeigenschaften in bezug auf die Gütezahl eines Flugzeuges.

1. Von den vielen Meßmethoden, die Dr. Madelung erwähnte und die bei dem Lilienthal-Wettbewerb angewandt wurden, ist die bedeutungsvollste und wichtigste wohl die Geschwindigkeitsmessung. Geschwindigkeitsmessungen sind nicht nur für Wettbewerbe bedeutungsvoll sondern auch für Typenprüfungen und Typenentwicklungen.

Das Ausland hat in den Jahren, wo der deutsche Flugzeugbau darniederlag, mit allem Eifer an der Entwicklung von Instrumenten und Verfahren zur Geschwindigkeitsmessung gearbeitet. Die Verfahren sind jetzt so weit entwickelt, daß beispielsweise in Frankreich die Geschwindigkeit im Dreiecksflug mit photographischen Instrumenten gemessen werden kann. Vielleicht kann Herr Dr. Madelung Auskunft geben, welche Meßmethoden in Amerika üblich sind.

Die beim Lilienthal-Wettbewerb in Adlershof angewandte Methode erfordert erheblichen Aufwand an Zeit und Personal. Ich möchte daher auf die einfache »Zweiecks-Flugmethode« etwas näher eingehen. Ich hatte in 1½jähriger Tätigkeit im Flugversuchswesen bei einer deutschen Firma Gelegenheit, die verschiedenen Geschwindigkeitsmeßmethoden zu erproben und ihre Brauchbarkeit gegeneinander abzuwägen.

Die Zeitmessung vom Boden aus beim Abfliegen eines Dreiecks von mindestens 10 km Seitenlänge erfordert, wie gesagt, einen kostspieligen Apparat an Personal, Telephonen usw.

Die Zeitmessung vom Flugzeug selbst aus im Dreiecks- oder besser Vierecksflug hat den Fehler, daß der Zeitnehmer allen Einflüssen des Fluges mit ausgesetzt ist und daher die Meßgenauigkeit meistens beeinträchtigt wird. Die Methode des »Zweiecksfluges« wird derart gehandhabt, daß man auf einem Flugplatz, auf dem öfter Geschwindigkeitsmessungen

durchgeführt werden müssen, von einem Nullpunkte aus in den verschiedenen Richtungen der Windrose Strecken absteckt. Die Messung erfolgt stets in Windrichtung. Das Flugzeug fliegt die Strecke mit und gegen den Wind ab; die Zeitmessung erfolgt am Anfangs- und Endpunkt der Strecke mit Zielgerät und Stoppuhren, derart, daß einmal an der der ersten Stelle die gesamte Zeit gemessen wird, an der zweiten Stelle dann nur die Zeit, die das Flugzeug zum Wenden braucht. Die Fehler dieser Methode sind:

    a) Zeitmeßfehler,
    b) Fehler durch Windeinflüsse,
    c) Fehler durch Höhendifferenz.

Der Fehler der Zeitmessung liegt innerhalb der Grenzen der Reaktionsgeschwindigkeit des menschlichen Organismus ($\sim {}^1/_{20}$ s).

Der Fehler, der dadurch entsteht, daß das Flugzeug im Fluge mit Gegenwind länger verzögert, als es im Fluge mit Rückenwind gefördert wird, beträgt bei 200 km/h Eigengeschwindigkeit des Flugzeuges und einer Windstärke von 5 m/s nur 0,6 vH.

Der Fehler durch Höhenwechsel bei einem Fluge läßt sich bei dieser Methode praktisch ganz ausschalten, da die Messung in niedrigster Höhe über dem Boden erfolgen kann und sowohl der Pilot als auch die Bodenstellen genau kontrollieren können, ob Höhenwechsel eintritt.

Diese Meßmethode hat sich in der Praxis durchaus bewährt und auch bei unzähligen Wiederholungen eine genügende Meßgenauigkeit gezeigt. Durch ihre Einfachheit ist sie ein wesentliches Hilfsmittel zur Typenentwicklung besonders dadurch, daß die Ermittlung der Widerstandszahlen bei Flugzeugeinzelteilen und der Vergleich baulicher Veränderungen an ein und demselben Flugzeuge einwandfrei möglich ist.

2. Aus den Zahlentafeln über die errechneten Gütezahlen verschiedener Flugzeugtypen scheinen die Faktoren der fliegerischen Eigenschaften und der Landegeschwindigkeit nicht genügend berücksichtigt worden zu sein. Beispielsweise ist die Landegeschwindigkeit des Fokker D XIII, der nach der einen Zahlentafel die höchsten Gütezahlen aufweist, für den praktischen Flugbetrieb zu hoch, wodurch sein Wert verringert wird.

Zu den Erwiderungen auf diese Ausführungen durch Herrn Dr. Koppe, Herrn Dipl.-Ing. Schrenk und Korvettenkapitän a. D. Boykow war eine Stellungnahme aus Zeitmangel nicht möglich. Der Vollständigkeit halber muß hier gesagt werden:

1. Geschwindigkeitsmessungen, die Anspruch auf Genauigkeit erheben, können nur bei ruhiger Luft, also in den Morgen- und Abendstunden und bei einer Windstärke von maximal 6 m/s durchgeführt werden. In allen anderen Fällen ergibt die horizontale und vertikale Böigkeit zu niedrige Werte.

Die Windmessungen der Wetterstationen zeigen, daß in Deutschland diese Bedingungen für einen großen Teil des Jahres gegeben sind.

Die Einwendung von Herrn Dipl.-Ing. Schrenk, daß die »Zweiecksflugmethode« die Möglichkeit gibt, im Sturzflug in die Meßstrecke hineinzugehen und dadurch einen falschen Wert zu erzielen, läßt sich praktisch in einfacher Weise durch Mitnahme eines Barographen beheben und kontrollieren. Das Flugzeug darf während der gesamten Messung der Höhe, die es in der Meßstrecke aufweist, nicht überschritten haben.

Zu den von Korvettenkapitän Boykow erwähnten Meßinstrumenten ist zu sagen, daß deren Anschaffung zu kostspielig ist, um auf jedem Flugplatz ein solches Instrument zur Verfügung zu haben.

Major a. D. v. Tschudi: Der Vorschlag des Herrn Dr. Madelung ist durchaus richtig. Man sollte zuerst den technischen Wettbewerb und dann den Streckenwettbewerb stattfinden lassen, also ersteren als Ausscheidung zum letzteren wählen. In der Praxis bestehen aber hiergegen Bedenken. Wenn man das Publikum zu einem Wettbewerb zulassen will, so muß man ihm eine möglichst große Zahl von Teilnehmern am Wettbewerb bieten. Durch eine vorherige Ausscheidung würde aber diese Zahl verringert. Auch die Preisstifter haben oft ein gewisses Reklameinteresse daran, daß die Zahl der Wettbewerber nicht durch eine dem öffentlichen Wettbewerb vorhergehende Ausscheidung verringert wird, und schließlich geht das Interesse der Zuschauer bei den öffentlichen Wettbewerben dahin, daß nicht alle Bewerber alle Bedingungen erfüllen, sondern die Verschiedenartigkeit der Leistungen durch die größere Zahl der Bewerber eine möglichst große wird.

Dr. Perlewitz, Hamburg: Die für den Meteorologen interessanteste Beobachtung des Vortragenden war die, daß durch die Meßinstrumente, Barographen, bei den Flügen nicht nur qualitativ sondern auch quantitativ festgestellt werden konnte, daß ein Flugzeug allein durch die Aufwärtsbewegung der Luft 2 m/s innerhalb der Schicht von etwa 1 bis 2 km Höhe gehoben worden ist. Die Meteorologie, die erst durch den Luftverkehr ihre größte und natürlichste praktische Bedeutung, noch mehr wie einst für die Seefahrt, bekommen hat, legt den größten Wert darauf, bei solchen Flugbeobachtungen genau auch die äußeren Umstände durch Bild und Beschreibung zu bekommen: an welcher Stelle der Wolken, vor, unter oder hinter ihnen, der Aufstrom beobachtet wurde. Nur wenn wir die Entstehung von Wolken und Nebel auf diese Weise noch genauer zu ergründen imstande sind, besteht Aussicht, auch einmal diesem größten Hindernis der Luftfahrt beizukommen. Charakteristische Auf- und Abströme der Luft sollten von allen Fliegern mit genauer Wetterlagebeschreibung und Skizzen von Wolken usw. — sonst sind die Beobachtungen wertlos — der W.G.L. eingesandt werden.

Kapitän Boykow: Der Herr Vorredner hat uns in reichlich langer Ausführung ein recht rohes Verfahren beschrieben, wie es auf ausländischen Plätzen geübt werde und es uns zur Nachahmung empfohlen. Ich möchte bemerken, daß derartige Verfahren für grobe Improvosationen nur selbstverständlich sind, daß wir in Deutschland exakte Verfahren mit größter Gründlichkeit ausgearbeitet haben und ausüben und es nicht nötig haben, solche aus dem Auslande zu beziehen.

Dr. Koppe: Vor zwei Jahren habe ich die zur Feststellung der Geschwindigkeit von Luftfahrzeugen über Grund üblichen und möglichen Verfahren, zu denen auch die von Herrn Hackmack hier angeführten gehören, zusammengestellt und kritisch beleuchtet[1]. Es zeigte sich, daß — wie nicht anders zu erwarten — bei allen unpersönlichen Verfahren die höchste Genauigkeit zu erreichen ist. Präzisionsverfahren dieser Art sind, wie Herr Boykow erwähnte, hauptsächlich in Deutschland von deutschen Firmen entwickelt worden. Wir sind in der Lage, Ortsbestimmungen auch in größerer Höhe auf 1 m und Zeitbestimmungen auf $1/50$ s genau zu machen. Es fragt sich aber, ob solche Präzisionsmessungen, wenn sie nicht über die ganze Flugbahn erstrecken, überhaupt praktisch von Bedeutung sind und damit den hohen Aufwand an Kosten und Zeit lohnen. In jede Geschwindigkeitsmessung eines Luftfahrzeuges über Grund geht als störendes, zunächst unbekanntes Glied die Eigenbewegung der Luft ein. Selbstverständlich wird man zu derartigen Messungen eine möglichst ruhige Wetterlage ohne starke vertikale Bewegung (Böigkeit) wählen, aber auch in horizontaler Richtung ist der Wind stets erheblichen Geschwindigkeitsschwankungen unterworfen, wie es jede Windregistrierung (Böenschreiber) veranschaulicht. Diese horizontale Böigkeit des Windes ist schwer zu erfassen und fälscht besonders auf den vom Vorredner erwähnten kurzen Meßstrecken das Ergebnis erheblich. Ich schlage daher längere Meßstrecken vor, wobei sich die Ungleichförmigkeiten des

Windes eher ausgleichen und die einfachen persönlichen Verfahren genau genug sind. Wichtig sind Registrierungen des Staudrucks zur Ermittelung der Eigengeschwindigkeit; der Herr Vortragende hat Ihnen an Beispielen gezeigt, daß solche Registrierungen mit neueren Geräten in der wünschenswerten Feinheit und Genauigkeit zu erzielen sind. Es empfiehlt sich, in Luftfahrzeugen eingebaute Geschwindigkeitsmeßgeräte durch eine oder mehrere Messungen über Grund zu »eichen«. Die Aufzeichnungen sind danach für alle Flugzustände leicht und bequem auszuwerten.

Den von Herrn Dr. Berlowitz angeregten Fragen wird seitens der DVL ständig große Aufmerksamkeit geschenkt. Es wird vielleicht möglich sein, die bei Versuchs- und Leistungsflügen sich ergebenden aerologischen Besonderheiten später zusammenfassend zu verwerten.

Dr. W. Ehmer: Ich bemerke mit einer gewissen Verwunderung, wie in diesen Tagen jedesmal, wenn von der Presse und ihrer Stellung zur Luftfahrt die Rede ist, mit einer ganz bestimmten Voreingenommenheit über die Tätigkeit der Zeitungen geurteilt wird. Man stellt es immer so dar, als ob der Luftfahrt und den in ihr tätigen Kreisen Presse und Publikum unverständig, unwissend, ja, auch feindselig gegenüberständen. Diese Voreingenommenheit, die gewissen beklagenswerten Vorkommnissen entspringt und durchaus nicht verallgemeinert werden darf, sollte so bald wie möglich der Überlegung Platz machen, daß es für alle Teile gut wäre, wenn in dieser Konstellation ein Stellungswechsel einträte, der leicht durch die Luftfahrer selber herbeigeführt werden kann. Denn es ist durchaus nicht notwendig, daß Luftfahrt und Presse Gegensätze bilden, im Gegenteil, ein aktives und verständnisvolles Zusammengehen beider muß gerade für die Ziele der Luftfahrt von größtem Nutzen sein. Wenn manche Blätter irrige oder unnötig aufgebauschte Meldungen über fliegerische Ereignisse gebracht haben, so liegt das zum größten Teil an der mangelhaften Information, die ihnen von den betreffenden Luftfahrtkreisen zuteil wurde. Und nicht nur ein besseres Unterrichtwerden von Fall zu Fall ist notwendig, sondern eine dauernde innige Zusammenarbeit zwischen Luftfahrt und Presse. Gerade wo noch alles in der Fliegerei im Fluß ist, können manche schwebenden und neuen Probleme mit großem Nutzen in der Presse vor einem großen Publikum zur Diskussion gestellt werden. Der Reiz, der heute noch alle fliegerischen Dinge umgibt, sichert ihrer Erörterung stets ein aktuelles Interesse. In der Masse aber wird die Anteilnahme und Liebe zur Fliegerei gestärkt und eine überparteiliche Einheitsfront geschaffen, die für die deutsche Luftfahrt nur von allergrößtem Nutzen sein kann.

Dipl.-Ing. Schrenk: Als fliegender Teilnehmer am Wettbewerb möchte ich ebenfalls eine Bemerkung zur Messung der Fluggeschwindigkeit machen. Die in der DVL gewählten Methoden: Einfache Umrundung der Ecken in 500—800 m Höhe brachte die Flugzeugführer in eine schwierige Lage. Nahm er die Ecken scharf, um gute Zeit zu erhalten, so konnte es ihm passieren, daß die Strecke nicht gewertet wurde; nahm er sie dagegen richtig, so verlor er kostbare Sekunden.

Aber auch die von Hackmack erwähnte Zweiecksflugmethode gibt Gelegenheit zu mogeln, indem der Führer die Möglichkeit hat, mit einer durch »Drücken« erlangten Geschwindigkeitsreserve zum Meßflug anzusetzen und dadurch seine Geschwindigkeit zu verbessern.

Aufwindfeststellungen habe ich bei Flügen mit den Daimler-Leichtflugzeugen oftmals gemacht. U. a. entnahm ich einmal aus einem Barogramm, daß ich mich zwischen 500 und 1000 m Höhe unter einer großen Frühlingskumuluswolke in einem Aufwind von 1,6 m/s befunden hatte. Ich halte das Leichtflugzeug gerade zur Feststellung solcher atmosphärischen Strömungen für besonders geeignet und zweifle nicht daran, daß es bei einiger Übung sogar gelingen wird, sich mit einem Leichtflugzeug längere Zeit in solchen Strömungen mit abgestelltem Motor aufzuhalten, nach dem Vorbild der Segler unter den Vögeln.

---

[1] H. Koppe, Verfahren zur Messung der Geschwindigkeitsleistung von Luftfahrzeugen. ZFM 1923, S. 17ff.

Druck von R. Oldenbourg in München.

www.ingramcontent.com/pod-product-compliance
Lightning Source LLC
Chambersburg PA
CBHW081433190326
41458CB00020B/6193